浙江省普通高校新形态教材项目

普通高等教育系列教材

网页设计与制作

第2版

主　编　朱金华

副主编　胡秋芬　刘　均　何　跃

机械工业出版社

本书依照最新 Web 标准（HTML5 和 CSS3），全程贯穿理论与实践紧密结合的思想，有机整合 HTML 和 CSS，使学习过程更接近实际工作。本书共分为 4 层次，第 1～3 章是基础，包括网页设计基础、HTML 基础和 CSS 基础，第 4～8 章是学生必须重点掌握的内容，包括文本样式与背景、常用 Web 元素、盒模型（含 Flexible Box）、界面设计（含 CSS Grid Layout）和表单，第 9～12 章以进一步提高学生深入学习的能力为目标，包括 JavaScript、网页多媒体实现、jQuery 和移动优先的 Bootstrap 3 响应式网页设计，第 13 章是对前面所学知识的综合实例应用，包括优秀网页仿制实例和基于 CMS（Drupal 8）快速构建网站实例。

为了更好地指导读者深入学习，在各章后面的习题中还提供了许多综合性较强的操作题。

本书既可作为高等院校本科相关专业教材，也可作为有一定基础的从业人员的参考书。

本书配有授课电子课件，需要的教师可登录 www.cmpedu.com 免费注册，审核通过后下载，或联系编辑索取（微信：15910938545；电话：010-88379739）。

图书在版编目（CIP）数据

网页设计与制作 / 朱金华主编. —2 版. —北京：机械工业出版社，2018.2
(2023.2 重印)
普通高等教育系列教材
ISBN 978-7-111-60284-2

Ⅰ. ①网… Ⅱ. ①朱… Ⅲ. ①网页制作工具－高等学校－教材
Ⅳ. ①TP393.092.2

中国版本图书馆 CIP 数据核字（2018）第 140118 号

机械工业出版社（北京市百万庄大街 22 号　邮政编码 100037）
责任编辑：郝建伟　　责任校对：张艳霞
责任印制：郜　敏
北京盛通商印快线网络科技有限公司印刷

2023 年 2 月第 2 版 · 第 10 次印刷
184mm×260mm · 20.5 印张 · 505 千字
标准书号：ISBN 978-7-111-60284-2
定价：59.90 元

电话服务	网络服务
客服电话：010-88361066	机　工　官　网：www.cmpbook.com
010-88379833	机　工　官　博：weibo.com/cmp1952
010-68326294	金　　书　　网：www.golden-book.com
封底无防伪标均为盗版	机工教育服务网：www.cmpedu.com

前　言

随着移动互联网络的普及，H5 这个称呼在互联网和日常生活中被广泛使用，但并没有官方或学术界对其进行过严格定义，根据目前情况来看，大概是指 HTML5 在移动方面的应用，所以本次改版的理由为：一方面要全面升级为 HTML5+CSS3，另一方面要全面兼容移动应用。通过改版，在以下几个方面得到了提升：编入了最新版浏览器支持的 HTML5+CSS3 的绝大部分有用的知识点，增加了移动优先的 Bootstrap 4 响应式网页设计内容以兼顾移动终端，还有一个基于 CMS（Drupal 8）的综合实例。

本教材第一版是市重点建设教材，现在的修订版被立项为首批浙江省普通高校新形态教材项目。本课程还是省精品在线开放课程，该平台对所有国内的高校都开放，需要使用该平台的读者请联系作者。

编写本书的初衷是按照新的 Web 标准既要实现网页的结构与表现分离，又要贯彻有机整合 HTML 和 CSS 并融入整个学习过程这一思想，使学习过程更接近实际工作。编写本书的第二个目的就是想做成一本经典教材，而不是自学教程，叙述力求精练，尽量涵盖更多的知识点，有不断深入的入口，有充分发挥老师能动性、主导性的机制。全程实验要求学生动手，自然突出了学生主体性。书中设置了很多思考点，可以激发学生学习的积极性，也凸显了探究式教学方法的自然呈现，每章最后都配有操作题型，供学生自主学习和练习。

本书全程贯穿理论与实践紧密结合的思想，不仅每个知识点都有相应的实例，只要扫描书中的各二维码即可观看操作视频。本书紧跟学科发展前沿，遵循最新 Web 标准（HTML5 和 CSS3），书中大量采用这些新技术，所以希望使用者尽量采用各大浏览器（Chrome、Firefox、Edge、Safari 或 Opera）的最新版，本书所有实例都通过了这些浏览器的兼容性测试。

本书除“第 1 章网页设计基础”是理论外，后面各章的知识点都是结合在实例中的。各个高校根据自己学生的层次和专业不同，可灵活地搭配授课内容，有些内容也可以作为选学。本课程建议授课学时分配如下。

章	方案 1	方案 2
第 1 章　网页设计基础	2	4
第 2 章　HTML 基础	2	2
第 3 章　CSS 基础	2	2
第 4 章　文本样式与背景	2	2
第 5 章　常用 Web 元素	2	2
第 6 章　盒模型	2	4
第 7 章　界面设计	2	4
第 8 章　表单	2	2

（续）

章	方案1	方案2
第9章　JavaScript	4	8
第10章　网页多媒体实现	2	4
第11章　jQuery	4	8
第12章　响应式网页设计	2	4
第13章　综合实例	4	18
合计（均含实验课时）	32	64

本书由朱金华、胡秋芬、刘均和何跃编写。参与本书翻译、调试工作的还有李玉仙等，在此一并表示感谢。另外还要感谢学校领导和老师给予的大力支持和帮助，特别感谢多年来使用本教材第1版的老师，你们提出的很多宝贵意见都是我们继续坚持的动力。

本书PPT和源代码将提供给出版社供下载，知识点视频可通过扫描书中的二维码观看。读者可以使用移动设备的相关软件（如微信、QQ）中的“扫一扫”功能扫描书中的二维码，在线查看知识点视频（音频建议用耳机收听）。如果“扫一扫”后，在微信端无法打开相关资源，请选择用手机浏览器或其他软件的“扫一扫”功能扫描查看。

本书的其他视频（实验指导视频和直播视频）和相关资料放在浙江省高等学校在线开放课程共享平台上，网址http://zjedu.moocollege.com/。需要在浙江省高等学校在线开放课程共享平台上开课的学校可以联系本书作者，邮箱uuem@163.com。

书中的源代码不依赖于任何网页编辑器，实验指导对应视频基于Dreamweaver CC 2018.1的实时视图，知识点视频基于Visual Studio Code最新版制作。

由于新技术发展太快，教材出版始终有滞后性，所以本书会及时提供更新内容。请关注浙江省高等学校在线开放课程共享平台，或者联系出版社索取更新内容。

由于时间仓促，书中难免存在不妥之处，请读者原谅，并提出宝贵意见。

编　者

目　录

第1章 网页设计基础

网页设计行业是一个不断更新换代、推陈出新的行业，它要求设计师们必须随时掌握最新的设计趋势，从而确保自己不被这个行业所淘汰。根据网站开发的流程，在开发网页代码前，需要按客户需求进行网站功能规划和网页设计（有的专家把前期这个阶段称为体验设计）。本章主要介绍网页设计的基础知识。

教学目标

- 熟悉网页的相关概念、色彩基础知识与网页配色
- 掌握网站开发流程、Web设计、布局设计、内容设计与风格设计

1.1 网页概述

网页中包含多种类型的内容（即网页的元素），最基本的是文字，还包括图像、动画和音频视频形式的多媒体文件，这些文件存放在服务器上，用户通过浏览器进行访问，这就是人们常说的浏览器/服务器（Browser/Server，B/S）结构。设计网页的最终目的是给访问者显示有价值的信息，并留下深刻的印象。在设计网页前，需要先了解一些相关知识。

WWW（World Wide Web）是环球信息网的缩写，也可简称为Web，中文名为万维网，它是一个基于超文本（Hypertext）方式的信息检索服务工具。这种把全球范围内的信息组织在一起的超文本方法，采用的是由指针链接的超网状结构。Web系统允许超文本指针所指向的目标信息源不仅可以是文本，也可以是其他媒体，如图形、图像、声音和动画等信息，更重要的是可以把分散在不同主机上的资源有机组织在一起，这种超文本结构与多媒体的结合体被称为"超媒体"（Hypermedia，现在的含义已变为UltraMedia）。

Web系统已在教育、科学技术、商业广告、公共关系、大众媒体和娱乐等多方面起着愈来愈重要的作用。WWW的应用已远超原有的设想，成为Internet上最受欢迎的应用之一，它的出现极大地推动了Internet的推广。WWW获得成功的秘诀在于它制定了一套标准的、易于被人们掌握的超文本开发语言、信息资源的统一定位格式和超文本传送通信协议，用户掌握后可以很容易地建立自己的网站。

超链接（Hyper Link）指向WWW中的资源，如一个网页、声音、文件、网页上的一个段落或者WWW中的其他资源等，这些资源可以放在任何一个服务器上。超链接可以是一些文字，也可以是一张图片。

统一资源定位器（Uniform Resource Locator，URL）用于描述Internet上资源的位置和访问方式，也可以把URL称为网址，它的功能相当于在实际生活中写信的通信地址。

例如，新浪网一个网页的网址如下。

```
http://tech.sina.com.cn/digi/dc/q/2017-08-14/doc-ifyixtym3330957.shtml
```

基本语法：

```
scheme://host.domain:port/path/filename
```

URL通常包括三个部分，第一部分Scheme是网络协议，告诉浏览器该如何工作，第二部

分是文件所在的主机，第三部分是文件的路径和文件名。

- Scheme（传输协议）：定义因特网服务的类型，告诉浏览器如何解析将要打开的文件内容。最流行的类型是 http，还有 ftp 等多种网络协议。
- domain（域）：定义因特网域名，如 sina.com.cn。
- host（主机）：定义此域中的主机。如果被省略，默认为 www，上例中是 tech。
- port（端口）：定义服务的端口号，通常省略 http 默认的端口号 80。
- path（路径）：定义服务器上的路径（一个辅助的路径）。如果路径被省略，资源（文档）会被定位到网站的根目录。
- filename（文件名）：定义文档的名称。

网站（Web Site）是一个存放在网络服务器上的完整信息集合体。它包含一个或多个网页，这些网页以一定的方式链接在一起，成为一个整体，用来描述一组完整的信息或达到某种期望的宣传效果。

网页（Web Page）是网站的组成部分，制作者可以将需要公布的信息按照一定的方式分类，放在每个网页上，网页里可以有文字、图像、动画、声音及视频信息等。可以把网页看成是一个单一体，是网站的一个元素。

首页（Home Page）是一个单独的网页，也称为主页，和一般网页一样，可以存放各种信息，同时又是一个特殊的网页，作为整个网站的起始点和汇总点，是浏览者访问一个网站时出现的第一个网页，默认索引文件名为 index.html、index.php 等。

Windows 自带的记事本可以用来查看和编辑网页的源代码，也可以创建简单网页。EditPlus 是功能强大的文本文件编辑软件，不仅可以编辑网页文件，也可以编辑 C、Java、PHP 和 JSP 等语言文件，它可以自动添加标记、高亮显示一些关键字等功能。Dreamweaver 是 Adobe 公司的专业网页开发工具，不仅可以进行可视化设计，其代码窗口的编辑功能也相当强大。还有 WebStorm 这个 Web 前端开发神器以及一些轻量级的强大编辑器（如 Visual Studio Code、Sublime Text、Atom、Brackets、HBuilder 等）也值得使用。

虽然 Microsoft 公司开发的 IE 凭借其 Windows 自带的默认浏览器身份曾经长期称霸浏览器市场，但是近年来对最新 Web 标准兼容性更好的浏览器，比如 Chrome、Firefox、Edge、Safari、Opera 等浏览器已经超过 IE。现在的浏览器主要采用 4 种内核：Edge（Trident 的替代者）、Blink、Webkit 和 Gecko，本书实例均由各内核浏览器测试通过。

一般制作网页时采用的技术主要使用 HTML 和 CSS 实现，根据需要也可以使用 JavaScript。

在网络中，如果要向全球范围内发布信息，需要有一种能够被广泛理解的语言，即所有的计算机都能够理解的一种用于发布信息的“母语”。这种 WWW 所使用的母语就是 HTML。超文本标记语言（Hypertext Text Markup Language, HTML）是构成 Web 页面（Page）的基础。用 HTML 编写的超文本文档称为 HTML 文档，它是由很多标记组成的一种文本文件，HTML 标记可以说明文字、图形、动画、声音、表格和链接等。使用 HTML 语言描述的文件能独立于各种操作系统平台（如 Windows、UNIX/Linux 和 Mac OS 等），访问它只需要一个 WWW 浏览器，人们所看到的网页是浏览器对 HTML 文件进行解释的结果。可以通过浏览器直接查看一个页面的 HTML 源代码，右击网页空白处，在弹出的快捷菜单中选择“查看源文件”或“查看网页源代码”命令即可。

在网页制作时采用层叠样式表（Cascading Style Sheet，CSS）技术，可以有效地对页面的布局、字体、颜色、背景和其他效果实现更加精确的控制。

JavaScript 是由 Netscape 公司开发的一种脚本语言（Scripting Language）。在 HTML 的基础上，使用 JavaScript 可以开发交互式 Web 网页，例如，可以在线填写各类表格、联机编写文档并发布等。

1.2　网站开发流程

在团队中，不同技术专长的人要彼此配合，就必须建立在良好沟通的基础上。由于企划、设计和程序这 3 个领域的工作是息息相关的，唯有良好的沟通与协调才能顺利完成整个项目，而且沟通的质量也间接影响到最终成品的优劣。下面将对网站项目的执行流程及相关人员该负责哪些工作事项进行说明，大致的流程如图 1-1 所示。

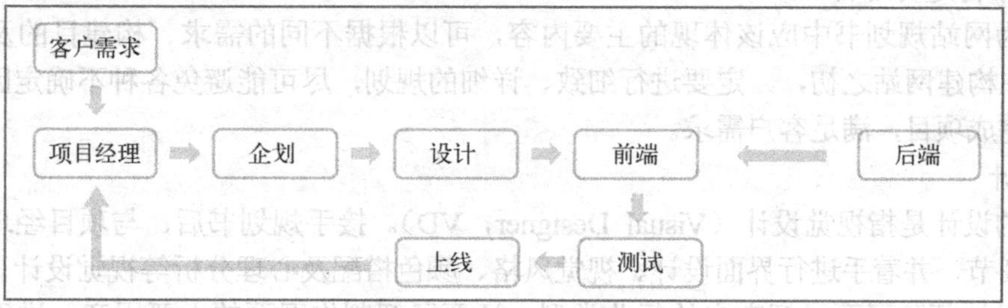

图 1-1　网页项目流程

1. 项目经理

项目经理（Project Manager，PM）负责与客户洽谈网页的相关事宜，待项目成立后，项目经理管理项目团队的进度并消除客户的疑问，这个角色也是设计师与客户之间沟通的桥梁，是统筹整个项目与进度的关键角色。

网站在构建过程中需要注意的地方非常多，若客户一开始的需求不够明确，就很容易在制作过程中产生不断修改的问题，在这种不断修改的过程中会相对提高沟通成本、制作成本、时间成本和机会成本等。

主要工作事项如下。

1）网站规划与报价确认：逐条确认网站规划书与报价等内容。网站规划书阐明制作规格和工作范畴。

2）双方签约：由乙方（公司）准备装订完成的合约书（一式两份）、用印（加盖印章），连同第一期款项发票寄出。甲方（客户）收到合约用印后再寄回，并支付第一期款项。

2. 企划

企划（Planner）负责了解客户的需求与期许后，着手构思网站目标、分析现状、归纳方向、判断各种可行性，直到拟订策略、实施方案、追踪成效与评估成果等，最终整理出一份网站规划书。之后再将规划书交至团队其他成员，团队成员再根据规划书中各自负责的事项进行填写与设计，以组织出网站的内容与各种功能需求。

主要工作事项如下。

1）了解客户的需求：客户提出初步的网站设计需求、网站架构图、功能需求及相关网站风格的参考。

2）提供网站规划书及报价单：根据讨论的网站架构及功能需求，提供网站规划书、报价单等内容。网站规划应尽可能涵盖各个方面，可能包含的内容如下。

- 进行网站构建前的市场分析。
- 设定网站目的及功能定位。
- 网站技术解决方案。
- 网站内容规划。
- 网页设计及视觉美编。
- 网站维护与网站内容更新。
- 网站发布前的测试与调整修正。
- 网站优化与网站发布推广。
- 网站构建工作日程表。
- 网站构建费用明细。

以上为网站规划书中应该体现的主要内容，可以根据不同的需求、构建目的及内容再进行增减。在构建网站之初，一定要进行细致、详细的规划，尽可能避免各种不确定因素，这样才能如期完成项目，满足客户需求。

3. 设计

这里的设计是指视觉设计（Visual Designer，VD）。接手规划书后，与项目经理、企划讨论网站的细节，并着手进行界面设计、视觉风格、颜色搭配及心理分析等视觉设计。

视觉设计师除了要了解客户的行业类型，还要了解制作网页的主要用意，进而设计出符合客户需求的页面，设计师需具有独特的美感及创意，让网页能够两者兼备，创造出符合客户需求的网页。

主要工作事项如下。

1）网站风格讨论：双方进一步讨论网站视觉风格。讨论网站是否需遵循 CIS（企业识别系统）、VI（视觉识别）进行延伸设计。若无视觉系统，双方可共同讨论网站所使用的颜色、设计元素等需求。

2）首页版面设计：此阶段将根据所讨论的各种设计需求进行首页提案设计，并提供设计稿与客户讨论、调整并最终定稿。

3）图文资料：由客户提供内页所需的图片和文字，用于内页版面设计。设计师需要考虑如何将客户所提供的资料进行妥善编排与设计。

4）内页版面设计：以先前所定稿的首页版面设计为基础，进行各内页编排设计，并与客户逐项讨论确认。

4. 前端

前端工程师（Front-End Engineer，F2E）负责视觉设计，并整合后端工程师所开发出的各种内容与功能。其主要负责编写 HTML、CSS、JavaScript 与接收 API 等内容，最终要确保网页程序的正确性与顺畅度，进而将完成的网页呈现到网络上。

主要工作事项如下。

1）切版与组版：接收视觉设计师裁切完毕的各种素材。根据整体的视觉样式利用 HTML+CSS 的方式进行网页切割与组装操作。

2）效果制作：各种网站模块、组件、CSS 样式及定制化的程序设计，如 Slider（图片轮播）、Accordion（可折叠式菜单）与图片特效等。

3）细部微调：切版的细节微调，如图片与文字尺寸的调整、文字的间距与行距的调整，以及网页图文内容的修订等。

4）内部测试：此阶段通过客户所提供的数据来检查网站的实用性，查看内容是否会造成跑版、字里行间是否容易阅读，以及数据是否按照既定的规则显示。

“切版”就是将视觉设计师设计好的 PSD 设计文件切成 HTML+CSS 格式。切版需要具有一定的技巧与专业知识，比如适当的 HTML 语句 tag（标签）及结构，用什么方式来组成内容可以比较好地呈现并具有较好的性能，CSS 怎么编写比较好维护更新，跨浏览器时怎么取得最佳的平衡；跨平台时要不要设计可以变更尺寸的响应式设计等，这些都是在这一阶段就要决定的。

5. 后端

后端工程师（Back-End Engineer，B2E）根据网站规划书中所需的各项功能、数据库内容及后台管理系统等需求进行程序开发。同时需提供一种方式让前端工程师可以串接所开发出的功能，或是等前端工程师将网页设计完毕后交由后端工程师进行整合。

主要工作事项如下。

1）数据库内容：根据需求，开发出对应功能的字段内容与层次关系等。

2）后台管理系统：制作与数据库连接的管理页面，让客户可直接从网页上登录，以进行页面数据的添加、删除、查询和修改操作，而不是去修改程序代码与数据库内容。

3）功能制作：有些功能是前端与数据库相互连接后才能显示出的内容。例如首页的广告横幅（Banner），客户可直接从管理页面进行图片的替换，而前端工程师必须编写切换效果，以及从数据库中抓取指定的图片并显示出来，类似这部分的内容必须由后端工程师告诉前端工程师如何连接数据库。

6. 测试

待前端工程师与后端工程师将网页制作与整合完毕后，质量保证（Quality Assurance，QA）工程师根据网站规划书中的需要项目逐项检查内容与功能，借此建立和维持质量管理体系来确保网站质量没有问题。

主要工作事项如下。

1）初步校对：此阶段由客户浏览网站进行网页内容的校对，并列出问题列表，以便逐条进行修正和调整。

2）登录测试：此阶段由客户针对之后需自行使用的各项功能从网站后台进行登录测试，并参照提出的问题列表来进行修正和调整。

3）网页修正：由公司根据列表内容更正图文资料并修复互动功能上的错误。

4）多国语言版网站：在第一语言版本网站构建完成后，才会进行其他各语言版本网站的制作。此阶段由客户提供各个语言版本的翻译文稿，再进行其他语言版本网站的制作，各个语言的版式会根据实际情况进行版面的调整。

7. 上线

将通过测试的网站上线，让大众可以搜索与浏览。

主要工作事项如下。

1）上级的前置工作：准备 DNS 数据、主机连接数据及新主机环境检查测试。

2）网站上线：将网站转移至正式主机，等到 DNS 指向生效后，网站正式上线。一般而言，DNS 指向需 24～72 小时。网站上线后，需进行网站的各项上线核查。例如，“联系人”窗体的邮件发送测试、网页目录安全性设置、加入 Google 分析和网站搜索引擎登录等。

3）整合 Google 分析：整合 Google 网页分析平台（Google Analytics，GA），客户可通过 GA 了解网站每日的访客数、所使用的搜索关键字及访客来源地区等用户信息，以调整网站经营的策略。

4）培训（网站交接）：此阶段将会由公司派专人为客户说明网站的操作和使用。同时也提供操作手册和网站后台登录数据，供客户日后用于网站的维护工作。

1.3 Web 设计基础

1.3.1 Web 设计原则

Web 设计师需要研究如何布局、处理字体和颜色，以及空白的应用，并围绕要表达的信息把这些元素融为一体，构成一个网页乃至网站，从而形成自己的风格。

Web 站点所要实现的目标是设计的最终方向，而页面的制作仅仅是设计的具体实现。Web 站点的设计并不是通常认为的网页制作，而是一个融合了多种设计原则和设计过程的系统工程。

1. 明确站点类型

在开始设计工作之前，确定网站的类型（如销售类产品或形象宣传）是首要目标。从一个网站的内容和特性来看，网站的类型包括新闻或信息、企业、商业、政府、个人、社交、搜索网站等。一个成功的网站必须有自己明确的用户群、内容、功能，以及视觉和体验的独特性，才能在浩如烟海的站点中脱颖而出。

1）新闻资讯类站点，如新浪、搜狐等大型门户网站，主要向访问者提供大量的信息，涉及经济、政治、人文和生活等方面的内容，网站日访问量巨大，访问群体范围较广，其设计更注重信息覆盖的范围及受众的广泛性。因此需注意页面的分割、结构的合理、页面的优化及界面的亲和等问题。如新浪网的设计特别注重了信息的分类合理，导航清晰，使用户能迅速在众多信息中找到自己感兴趣的内容。同时，色彩选择较为平淡的基色调，以减少对用户的视觉刺激，增长用户浏览网页的时间。

2）资讯和形象相结合的网站，如政府网等，主要用于发布政策规章制度等信息，提供各种在线政务服务。因此，在布局设计上要求简单合理，使用户能够迅速找到所需信息。常用的功能应给予用户明确、快捷的链接，重要的功能应给予用户醒目的提示。在色彩的选择上，应使用中性、温和的色彩，颜色使用不宜过多和跳跃。整体色彩应给用户传递严谨、权威、庄重的心理感觉。

3）形象类网站，比如商业企业的对外宣传网站，是企业产品和形象宣传的重要窗口，主要为了让外界了解企业自身，树立良好企业形象，并适当提供一定的产品服务。因此，网页设计的主要任务是突出企业形象。这类网站对设计者的美工水平要求较高。同时，设计方法也不拘一格，重点在于新颖、有特色，能够传递出强烈的企业文化信息。

除了上述网站类型外，还有一些网站具有更多的专业化设计。比如瑞丽女性网是为都市女性提供分享时尚与优质生活的多元化资讯及多样化服务的综合性网站。由于女性具有较高的审美需求和高敏感的颜色感应，所以在设计方面尽量以柔和、明快的暖色作为主色调，给女性浏览者以热情、柔美的感觉。在页面构成上，要选用大量清晰度高的图片给用户以视觉上的冲击。

2. 保持站点简洁明确

对于今天的许多企业而言，网站极有可能是他们和目标客户之间的第一联系方式。因此使客户能够清楚地认识网站所要表达的信息或提供的服务是至关重要的。一个好的网站设计应该做到主题鲜明突出，布局清晰简洁，能够以简单明确的语言和画面告诉访问者站点的主题，使用户能够容易地找到他所需的内容。

1）界面简洁：对内容文本进行精炼化，保留关键信息；使用一个醒目的标题，常常采用简洁的图形来表示；限制所用的字体和颜色的数目。

2）内容明确：使用清晰的消息标识，确保用户了解此页面的上下文；使导航元素保持一致，并且对访问率最高的区域进行明显的标记，使它们易于被用户找到；界面上的所有元素都应当有明确的含义和用途，不要试图用无关的图片把界面装点起来；还要确保界面上的每一个元素都能让浏览者看到。

此外，为保持简单明确，设计网页时尽量减少浏览层次。

3. 网页设计的一致性

一致性的网页设计原则使得访问者容易理解站点的结构，否则可能导致访问者陷入困惑。例如，在不同的页面中使用同样的布局、字体、色彩和导航结构等表现元素，使得页面之间既能够保证协调，又不会因页面风格过于一致而产生视觉疲劳。对优秀的 Web 站点进行分析可以发现，优秀的网页虽然各有特色，但都遵守最基本的原则，即保持站点内部页面之间的一致性。

要保持一致性，可以从页面的结构排版入手。

- 通过定义一致的页面模板，各个页面使用相同的页边距。
- 文本和图形之间保持相同的间距。
- 主要图形、标题或符号旁边留下相同的空白。
- 如果在第一页的顶部放置了公司标志，那么在其他各页面中都放上这一标志；如果使用图标导航，则各个页面应当使用相同的图标来营造出一种熟悉感。

图 1-2 所示为当当网的二级栏目，图书频道和其首页导航条保持一致。这样使得这些页面呈现出的视觉形象就是相互联系的，也使用户感知到正在访问的页面与此前访问的该网站的网页是相互联系的。

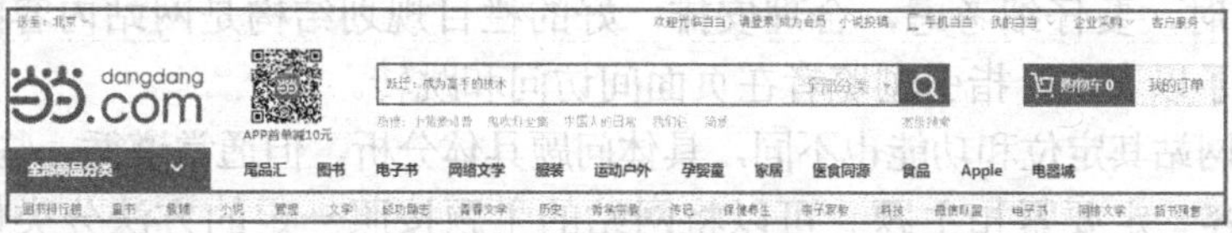

图 1-2　当当网二级导航

除了保持布局的最大相似外，在界面元素的设计上，每个元素与整个页面及站点都应当具有相同的设计风格。有了结构和视觉的一致性，在用户的使用模式上保持站点的一致性对于改善用户的使用体验也是非常重要的。

4. 注重用户体验

用户体验是用户访问网站时的一种感觉。注重用户体验是 Web 站点设计时应考虑的一个重要方面，它要求把用户放在第一位，设计时既要考虑用户的共性，也要考虑他们的差异性。

（1）研究用户

可以通过分析用户的群体特征，了解主要用户为什么使用网站，以及如何使用网站。例如，虽然在考虑用户阅读习惯设计时，大多数遵循 Z 字形设计或 F 形结构，但一些特殊文化，如阿拉伯语类的网站可能刚好相反。

（2）有效的导航和位置设计

合理的导航可以对网站内容进行分类，每个网页除了应用同样的导航设计之外，还应当包括当前的位置提示设计及一些特殊位置的快速返回链接，如在导航或页面中设计从任何页面直接跳转到“首页”的链接。

（3）保持整个网站一致性的设计

例如，统一的色彩方案、相似的页面模板，对于同样的操作、专业术语等前后保持一致的定义等。

（4）清晰准确的内容设计

清晰准确的内容设计便于用户快速获得所需的信息。例如，通过对比设计使得文字内容突出、避免一页有太多的内容、对内容进行准确的分类和布局，以及使得重要的信息总在用户视觉最集中的地方、保持内容间的交叉连接并建立索引等。

这些最基本的准则虽然并不能解决所有问题，但注意它们并积累个人的设计经验有助于设计出好的网站，达到吸引用户多次访问的目的。

1.3.2 网站结构规划

Web 站点由一组 Web 页面组成，而且这些 Web 页面具有一定的分层设计和组织。在规划设计 Web 界面时，第一个步骤就是明确网站的目标和用途（如产品销售），Web 设计的布局、风格和内容等都要以这个目标为中心。所谓结构设计，就是考虑如何将内容划分为清晰合理的层次体系，建立组成 Web 站点的各个页面间的关联关系，构建一个组织优良的网站整体。

1. 网站栏目规划

明确划分信息群，不让读者产生迷惑，使之迅速找到所需要的信息，是栏目规划最重要的任务。栏目的整理决定了网页的可读性。事实上，网站栏目的规划对于网站来说是决定其成败的重要因素。栏目的实质是一个网站的大纲索引，其作用就如同一本书的目录一样，因此索引应该将网站的主体明确显示出来。

在制定栏目时，要仔细考虑，合理安排。好的栏目规划结构是网站内容的总体概述，它利用导航的形式予以表现，指引浏览者在页面间访问和跳转。

不同类型的网站其定位和功能也不同，具体问题具体分析，但通常遵循一些通行的准则。

1）栏目内容一定要紧扣主题。可以将网站的主题按照一定的方法分类作为网站的主栏目。同时要明确，主栏目的个数在整个栏目中应占有较大比重。

2）栏目的目录设计要求简洁，结构层次清晰，以方便网站的管理。不管网站的内容有多精彩，如果缺乏对内容的准确提炼和总结，不能清晰地告诉访问者所需的信息在哪里，则最终难以引起浏览者的关注。

3）栏目的内容要突出重点，对于用户经常要访问的内容应直接放入主栏目下。而对于其他的辅助内容，如关于本站、版权信息等可以不放在主栏目中，以免冲淡主题。尽可能删除与主题无关的栏目，尽可能将网站最有价值的内容列在栏目上。

4）为方便用户使用，一般情况下访问者应能够在单击 3～5 次后可查询到相关问题。因此应对栏目级数进行控制，网站的页面级数最多控制在三级，同时链接应当是清晰而准确的。

在基于通行准则的指导下，可以针对网站特点和性质具体确定栏目设计。栏目设计的基线应该是以用户为中心，以一种访问者容易、直观、可预期的方式来设计网站的结构。一般应该从网站的类型、希望表达的内容、信息的分类及同类网站的设计等方面考虑。

为了更好地进行栏目设计，需要收集大量的相关资料，并对其进行整理。整理以后再找出重点，根据重点及网站的侧重点，结合网站定位确定网站的分栏目需要有哪几项，可以参考其他类似网站的栏目，然后反复比较，最后确定网站相关的栏目，形成网站栏目的树状列表，用以清晰地表达站点结构。

2. 目录结构规划

网站目录是指建立网站时创建的目录。目录结构主要指网站包含的文件所存储的真实位置所表现出来的结构。目录结构往往是设计者容易忽略的问题。大多数初学者进行站点设计时都是未经规划随意创建子目录。事实上，目录结构的好坏对于网站的维护、内容的扩充和移植、搜索引擎的访问等都有重要的影响。

（1）建立目录的建议

- 不要将所有文件都存放在根目录下。
- 按栏目内容建立子目录。
- 建立一些特定目录用于存放公共信息。例如，把图片文件存放在 images 目录中。

（2）目录规划原则

- 目录的层次不要太深，建议不要超过 3 层。
- 不要使用中文目录，否则会影响对网址的正确显示。
- 不要使用过长的目录。
- 尽量使用意义明确的目录，如可以使用 images、css、js 和 bbs 等。
- 通常将首页命名为 index，放在根目录下，每个栏目的首页也命名为 index。

1.4 布局设计

1.4.1 布局设计原则

当 Web 站点的开发者完成了站点的栏目规划后，实际上就已经掌握了网站用户群体最希望看到的标题内容，接下来就是使用页面布局将这些内容以合理的方式展示给用户。

网页布局体现的是网页中各个模块的重要程度及用户可能的关注重点，合理的布局应能够将站点想要传达的信息快速而高效地提供给用户，因此布局是整个界面的核心。在布局时，一定要注意网页内容和形式的统一、协调和均衡。

通过对各种公司网站页面信息内容进行分析可以发现，大多数公司网站的网页上部主要放置公司的 Logo 和广告条，然后是一个横向导航条；中间大部分区域为内容信息区，由于这部分内容较多，又将其划分为左、中、右 3 部分，分别放置不同类型的信息内容；底部为页脚区域，主要放置公司的版权信息、底部导航等。这种就是标准的上中下的布局结构。

设计者应考虑如何使网页的布局与内容完美地结合。使得网站既能准确、快速地表达网站的主要内容，让用户把注意力集中到浏览内容上，还能够维持网页整体的稳定和美观。通常可以从以下几个大的方面考虑布局的基本设计原则。

1）网页布局的内容应来源于需求，栏目的重要程度决定了网页布局的形式。网页中要展示的内容必须是依据站点的主要栏目进行规划的。同时可以将所要表达的相近栏目集中放在一个区域显现，构成一种群体效应。

2）网页布局应区分栏目模块的重要程度。区分开栏目的主次性，重要栏目以顶部、左侧排列，次要栏目以底部、右侧排列。即重要信息、重要功能模块遵循“靠上靠左”原则。

3）网页布局必须尊重用户习惯。不仅要考虑不同类型用户的使用习惯差异，还要考虑中、英文等不同语种用户的浏览习惯。

1.4.2 布局设计类型

1. 传统布局类型

网页布局大致可分为“国”字型、“匡”字型、标题正文型、框架型、封面型和变化型等。

（1）“国”字型

也可以称为“同”字型，是一些大型网站常用的类型。即最上面是网站的标题及横幅广告条，接下来就是网站的主要内容，左右分列两小条内容，中间是主要部分，与左右一起罗列到底，最下面是网站的一些基本信息、联系方式和版权声明等。这种结构是最常见的一种结构类型，如新浪、搜狐、网易和腾讯等门户网站。

（2）“匡”字型布局

这种结构与“国”字型其实只是形式上的区别，它去掉了“国”字型布局的最右（或左）边的部分，给主内容区释放了更多空间。这种布局上面是标题及广告横幅，接下来的左（或右）侧是一窄列链接等，右（或左）列是很宽的正文，最下面也是一些网站辅助信息。

（3）标题正文型

这种类型即最上面是标题或类似的一些东西，下面是正文，比如一些文章页面或注册页面等就是这种类型。

（4）框架型

框架型可分为左右框架、上下框架及综合框架等几种。框架型网站的优势在于可以使网站的维护变得相对容易，但其不易被搜索引擎索引。框架结构的一个共同特点就是浏览方便、速度快，但结构变化不灵活，通常用于网站后台管理页面的布局。由于在最新的 Web 标准中不再被支持，所以要慎用。

（5）封面型

这种类型基本上出现在一些网站的首页，大部分为一些精美的平面设计结合一些小的动画，放上几个简单的链接或者仅是一个“进入”的链接，甚至直接在首页的图片上做链接而没有任何提示。这种类型大部分出现在企业网站和个人主页中，处理好了会给人带来赏心悦目的感觉。

（6）“三”或“川”字形布局

“三”字形布局是一种简洁明快的网页布局，在国外用得比较多，国内比较少见。这种布局的特点是在页面上由横向两条色块将网页整体分割为 3 部分，色块中大多放置广告条与更新和版权提示。

“川”字形布局的整个页面在垂直方向分为 3 列，网站的内容按栏目分布在这 3 列中，最大限度地突出主页的索引功能。

2. 网页设计趋势

移动设备的流行改变了整个网页设计的技术，同时也影响了设计风格。设计趋势每年都在改变，出于各种原因，有的设计趋势在演进中逐渐消失，有的则在大家的熟练运用过程中渐入佳境，甚至逐步变为主流。如今，响应式网页设计、全幅背景、滚动式与微动画等几种网页模式成了主流设计。

（1）响应式网页设计

响应式网页设计是一种网页设计的技术方法，可使网站在多种设备上阅读和浏览。响应式网页可让同一个网页界面随着不同设备的尺寸调整网页的浏览方式，同一笔图文数据在计算机上为模式排列，当浏览器宽度缩减到手机尺寸时，则显示为竖直排列，即不会因设备尺寸不同而无法正常阅读。

（2）全幅背景

随着屏幕尺寸越来越大及移动设备的盛行，可随屏幕缩放图片尺寸的全幅背景网页设计开始流行起来。全幅背景和传统固定宽度的横幅（Banner）场景图相比，更能凸显气势磅礴的形象。除使用图片外，还可以借助 HTML5 新增的视频（Video）标签实现全幅视频设计。

（3）单页式网页

单页式网页也可称为“滚动式网页”，移动设备改变了人们浏览网页的方式，过去在使用台式机时常常希望网页不要有滚动条，有了平板电脑后反而开始习惯手滑屏幕来浏览网页，这时单页式网页设计就成了主流。

单页式网页设计近似于浏览幻灯片的概念，让用户一次专注于了解一件事情，不用再分心去看左右两边不相干的文章。过去一个页面塞满一堆信息的网页设计已经不再流行，在信息海量的时代，简单的区块式设计才能让用户专心阅读和理解想传达的信息。

单一网页越来越长已是很普遍的做法，尤其是在移动设备普及的时代，首页通常不设链接，改而将所有内容放在单一页面中，让低头族“滑上瘾”。比起在一堆链接中跳转，必须不断重新等待新的页面加载，信息通通放在单页的形式则更易于浏览，而且不再只是首页“变长”。其实 about 或描述产品的网页都能采取滚动到底的方式。例如，苹果公司的 iPhone 页面显示网页的方式就符合长网页的趋势，把所有规格与功能全部放在单一网页内，并且增添了一些精致的动画元素，吸引用户滚动全程的注意力。

（4）固定式菜单

固定式的主菜单也是近年来流行的趋势之一，尤其是功能性菜单，大多会设计成固定式菜单。在早期，当逐步往下浏览网页内容时，最顶端的菜单其实早已看不到了，必须重新回到网页顶端后才可单击其他链接进行浏览。为了改善用户的体验，就会将菜单固定在网页的顶端，无论页面如何向下滚动，菜单依然存在。在网页下方加上“回到顶部（Back to Top）”的固定式按钮也是常见的解决方案。

（5）扁平化设计

有别于过去讲求逼真立体感的设计，扁平化设计的核心在于简洁化，只保留必要的元素。扁平化的优势在于不仅让网页程序轻量化、提升网站速度，同时也能为用户带来清晰的视觉观感。

（6）微动画

在 Flash 时代，企业网站充满各种酷炫的动画，如今随着网页的发展，取而代之的是简单、不影响阅读的微动画，如首页轮播（Slider）就是常见的做法。另外，用 CSS3 制作的颜色渐变按钮、主菜单特效等，都会让网站在体验上有画龙点睛的效果。

（7）卡片式设计

卡片式设计也称为“砖墙式设计”或“瀑布流设计”，经常用于显示许多信息流的页面，例如用图片显示整个照片墙。卡片式设计由于可横排/竖排切换，因此也常见于响应式网页设计中。

此设计技巧不算新颖，但却是响应式网页设计的最佳实践。卡片式设计的优势是模块化，重新编排栏目也不会草率或紊乱，在浏览器中能浏览大量数据。

（8）隐藏式菜单

有些网站选择把菜单隐藏起来，只有当用户单击或悬停在某个元素上时才会打开菜单，借此尽量维持画面的整洁，强调功能性。

（9）超大的字体

有些设计师会跳脱平淡的做法，尝试将字体做不同的编排风格，使用较大的标题来排版以呈现简单、有力的视觉效果。

（10）幽灵按钮

将按钮透明化，仅以能够识别的超细边框包裹着无衬线的字体，一方面减少了按钮与背景的突兀感，另一方面依然有清楚的指向。

页面的布局没有固定的方式方法，要针对具体问题具体分析，从而决定采用哪种类型，如果把上述几种类型相结合并做适当变化，就是变化型布局了。

1.4.3 布局设计元素

在网页文件中，会涉及很多页面元素。要想将这些页面元素有机地组合起来，达到满意的视觉效果，必须把这些元素放在合适的位置上，这就是网页元素的定位。

1. 页面规格

由于页面尺寸和显示器大小及分辨率有关，一般显示分辨率采用 800×600、1024×768、1280×1024、1366×768 和 1920×1080 等，所以实际设计的宽度一般采用减去右边浏览器滚动条宽度 20 像素就差不多了，但不可能为每种分辨率都设计一种规格，而高度设计时除封面型外，一般不考虑是否会超出一屏。

2. Logo 设计

Logo 代表整个网站乃至公司的形象，网页中的 Logo 基本上会出现在整个网站中的所有页面，其重要性不言而喻，现在的 Logo 越来越具有创意性，越来越简单、干净、直接，但这并不影响网站形象，这是互联网潮流趋势和设计理念的动向。好的 Logo 可以直接代表网站的灵魂，甚至延伸至产品、文化、精神和理念等，好的 Logo 也能刻画出作者的风范，甚至能体现出蕴藏在作者心中的寄托和心血。

常见的 Logo 类型有以下几种。

- 纯文字。最直接的表达方式，不作修饰和掩盖，如 drupal.org 网站。
- 文字加点缀。简洁的文字加上创意的矢量图形点缀，这类风格的 Logo 使用最广泛。
- 带 3D 元素和质感。3D 质感的 Logo 相对比较少，除了流行趋势外，主要是和网络产品文化有关。
- 暖色简洁矢量。优秀 Blog 和个人站点比较常用的风格。

3. 页头

页头又可称为“页眉”，其作用是定义页面的主题。比如一个站点的名称多数都是显示在页眉里。这样，访问者能很快知道这个站点是什么内容。页头是整个页面设计的关键，它涉及下面的更多设计和整个页面的协调性。页头中常放置拥有站点名称的图片和公司标志，以及旗帜广告。

4. 文本

网页中的主要内容是文本，若排版不合理就容易产生视觉上的疲劳。在使用文本时，要注意正文字体最好使用默认，颜色要与背景色显示区别，合理使用行距。

5. 页脚

一般使用标准的页脚，提供版权信息、最后更新的日期和法律声明等，也可以加上导航栏。

6. 图片

图片是网页中除文本外用得最多的元素，它直接影响网站的浏览速度和浏览者的第一感觉，常用的格式有 GIF、JPEG 和 PNG，还有 SVG 格式。GIF 适用于透明背景的动画或字体图像等内容，保存的文件小，但颜色数只有 256 种。JPEG 适用于不透明背景的、拥有丰富颜色的照片，但它是一种有损压缩保存的文件。PNG 是一种支持无损压缩、可以透明背景和丰富颜色的新格式，但不支持动画。使用图片时要注意尽量使用图片的原始大小。

7. 多媒体

除文本与图片外，还有声音、动画和视频等其他媒体。原则上不使用自动背景音乐。

8. 留白

留白是指网页中元素之间的空白。可以利用留白来达到页面平衡，使整个页面布局松紧有度，形成虚实、浓淡、动静、轻重的效果，给人以跌宕起伏之感。留白可以是空白，也可以是大面积的单纯色彩，或是规则图形的组合，它使文字之间、图形之间形成页面节奏感、版块层次感、内容主次感。具体设计时要注意：网页顶部留白，保留传递网站的类型、风格的 Logo 和提供简单明了的导航链接；页面背景留白，去除阻碍视线顺畅流动的底纹等装饰性元素，根据实际需要设计好页面边空；简化标题表现，去除题花等装饰性元素，特别是头条、置顶和图版等，不做围框、流动和色彩变换等特效重复强调；版块分离用空白而不是表格或线条。

1.4.4　布局设计技术

1. TABLE 表格布局

表格布局的优点是简单易用、所见即所得、设计速度快。但表格布局的代码可读性差、可维护性差、网页打开速度较慢。由于后台代码太多，导致网站打开速度慢。如果要考虑手机客户，请不要使用该布局。

2. DIV+CSS 布局

DIV+CSS 布局的优点为：DIV 用于搭建网站结构、CSS 用于实现网站表现，将表现与内容分离，便于大型网站的协作开发和维护；提高搜索引擎对网页的索引效率；缩短改版时间；大大缩减页面代码，提高页面浏览速度，缩减带宽成本；强大的字体控制和排版能力。

随着浏览器版本的标准化和制作工具的完善，该布局技术原来的缺点已经逐渐被克服了，建议使用。

3. 框架布局

框架由于不能进行精确的元素定位，因此不能独立完成页面的布局，它常常与表格配合使用，先用框架将页面划分为几个区域，然后再用表格实现各区域的精确局部，常用在网站系统的后台页面设计中。由于在 HTML5 标准中已经不推荐，所以该布局不建议使用。

4. 响应式布局

响应式布局可以为不同终端的用户提供更加舒适的界面和更好的用户体验，而且随着目前大屏幕移动设备的普及，用“大势所趋”来形容也不为过。随着越来越多的设计师开始采用这个技术，不仅看到很多的创新，还看到了一些成形的模式。这种布局主要是采用 CSS3 中的 Media Query（媒体查询）来实现。

1.5 内容设计

1.5.1 文本

对于网页来说，最重要的就是信息内容。信息的品质与数量决定了人们对这个网页的评价高低。一个用户之所以访问网站，主要目的在于网站的内容，因此内容设计应当满足网站的目标，每个页面的内容应当得到良好的组织，适合网站的受众。

文本是网页中重要的设计元素之一。好的文本内容是专门为这个网页编写的，而不是简单地从一堆材料中复制过来的。对于网页设计初学者而言，了解和掌控网页设计中的文字排版设计显得尤为重要。

1. 文字的格式化

文字的格式化包括字号、字体、字间距和行距等。

文字的大小一般以像素（Pixel）px 为单位，也可以用 em、%等。

字体可以被网页设计者用来更充分地体现设计中要表达的情感。例如，粗体字强壮有力，有男性特点，适合机械、建筑等行业的内容；细体字高雅细致，有女性特点，更适合服装、化妆品或食品等行业的内容。在同一页面中，字体种类少，版面雅致，有稳定感；字体种类多，则版面活跃，丰富多彩。关键是怎么根据页面内容掌控这个比例。从加强平台无关性的角度考虑，正文内容最佳采用默认字体。因为浏览器是用本地计算机上的字体库显示页面内容的。如果有些标题确定要使用特殊字体，可以制成图像。

行距是指在两行文字之间间隔距离的大小，是从一行文字基线到另一行文字基线之间的距离。行距本身也是具有强表现力的设计语言。系统默认将行距设为文本尺寸的 120%。适当的行距会形成一条明显的水平空白带，以引导浏览者的目光，而行距过宽会使一行文字失去较好的延续性。为了加强版式的装饰效果，可以有意识地加宽或缩减行距，体现独特的设计情趣。例如，加宽行距可以营造轻松、舒展的情绪，对娱乐性、抒情性的内容表现恰如其分。而宽、窄行距并存，可增加版面的空间层次与弹性，表现出独到之处。

2. 文字的强调

1）文字的强调。一般是对网站内容信息的一个加强手法。

2）行首的强调。可以将正文的第一个字或字母放大并做装饰性处理，嵌入段落的开头，在传统媒体版式设计中称为“下坠式”。这种方式可以起到吸引视线、装饰和活跃版面的作用。

3）引文的强调。在进行网页文字编排时，常常会碰到提纲挈领性的文字，即引文。引文可以概括一个段落、一个章节或全文大意，因此在编排上应给予特别的页面位置和空间来强调。引文的编排方式多种多样，如将引文嵌入正文的左右侧、上方、下方或中心位置等，并且能在字体或字号上和正文有差别而产生变化。

4）个别文字的强调。是将个别文字作为页面的诉求重点，能通过加粗、加框、加下画线、加指示性符号或倾斜字体等手段有意识地强化文字的视觉效果，使其在页面整体中显得出众而夺目。

3. 文字的颜色

在网页设计中，颜色的运用可以强调文字中特别的部分，还可以对整个文字内容的情感表达产生影响。设计者能为文字、文字链接、已访问链接和当前活动链接选用各种颜色。系统也会有一些默认的设置。使用不同颜色的文字能使想要表现的部分更加引人注目，但使用过多会影响阅读页面内容，使浏览者感到杂乱无章，不知所措。

1.5.2 多媒体

除了文本网页内容之外，还可以将一些图片、动画、声音和视频置入网页中，丰富一个页面的内容表达方式。

图片是网页设计时大量使用的一种信息表达工具。在网页制作时，既要保证页面的显示速度，又要保证画质的精美。最好能遵循一些图片的使用原则：要尽可能保证下载速度，特别是要兼容移动浏览器的网页；网页中所采用的每一张图片最好都设置 width 和 height 这两个 CSS 样式，以使网页数据下载过程更顺畅；将不同图片类型进行分类放置管理；将大图片分割；网页背景图要简单明快。

动画已经成为表现网页活力的标志，将这一技术与广告、卡通、MTV 制作等配合使用，可以开拓发展无限的商业机会。

声音一般被嵌入到网页中，当用户打开页面时或用户主动点击时进行播放。一般可以插入到网页中的声音文件格式有 MP3、WAV、WMA、MIDI 和 RM 等；另外，视频也是网页中一种流行的元素。

在网页中插入多媒体元素时，可能遇到文件大小不符、格式不能播放等问题。因此，在网页中使用多媒体元素时，需要考虑显示效果、网络速度等因素。

1.5.3 内容排版

排版并不仅仅是只要做到整齐就足够了，还要有明确的分类，以及主题的适当规划。排版包括表格、框架的应用、文字缩排和段落等。

页面中的正文部分是由许多单个文字经过编排组成的群体，要充分发挥这个群体形状在版面整体布局中的作用。在对正文的排版上，需要注意以下问题：两端均齐的页面显得端正、严谨、美观；居中排列的页面使文字更加突出，产生对称的形式美感；左对齐或右对齐很容易与图形配合，这种编排方式有松有紧，有虚有实，跳动而飘逸，能产生节奏与韵律的形式美感，左对齐符合人们的阅读习惯，显得自然，而右对齐显得新颖；绕图排列方式令人感到图文融洽、自然。

把关联项在视觉上进行分组。对有关联的内容，如页面内的元素通过进行恰当的逻辑分组，使得页面间不同的内容通过留白进行区别，让用户能够知道不同的区域包含不同的内容，在结构上改善视觉效果。

创建视觉层次。有效地使用留白和逻辑分组可以给站点一个清晰的视觉层次。当然，站点的信息架构是有效地使用接近原则的基础。层次是靠把元素分成有继承关系的组来表达的。层次让用户明白他们在什么地方、要到什么地方去，从而实现站点交流的目的。列表就是视觉上表达层次关系的很好例子。有层次关系和逻辑分组的内容更容易阅读和查找。

利用三分法，确定表现重点位置。三分法有时也称为井字构图法，是一种在摄影、绘画和设计等艺术中经常使用的构图手段。在这种方法中，摄影师需要将场景用竖线和两条横线分别分割，就如同是书写中文的“井”字。这样就可以得到 4 个交叉点，然后再将需要表现的重点放置在 4 个交叉点中的一个即可。

1.6 风格设计

1.6.1 网页设计构成要素

网页设计的风格、图形和内容形式千变万化，构成图形图像的最基本的造型元素是点、线、面。点、线、面的变化组合构成网页实际的多样化，是与别具一格的独特性相联系的。点、线、面的变化是网页设计活力的体现，也是创造形式美的基本要求，使网页设计具有不同审美倾向的特征。如果以不同图形或者单位来划分点、线、面，又是相对的。例如，一个圆形就是一个点，一排圆形就是一条线，几排、几十排甚至几百排的圆形就组成了一个面。

1. 点的构成

在网页设计中，运用点的属性可以创造出千变万化的点造型。点是造型的最基本要素，也是构成中最简洁的形态。点在线、面里相对来说是最小的单位，依托无数的点可以形成线和面。

在视觉形态中，点具有形状、方向和大小等属性。点的概念是相对的，是与周围的视觉元素相比较而言的。点一般表示为圆形，但也可以是三角形、方形或无规则图形。作为视觉上的点，随着面积的扩大，趋于面的感觉就越强。点具有视觉集中的属性，具有强烈的视觉吸引力。当这些点大小不同时，人们在视觉上首先注意大的点，然后逐渐向较小的点移动。随着点的增加，人们的注意力也会逐渐分散。点的数量多会有生动感，如果大小不同，就丰富了视觉节奏韵律，增加了美感。点的连续会产生节奏、韵律和方向，疏密的点阵会产生空间感。点的形状、方向、大小、位置、聚集、发散、层叠或交错，能够给人带来不同的心理感受。

单纯由点构成的网页较少见到，一般总是和其他元素配合使用。这种版面往往轻松随意、生动活泼，给人印象深刻，休闲、娱乐类网站使用较多。

2. 线的构成

线是由点的移动或连续排列构成的，或者说由两点连接而成，是不占面积的。用线能表现作品的感情和抽象意义，页面的工整感和速度感也是靠线性来表现的。线在空间中具有方向性和运动感。

线分为直线和曲线两种。直线分为垂直线、斜线和水平线；曲线分为几何曲线和自由曲线。线的粗细、长短、形状的变化，在不同的环境中有各自的意义。直线有坚硬、力量、速度的感觉；曲线常常体现柔软、流畅、温和的女性特征。以两种或两种以上不同大小、颜色、形状及方向的线作为设计元素，可使页面富有很强的表现力。可以运用反复、近似、渐变、对比、聚集或扩散等手法，将不同的线运用到页面设计中，以获得不同的效果。但要注意对比、协调的关系。

线是分割页面的主要元素之一，是决定页面风格的基本要素。根据各自线性的特征，可设计出风格不同的网页。

3. 面的构成

点的密集、线的运动排列产生了面。与点和线相比，面具有更强的视觉效果和表现力。面可分为几何形和自由形两类。方形、圆形和三角形都是几何形，多边形的面也常在网页中出现。几何形给人以简洁明快、有序理性的特征。

在视觉形态上，面通过大小、位置、形状和角度的变化，形成自己鲜明的个性和情感特征。设计时要注意把握不同形状的面之间的相互关系与整体和谐。

面的组合是灵活多样的，一个页面可能有叠加、重合、穿插的效果，根据视觉效果而定。可以用独立的面构成设计，也可以将各种类型的面结合起来，多做些新的尝试。

4. 混合的构成

点、线、面是视觉构成的基本元素，具有不同的情感特征，是最重要的表现手段。单纯地运用某个点、线、面，页面有可能单调、乏味，它们在图形图像中往往是共同作用的，这样才使页面更具有强烈的表现力。合理地平衡安排好点、线、面之间的关系，将点、线、面加以综合、灵活运用，一定能设计出丰富、充实、具有最佳视觉效果的页面。

1.6.2 网页设计的风格类型

网页设计作品实际上没有好坏之分，只有风格类型上的区别。

网页设计的目标就是为了突出站点的自身特点，以信息内容得到理想传达为前提。根据网站的主题内容，主页的设计首先要考虑风格形式的定位。目前，网页的应用范围日益扩大，几乎囊括了所有行业。归纳起来大体有几大类：新闻机构、政府机关、企业门户、科教文化、娱乐艺术、电子商务和网络中心等。不同性质的行业应体现出不同的主页风格类型。

网页设计的整体风格要靠图形图像、文字、色彩、版式和动画来表现。在不同的领域中，艺术创作的角度及方式是有区别的。从网页设计特殊属性的角度分析主页风格，大体可以分为平面风格、矢量风格、像素风格和三维风格。

在网页设计基础上，网页设计师的风格就是运用自己的手段，包括审美素质、应用软件的能力及感受生活的敏锐观察力，建立具有独特设计风格及艺术表现力的页面。

1. 平面风格

平面设计是二维的设计，平面风格始终是基于一个二维视图来工作的，侧重于构图、色彩及表达的思维主旨，往往给人以空灵、透气、爽快的感觉，这种构图形式可以在有限的页面中表现出无限的空间感。此种风格在网页设计里最常见且最实用，如门户与新闻类网站、商业与企业类网站、娱乐与游戏类网站、运动与休闲类网站、文化与教育类网站、生活与时尚类网站、兴趣爱好和个人网站等，平面风格已经渗透到以上各个类型的网站。

2. 矢量风格

矢量图使用直线和曲线来表述图形，这些图形的元素大多是一些点、线、矩形、多边形、圆和弧线等基础元素。它们都是通过数学公式计算获得的，所以文件体积一般较小。矢量图形最大的优点是无论放大、缩小或旋转都不会失真；最大的缺点是难以表现色彩层次丰富的逼真图像效果。

矢量图形插画是运用图案表现的形象，本着审美与实用相统一的原则，尽量使线条、形态清晰明快，块面感强，制作方便。矢量图形插画是世界上通用的设计语言，其设计在商业应用上通常分为人物、动物和商品形象等，也被越来越多地应用到广告设计中。由于具有夸张诙谐、极具个性魅力的装饰表现手法，目前在国内互联网上被运用得越来越多。

3. 像素风格

点阵图像是一种图标风格的图像，更强调清晰的轮廓及明快的色彩。几乎不用混叠方法来绘制光滑的线条，由许多不同颜色的点一个个巧妙地组合与排列在一起，构成一幅完整的图像，这些点称为像素（Pixel），图像称为 Icon（图标）。像素风格型网站为互联网增添了独特、亮丽的风景线。

4. 三维风格

三维用于在顶视图、正视图、侧视图及透视图中创作并编辑物体，以一个具有长、宽、高 3 种度量的立体物质形态出现，这种形态可以表现在商品的外形上，也可以表现在商品的容器或其他地方。在网页设计中，三维风格的表现简单得多。三维空间的设计可借助于三维的造型手段，通过折叠、凹凸处理，使画面产生浮雕、立体等三维效果。三维构成以丰富厚重的内涵和深度，以及多层级、全方位的展现，给人以深厚、强烈的视觉印象。

1.7 色彩设计

1.7.1 色彩基础

色彩是网站最重要的一个部分，色彩能够呈现设计意图、表达个性、对内容进行区分、布局和强调，一个网站设计成功与否，在某种程度上取决于设计者对色彩的运用和搭配。

1. 色彩的感觉

色彩是与人的感觉（外界的刺激）和知觉（记忆、联想、对比等）联系在一起的。色彩感觉往往存在于色彩知觉中。

每个人对色彩的感觉是有差异的。由于国家、种族、宗教和信仰的不同，以及生活的地理位置、文化修养的差异等，不同的人群对色彩的感觉程度差异也很大。

在设计中要考虑主要读者群的背景和构成，配色方案通常根据主题的不同而不同。例如中国文化风俗，通常采用传统特殊配色方案，对比色运用较多，喜欢使用一些暖色，如红色、黑色、纯紫和亮黄色等。

网页设计的色彩搭配构成是每个初学者较为头疼的问题，主要原因是对色彩的控制能力不强。下面先从“感觉”入手。

色彩有冷、暖的感觉。一般来说，看到红、橙、黄等颜色时感到温暖，而看到蓝、蓝紫、蓝绿等颜色时感到寒冷。

色彩有进退和张缩的感觉。白色与黑色在灰色背景的衬托下，感觉白色比黑色离眼睛近，白色是发射状态，黑色比较纵深。在同一面积条件下，白色显得比黑色面积大。

色彩有轻重、软硬的感觉。按质感来说，红色、黄色较柔软，蓝色、绿色显得坚硬。

色彩有华丽、朴素的感觉。从色相看，暖色给人的感觉华丽，而冷色给人的感觉朴素。从明度看，明度高的色彩给人的感觉华丽。从纯度看，纯度高的色彩给人的感觉华丽。

色彩有积极与消极的感觉。红、橙、黄等暖色是最令人兴奋的积极色彩，而蓝、蓝紫、蓝绿等就容易给人以沉静而消极之感。

（1）色彩的醒目性

色彩和背景之间的明度差直接影响着观赏者的辨认度。在黑色背景下，白色的图片或者文字看起来很清晰，但是如果采用绿色、蓝色或其他颜色，浏览者就要仔细辨认才能看清楚，这就是明度差造成的区别。一般来说，明亮、纯度高、暖色调的色彩醒目性高，与背景色明度差大、接近补色关系的配色突出。

在网页配色中经常要突出某些部分的色彩，如网站的主题、主体部分和标志等，这就是色彩的醒目性。一些色彩通过视觉刺激容易引起人们的心理反应，因而可以从多种色彩中脱颖而出。

（2）色彩感觉的偏差

在网页设计中，除非是为了追求特殊个性主题的效果，否则色彩感觉与内容不符的话，无论多么美丽的配色都会令人感觉不舒服。例如，看到啤酒字样，容易让人想到棕褐色，牛奶是乳白色的，森林是绿色的，大海是蓝色的，青年是活力、鲜艳的色调，老年是灰暗、和谐的色调，表示运动的用明亮、活泼的色调，力量类型则使用对比强烈的色调等。

2. 色彩的属性

现实生活中的色彩可以分为彩色和非彩色。其中黑、白和灰属于非彩色系列，其他的色彩都属于彩色。任何一种色彩都具备3个特征：色相、明度和纯度，又称为色彩三要素，其中非彩色只有明度属性。当色彩间发生作用时，各种色彩间形成色调，并显现出自己的特性。

（1）色相

色相是指色彩的名称，也称色调，是颜色的基本特征，反映了颜色的基本面貌，是一种色彩区别于另一种色彩的最主要的元素。例如紫色、绿色、黄色等都代表了不同的色相。

（2）明度

明度也称亮度，体现了颜色的深浅差别、明暗程度。非彩色黑、灰、白较能形象地表达这一特质，只有明度特征，没有色相与饱和度的区别。明度差别即指同色的深浅变化，又指不同色相之间存在的明度差别。

（3）纯度

纯度也称饱和度，是指色彩的鲜艳程度。纯度高的色彩纯粹、鲜亮，颜色的混合越多则纯度越低。某一纯净色加上白或黑，可降低其纯度，或趋于柔和或趋于沉重。如正红色为最高饱和度，浅红与深红的饱和度则较弱。

3. 常用的基本概念

可见光可以被分解为从蓝色到红色的一个渐进的彩虹光谱带。色环实质上就是在彩色光谱中所见的长条形色彩序列，只是将首尾连接在一起，使红色连接到另一端的紫色。

原色又称基色。原色是指红色、黄色、蓝色 3 种颜色。自然界中的颜色丰富多彩，但最基本的就是这3种。其他的颜色都可用这3种颜色按不同的比例混合出来，而这3种颜色则不能用别的颜色调配出来，故称为原色。

间色又称二次色。它是由三原色调配出来的颜色。红与黄调配出橙色；黄与蓝调配出绿色；红与蓝调配出紫色，橙、绿、紫 3 种颜色又称“三间色”。在调配时，由于原色在份量多少上有所不同，所以能产生丰富的间色变化。间色系尽管是二次色，但仍具有很强的视觉冲击力。适当地添加白、黑色块是一个不错的选择。

复色又称三次色或复合色。复色是由两种间色或由原色与间色混合而产生的颜色。复色的纯度较低，色相感觉不鲜明，含有灰色成分。复色系较前两种色系柔和，不同面积的冷暖搭配是一个不错的配色组合。

补色是广义上的对比色。色相环上相对的两个颜色即为补色。三原色中的一种与其他两色混合而产生的间色，即互为互补关系。对比色中红与绿、蓝与橙的使用最频繁，在服装、食品类的网站中使用较多，通过强烈的视觉传递来激起人们的购买欲。

在色环上任一颜色同其毗邻之色互称为“邻近色”。邻近色也是类似色关系，仅是所指范围缩小了一点。例如红色和黄色、绿色和蓝色，就互为邻近色。

类似色系较同类色显得安定、稳重的同时又不失活力，是一种恰到好处的配色类型。

同类色是指同一色相、不同明度变化的颜色。即两色属于同一类颜色，只是深浅、明暗不同，如黄色、淡黄、橘黄，朱红、玫瑰红、深红等。它能起到色调调和、统一，又有微妙变化的作用。同类色系显得沉稳、内敛，有时有单调感。只运用同类色系配色，是十分稳妥的做法，如果添加少许色环上相邻或者相对的色系，页面的活跃感与强度就可以表现出来。

红、橙、黄等颜色容易使人联想到阳光、烈火，故称“暖色”。暖色系色彩的饱和度愈高，其温暖的特性愈明显；暖色与黑色调和，可以达到很好的视觉效果。可以多尝试用暖色系通过明度的变化及无色彩、邻近色、对比色的加入，调配出表现不同主题的色调组合。

绿、青、蓝等颜色称为“冷色”。冷色系色彩的亮度愈高，其特征愈明显，冷色一般与白色调和可以达到一种很好的效果。

在存在明度差的情况下，冷色系与邻近色、无彩色恰当搭配时，不一定需要加入对比色，也一样有很强的视觉冲击力。

4. 网页色彩的色调组合

（1）色调

页面中总是由具有某种内在联系的不同色彩组成一个完整统一的整体，形成画面色彩总的趋向，称为色调，也可以理解为色彩状态。色彩给人的感觉与氛围是影响配色视觉效果的决定性因素。

为了使页面的整体画面呈现稳定、协调的感觉，可以把视觉角色主次位置分为以下几个概念，以便在网页设计配色时更容易掌握主动权。

1）主色调：页面色彩的主要色调、总趋势，其他配色不能超过该主要色调的视觉面积（背景白色不一定由视觉面积决定，可以根据页面的感觉需要决定）。

2）辅色调：仅次于主色调的视觉面积辅助色，是烘托主色调、支持主色调、融合主色调的辅助色调。

3）点睛色：在小范围内加上强烈的颜色来突出主题效果，使页面更加鲜明生动。

4）背景色：衬托环抱整体的色调，起协调、支配整体的作用。

（2）色彩的对比

对比与调和就是形式美的变化和统一。

在一定条件下，不同色彩之间的对比会有不同的效果。在不同的环境下，多色彩给人一种印象，单色彩给人另一种印象。

各种纯色的对比会产生鲜明的色彩效果，很容易给人带来视觉与心理的满足。红、黄、蓝3种颜色是最极端的色彩，在它们之间进行对比，哪一种颜色也无法影响对方。

色彩对比是指各种色彩的界面在构成中的面积、形状、位置，以及色相、明度、纯度之间的差别，使网页配色增添了许多变化，页面显得更加丰富多彩。

色彩的对比规律大致有以下几点。

1）色相对比：色相对比是指因色相之间的差异所形成的对比。当主色相确定后，必须充分考虑其他色彩与主色相的关系、要表现的内容及效果等，才能增强其表现力。不同色相对比取得的效果有所不同，两色相越接近，对比效果越柔和；越接近补色，对比效果越强烈。

2）明度对比：可分为彩色差的明度对比及非彩色差的明度对比。明度对比是指色彩之间明暗程度的差异所形成的对比，是页面构成和谐的黑、白、灰效果的主要手段。色彩的层次与空间关系主要依靠色彩的明度对比来表现。例如柠檬黄明度高，蓝紫色明度低，橙色和绿色属中明度，红色与蓝色属中低明度。

3）纯度对比：纯度对比是指不同色彩之间纯度的差异所形成的对比。色彩纯度可大致分为高纯度、中纯度和低纯度3种。未经调和过的原色的纯度是最高的，而间色多属于中纯度的色彩，复色本身纯度偏低因而属于低纯度的色彩范围。纯度的对比会使色彩的效果更明显。

4）补色对比：将红与绿、黄与紫、蓝与橙等具有补色关系的色彩彼此并置，使色彩感觉更为鲜明，纯度增加，称为补色对比。

5）冷暖对比：冷暖对比是指不同色彩之间的冷暖差异所形成的对比。色彩分为冷、暖两大色系，以红、橙、黄为暖色系，蓝、绿、紫为冷色系，两者基本上互为补色关系。另外，色彩的冷暖对比还受明度与纯度的影响，白色发射率高而感觉冷，黑色吸收率高而感觉暖。

将这两个色系的色彩安排在同一画面时，其对比效果极为强烈。通常初学者在配色时较容易造成两色相互排斥，导致画面色调不协调。一般采用以下两种方法调和。

① 纯度调整：降低冷暖两色的纯度。用黑、白、灰明度变化来调整画面的层次，直接使用黑、白、灰色系进行画面搭配，或者加入补色，也都能很好地起到协调作用。

② 面积调整：主次的面积区分。根据设计主题的需要，在画面的面积上以一方为主色，掌控画面的基调，其他颜色在使用面积上拉开距离，使画面的主次关系更突出，在统一的同时又富有变化。

6）面积对比：同一种色彩，面积越大，明度、纯度越强；面积越小，明度、纯度越低。面积大的时候，亮的色显得更轻，暗的色显得更重，这种现象称为色彩的面积效果。面积对比是指页面中各种色彩在面积上多与少、大与小的差异，这种差别会影响整个页面的主次关系。面积的对比可以是中、高、低明度差的面积变化及中、高、低纯度差的面积变化。

（3）色彩的调和

两种或两种以上的色彩合理搭配，产生统一、协调的效果，称为色彩调和。色彩调和是人们求得视觉统一、达到心理平衡的重要手段。

1）同种色的调和：相同色相、不同明度与纯度的色彩调和，使之产生秩序的渐进，在明度、纯度的变化上弥补同种色相的单调感。

2）类似色的调和：在色环中，色相越靠近越调和，主要靠类似色之间的共同色来产生作用。

3）对比色的调和：提高或降低对比色的纯度；在对比色之间插入分割色（金、银、黑、白、灰等）；采用双方面积大小不同的处理方法；对比色之间加入相近的类似色。

4）渐变色的调和：渐变色实际上是一种调和方法的运用，是颜色按层次逐渐变化的现象。色彩渐变就像两种颜色间的混色，可以有规律地在多种颜色中进行。暗色和亮色之间的渐变会产生远近感和三维的视觉效果。

1.7.2 网页中的色彩

1. 网页安全色

使用网页安全颜色进行网页配色可以避免原有的颜色失真问题，否则在浏览器内置调色板中没有该颜色的情况下，就会利用浏览器内置调色板中与目标颜色最相近的颜色进行替换。

在 HTML 中，颜色是以十六进制数值的形式表示的（如#FF0000）。网络安全色是一种在各浏览器和 Windows、Linux 及 Macintosh 系统上运行 256 种颜色模式时都能显示相同的颜色。这些颜色在任何用户终端显示设备浏览器上的效果都是相同的。

按照通常的看法，网络安全色是 216 种常用的颜色，从 00、33、66、99、CC 或 FF（分别是 RGB 数值 0、51、102、153、204 和 255）中任选 3 个组成的 6 位十六进制数都代表一种网络安全色。不过经过测试显示，只有 216 种网络安全色。其中彩色为 210 种，非彩色为 6 种。

许多平面设计及网页制作软件中都有 216 种网页安全色彩调色板，例如常用的 Photoshop、Illustrator、Dreamweaver 和 Animate 等。掌握了 216 种网页安全色，就可以很好地控制网页中的颜色环境。

在实际应用中，网页安全色对图形影响不大，对表格的影响较大。也就是说表格的背景色只能是216种安全色，当然可以使用小的背景图像作为表格的背景，这样就不会受到影响了。

2. 网页色彩模式

每个与视觉相关联的软、硬件都使用了某种特定的色彩空间，它是一种以数量来表现色彩的方式。

由于显示器是采用 RGB 这种方式表示色彩的，因此该色彩空间法是最常见的表现法。RGB 模式以 RGB 色彩模型为基础，而 RGB 模型则依赖混合不同的红、绿、蓝色值来建立色谱中的大多数颜色。

在 RGB 模式中，图像内的每个图像元素（像素）都赋予 0~255 之间的 3 个值，分别代表红、绿、蓝。在 RGB 模式中，这 3 个颜色成分通过调配几乎可以代表任何一种颜色，其中包括黑色、白色和各种灰色，这 3 个 RGB 值被设置为 0 表示黑色，被设置成 255（最大值）表示白色，灰色则通过把这 3 个值都设置成同一个数值来建立。所有的网页图像开始时都在 RGB 模式中被开发出来，因为该格式适合于计算机上的所有图形。颜色在计算机显示器上的再现是通过红、绿、蓝光来实现的。

3. 网页设计中使用色彩的基本原则

（1）整体性

所谓色彩的整体性，就是页面上各部分色彩的色调和比例上都有各自的角色，主色调、辅助色、点睛色及背景色一起组合成有节奏韵律、和谐统一的色彩关系。

色彩的基调是否整体和谐，主要从色相的红、黄、蓝等，色性的冷、暖色调，明度的亮、暗色阶，纯度的高纯度、低纯度等相互搭配组成来看。通常是根据页面内容及主题进行相应的选择，例如先确定一种主色，然后确定辅助色和点睛色，注意色彩的相互衬托关系和各种对比因素及协调因素。当感觉页面色彩搭配不舒服时，可以利用白色、黑色、灰色在其中起到辅助协调的作用。

（2）适用性

根据不同类型的网站选择最适合的色彩。不同类型的网站需要运用不同的色彩效果去表现，使形式与内容相统一，符合人们日常固有的认知习惯。例如医学类较适合雅致、安静的颜色，食品类多考虑能引发食欲的食物固有色，环境类以绿色、蓝色为首选等。

选择色调时应综合考虑多方面的因素，而不能只根据自身喜好的习惯颜色来做主观处理。

（3）独特性

对各色相的特性要有一个充分的了解，运用时要大胆突出其个性特征，避免与其他同类网站雷同。要符合该网站主题内容的要求，在不脱离适应性的情况下多做些尝试，使色彩的独特性充分发挥魅力，便会在众多同类网站中脱颖而出。

4. 网页设计中色彩的作用

（1）视觉区域划分

根据网站不同的主题内容来区别频道或者栏目，使人加深印象。纯净的色彩在黑色与白色的衬托下，其悦目动人之处被发挥到极致。

（2）引导主次关系

有很多因素会影响色彩的主次关系，色彩的大小就是其中最重要的一项。色彩的大小会令色彩的主次关系有一种生动的效果，既可以是位置的变化，也可以是面积的变化。利用纯度对比能迅速强化视觉中心效果，无色彩的黑白对比也非常强烈。

（3）营造活跃气氛

能营造真实的场景空间，活跃并渲染气氛。黑色的背景能够制造出安静深沉、神秘莫测的气氛，并增强真实的空间感。

1.7.3 网页配色方案

1. 色彩的象征情感

色彩的象征性是从心理学角度来研究色彩的情感和表现力的。

色彩语言具有的象征性是由多重因素决定的。色彩的联想既受到人们的经验、记忆和知识等因素的影响，也因民族、年龄、性别的差异而有所不同，还因性格、教养、职业和生活环境等的差别而存在许多心理上的差异，由此形成色彩象征的多重性。人们对于色彩特征也并非凝固不变，会因民族间的交往而相互接近、逐渐融合。

色彩的渐层变化中有高、中、低不同的调子。暗色中若含有高亮度的对比，会给人以清晰、激烈的感觉，如暗色背景下，淡黄色、鲜黄色给人很强烈的视觉刺激；若暗色中含有中亮度的对比，会给人以沉着、稳定、深沉的感觉，如暗色中间含有纯蓝。中性色与低亮度的对比，给人以模糊、朦胧、平和的感觉，如蓝绿色中间的浅灰。纯色与高亮度的对比，会给人以明亮清爽的感觉，如绿色与白色。纯色与低亮度的对比，会给人以柔和、舒适的感觉，如浅蓝色与灰色。纯色与暗色的对比，会给人以激烈、坚硬的感觉。

在网页设计中，也经常采用象征性来表示主题和商品的属性，还会运用色彩的象征性来表达冷暖、轻重、兴奋、沉静、时尚与古典等情感。

下面根据红、橙、黄、绿、蓝、紫的色环顺序及非彩色的黑、白、灰，对颜色的象征属性举例分析。

（1）红色的热情

红色的色感温暖，性格刚烈而外向，是一种对人刺激性很强的颜色。红色容易引起人的注意，也容易使人兴奋、激动、紧张和冲动，还是一种容易造成视觉疲劳的颜色。

在众多颜色里，红色是最鲜明生动、最热烈的颜色，极容易吸引人们的目光。红色与黑色的搭配，在商业设计中被誉为商业成功色，鲜亮的红色多用于小面积的点缀色。红色在不同明度、纯度的状态（粉红、鲜红、深红），所表达的情感是不一样的。在网页颜色的应用几率中，纯粹以红色为主色调的网站相对较少，通常都配以其他颜色进行调和。由于红色的特殊属性，通常较多地用于食品、时尚、休闲等网站。

粉色传达着柔情、娇美、害羞、甜蜜、纯真、诱惑的心理感受。

深红色传达着稳重、消极、成熟、高贵、无畏的心理感受。

（2）橙色的华丽

橙色具有轻快、欢欣、收获、温馨、时尚的效果。

在整个色谱里，橙色具有极高的兴奋度，是最耀眼的色彩，给人以华贵而温暖，兴奋而热烈的感觉，有健康富有活力、勇敢自由等象征色彩。

在网页颜色中，橙色使用于视觉要求较高的时尚网站，也常被用于味觉要求较高的食品网站，是容易引起食欲的颜色。

（3）黄色的明快

黄色是阳光的色彩，给人以十分年轻的感觉，具有活泼与轻快的特点，象征光明、希望、高贵、愉快。浅黄色代表柔弱，灰黄色代表病态。黄色亮度最高，和其他颜色配合很活泼，有温暖感，具有快乐、希望、智慧和轻快的个性，有希望与功名等象征意义。黄色也代表着土地，象征着权力。

黄色的性格冷漠、高傲、敏感，具有扩张和不安宁的视觉现象。

（4）绿色的活力

绿色与人类息息相关，是永恒的自然之色，代表了生命与希望，也充满了青春活力。绿色象征着和平与安全、发展与升级、舒适与安宁、松弛与休息，有缓解眼部疲劳的作用。

绿色位于黄色和蓝色的冷暖之间，属于较中庸的颜色，这样使得绿色的性格最为平和、安稳、大度、宽容，是一种柔顺、恬静、满足、优美、受欢迎的颜色。

（5）蓝色的博大

蓝色是色彩中比较沉静的颜色，象征着永恒和深邃、高远与博大、壮阔与浩渺，是令人心境畅快的颜色。

蓝色的朴实、稳重、内向等性格，能够衬托那些性格活跃、具有较轻扩张力的色彩，同时也活跃了页面；另一方面蓝色也有消极、冷淡和保守等意味。蓝色与红、黄等颜色运用得当，可以构成和谐的对比调和关系。蓝色也是网站设计中运用得较多的颜色。

（6）紫色的高贵

紫色是一种在自然界中比较少见的颜色，象征着女性化，代表着高贵与奢华、优雅与魅力，也具有庄重、神圣和浪漫的品质；另一方面又有孤独、神秘等意味。

紫色的明度在有彩色的色度中是最低的。紫色的低明度给人一种沉闷、神秘的感觉。在紫色中红色的成分较多时，显得华丽、和谐。在紫色中加入少量的黑色，具有沉重、庄严的感觉。在紫色中加入白色，则变得优雅、娇气，充满女性的魅力。

（7）黑色的神秘

黑色是暗色，是纯度、色相、明度最低的非彩色，象征着力量，有时感觉沉默、虚空，有时感觉庄严、肃穆，有时又意味着不详和罪恶。自古以来，世界各国都公认黑色代表死亡和悲哀。黑色还具有吸收光线的特性，给人一种变幻无常的感觉。

黑色能和许多色彩构成良好的对比调和关系，运用范围很广，也常用来表示英俊的男人。

（8）灰色的内涵

两种或两种以上的色彩混合，如能配上灰色，这两个色调本身必能互相调和。

灰色介于黑色和白色之间，是中性色，具有中等明度、无彩色特点。若搭配不好，页面容易显得灰暗、肮脏。任何色彩加入灰色都将显得含蓄而柔和。灰色给人高品位、含蓄、精致、雅致、耐人寻味等感觉，同时也容易产生颓废、苍凉、消极、沮丧、沉闷的意味。灰色能够吸收其他色彩的活力，削弱色彩的对立面，起到融合的作用。

灰色也被称为高级灰，是经久不衰、最经看的颜色。

（9）白色的纯洁

白色是亮色，是明度最高级的非彩色。色感光明，也是最显眼的颜色之一。白色的性格朴实、纯洁、快乐，象征纯粹、朴素、高雅等。

作为非彩色，白色和黑色一样，能与各种颜色相配合，构成明快的对比调和关系。与鲜艳的色彩搭配时，显得更清爽，更具有活力。

通常在网页配色时，若感觉页面沉闷，可以考虑加入白色，往往就是点睛之笔。

2. 三种以上的色彩搭配

经常可以看到一种常规的网页配色方法——不要超过三种以上的颜色。而不少国外网站会出现三、四种以上颜色的搭配且纯度颇高，使得网站极具个性魅力，如一些企业产品网站、商务网站等，非常赏心悦目。

3. 主题色彩印象

每个人的思维方式和接收方式是有差别的，但同时又有相似的审美习惯。这其中有一定的规律和原则，根据年龄、性别、嗜好和感受的不同，将网页设计大致分类，以此作为参考。

（1）不同年龄段的印象

出生不到一周年的婴儿，适合用明亮、清洁、淡雅的色调来让其享受温柔的呵护。

少年儿童拥有活泼的性格，富有朝气，应该使用带有强烈刺激感的色彩。

年轻人性格多变，可以说适合的颜色很多，无论是强烈刺激的颜色，还是典雅暗淡的颜色，都是适合的范围。

由强烈刺激的色调逐渐转换为素雅、恬静的柔和色调，则适合中老年人。

（2）性别的印象

男性冷静、有力，女性则温柔、亲切。

男性多使用冷色调，具有稳重、强大、有力的印象，有表现男性阳刚的鲜艳色调，有体现绅士风度的儒雅色调，同时对比效果强烈的色调也能体现出男性化。

以暖色为中心的色调较适合体现女性的温柔、可爱、亲切。紫色是表现女性气质的特殊色，素雅、明亮及对比强度低的色调都能很好地表现出女性的特质。

（3）活力休闲的印象

以暖色特别是充满活力的黄色为中心。红、橙色的色彩组合最能创造出温暖的感觉。这种色彩组合具有青春、朝气、活泼、顽皮的特点。红紫色搭配它的补色黄绿色，传递着精力充沛的气息，充分表达出热力、活力与精神的意味。

明度、纯度色调及适当增加的对比强度，都适用于这个主题。

（4）优雅浪漫的印象

亮色、淡雅色调是关键因素。白色背景能产生优雅、浪漫的印象。色相差、明度差尽量控制在清淡、明朗的色调里。

粉红色代表浪漫，能引起人的兴趣与快感，而且比较柔和、宁静。使用粉色、淡紫和桃红，会使人觉得柔和、典雅，散发出强烈的女性气质。

（5）简洁质朴的印象

以干净、整洁的亮色调为中心，可以适当地添加少许灰色以降低纯度。避免使用过多颜色，尽量使用同类色、邻近色，明度反差不宜过大，要减少对比。

（6）古典神秘的印象

以黑灰、复色为主色调，冷色及明度较低的色调的搭配能表现这一主题。

宝蓝色是古典色彩组合的中间装饰色，具有持久、稳定与力量的感觉，特别是与红橙色、黄橙色搭配在一起。

紫色散发着诡异的气息，能制造奇幻的效果。各种彩度与亮度的紫色，配上橘色和绿色，能产生刺激与新奇的感觉。

（7）自然舒适的印象

明亮又朴素的柔和色调给人以强烈的自然印象。蓝色、绿色是大自然的颜色，具有清新、素雅的感觉，能体现出大自然之美，心情也变得安定、祥和。

采用色相环上绿色的同类色、邻近色，可设计出体现户外环境鲜明、生动的色调，配上少许红色，更增添生命力的感觉。

（8）华丽高贵的印象

色相差、明度差最大化的强烈色调对比，以凝重的复色作为搭配，并辅以细节精巧的造型，营造出奢华的气质。

纯蓝色和红色结合在一起，产生蓝紫色，是色相环上最深的颜色。蓝黑、蓝紫和黄橙搭配，象征权威、深不可测，表现出华丽的皇家气派。

（9）速度力量的印象

力量感的重度、强度通常以明度鲜艳的色调来表现，而速度的轻快感则以鲜艳的纯色为基调，相互结合能表现冲击力较强的页面。

黄色代表活力和永恒的动感。高纯度对比的配色设计，如黄色和它的补色紫色，含有活力和行动的意味。

1.8 小结

本章讲解了网页的相关概念、网站开发流程、Web 设计原则、网站结构规划、布局设计的原则和类型、布局设计的元素、布局设计技术、网页文本与多媒体设计、网页内容排版、网页设计的构成要素与风格类型设计、色彩基础知识与网页配色等知识。

HTML、CSS 和 JavaScript 是制作网页的三大法宝。它们在网页设计中扮演了重要的角色。HTML 是基础架构，CSS 用来美化页面，而 JavaScript 用来实现网页的动态性和交互性。

有效的 Web 设计不是通常所认为的网页的华美和漂亮，而是一个融合了多种设计原则和设计过程的系统工程。学习 Web 设计的基本原则及其在结构、布局、内容、色彩等实现中的具体方法，将有助于 Web 开发人员有效提升网站的可用性，建立良好的用户体验，保证网站对客户的持续吸引力。

1.9 思考与练习

1. 思考题

1）写出 URL 包含的 3 个部分内容的作用分别是什么？

2）按最新国际调查结果，市场占有率前 5 位的浏览器有哪些？分别占多少？

3）简述最常用的网页制作技术的用途。

4）简述 Web 设计的原则。

5）简述如何规划设计一个网站。

6）简述 DIV+CSS 布局的优点。

7）简述你对网页配色的理解。

8）简述一个 HTML 文档的基本结构。

2. 操作题

1）搜索各种类型网站，比较各自特点。

2）模仿某一知名大学网站首页，用 Photoshop 为学院实验教学网制作一个首页效果图（要求上交 PSD 格式源文件），要求 Logo 有创新。

第2章　HTML基础

HTML5 的正式发布代表着高度跨平台自适应特性的网页制作技术走向成熟，为 PC 端和移动端设备带来无缝衔接的丰富内容。本章主要介绍 HTML5 的基础知识，包括文档结构、基本语法、格式元素的用法，以及 HTML5 的新增文档结构元素。

教学目标

- 掌握 HTML5 文档结构和基本语法
- 掌握块和内联元素的区别
- 掌握 HTML 的格式元素使用方法

二维码

2.1　HTML 文档结构

如图 2-1 所示，一个完整的 HTML 文件包含头部和主体两部分内容，在头部内容中，可定义标题、页面元信息等，主体内容就是浏览器中显示的信息。

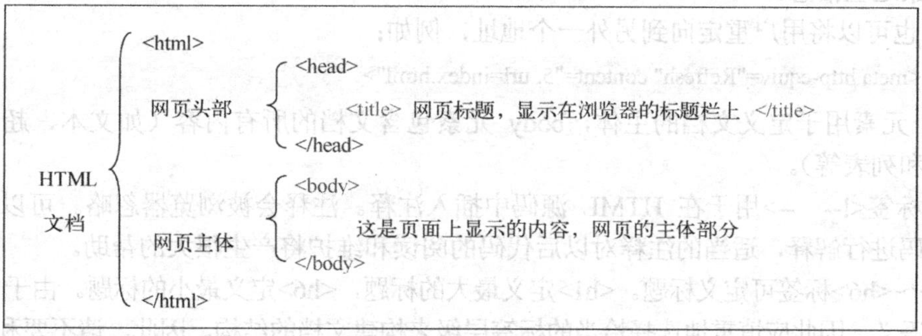

图 2-1　HTML 文档基本结构图

下面是一个简单的 HTML 示例代码。

```
<!doctype html>
<html>
<head>
  <meta charset="utf-8">
  <title>HTML5 文档</title>
</head>
<body>
  <h1> HTML5 文档结构示例</h1>
  <hr><!-- 注释内容-->
  <p>这是首页，<strong>更重要的文本</strong>。<br>
    <img src="images/welcome.gif"></p>
</body>
</html>
```

<!doctype>声明定义文档类型，必须是 HTML 文档的第一行，位于<html>标签之前。<!doctype> 声明不是 HTML 标签，是用来声明要使用什么风格的 HTML（或 XHTML）。

doctype 使浏览器知道应该如何处理文档，并且让验证器知道按照什么样的标准检查代码的语法。然后，用<html>标记标出实际代码的起始位置。HTML4 和 XHTML1 当前都有 3 种风格：严格型、过渡型和框架型。

head 元素用于定义文档的头部，它是所有头部元素的容器。<head>中的元素可以引用脚本、指示浏览器在哪里找到样式表，以及提供元信息等。文档的头部描述了文档的各种属性和信息，包括文档的标题、在 Web 中的位置，以及和其他文档的关系等。绝大多数文档头部包含的数据都不会真正作为内容显示给读者。一般使用下列标记。

1）title：定义文档标题。浏览器会以特殊的方式来使用标题，并且通常把它放置在浏览器窗口的标题栏或状态栏上。同样，当把文档加入用户的链接列表或者收藏夹或书签列表时，标题将成为该文档链接的默认名称。

2）style：定义文档内容样式表，也可用 link（定义资源引用）链接外部样式。

3）script：用于定义脚本语言。既可以包含脚本语句，也可以通过 src 属性指向外部脚本文件。

4）base：定义页面中所有链接的基准 URL。

5）meta：可提供有关页面的元信息（Meta-information），比如针对搜索引擎和更新频度的描述和关键词。<meta> 标签的属性定义了与文档相关联的名称/值对，如显示字符集、开发工具、作者、网页关键字和网页描述等。这些定义的内容并不在网页中显示，但是一些搜索引擎可以检索这些信息。

meta 也可以将用户重定向到另外一个地址，例如：

```
<meta http-equiv="Refresh" content="5; url=index.html">
```

body 元素用于定义文档的主体，body 元素包含文档的所有内容（如文本、超链接、图像、表格和列表等）。

注释标签<!-- -->用于在 HTML 源码中插入注释。注释会被浏览器忽略。可以使用注释对程序代码进行解释，适当的注释对以后代码的阅读和维护将产生很大的帮助。

<h1>～<h6>标签可定义标题。<h1>定义最大的标题，<h6>定义最小的标题。由于 h 元素拥有确切的语义，因此应慎重地选择恰当的标签层级来构建文档的结构。因此，请不要利用标题标签来改变同一行中的字体大小。相反，应当使用层叠样式表定义来完成漂亮的显示效果。

<p>标签可定义一个段落。p 元素会自动在其前后创建一些空白。浏览器会自动添加这些空间，也可以在样式表中规定。

标签可插入一个简单的换行符。
标签只是简单地开始新的一行，而当浏览器遇到<p>标签时，通常会在相邻的段落之间插入一些垂直的间距。

<hr>标签可在 HTML 页面中创建一条水平线。水平分隔线（Horizontal Rule）可以在视觉上将文档分隔成各个部分。

二维码

2.2 HTML 基本语法

2.2.1 标记语法

超文本标记语言（Hyper Text Markup Language，HTML）是用来描述网页的一种语言，它不是一种编程语言，而是一种标记语言（Markup Language）。标记语言是一套标记标签（Markup tag），HTML 使用标记标签来描述网页。HTML 标记标签通常被称为 HTML 标签

（HTML tag）。HTML 标签是由尖括号包围的关键词，如<html>、<head>和<body>等。HTML 标签通常是成对出现的，标记通常分为单标记和双标记两种类型。

1. 单标记

单标记仅单独使用就可以表达完整的意思。

基本语法：<标记标签名称>

语法说明：最常用的单标记是
，表示换行。

2. 双标记

双标记由开始标记标签和结束标记标签两部分构成，必须成对使用。开始标签告诉 Web 浏览器从此处开始执行该标记所表示的功能，结束标签告诉 Web 浏览器在这里结束该标记。开始标签、结束标签及这两个标签之间包含的内容共同组成 HTML 元素，HTML 元素就是构成 HTML 文件的基本对象，HTML 网页实际上就是由许多各种各样的 HTML 元素构成的文本文件，并且任何网页浏览器都可以直接运行 HTML 文件。

基本语法：<标记标签名称>内容</标记标签名称>

语法说明：其中“内容”部分就是要被这对标记标签施加作用的部分。“<”和“>”是任何标记标签的开始和结束。元素的标记要放在这对尖括号内，有斜线“/”的表示结束标记，元素必须被关闭。

例如，<strong>标签的作用是告诉浏览器介于标签<strong>和</strong>之间的文本相比较而言是更重要的部分，网页呈现为粗体显示。

标记标签可以成对嵌套，但是不能交叉嵌套。例如，下面的代码是错误的。

```
<strong><em>这是错误的交叉嵌套代码</strong></em>
```

📖 编写代码时，一般应该使用缩进风格，以便更好地理解页面的结构，便于阅读和维护。任何回车符和空格在 HTML 代码中都不起作用。为了使代码更清晰，建议不同的标记都单独占一行。

2.2.2 属性语法

HTML 通过标记标签告诉浏览器如何展示网页，如
告诉浏览器显示一个换行。另外，还可以为某些元素附加一些信息，这些附加信息被称为属性（Attribute）。HTML 全局属性如表 2-1 所示。

表 2-1 HTML 常用全局属性

属　性	描　述
accesskey	规定激活（使元素获得焦点）元素的快捷键
class	规定元素的一个或多个类名（引用样式表中的类）
contenteditable	规定元素内容是否可编辑
data-*	用于存储页面或应用程序的私有定制数据。存储的（自定义）数据能够被页面的 JavaScript 利用，以创建更好的用户体验（不进行 Ajax 调用或服务器端数据库查询）
draggable	规定元素是否可拖动
hidden	规定元素仍未或不再相关。浏览器中一般为不显示状态。有时也用于防止用户查看元素，直到匹配某些条件
id	规定元素的唯一 ID 名称
style	规定元素的行内 CSS 样式。不推荐使用
tabindex	规定元素的 tab 键次序
title	规定有关元素的额外信息。通常会在鼠标移到元素上时显示一段工具提示文本（Tooltip Text）

基本语法：<HTML 标记名称　属性名 1="属性值 1"　属性名 2="属性值 2"　…>

语法说明：标记中可以放置各种属性，属性值都用引号“"”引起来。虽然在源代码中不区分大小写，但还是建议标签名和属性都统一使用小写字母。

例如：

```
<p title="这是一个段落" id="newname" class="newname">段落内容</p>
```

📖 按照新的 Web 标准，所有外观样式都应该使用 CSS 来实现，本书尽量采用此方法。示例见本节源码，为了节约篇幅，后面各章节中的很多示例都只是部分出现在书本上，源码文件夹中包含了所有知识点的示例源代码，为了提高学习效率，请在阅读时边看书边在计算机上调试源代码。

2.2.3 命名规则

为了使浏览器能正常浏览网页，在用记事本或别的 HTML 开发工具编写好 HTML 文档后，在保存 HTML 时，对 HTML 文件的命名要注意以下几点。

- 文件的扩展名为.htm 或.html，建议统一使用.html 作为文件的扩展名。
- 文件命名要以最简短的名称来体现清晰的含义。每个文件夹中应该包含一个缺省的 html 文件（index.html）。
- 文件名中统一用小写英文单词、数字和下画线的组合。例如，news_title_top_b_01（性质_描述_位置_分类_数量）。文件名中不要包含汉字、空格和特殊符号，如$等。
- 也可以采用驼峰式命名规则。文件名尽量以英文单词为主。单个单词文件名称全部小写，如果文件名由两个或两个以上单词组成，则文件名称中第二个单词起的第一个字母要大写。例如，友情链接（单个）为 link，公司简介（两个）为 aboutUs。所有命名如果利用数字编号来区分文件，第一个文件命名中的 1 必须忽略，如 aboutUs、aboutUs2、aboutUs3 等。命名单词组合顺序为：划分文件项目或类型单词+功能性单词+用途类单词或编号，例如 productAdd 中的 product 为产品这个项目的名词，后面加上 Add 表示这个页面的功能为添加（增加）。如有多个添加产品的页面就可以利用编号区分，如 productAdd、productAdd2、productAdd3 等。

二维码

2.3 块元素与内联元素

块（block）元素的特点为：①总是在新行上开始；②高度（行高）、边距和填充都可控制；③宽度默认是父容器的 100%，除非设定一个宽度；④它可以容纳内联元素和其他块元素。

内联（inline）元素（又称行内元素）的特点为：①和其他元素都在一行上；②高度（行高）、边距和填充不可改变；③宽度就是它的文字或图片的宽度，不可改变；④内联元素只能容纳文本或者其他内联元素。

📖 以上特点仅仅是大家公认的使用建议，也可以根据需要自定义，比如为内联元素添加填充（Padding）。

块元素和内联元素较多，这里就不一一列举了。下面以最常用的 DIV 和 SPAN 这两个容器元素为例，对这两种元素作进一步说明。

基本语法：

```
<div id="样式名称">…</div>
```

```
<span class="样式名称">…</span>
```

语法说明：

DIV 和 SPAN 都是 HTML 的样式元素，都可以使用 ID 或 CLASS 定义样式。

DIV 是一个文档结构元素，<div>标签定义 HTML 文档中的分隔（Division）或部分（Section）。<div> 标签是块元素，可以包含段落、标题、表格，乃至诸如章节、摘要和备注等，默认没有对元素内的对象进行任何格式化渲染，主要通过 CSS 样式表来进行格式化。浏览器通常会在 DIV 元素之前和之后插入换行符
，通过设置<div>的 z-index 属性还可以设置层次的效果。

SPAN 是一个内联元素，没有实际语义，主要用来制作文字效果，尤其是标题和链接的效果，它的存在纯粹是为了应用样式，给一段内容加上<span>标签并为其定义样式来设定包裹内容的样式。如果不对 SPAN 元素应用样式，那么 SPAN 元素中的文本与其他文本不会有任何视觉上的差异，只有对它应用样式时，才会产生视觉上的变化。

一般在使用上建议用<div>标签包含<span>标签，但<span>最好不包含<div>标签。

虽然 DIV 是块元素，SPAN 是行内元素，但块元素和行内元素也不是一成不变的，只要给块元素定义 display:inline 样式就成了行内元素，而给行内元素定义 display:block 样式就成了块元素。

二维码

2.4 HTML 的格式元素

HTML 的<tt> <i> <b> <big> <small>标签均是字体样式元素，HTML 的<em> <strong> <dfn> <code> <samp> <kbd><var>和<cite>标签都是短语元素。虽然这些标签定义的文本大多会呈现出特殊的样式，但实际上这些标签都拥有确切的语义。这里并不反对使用它们，但是如果只是为了达到某种视觉效果而使用这些标签的话，建议使用样式表，会达到更加丰富的效果。

2.4.1 字符格式化

1. <em>和<strong>

<em>标签告诉浏览器把其中的文本表示为强调的内容，显示效果是斜体。在文本中加入强调也需要有技巧，强调太多将导致有些重要的短语可能会被漏掉，强调太少可能无法真正突出重要的部分。这与调味品一样，最好还是不要滥用强调。如果只想使用斜体字来显示文本的话，可以使用<i>标签或 CSS 样式。除强调之外，当引入新的术语，或在引用特定类型的术语或概念作为固定样式时，也可以考虑使用<em>标签。

<strong>标签和<em>标签一样，用于强调文本，但它强调的程度更强一些。在浏览器中是以加粗的字体（相对于斜体）来显示其中的内容。<strong>标签出现的次数应该比<em>标签更少。如果说用<em>标签修饰的文本好像是在大声呼喊，那么用<strong>标签修饰的文本就无异于尖叫了。沉默寡言的人说出的话总是一诺千金，与此相同，限制<strong>的使用可以更加引人注意，而且更加有效。举一个例子，许多教程页面的第一句摘要都是以粗体显示的，实际上是对这一句摘要使用了<strong>标签。使用这个标签的理由是，教程摘要不仅概括了其所在页面的内容，而且位于页面最重要的位置，其内容自然是非常重要且值得强调的。

2. <sub>和<sup>

<sub>标签定义下标文本，<sup>标签定义上标文本。

包含在它们的开始标签和结束标签中的内容将会以当前文本流中字符高度的一半来显示，但是与当前文本流中文字的字体和字号都是一样的。

3. <bdo>

bdo 元素可覆盖默认的文本方向。其 dir 属性有两个值：ltr 和 rtl。

4. <i>、<b>和<small>

<i>标签表示与其他文本不同的部分，浏览器中呈现为斜体文本效果。<i>标签和基于内容的样式标签<em>类似。它告诉浏览器将包含其中的文本以斜体字（Italic）或者倾斜（Oblique）字体显示。如果这种斜体字对该浏览器不可用的话，可以使用高亮、反白或加下画线等样式。

<b>标签表示更重要的部分，浏览器中呈现为粗体文本效果。<b>标签是基于内容的样式标签<strong>的物理版本，但它没有后者的扩展意义。<b>标签明确地将包括在它和其结束标签之间的字符或者文本变成粗体。如果某种加粗的字体不可用，浏览器将使用一些其他的表现方法，如反相显示或者加下画线等。

<small>标签呈现小号字体效果。<small>标签和它所对应的<big>标签一样，但它是缩小字体而不是放大。如果被包围的字体已经是字体模型所支持的最小字号，那么<small>标签将不起任何作用。与<big>标签类似，<small>标签也可以嵌套，从而连续地把文字缩小。每个<small>标签都把文本的字体变小一号，直到达到下限的一号字。

📖 这 3 个元素都是字体样式元素，这里并不反对使用这些标签，但是如果仅希望通过这些标签单纯地改变文本的样式，建议使用 CSS 样式表来取得更加丰富的效果。

📖 <big>、<font>、<u>和输出类的<tt>在 Web 新标准中已被淘汰，请用相应的 CSS 来实现。

5. <mark>

<mark>标签定义带有记号的文本。请在需要突出显示文本时，使用<mark>标签。

2.4.2 输出

1. <pre>

<pre>元素可定义预格式化的文本。被包围在<pre>元素中的文本通常会保留空格和换行符，而文本也会呈现为等宽字体。

<pre>标签的一个常见应用就是用来表示计算机的源代码。pre 元素中允许的文本可以包括物理样式和基于内容的样式变化，还有链接、图像和水平分隔线。当把其他标签（如<a>标签）放到<pre>块中时，就像放在 HTML/XHTML 文档的其他部分中一样即可。

📖 会导致段落断开的标签（如标题、<p>和<address>等）请不要包含在<pre>所定义的块里。

2. <code>

<code>标签用于表示计算机源代码或者其他机器可以阅读的文本内容。软件代码的编写者已经习惯了编写源代码时文本表示的特殊样式。<code>标签就是为它们设计的，包含在该标签内的文本将用等宽、类似电传打字机样式的字体（Courier）显示出来。

3. <kbd>

<kbd>标签定义键盘文本。它用来表示文本是从键盘上键入的。浏览器通常用等宽字体来显示该标签中包含的文本。<kbd> 标签经常用在与计算机相关的文档和手册中。

4. <var>

<var>标签表示变量的名称，或者由用户提供的值。这个标签经常与<code>和<pre>标签一起使用，用来显示计算机编程代码范例及类似方面的特定元素。用<var>标签标记的文本通常显示为斜体。

5. <dfn>

<dfn>标签可标记那些对特殊术语或短语的定义。浏览器通常用斜体来显示<dfn>中的文本，尽量少使用<dfn>标签。作为一种通用样式，尤其在技术文档中，当第一次使用新的术语时，应该将它们与普通文本分开，这样读者可以更好地理解文章当前的主题，而从那以后就不需要再对这个术语进行任何标记了。

6. <samp>

<samp>标签表示一段用户应该对其没有什么其他解释的文本字符。<samp>标签并不经常使用，只有在要从正常的上下文中将某些短字符序列提取出来，对它们加以强调的极少数情况下，才会使用这个标签。

7. <meter>和<progress>

<meter>标签定义已知范围或分数值内的标量测量，也被称为 gauge（尺度），如磁盘用量、查询结果的相关性等。<meter>标签不应用于指示进度（在进度条中）。如果要标记任务的进度（进程），请使用<progress>标签。

8. <rp>、<rt>和<ruby>

<ruby>标签定义 ruby 注释（中文注音或字符）。在东亚使用，显示的是东亚字符的发音。ruby 元素由一个或多个字符（需要一个解释/发音）和一个提供该信息的 rt 元素组成，也可以包括可选的 rp 元素，定义当浏览器不支持 ruby 元素时显示的内容。

2.4.3 块级

1. <abbr>

<abbr>表示一个缩写形式，如“Inc.”“etc.”等。通过对缩写词语进行标记，就能够为浏览器、拼写检查程序、翻译系统及搜索引擎分度器提供有用的信息。

示例 HTML 代码如下。

```
<abbr title="etcetera">etc.</abbr>
```

📖 <acronym>元素可定义只取首字母缩写，建议用<abbr>代替。

2. <address>

<address>可定义一个地址（如电子邮件地址）。应当使用它来定义地址、签名或者文档的作者身份等。不论创建的文档是简短扼要还是冗长完整，都应该确保每个文档都附加了一个地址，这样做不仅为读者提供了反馈的渠道，还可以增加文档的可信度。

示例 HTML 代码：

```
    <h2>网络传播学院的地址：</h2>
<address>
```

```
    <a href="mailto:nc@yxc.cn">服务信箱</a><br />
    浙江越秀外国语学院<br />
    群贤中路 2801 号<br />
</address>
```

📖 <center><font>在 Web 新标准中已不推荐使用，请使用 CSS 样式实现。

3. <q>和<blockquote>

<q>标签定义短的引用，浏览器经常在引用的内容周围添加引号。

<blockquote>标签定义块引用，<blockquote>与</blockquote>之间的所有文本都会从常规文本中分离出来，经常会在左、右两边进行缩进（增加外边距），而且有时会使用斜体。也就是说，块引用拥有它们自己的空间。

<q>与<blockquote>的区别：<q>标签在本质上与<blockquote>是一样的。不同之处在于它们的显示和应用。<q>标签用于简短的行内引用。如果需要从周围内容分离出来比较长的部分（通常显示为缩进的块），请使用<blockquote>标签。

4. <cite>

<cite>标签通常表示它所包含的文本对某个参考文献的引用，如书籍或者杂志的标题。按照惯例，引用的文本将以斜体显示。

用<cite>标签把指向其他文档的引用分离出来，尤其是分离那些传统媒体中的文档，如书籍、杂志和期刊等。如果引用的这些文档有联机版本，还应该把引用包括在一个<a>标签中，从而把一个超链接指向该联机版本。

<cite>标签还有一个隐藏的功能：它可以使用户或者其他人从文档中自动摘录参考书目。可以想象有一个浏览器，它能够自动整理引用表格，并把它们作为脚注或者独立的文档来显示。<cite>标签的语义已经远远超过了改变它所包含的文本外观的作用；它使浏览器能够以各种实用的方式来向用户表达文档的内容。

5. <del>和<ins>

<del>标签定义文档中已被删除的文本，浏览器中呈现为中间有一条贯穿线。

<ins>标签定义已经被插入文档中的文本，浏览器中呈现为下画线。

两个标签一起使用，以描述对文档的更新和修正。

示例 HTML 代码：

```
<p>一打有 <del>二十</del> <ins>十二</ins> 件。</p>
```

📖 <s>和<strike>不推荐使用，可用<del>代替。<center>已被新标准淘汰，请用 CSS 代替。

2.4.4 wbr 和 time 元素

Word Break Opportunity（<wbr>）规定在文本中的何处适合添加换行符。如果单词太长，或者担心浏览器会在错误的位置换行，那么可以使用<wbr>元素来添加 Word Break Opportunity（单词换行时机）。

<time>标签定义公历的时间（24 小时制）或日期，时间和时区偏移是可选的。该元素能够以机器可读的方式对日期和时间进行编码，用户代理能够把生日提醒或排定的事件添加到用户日程表中，搜索引擎也能够生成更智能的搜索结果。<time>标签不会在任何浏览器中呈现任何特殊效果。

2.5 HTML5 新增的文档结构元素

二维码

HTML5 引入了多个新的元素用来更加细致地描述页面及文档结构，包括 header、nav、section、article、aside 和 footer 等，这些元素可以让文档页面更有意义、更加易读，也可以让搜索引擎更好地理解页面的内容和各个部分之间的关系。

图 2-2 所示非常清晰地表述了各个元素对应的文档内容关系。

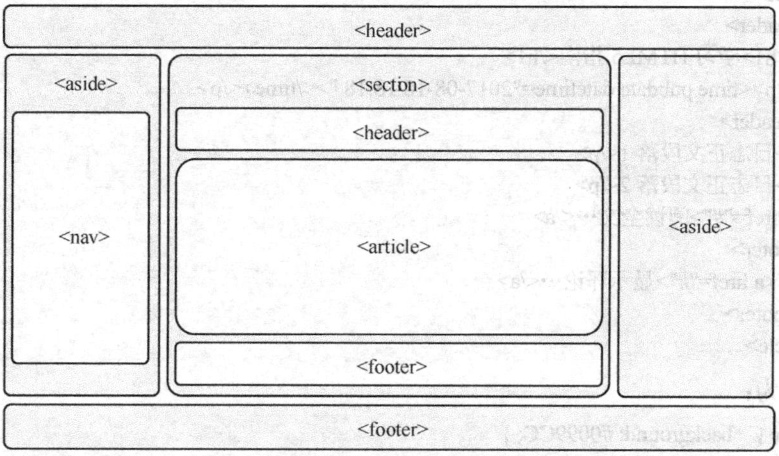

图 2-2　HTML5 的结构元素使用

需要注意的是，这些元素的布局和呈现方式并不是由其自身定义的，而是由 CSS 来呈现，就像呈现<div>元素一样，但<div>元素没有语义，而这几个元素有语义。

2.5.1　文章语义（article、header、footer）元素

根据 WHATWG（The Web Hypertext Application Technology Working Group）给出的定义，article 元素表示在文档、页面、应用程序或网站中自我包含的部分，也就是指在页面中用来表示一套结构完整且独立的内容部分，原则上讲是独立分布和重复使用的。比如论坛的一个帖子、杂志或报纸中的一篇文章、一篇博客、用户提交的一篇评论内容，以及页面上可用于互动的一个 widget（微件）模块等。

article 元素可以被嵌套使用，内层的内容在原则上要与外层内容相关联。例如，一篇博客文章与针对该文章的评论。但与 article 元素相关联的作者信息却只能使用 address 元素来表示。

WHATWG 规范将 header 元素简单地描述为“一组前言或导航助手”，曾经习惯使用的<div id="header">就可以用它来代替，但这个元素没有每页只用一次的限制，可以在每一个章节中再次使用 header 元素。header 元素可用于页面内任何特定独立部分的具有引导和导航作用的辅助元素。通常，header 元素可以包含一个区块的标题（如 h1～h6，或者 hgroup 元素），也可以包含其他内容，如该区块内容的索引表、搜索表单或相关的 Logo 图片。甚至 nav 元素也可以在 header 中使用。虽然 header 元素经常会被放在页面或一节内容的顶部，但是它的定义与其位置无关。

与 header 元素一样，也可以在一个单独页面中使用多个 footer 元素，它也可以代替原来

的<div id="footer">。根据规范，footer 元素表示最近部分内容的页脚，“部分”内容可以是 section、article 或 aside 元素，也就是说 footer 元素可以作为其直接父级内容区块或是一个根区块的尾部内容，通常包括其相关区块的附加信息，如文档的作者、创作日期、相关阅读链接及版权信息等。

以“博客”网站为例，包括博客的文章列表（列表中仅包含文章的简单介绍）、文章的部分正文内容和“阅读全文”，并允许用户评论。

先来看一篇文章列表的代码。

```
<article>
  <header>
    <h1>学习 HTML5 指南</h1>
    <p><time pubdate datetime="2017-08-18 18:18 "></time></p>
  </header>
  <p>日志正文段落 1</p>
  <p>日志正文段落 2</p>
  <a href="#">阅读全文…</a>
  <footer>
     <a href="#">显示评论…</a>
  </footer>
</article>
```

CSS 样式为：

```
header {   background: #0099CC; }
footer {   padding: 10px 0;   background: #CCCCFF;   clear: both;   text-align: right; }
h1, h2, h3, h4, h5, h6, p {   margin-top: 0;   padding-right: 15px;   padding-left: 15px; }
header, section, footer, aside, nav, article, figure {   display: block; }
```

在网页中的显示效果如图 2-3 所示。

文章详细内容的代码为：

```
<article>
  <header>
    <h1>HTML5 学习指南</h1>
    <p><time pubdate datetime="2017-08-18 18:18 "></time></p>
  </header>
  <p>日志正文段落 1</p>
  <p>日志正文段落 2</p>
  <section>
    <h1>评论</h1>
    <article>
      <header>
        <p>Posted by: 张三</p>
        <p><time pubdate datetime="2017-08-18 19:19"></time></p>
      </header>
      <p>沙发抢着了！ </p>
    </article>
    <article>
      <header>
        <p>Posted by: 李四</p>
        <p><time pubdate datetime="2017-08-18 20:00"></time></p>
```

```
            </header>
            <p>HTML5 不错！</p>
        </article>
    </section>
</article>
```

在网页中的显示效果如图 2-4 所示。

图 2-3　博客列表

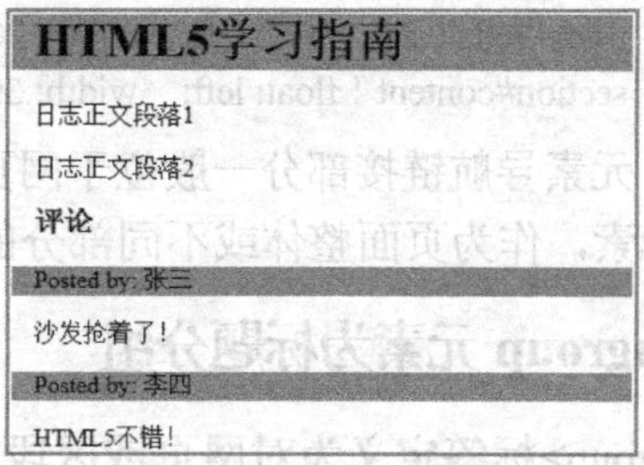

图 2-4　博客详细内容

2.5.2　内容区块语义（section）元素

WHATWG 规范将 section 元素定义为表示文档或应用程序的通用部分，即一个文档内容区块或应用区块，一个区块通常由内容及其标题组成。下面即为一个简单的例子。

```
<section>
  <h1>标题</h1>
  其他内容
</section>
```

section 元素是通用的，所以如果有一个更具体的语义元素更恰当（如 article、aside 或 nav），那么就使用这些元素替代 section；section 元素有语义，意味着它所包含的内容具有相关性，所以如果无法简洁地用几个词描述放在 section 元素中的内容，那么极有可能需要一个更加中立的容器替代它，比如更低级的 div 元素。

所以，当一个容器需要被直接定义样式或通过脚本定义行为时，推荐使用 div，那些没有标题的内容也不推荐使用 section。

一般情况下，文章和论文中的章节、对话框中的选项卡等都可以是一个 section 元素。

section 元素和 article 元素可以根据需要相互嵌套。

2.5.3　侧栏（aside）与导航（nav）元素

aside 元素用来显示当前页面或文章的附属信息部分。它可以包含与当前页面或主要内容无关的引用、侧边栏、广告、导航元素组，以及其他类似的有别于主要内容的部分。

导航一般使用 nav 元素来实现，因此，一般使用以下代码来实现左侧导航栏。

```
<aside id="leftside">
  <nav>
    <ul>
      <li><a href="#">链接 1</a></li>
      <li><a href="#">链接 2</a></li>
      <li><a href="#">链接 3</a></li>
```

```
            <li><a href="#">链接 4</a></li>
        </ul>
    </nav>
</aside>
```

使用 CSS 样式可以定义 aside 元素的布局，一般是使用浮动功能将 aside 元素浮动到侧边，样式代码如下。

```
aside#leftside {   float: left;   width: 200px;   background: #eadcae;   padding-bottom: 10px; }
section#content { float: left;   width: 590px; }
```

nav 元素导航链接部分一般位于网页的顶部或者正文的左右两侧，一个页面中可以拥有多个 nav 元素，作为页面整体或不同部分的导航。

2.5.4 hgroup 元素为标题分组

<hgroup>标签定义为对网页或区段的标题元素进行组合，通常使用多级别的<h1>～<h6>标签结点进行分组，如果一个文章只有一个主标题，则不需要使用<hgroup>标签。示例如下。

```
<header>
  <hgroup>
    <h1>这是一本关于网页设计的教材</h1>
    <h2>本章主要内容介绍 HTML 基础</h2>
    <h3>还可以写文章标题的说明等</h3>
  </hgroup>
</header>
```

代码中，在 header 元素内使用 hgroup 元素表示一组信息。hgroup 内共有 h1、h2 和 h3 共 3 部分元素内容，它们都分别表示为主标题和副标题等。

对于 hgroup 元素的用法，虽然没有严格的要求，但适当地使用 hgroup 元素对于搜索引擎优化（Search Engine Optimization，SEO）有一定的好处，因此 hgroup 元素内还是建议使用<h1>～<h6>标签。

📖 HTML5 中还有一个元素 main，也是一个文档结构元素，用来规定文档的主要内容。main 元素中的内容对于文档来说应当是唯一的，也就是说在一个文档中不能出现一个以上的 main 元素。它不应被包含在文档中重复出现的内容，如侧栏、导航栏、版权信息、站点标志或搜索表单，也不能是以下元素的后代：<article>、<aside>、<footer>、<header>或<nav>。

2.6 小结

HTML 文件的基本结构可以简单总结为一个 DOCTYPE 加一个 html，html 里面有 head 和 body 元素。一个最小的 HTML5 源文件必须有<!DOCTYPE html>，其他都可以隐去，这些隐式标签（如 html、head 和 body 等）在浏览器中生成 DOM 树后还是存在的。body 是 HTML 文档的核心部分，在浏览器中看到的任何信息都定义在这个标记之内。

虽然 HTML 的格式元素定义的文本大多会呈现特殊样式，但真正有用的是它们拥有确切的语义。如果只是为了达到某种视觉效果，还是建议使用样式表。

HTML5 新增的结构性文档结构元素，让 HTML 文档更加清晰，可阅读性更强，更利于 SEO，也更利于视障人士阅读。

2.7 思考与练习

1. 思考题

1）简述一个 HTML 文档的基本结构。

2）简述<em>和<strong>标签的用法的区别。

3）举例说明块元素与行内元素的使用区别。

4）举例说明 HTML5 新增结构元素的相互嵌套情况。

5）简述 section 元素和 div 元素的使用区别。

6）是否可以忽略 HTML4 而只学习 HTML5？

2. 操作题

1）调试本章所有源代码。

2）模仿某一知名大学网站首页，用 Illustrator 为学院实验教学网制作一个首页效果图（要求上交 AI 格式源文件），要求有二三级菜单（用图层名称区分）。

第3章 CSS基础

层叠样式表（Cascading Style Sheet，CSS）是一种用来表现网页结构语言 HTML（标准通用标记语言的一个应用）或 XML（标准通用标记语言的一个子集）等文件样式的计算机语言。CSS 用来告诉浏览器如何渲染 Web 页面，不仅可以静态地修饰网页，还可以配合各种脚本语言动态地对网页各元素进行格式化。

教学目标

- 了解 CSS 的基本语法规则
- 熟悉 CSS 样式表的层叠优先级
- 掌握样式表的使用方法
- 掌握 CSS 选择器的使用方法

二维码

3.1 CSS 语法与规则

样式就是格式。对于网页来说，网页显示的文字大小和颜色、图片位置、段落、列表等，都是网页显示的样式。层叠就是指当 HTML 文件引用多个 CSS 样式时，如果 CSS 的定义发生冲突，浏览器将依据层次的先后顺序来应用样式。如果不考虑样式的优先级，一般会遵循"最近优先原则"。

CSS 能将定义的样式代码与 HTML 文件内容分离。只要建立定义样式的 CSS 文件，并且让所有的 HTML 文件都来调用 CSS 文件所定义的样式，当要改变 HTML 文件中任意部分的显示风格时，只要把 CSS 文件打开，更改样式即可。

CSS 就是包含一个或多个规则的文本文件。这些规则通过属性和值来决定网页中的元素应该如何显示。CSS 属性可以控制基本格式（如字体、尺寸和颜色等）和布局（如定位和浮动），还可以决定元素的显示和关闭等。

1. 构造样式规则

样式表的每个规则都有两个主要部分：选择器（selector）和声明（declaration）。选择器决定哪些因素要受到影响，声明由一个或多个属性值对组成。

基本语法：

```
selector {属性 1:属性值 1[[; 属性 2:属性值 2]…]}
```

语法说明：

- selector 表示希望进行格式化的元素。
- 声明部分包括在选择器后的大括号中。
- 用"属性:属性值"描述要应用的格式化操作。
- 声明中的多个属性值对之间必须用分号隔开。

2. 在样式规则中添加注释

在样式表规则中添加注释有助于记住复杂的样式规则的作用、应用的范围等，便于进行维护和应用。例如，下面是一个添加注释的样例。

```
/* 设置文档默认字体大小 */
body {font-size: 36px;}
```

如果只注释一行，也可以在行首使用“//”。

📖 注释不能嵌套。

3. @charset

位于外部样式表的第一行，指定该样式表使用的字符编码。

```
@charset "utf-8";
```

4. @import

嵌入外部样式表就是在 HTML 代码的主体中直接导入样式表的方法。

基本语法：

```
<style>
  @import url("要嵌入的样式表文件名称");
</style>
```

语法说明：

- 注意 import 语句后的“;”号。
- 当使用 url(url)的方式时，包住路径的引号可有可无；当直接使用 url 时，包住路径的引号必须保留。
- @import 应该放在 style 元素的任何其他样式规则前面。
- 也可以指定媒体查询，更多媒体查询知识留待后面详解。

下例所示代码演示了嵌入外部样式表的使用方法。

head 区域调用代码：

```
<style>
    @import url("global.css");
    @import url(example.css) screen and (min-width:768px);
</style>
```

部分 HTML 代码：

```
<p class=p1>此行文字被 global.css 定义为蓝色，当屏幕宽度为 768 像素以上时定义为红色。</p>
```

示例代码调用的外部 global.css 文件内容：

```
.p1{font-size:18px; color:blue;}
```

示例代码调用的外部 example.css 文件内容：

```
.p1{ color:red;}
```

5. 继承

继承是 CSS 的一个主要特征，许多 CSS 属性不但影响选择器所定义的元素，而且会被这些元素的后代继承。如下例所示，对 body 定义的颜色值也会应用到段落的文本中。

```
<!doctype html>
<html>
<head>
  <meta charset="utf-8">
  <title>CSS 的继承性</title>
  <style type="text/css">
```

```
        body{color:red;}
    </style>
</head>
<body>
        <p>CSS 的<strong>继承性</strong></p>
</body>
</html>
```

3.2 样式表的定义与使用

二维码

可以用以下 3 种方式将样式表加入网页，而越接近目标的样式定义优先级越高，高优先级样式将继承低优先级样式的未重叠定义，但覆盖重叠的定义。

3.2.1 内联方式

内联（Inline Styles）定义是指在对象的标记内使用对象的 style 属性定义适用的样式表属性。

基本语法：

```
<标记 style="样式属性:属性值;样式属性:属性值;…">
```

语法说明：

- 标记：HTML 标签，如 body、table、p 等。
- 标记的 style 定义只能影响标记本身。
- style 的多个属性之间用分号分隔。
- 标记本身定义的 style 优先于其他所有样式定义。

下例所示代码第一个段落标记被直接定义了 style 属性，此行文字将显示 18 像素大小，蓝色字体；而第二个段落标记没有被定义，将按照默认设置来显示文字样式。

```
<p style="font-size:36px; color:blue">此行文字被 style 属性定义为蓝色显示</p>
<p>此行文字没有被 style 属性定义</p>
```

📖 由于篇幅关系，从本例开始，如无必要，都只保留关键代码，完整代码请查看电子版源码。由于书中不是完整的示例代码，所以在阅读时一定要对照电子版，边调试边阅读效果更好。

3.2.2 内部样式块对象

内部样式块对象（Embedding a Style Block）允许在它们所应用的 HTML 文档的顶部 head 区域设置样式，然后在整个 HTML 文件中直接调用使用该样式的标记。

基本语法：

```
<style>
    选择器 1{样式属性 1：属性值 1；样式属性 2：属性值 2；…}
    选择器 2{样式属性 1：属性值 1；样式属性 2：属性值 2；…}
    …
    选择器 n{样式属性 1：属性值 1；样式属性 2：属性值 2；…}
</style>
```

语法说明：

- <style>元素用来说明所要定义的样式，可以有 type 属性。

● 选择器可以使用 HTML 标记的名称，所有 HTML 标记都可以作为选择器。
● 样式属性主要是指选择器格式化显示风格的样式属性名称。

下例所示代码演示了内部样式表的使用方法。

部分 CSS 代码：

```
.p1{font-size:18px; color:blue;}
```

部分 HTML 代码：

```
<p class="p1">此行文字被内部的样式定义为蓝色显示</p>
```

3.2.3 外部样式表

如果要引用外部样式表（Linking to a Style Sheet）文件，一般使用链接的方式。

基本语法：

```
<link href="外部样式表的文件名称" rel="stylesheet" type="text/css">
```

语法说明：

● 链接外部样式表时，不需要使用 style 元素，只需要直接用<link>标记放在<head>标记中即可。
● 外部样式表的文件扩展名为.css。
● CSS 文件一定是纯文本格式。
● 在修改外部样式表时，引用它的所有网页也会自动更新样式。
● 外部样式表中的 URL 相对于样式表文件在服务器上的位置。
● 外部样式表优先级低于内部样式表。
● 可以同时链接几个样式表，位置靠后的样式表优先于靠前的样式表。

下例所示代码演示了链接外部样式表的使用方法。

head 区域调用代码（其他同上例）：

```
<link href="style.css" rel="stylesheet">
```

二维码

📖 推荐使用链接外部样式表方法。

3.3 选择器

要使某个样式应用于特定的 HTML 元素，首先需要找到该元素。在 CSS 中，执行这一任务的表现规则称为 CSS 选择器（Selectors），它为获取目标元素之后施加样式提供了极大的灵活性。利用 CSS 选择器可以不改动 HTML 结构，通过添加不同的 CSS 规则得到不同样式的网页。CSS 选择器的分类如图 3-1 所示。

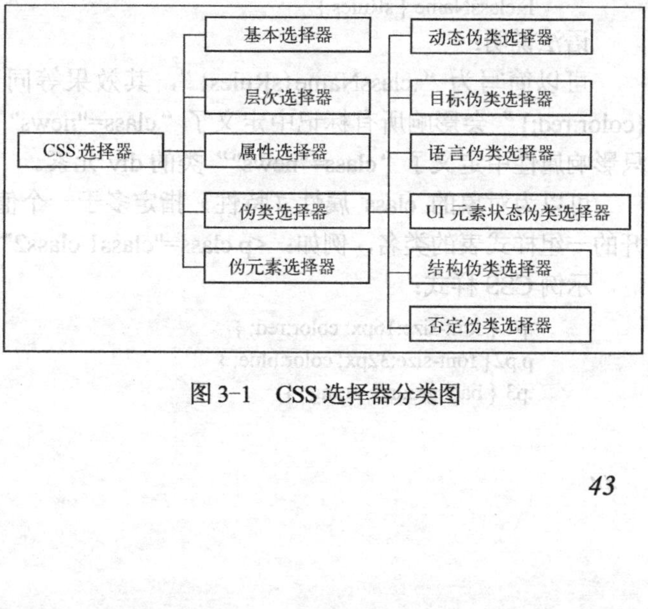

图 3-1 CSS 选择器分类图

3.3.1 基本选择器

基本选择器是 CSS 中使用最频繁、最基础，也是 CSS 中最早定义的选择器，包括通配选择器、类选择器、ID 选择器、类型选择器和群组选择器等。

1. 通配选择器（Universal Selector）

基本语法：

```
* { sRules }
```

语法说明：

通配选择器“*”用来选择所有元素，且匹配选定文档树中的任意单一元素。如果通配符不是一个简单选择器的唯一组件，则可以省略“*”。例如：

- *.warning 与.warning 是等价的。
- *#myid 与#myid 也是等价的。

代码示例：

```
* { padding: 0px; margin: 0px; }
.demo * { background: orange }
```

2. 类型选择器（Type Selectors）

基本语法：

```
E { sRules }
```

语法说明：

类型选择器也可以称为元素选择器（Element Selectors），它匹配一个文档语言元素名称或类型，如 body、p 和 h1 等，一个类型选择器匹配每个文档树元素类型的实例。

示例 CSS 样式：

```
body { font-size: 20px; }
p { color: red; }
```

示例 HTML 代码：

```
类型选择器演示：<p>段落标签 p 元素</p>
```

3. 类选择器（Class Selectors）

基本语法：

```
E.className { sRules }
```

语法说明：

可以简写为“.className{sRules}”，其效果等同于 E[class ～= className]，但“.news {color:red;}”会影响所有标记中定义了“class="news"”类的元素，而“div.news{color:red;}”只影响属性中定义了“class="news"”类的 div 元素。

可以为对象的 class 属性（特性）指定多于一个值（className），其方法是指定用空格隔开的一组样式表的类名，例如：<p class="class1 class2">。

示例 CSS 样式：

```
.p1 { font-size:16px; color:red; }
p.p2 { font-size:32px; color:blue; }
.p3 { background: orange }
```

示例 HTML 代码：

```
<p>此段文字以默认方式显示</p>
<p class="p1 p3">此段文字以 16 像素大小，红色字体，橙色背景显示</p>
<p class="p2">此段文字以 32 像素大小，蓝色字体显示</p>
<h3 class="p2">此段也是“p2”类，但不受“p.p2”样式影响</h3>
```

如果把“p.p2”样式改为“.p2”有影响吗？

类选择器命名规则建议采用 BEM 命名方式，BEM 的意思就是块（block）、元素（element）和修饰符（modifier），是由 Yandex 团队提出的一种前端命名方法论。

BEM 的命名规则很容易记：block-name__element-name--modifier-name，中间的连接符建议使用双下画线“__”或双连字符“--”，因为这 3 部分名称中都有可能出现单连字符“-”，如“page-btn__list-item__link”。实际使用时也可以只有其中的两部分，最后的修饰符（modifier）是指一种状态样式，比如按钮的大、中、小等不同状态对应不同的样式。

4. ID 选择器（ID Selectors）

基本语法：

```
E#IDName { sRules }
```

语法说明：

以文档目录树（DOM）中作为对象的唯一标识符的 ID 作为选择器，特别注意其唯一性，不能在多个元素中使用相同 ID 样式。

示例 CSS 样式：

```
#demo {width: 200px; height: 50px; border: 8px groove orange;}
```

示例 HTML 代码：

```
<div id="demo">演示 ID 选择器</div>
```

ID 选择器是否可以像“div#p2”方式那样使用？

ID 选择器的命名规则可以参考类选择器的命名方法。

5. 群组选择器（Groups of selectors）

基本语法：

```
E1, E2, E3 { sRules }
```

语法说明：

群组选择器（Grouping）不是一个新的选择器，它是指将同样的定义应用于多个选择器，可以将选择器以逗号分隔的方式合并为组，所以也称为选择器分组。

示例 CSS 样式：

```
html, body { padding: 0px; margin: 0px; }
#idname, .classname, p { color: red; }
```

3.3.2 层次选择器

层次选择器（Hierarchy Selectors）也可以称为关系选择器（Relationship Selectors），它是通过 HTML 的 DOM 元素间的层次关系获取元素，其主要的层次关系包括包含后代（包含）、父子、相邻兄弟和通用兄弟关系，通过其中的某类关系可以方便、快捷地选定需要的元素。

1. 后代选择器（Descendant combinator）

基本语法：

```
E F { sRules }
```

语法说明：

要选择匹配的元素在文档树中是另一个元素的后代，也是一种包含关系，所以后代选择器也称为包含选择器。后代选择器是由空格分隔的两个或两个以上的选择器，位置排在前面的选择器是祖先元素，相对位置靠后的是后代元素。

示例 CSS 样式：

```
h1 { color: red; }
h1 em { color: blue; }
em { color: green; }
```

📖 不管后两行的顺序怎样，更详细的包含关系“h1 em{ color: blue; }”优先显示为蓝色。

示例 HTML 代码：

```
<h1>这个标题<em>很</em>重要</h1>
```

❓ 请解释：div p *[href] { color: red; }

2. 子选择器（Child combinator）

基本语法：

```
E > F { sRules }
```

语法说明：

子选择器实际上是包含选择器的一种特例，即元素 E 和 F 之间是父子关系，中间不隔代。注意，“>”前后可以有空格，也可以没有空格。

示例 CSS 样式：

```
body>p { color: red; }
```

示例 HTML 代码：

```
<p>此段的颜色显示为红色</p>
<div><p>此段落显示的颜色则不受影响</p></div>
```

❓ 请解释：div ol>li p { color: red; }

3. 相邻选择器（Adjacent sibling combinator）

基本语法：

```
E + F { sRules }
```

语法说明：

选择所有作为 E 元素相邻的下一个元素 F，它们必须有相同的父结点。

示例 CSS 样式：

```
h1+h2 { color: red; }
```

示例 HTML 代码：

```
<h1>这是一级标题</h1>
<h2>该二级标题将显示为红色</h2>
<h2>该二级标题的颜色不受影响</h2>
```

如果把样式改为“h1 .opener+h2 { color: red; }”将会是什么效果？

4. 兄弟选择器（General sibling combinator）

基本语法：

```
E ~ F { sRules }
```

语法说明：

CSS3 新增的通用兄弟元素选择器类型，用于选择匹配 E 元素后面的所有 F 元素。在 DOM 结构树中，E 和 F 也属于同级，相邻选择器是兄弟选择器的一种特例。例如，div~p 匹配<div><p>1</p></div><div><p>2</p></div><p>3</p>片段中的<p>3</p>。

示例 CSS 样式：

```
div~p { color: red; }
```

示例 HTML 代码：

```
<div><p>1</p></div><div><p>2</p></div><p>3</p>
```

3.3.3 属性选择器

在 HTML 中，通过各种各样的属性可以给元素增加很多附加信息。例如，通过 ID 属性可以将不同 DIV 元素进行划分。属性选择器（Attribute Selectors）是指通过元素的属性关系来定位的选择器。

1. CSS2 属性选择器

基本语法：

```
E [ attr ] { sRules }
E [ attr = "value" ] { sRules }
E [ attr ~= "value" ] { sRules }
E [ attr |= "value" ] { sRules }
```

语法说明：

- 选择具有 attr 属性的 E。
- 选择具有 attr 属性且属性值等于 value 的 E。
- 选择具有 attr 属性且属性值为一个用空格分隔的字词列表，其中一个等于 value 的 E，这里的 value 不能包含空格。
- 选择具有 attr 属性且属性值为一个用连字符“-”分隔的字词列表，由 value 开始的 E。

示例 CSS 样式：

```
h1[title]{color:yellow;}
h1[title=demo]{color:red;}
h1[title~=demo]{color:green;}
h1[title|=demo]{color:blue;}
```

示例 HTML 代码：

```
<h1 title="Attribute Selectors">E[attr]属性选择器</h1>
<h1 title="demo">E[attr="value"]属性选择器</h1>
<h1 title="dem demo">E[attr~="value"]属性选择器</h1>
<h1 title="demo-demo2">E[attr|="value"]属性选择器</h1>
```

第二行为什么不显示为红色？如果把样式表中第一行放到最后一行会影响效果吗？

2. CSS3 新增的属性选择器

CSS3 不仅对以前版本中的选择器进行了功能上的增强，而且还新增了一些选择器。但浏览器也是在不断更新中逐渐支持这些功能的，所以本书同时还要介绍一些各大浏览器都已支持的选择器。

CSS3 新增了 3 个属性选择器，如表 3-1 所示。它们与 CSS2.1 中已经定义的 4 个属性选择器共同构成了 CSS 功能强大的标签属性过滤体系。

表 3-1 CSS3 新增的属性选择器

选 择 器	说 明
E [attr ^= "value"] { sRules }	选择匹配 E 的元素，且该元素定义了 attr 属性，attr 属性值包含前缀为 value 的子字符串。如果省略 E，表示可匹配任意类型的元素。例如：body[lang^="en"]匹配<body lang="en-us"></body>，而不匹配<body lang="fr-argot"></body>
E [attr $= "value"] { sRules }	选择匹配 E 的元素，且该元素定义了 attr 属性，attr 属性值包含后缀为 value 的子字符串。如果省略 E，表示可匹配任意类型的元素。例如：img[src$="jpg"]匹配<img src="pic.jpg" />，而不匹配<img src="pic.gif" />
E [attr *= "value"] { sRules }	选择匹配 E 的元素，且该元素定义了 attr 属性，attr 属性值包含 value 的子字符串。如果省略 E，表示可匹配任意类型的元素。例如：img[src*="jpg"]匹配<img src="pic.jpg" />，而不匹配<img src="pic.gif" />

有些网页，如百度文库中，会发现在下载文档列表的超链接前面都显示一个文档类型图标，这种设计细节可以使用 JavaScript 实现，当然也可以用 CSS3 实现。

示例 CSS 样式：

```
p { margin: 4px; }
a [href^="http:"] {background: url(images/html.gif) no-repeat left center; padding-left: 18px;}
a [href$="doc"] { background: url(images/doc.gif) no-repeat left center; padding-left: 18px; }
a [href$="xls"] { background: url(images/xls.gif) no-repeat left center; padding-left: 18px; }
a [href$="ppt"] { background: url(images/ppt.gif) no-repeat left center; padding-left: 18px; }
```

示例 HTML 代码：

```
<p><a href="name.doc">Word 文件</a></p>
<p><a href="name.ppt">Powerpoint 文件</a></p>
<p><a href="name.xls">Excel 文件</a></p>
<p><a href="http://www.baidu.com">http://www.baidu.com</a></p>
```

是否可以用“E [attr *= "value"] { sRules }”来代替“E [attr ~= "value"] { sRules }”或“E [attr |= "value"] { sRules }”？

3.3.4 伪类选择器

伪类选择器（Pseudo-Classes Selectors）可以分为 6 种：动态伪类选择器、目标伪类选择器、语言伪类选择器、UI 元素状态选择器、结构伪类选择器和否定伪类选择器。

伪类选择器可以看作是一种特殊的类选择器，是能被支持 CSS 的浏览器自动识别的特殊选择器。它的最大用处就是可以对链接在不同状态下的样式定义不同的样式效果。

基本语法（在原有的语法中加上一个伪类）：

```
selector:pseudo-class { property: value }
```

selector 为元素选择器，pseudo-class 为 CSS 伪类选择器名称，中间用冒号（:）分隔。伪类和类不同，是 CSS 已经定义好的，不能像类选择器一样随意用别的名称，根据上面的语法可以解释为对象（选择器）在某个特殊状态下（伪类）的样式。

类选择器及其他选择器也同样可以和伪类混用：

```
selector.class:pseudo-class { property: value }
```

1. 动态伪类选择器（Dynamic pseudo-classes Selectors）

动态伪类并不存在于 HTML 中，只有当用户和网站交互时才能体现出来。动态伪类包含两种，一种是在链接中常看到的锚点伪类，另一种为用户行为伪类。

（1）E:link

基本语法：

```
Selector : link { sRules }
```

语法说明：

属于链接伪类选择器，设置 a 对象在未被访问前的样式。默认值由浏览器决定。对于无 href 属性（特性）的 a 对象，此伪类不发生作用。

示例：

```
a:link { font-size:2em; text-decoration: none; color: blue; }
```

（2）E:visited

基本语法：

```
Selector : visited { sRules }
```

语法说明：

属于链接伪类选择器，设置 a 对象在其链接地址已被访问过时的样式。默认值由浏览器决定。定义网页过期时间或用户清空历史记录将影响此伪类的作用。对于无 href 属性(特性)的 a 对象，此伪类不发生作用。

示例：

```
a:visited { font-size: 2em; text-decoration: none; color: green; }
```

（3）E:hover

基本语法：

```
Selector : hover { sRules }
```

语法说明：

属于用户行为伪类选择器，设置对象在其鼠标悬停时的样式。在 CSS2 中此伪类可以应用于任何对象。

示例：

```
a:hover { font-size: 2.5em; text-decoration: underline; color: red; }
```

（4）E:active

基本语法：

```
Selector : active { sRules }
```

语法说明：

属于用户行为伪类选择器，设置对象在被用户激活（在鼠标单击与释放之间发生的事件）时的样式。在 CSS2 中此伪类可以应用于任何对象。并且:active 可以和:link 及:visited 状态同时发生。

示例：

```
a:active { font-size: 2em; text-decoration: underline; color: blue; }
```

（5）E:focus

基本语法：

```
Selector : focus { sRules }
```

语法说明：

属于用户行为伪类选择器，设置对象获得焦点时的样式。

示例：

```
input:focus { background: #ff0; color: #f60; }
```

2. 目标伪类选择器（Target pseudo-class Selectors）

基本语法：

```
E:target { sRules }
```

语法说明：

匹配相关 URL 指向的 E 元素。URL 后面跟锚点#，指向文档内某个具体的元素。这个被链接的元素就是目标元素（target element），:target 选择器用于选取当前活动的目标元素。

示例：

```
div:target { background-color: #f60; }
```

3. 语言伪类选择器（Language pseudo-class Selectors）

基本语法：

```
E:lang(fr) { sRules }
```

语法说明：

匹配使用特殊语言的 E 元素。

示例：

```
p:lang(zh) { color: #f00; }
```

4. UI 元素状态伪类选择器（UI element states pseudo-classes Selectors）

UI 元素状态伪类中的 UI 是 User Interface（用户界面）的简写。UI 设计是指网页的人机交互、操作逻辑及界面美观的整体设计。

UI 元素的状态一般包括：可用、不可用、选中、未选中、获取焦点、失去焦点、锁定和待机等。CSS3 定义了 3 种常用的状态伪类选择器，如表 3-2 所示。

表 3-2 UI 元素状态伪类选择器

选 择 器	说 明
E:enabled	匹配所有用户界面（form 表单）中处于可用状态的 E 元素
E:disabled	匹配所有用户界面（form 表单）中处于不可用状态的 E 元素
E:checked	匹配所有用户界面（form 表单）中处于选中状态的 E 元素

示例 CSS 样式：

```
input[type="text"] {width: 200px;}
input:enabled {background:#ccc;}
input:disabled {border:1px solid #F00;}
input:checked {margin-right: 20px;}
```

示例 HTML 代码：

```
<form method="post" action="">
```

```
    <input type="text" value="默认状态下的表单都是 enabled" /><br />
    <input type="text" value="" disabled="disabled" /><br />
    <input type="radio" name="css3" checked="checked" />已选
    <input type="radio" name="css3" />未选
</form>
```

5. 结构伪类选择器（Structural pseudo-classes Selectors）

结构伪类选择器是利用文档结构树（DOM）实现元素过滤，也就是通过文档结构的相互关系来匹配特定的元素，从而减少文档内对 class 属性和 ID 属性的定义，使得文档更加简洁。详细说明如表 3-3 所示。

表 3-3　结构伪类选择器

分类	选 择 器	说　明
通用子元素过滤器	E:nth-child(n)	选择所有在其父元素中第 n 个位置的匹配 E 的子元素。参数 n 可以是数字（1、2、3）、关键字（odd、even）、公式（2n、2n+3），参数的索引起始值为 1，而不是 0。例如：tr:nth-child(3)匹配所有表格里排第 3 行的 tr 元素；tr:nth-child(2n+1)匹配所有表格的奇数行；tr:nth-child(2n)匹配所有表格的偶数行；tr:nth-child(odd)匹配所有表格的奇数行；tr:nth-child(even)匹配所有表格的偶数行
	E:nth-last-child(n)	选择所有在其父元素中倒数第 n 个位置且匹配 E 的子元素。该选择器的计算顺序与 E:nth-child(n)相反，但语法和用法相同
通用子类型元素过滤器	E:nth-of-type(n)	选择父元素中第 n 个位置且匹配 E 的子元素。所有匹配 E 的子元素被分离出来单独排序，非 E 的子元素不参与排序。参数 n 可以是数字（1、2、3）、关键字（odd、even）、公式（2n、2n+3），参数的索引起始值为 1，而不是 0。例如：p:nth-of-type(2)匹配<div><h1></h1> <p></p><p></p></div>片段中后面那个 p 元素，因为 h1 元素未参与排序
	E:nth-last-of-type(n)	选择所有在其父元素中倒数第 n 个位置且匹配 E 的子元素。该选择器的计算顺序与 E:nth-of-child(n)相反，但语法和用法相同。
特定位置的子元素	E:first-child	选择位于其父元素中第一个位置且匹配 E 的子元素。示例：p a:first-child { color: green; } table td:first-child { width:200px; }
	E:last-child	选择位于其父元素中最后一个位置且匹配 E 的子元素。例如，h1:last-child 匹配<div><p></p><h1></h1></div>片段中的 h1 元素
	E:first-of-type	选择在其父元素中匹配 E 的第一个同类型的子元素，该选择器的功能类似于 E:nth-of-type(1)。例如：p:first-of-type 匹配<div><h1></h1><p></p><p></p></div>片段中的第一个 p 元素
	E:last-of-type	选择在其父元素中匹配 E 的最后一个同类型的子元素，该选择器的功能类似于 E:nth-last-of-type(1)。例如，p:last-of-type 匹配<div><h1></h1><p></p><p></p></div>片段中的第二个 p 元素
特定状态的元素	E:root	选择匹配 E 所在文档的根元素。注意，在(X)HTML 文档中，根元素就是 html 元素，此时该选择器与 html 类型选择器匹配的内容相同
	E:only-child	选择其父元素只包含一个子元素且该子元素匹配 E。例如，p:only-child 匹配<div><p></p></div>片段中的 p 元素，但不匹配<div><h1></h1><p></p></div>片段中的 p 元素
	E:only-of-type	选择其父元素只包含一个同类型的子元素且该子元素匹配 E。例如，p:only-of-type 匹配<div><p></p></div>片段中的 p 元素，也匹配<div><h1></h1><p></p></div>片段中的 p 元素
	E:empty	选择匹配 E 的元素且该元素不包含子结点，注意文本也属于结点

大量的数据显示在一起时容易影响用户的体验。例如，长时间阅读数据容易引起视觉疲劳、诱发错行误读等问题。因此，许多 Web 设计师采用隔行或隔列换色、动态背景色等方法来提升用户浏览大容量数据的体验。

隔行分色是最经典的数据表设计样式。传统设计方法是先定义一个样式类，然后应用到所有奇数行或偶数行上。而 CSS3 则利用结构伪类选择器来实现，简单多了。

示例 CSS 样式：

```
table { border-collapse: collapse; border: 1px solid #ddf; color: #666; width: 240px; }
th { background-color: #eee; }
td, th { border: 1px solid #ddf; }
tr:nth-child(odd) { background: #eef; }
```

示例 HTML 代码：

```
<table>
  <tr><th>排名</th><th>姓名</th><th>总分</th></tr>
  <tr><td>1</td><td>伊一</td><td>290</td></tr>
  <tr><td>2</td><td>尔二</td><td>280</td></tr>
  …
  <tr><td>10</td><td>石十</td> <td>200</td></tr>
</table>
```

新浪网的导航栏是采用列表实现的，其中有几列字体为粗体，如何使用 CSS3 的结构伪类选择器实现该效果？请课后实现该源代码。

6. 否定伪类选择器（Not pseudo-classes Selectors）

基本语法：

```
E:not(s) { sRules }
```

语法说明：

否定伪类选择器类型。选择匹配 E 的所有元素，且过滤掉匹配 s 选择器的任意元素。

示例：div p:not(.red)匹配<div><p class="red">1</p></div><div><p>2</p></div><p>3</p>片段中的<p>2</p>。

3.3.5 伪元素选择器

伪元素（Pseudo-Elements）用于向某些选择器设置特殊效果，它是创造关于文档语言能够指定的文档树之外的抽象。例如，文档语言不能提供访问元素内容第一字或者第一行的机制。伪元素还提供在源文档中不存在的内容分配样式。CSS3 将伪元素选择器（Pseudo-Element Selectors）前面的单冒号（:）修改为双冒号（::），用以区别伪类选择器（Pseudo-Classes Selectors），但以前的写法仍然有效，如表 3-4 所示。

表 3-4 伪元素伪类选择器

选择器	说明
E::first-letter	设置对象内的第一个字符的样式
E::first-line	设置对象内的第一行的样式
E::before	设置在对象前（依据对象树的逻辑结构）发生的内容。用来和 content 属性一起使用
E::after	设置在对象后（依据对象树的逻辑结构）发生的内容。用来和 content 属性一起使用
E::placeholder	设置对象文字占位符的样式
E::selection	设置对象被选择时的颜色

示例 CSS 样式：

```
p::first-letter {float:left;font-size:2em;font-weight:bold;}
p::first-line {color:#090;}
p::after{background-color:red;content:"看到我说明浏览器支持::before 和::before。";}
p::selection{background:#000;color:#f00;}
input::placeholder { background-color:yellow; }
```

示例 HTML 代码：

```
<p>伪元素（Pseudo-Elements）用于向某些选择器设置特殊效果，::first-letter 实现首字下沉、::first-line 实现第一行文字变色。选中段落中的文字后，看看它们的文本颜色和背景色，就能明白::selection 的作用。</p>
<input placeholder="::placeholder 实现占位效果">
```

3.4 小结

本章主要介绍了 CSS 的基础知识，主要包括 CSS 的概念和作用、CSS 的定义与使用方法，以及选择器的定义方法。

CSS 用来实现对网页的美化功能，并且能将样式的定义与 HTML 文件内容分离。样式表中的每个规则都有两个组成部分：决定哪些元素将会受到影响的选择器和由一个或多个属性值对组成的样式声明。最简单的选择器可以对给定类型的所有元素进行格式化，更复杂的选择器可以根据元素的 class 或 id、上下文、状态等来应用格式化规则。

为了更好地使用 CSS，符合 W3C 标准，建议使用能全面支持 CSS3 的浏览器（如 Chrome、Firefox、Safari 和 Edge 等）以更好地提高用户体验，这是非常重要的一点。

3.5 思考与练习

1. 思考题

1）CSS 层叠样式表有哪几种类型？它们的层叠优先级关系是什么？

2）常用的 CSS 选择器有哪些？

3）CSS 如何写注释内容？

2. 操作题

1）调试本章所有示例代码。

2）在 Dreamweaver 中新建一个站点并链接一个外部 CSS 文件。

第 4 章　文本样式与背景

在 Web 页面或者 Web 应用程序中，设置文本样式是 CSS 最基本的要求，CSS 文本样式的功能就是给 Web 页面设置文本的字体、字号、颜色、样式、粗细、间距及一些高级属性。Background 是 CSS 中使用频率很高的一个属性，可以帮助 Web 设计师实现一些特殊效果。

教学目标

- 掌握 CSS 的常用长度单位与颜色设置，熟悉 CSS3 新增的表示方法
- 熟练掌握文本样式、文本排版样式及文本装饰样式
- 掌握基本背景的设置方法，熟悉 CSS3 新增背景属性的使用方法

二维码

4.1　长度单位与颜色

CSS 的取值与单位（Values and Units Module）包括长度、角度、时间、频率、布局、分辨率、颜色、文本、函数、生成内容、图像和数字等，有很多在浏览器中还不完全支持，下面以支持最好的长度单位和颜色设置为例进行讲解。

4.1.1　长度单位

如表 4-1 所示，在 CSS 的文字、排版或边距等设置上，常常会在属性值后加上长度或者百分比单位。

表 4-1　长度单位

类型	长度单位	说　　明
绝对长度单位	cm	Centimeters，厘米
	mm	Millimeters，毫米
	q	1/4 毫米（quarter-millimeters）；1q = 0.25mm
	in	英寸（inches）；1in = 2.54cm
	pt	点（points）；1pt = 1/72in
	pc	派卡（picas）；1pc = 12pt
	px	像素（pixels）；1px = 1/96in
文本相对长度单位	em	相对于当前对象内文本的字体尺寸
	ex	相对于字符“x”的高度。通常为字体高度的一半
	ch	数字“0”的宽度
	rem	相对于根（root）元素（即 html 元素）font-size 计算值的倍数
视口相对长度单位	vw	相对于视口的宽度。视口被均分为 100 单位的 vw
	vh	相对于视口的高度。视口被均分为 100 单位的 vh
	vmax	相对于视口的宽度或高度，总是相对于大的那个。视口的宽度或高度被均分为 100 单位的 vmax
	vmin	相对于视口的宽度或高度，总是相对于小的那个。视口的宽度或高度被均分为 100 单位的 vmin

在表示长度时还经常使用百分比，它与相对长度单位类似，但不是一种单位，而是一种数字类型（Numeric Data Types）。例如：p { margin:150%; }表示设置 margin 属性值为 font-size 的 150%，即相对于 font-size 高度的 150%。

4.1.2 颜色设置方法

在 HTML 网页或者 CSS 样式的颜色定义里，设置颜色的方式一般采用 RGB 色彩模式，所有颜色都是由红色（R）、绿色（G）、蓝色（B）混合而成。

CSS 定义颜色的方法有十六进制、RGB 函数（整数或百分比）和颜色名称。

1. 十六进制颜色的表示方法

在计算机中，定义每种颜色的强度都是由 0～255 表示的。当所有颜色的强度为 0 时，将产生黑色，当所有颜色的强度都是 255 时，将产生白色。十六进制颜色的表示方法将使用#号，加上 3 组十六进制的数字来表示，表示方法为：#RRGGBB。

其中 R、G、B 这 3 个字母的值范围为 0、1、2、3、4、5、6、7、8、9、a、b、c、d、e、f 这 16 个数字。比如要表示红色的值，则表示方法为：#FF0000。

2. 利用 RGB 函数设置颜色

在 CSS 中，可以利用 RGB 函数加上 3 组范围为 0～255 的数字来设置所要的颜色。因为每组数字可表现 256 种颜色强度，所以利用 RGB 函数共可表达出 256×256×256 种颜色。表示方法为：RGBA(R, G, B, A)。

其中，R、G、B 代表的整数范围为 0～255，A 代表透明度（Alpha），取值在 0～1 之间，可以不设置。比如现在要表示红色的值，则表示方法为：RGB(255, 0, 0)。

3. 利用颜色名称设置颜色

所有浏览器都支持颜色名称，HTML 和 CSS 颜色规范中定义了 147 中颜色名称（17 种标准颜色加 130 种其他颜色）。

表 4-2 所示为常用的 17 种标准网页颜色，其他颜色请通过网络查阅。

表 4-2 常用的 17 种标准网页颜色

颜 色 名 称	十六进制表示	颜 色 名 称	十六进制表示
black 黑	#000000	purple 紫	#800080
white 白	#FFFFFF	olive 橄榄绿	#808000
gray 灰	#808080	navy 深蓝	#000080
silver 银灰	#C0C0C0	aqua 水蓝	#00FFFF
red 红	#FF0000	lime 青绿	#00FF00
green 绿	#008000	maroon 茶色	#800000
blue 蓝	#0000FF	teal 墨绿	#008080
yellow 黄	#FFFF00	fuchsia 紫红	#FF00FF
orange 橙	#FFA500		

4. 文本颜色设置方法

前面已经多次讲到了文本颜色属性（color）样式的设置，使用方法很简单，这里不再赘述，请参考本书源码电子版另一个使用多种颜色模式实现文本颜色设置的示例。

在 RGBA 颜色模式中，A 表示不透明度，如果只需要设置不透明度，可以用 CSS 的 opacity 属性，与 RGBA 的使用方法一样，取值被约束在[0.0-1.0]范围内，如果超过了这个范围，其计算结果将截取到与之最相近的值。使用时小数点前面的 0 是可以省略的。

示例 CSS 样式：

```
div { opacity: .5; }
```

二维码

4.2 文本排版样式

文字作为传递信息的主要手段，一直都是网页中必不可少的内容，使用 CSS 样式可以轻松控制网页文字显示和段落排版。

4.2.1 文本样式

文本样式（Text-style）可以作用于任何包含文本内容的 HTML 元素（如<body>、<h1>-<h6>、<p>、<div>、<span>、…），使其中的文本呈现出想要的外观样式（如字体、颜色等）。

1. 字体（font-family）

基本语法：

```
font-family : name
```

取值：name（字体名称）。按优先顺序排列，以逗号分隔。如果 name 包含空格，则应使用引号括起。

语法说明：设置或检索用于对象中文本的字体名称序列。默认值为 Times New Roman。但在实际应用中，由于大部分中文操作系统并没有安装很多字体，建议不设置中文字体，而由系统默认匹配一种相近的字体，也可以使用“宋体”或“黑体”。如果有特殊字体的要求，建议做成图片。

示例 CSS 样式：

```
.fontstyle {font-family: Chiller, "Courier New", "黑体";}
```

示例 HTML 代码：

```
<p>未定义使用英文字体（"Chiller"或"Courier New"）和中文字体（"黑体"）</p>
<p class="fontstyle">使用英文字体（如果没有"Chiller"则使用"Courier New"）和中文字体（"黑体"）
</p>
```

2. 字号（font-size）

基本语法：

```
font-size : xx-small | x-small | small | medium | large | x-large | xx-large | larger | smaller | length
```

取值：前面几种取值在实际网页制作中不太常用，一般习惯输入具体数字，即使用 length（由百分数或浮点数字与单位标识符组成的长度值，不可为负值。其百分比取值基于父对象字体的尺寸）。

语法说明：设置或检索对象中的字体尺寸，最常用的单位是 px、em 或%等。一般网页常用的字号大小为 12px 左右。较大的字体可用于标题或其他需要强调的地方，小一些的字体可以用于页脚和辅助信息。需要注意的是，小字号容易产生整体感和精致感，但可读性较差。在网页中经常使用不同的字号来排版。

示例 CSS 样式：

```
.fs1 {font-size: 150%;}   .fs2 {font-size: 36px;}   .fs3 { font-size: 2em; }
```

示例 HTML 代码：

```
<p class="fs1">使用 150%字体样式</p>
<p class="fs2">使用 36px 字体大小</p>
```

```
<p class="fs3">使用 2em 字体大小</p>
```

3. 字体加粗（font-weight）

基本语法：

```
font-weight : normal | bold | bolder | lighter | 100 | 200 | 300 | 400 | 500 | 600 | 700 | 800 | 900
```

取值：normal 为默认值，正常字体，相当于 400，声明此值将取消之前的任何设置。常用 bold 表示粗体，相当于 700，也相当于 b 元素的作用，但意义不一样。也可以自己输入数字。

语法说明：设置或检索对象中的文本字体的粗细。网页中的标题、比较醒目的文字或需要重点突出的内容一般都会用粗体字。

示例 CSS 样式：

```
.fs1 { font-weight: bold;}
```

4. 字体样式（font-style）

基本语法：

```
font-style : normal | italic | oblique
```

取值：normal 为默认值，正常字体。Italic 为斜体，对于没有斜体变量的特殊字体，将应用 oblique。oblique 是指倾斜的字体。

语法说明：设置或检索对象中的字体样式。斜体文字在网页中应用较多，多用于注释、说明、日期或其他信息。

示例 CSS 样式：

```
.fs1 { font-style: italic; }
```

5. 字体变体（font-variant）

基本语法：

```
font-variant : normal | small-caps
```

取值：normal 为默认值，正常字体。small-caps 是指小型的大写字母字体。

语法说明：设置或检索对象中的文本是否为小型的大写字母。使用 font-variant:small-caps 设置英文字母全部大写，而且在大写的同时，能够让字母大小保持与小写时一样的尺寸。

示例 CSS 样式：

```
.fs1 { font-variant: small-caps;}
```

6. 行高（line-height）

基本语法：

```
line-height : normal | length
```

取值：normal 为默认值，默认行高。Length 指百分比数字，是由浮点数字和单位标识符组成的长度值，允许为负值，其百分比取值基于字体的高度尺寸。

语法说明：检索或设置对象的行高，即字体最底端与字体最顶端之间的距离。行高是字体下延与字体内部高度的顶端之间的距离，为负值的行高可用来实现阴影效果。假如一个格式化的行包括不止一个对象，则最大行高会被应用，此时该属性不可以为负值。

示例 CSS 样式：

```
.fs1 { line-height: 64px;}
```

📖 Line-height 本来属于排版样式，但常常在组合字体设置时使用，所以在此一并讲解。

7. 组合设置字体属性（font）

如果 Dreamweaver 中设置了 CSS 速记（“编辑”→“首选参数”→“CSS 样式”→“使用速记”右边几项已勾选），则可视化操作过程产生的代码将自动为组合设置形式。

基本语法：

```
font: font-style font-weight font-variant font-size/line-height font-family
```

语法说明：每项间用空格分隔，多个字体间用逗号分隔，也可只使用其中的部分属性。

示例 CSS 样式：

```
.fs2 {font: italic bold small-caps 36px/64px "Courier New", "黑体";}
```

4.2.2 排版样式

以下有些文本排版（Formatting Text）样式可能不仅限于文字，也可以作用于其他容器，在使用时要灵活掌握。

1. 字符间距离（letter-spacing）

基本语法：

```
letter-spacing : normal | length
```

取值：normal 为默认值，默认间隔；length 是由浮点数字和单位标识符组成的长度值，允许为负值。

语法说明：检索或设置对象中的文字之间的间隔。该属性将指定的间隔添加到每个字符（包括中文字）之后，但最后一个字符将被排除在外。字符间距会受对齐调整影响。

示例 CSS 样式：

```
p { letter-spacing: 1em;}
```

2. 文本水平对齐（text-align）

基本语法：

```
text-align : left | right | center | justify
```

取值：left 为默认值，左对齐；right 为右对齐；center 为居中对齐；justify 为两端对齐。

语法说明：设置或检索对象中文本的水平对齐方式。此属性作用于所有块对象（block elements）。在一个 div 对象中的所有块对象都会继承此属性值。

示例 CSS 样式：

```
p { text-align: center;}
```

3. 垂直对齐（vertical-align）

基本语法：

```
vertical-align : auto | baseline | sub | super | top | text-top | middle | bottom | text-bottom | length
```

取值：auto 是根据 layout-flow 属性的值对齐对象内容；baseline 为默认值，将支持 valign 特性的对象的内容与基线对齐；sub 是垂直对齐文本的下标；super 是垂直对齐文本的上标；top 是将支持 valign 特性的对象的内容与对象顶端对齐；text-top 是将支持 valign 特性的对象的文本与对象顶端对齐；middle 是将支持 valign 特性的对象的内容与对象中部对齐；bottom 是将支持 valign 特性的对象的内容与对象底端对齐；text-bottom 是将支持 valign 特性的对象的文本与对象顶端对齐；length 是由浮点数字和单位标识符组成的长度值 | 百分数，可为负数，定义由基线算起的偏移量，基线对于数值来说为 0，对于百分数来说就是 0%。

语法说明：设置或检索对象内容的垂直对齐方式。一般用在<td>和<img>上比较多。

示例 CSS 样式：

```
.fs {font-size:8px;vertical-align:top;}
```

示例 HTML 代码：

```
<p>文本垂直<span class="fs">方向</span>对齐</p>
```

4. 缩进（text-indent）

基本语法：

```
text-indent : length
```

取值：length 为百分比数字 | 由浮点数字和单位标识符组成的长度值，允许为负值。

语法说明：检索或设置对象中的文本的缩进。默认值为 0。内联对象要使用该属性，必须先使该对象表现为块级或内联块级。

示例 CSS 样式：

```
p {text-indent: 2em;}
```

5. 元素内空白（white-space）

基本语法：

```
white-space : normal | pre | nowrap | pre-wrap | pre-line
```

取值：默认为 normal，空白会被浏览器忽略；pre 表示空白会被浏览器保留，其行为方式类似 HTML 中的<pre>标签；nowrap 表示文本不会换行，文本会在同一行上继续，直到遇到
标签为止；pre-wrap 表示保留空白符序列，但是正常地进行换行；pre-line 表示合并空白符序列，但是保留换行符；inheri 规定应该从父元素继承 white-space 属性的值。

语法说明：设置或检索对象内空格字符的处理方式。空格字符（如换行、空格和 Tab 等），在 HTML 文档中默认是被忽略的，当此属性设置为 normal 或者 nowrap 时，可以使用不换行空格的命名实体 来添加空格，用 br 元素来添加换行。此属性作用于块对象。

示例 CSS 样式：

```
p {white-space: nowrap;}
```

6. 文本转换（text-transform）

基本语法：

```
text-transform : none | capitalize | uppercase | lowercase
```

取值：none 为默认值，无转换发生；capitalize 表示将每个单词的第一个字母转换成大写，其余无转换发生；uppercase 表示转换成大写；lowercase 表示转换成小写。

语法说明：检索或设置对象中的文本的大小写。

示例 CSS 样式：

```
p { text-transform: uppercase;}
```

7. 单词间距离（word-spacing）

基本语法：

```
word-spacing : normal | length
```

取值：normal 为默认值，默认间隔；length 表示由浮点数字和单位标识符组成的长度值，允许为负值。

语法说明：检索或设置对象中的单词之间的空白距离。单词间距会受对齐调整影响。由于英文单词是以空格来分隔的，而中文字符间是没有空格的，所以中文不会受到影响。

示例 CSS 样式：

```
p { word-spacing: 10em;}
```

8. 文本换行显示（word-wrap）

基本语法：

```
word-wrap:normal | break-word
```

取值：normal 表示允许内容顶开或溢出指定的容器边界；break-word 表示内容将在边界内换行。如果需要，单词内部允许断行。

语法说明：设置或检索当内容超过指定容器的边界时是否断行。默认为 normal，适用于所有元素，有继承性。

示例 CSS 样式：

```
p { width: 100px; border: 1px solid #000; background-color: #eee; }
.normal { word-wrap: normal; }
.break-word { word-wrap: break-word; }
```

示例 HTML 代码：

```
<ul>
  <li> <strong>normal：</strong>
    <p class="normal">aaabbbcccdddeeefffggghhhiiijjjkkklllmmmnnn</p>
  </li>
  <li> <strong>break-word：</strong>
    <p class="break-word">aaabbbcccdddeeefffggghhhiiijjjkkklllmmmnnn</p>
  </li>
  <li> <strong>break-word：</strong>
    <p class="break-word">中英混排的时候 aaabbbcccdddeeefffggghhhiiijjj</p>
  </li>
</ul>
```

9. 文本的字内换行（word-break）

基本语法：

```
word-break: normal | keep-all | break-all
```

取值：normal 依照亚洲语言和非亚洲语言的文本规则，允许在字内换行。keep-all 与所有非亚洲语言的 normal 相同，对于中文、韩文和日文，不允许字断开，适合包含少量亚洲文本的非亚洲文本。break-all 与亚洲语言的 normal 相同，也允许非亚洲语言文本行的任意字内断开。该值适合包含一些非亚洲文本的亚洲文本，如使连续的英文字母间断行。

语法说明：设置或检索对象内文本的字内换行行为。对于解决防止页面中出现连续无意义的长字符打破布局，应该使用 break-all 属性值。

示例 CSS 样式：

```
.break-all p{word-break:break-all;}
```

示例 HTML 代码：

```
<ul>
  <li class="break-all">
  <strong>break-word：</strong>
  <p>aaabbbcccdddeeefffggghhhiiijjjkkklllmmmnnn</p>
```

```
    </li>
</ul>
```

CSS3 还新增了一些文本排版样式，如 tab-size、overflow-wrap、text-align-last、text-justify 和 text-size-adjust 等，但现在浏览器还不完全支持。

4.2.3 文本装饰

1. 文字修饰（text-decoration）

基本语法：

```
text-decoration : none || underline || blink || overline || line-through
```

取值：none 为默认值，无修饰；underline 为下画线；line-through 为删除线；overline 为上画线。

语法说明：检索或设置对象中文本的修饰。有 href 特性的 a、ins 等元素默认值为 underline，del 元素默认值是 line-through。假如 none 值在属性声明的最后，所有的先前的其他取值都会被清除，例如，声明 text-decoration: underline overline blink none 等于声明 text-decoration: none。假如对象没有文本（如 img 元素）或者元素内容为空（如<em></em>），此属性不会发生作用。假如设置 body 对象的此属性值为 none，a 对象将依然保持其原有的下画线样式，除非针对 a 对象声明此属性值。指定块对象的此属性将影响其所有内联子对象，而此影响一旦发生，块对象容器最终会受到影响。虽然 blink 值被提供，但它不会被作用。

示例 CSS 样式：

```
.fs2 {text-decoration: underline overline line-through;}
```

2. 文字阴影（text-shadow）

文本阴影（text-shadow 属性）在之前的版本中出现过，但浏览器渲染该样式需要耗费较多资源，所以各大浏览器迟迟不支持，直到 CSS3 重新定义了它，并增加了不透明度效果，各大浏览器才提供支持（IE 9 及以下版本除外）。由于该属性实在太强大了，所以才加以介绍，浏览时记得用 IE 10 或其他非 IE 内核的新版浏览器。

基本语法：

```
text-shadow：none | <shadow> [ , <shadow> ] *
<shadow> = <length>{2,3} && <color>?
```

也就是

```
text-shadow: [x 轴偏移 y 轴偏移[ 模糊半径] 颜色] [ , x 轴偏移 y 轴偏移[ 模糊半径] 颜色] ...
```

取值：none（无阴影）；第 1 个长度值用来设置对象的阴影水平偏移值，可以为负值；第 2 个长度值用来设置对象的阴影垂直偏移值，可以为负值；如果提供了第 3 个长度值，则用来设置对象的阴影模糊值，不允许为负值；<color>用于设置对象的阴影颜色。偏移值为正表示向右或下偏，为负表示向左或上偏。

语法说明：设置或检索对象中文本的文字是否有阴影及模糊效果。可以设定多组效果，每组参数值以逗号分隔。默认值为 none，适用于所有元素，有继承性。

示例 CSS 样式：

```
.text-wrap { width: 960px; margin: 50px auto;
font-family: 'Aclonica', serif; font-size: 50px; text-align: center; }
.box1 { text-shadow: rgba(0, 0, 30, 0.8) 3px 2px 5px; }
.box2 { text-shadow: rgba(0, 0, 0, 0.1) -3px -3px 1px, rgba(127, 127, 127, 0.5) 3px 3px 1px; }
.box3 { text-shadow: rgba(0, 0, 0, 0.3) -5px 5px; }
```

```
.box4 { background: #222; color: #333; opacity: 0.4;
text-shadow: rgba(255, 255, 255, 0.3) -1px -1px 0px, rgba(0, 0, 0, 0.8) 1px 1px 0px; }
.box5 { color: #00A0D9; text-shadow: #00A0D9 1px 1px 3px, #00A0D9 -1px -1px 3px; }
.box6 { color: #00A0D9; text-shadow: #A8C0D8 -0.06em 0px, #7B92A8 0.06em 0px; }
.box7 { color: transparent; text-shadow: #91BAD8 0px 0px 5px; }
```

示例 HTML 代码：

```
<div class="text-wrap box1">Pure CSS3 Text Shadow Effects</div>
…
<div class="text-wrap box7">Pure CSS3 Text Shadow Effects</div>
```

4.3 背景样式

二维码

CSS 允许应用纯色作为背景，也允许使用背景图像创建相当复杂的效果，CSS 在这方面的能力远在 HTML 之上。

4.3.1 基本背景属性

背景的基本属性有设置背景颜色、背景图片、背景图片位置、背景图片展示方式和背景图片是固定还是滚动，这些基本属性既可以单独使用，也可以组合使用。

1. 背景颜色（background-color）

在 HTML 里，虽然可以使用标记的 bgcolor 属性来设置网页的背景颜色，但还是建议使用 CSS，不仅可以用 background-color 属性来设置网页背景颜色的变化，还可以设置文字等几乎所有元素的背景颜色。

基本语法：

```
background-color:<color>
```

语法说明：设置或检索对象的背景颜色。<color>为指定颜色，默认值为 transparent，表示透明的意思。

示例 CSS 样式：

```
body{ background-color:gray; }
```

2. 背景图像（background-image）

基本语法：

```
background-image:url | none
```

语法说明：url 表示要插入背景图片的路径，路径可以是绝对路径也可以是相对路径，none 表示不加载图片。

示例 CSS 样式：

```
body { background-image:url(images/bg.jpg); }
```

示例 HTML 代码：

```
<p>背景图片的使用</p>
```

3. 背景图像平铺方式（background-repeat）

基本语法：

```
background-repeat:repeat | repeat-x | repeat-y | no-repeat
```

语法说明：默认值 repeat 表示背景图片在水平和垂直方向平铺；repeat-x 表示背景图片在水平方向平铺；repeat-y 表示背景图片在垂直方向平铺；no-repeat 表示背景图片不平铺。

还是将这行代码进行修改，把浏览器窗口最大化后再比较一下跟原来的区别。

```
body{background: url(images/ba.jpg) no-repeat;}
```

4. 固定背景图像（background-attachment）

background-attachment 背景附件属性用来设置背景图片是否随着滚动条的移动而一起移动。

基本语法：

```
background-attachment: scroll | fixed
```

语法说明：scroll 表示背景图片是随着滚动条的移动而移动，是浏览器的默认值；fixed 表示背景图片固定在页面上不动，不随着滚动条的移动而移动。

将前例 CSS 代码修改为如下所示，调整浏览器窗口的高度直到出现右边的滚动条，再拖动滚动条，体会一下跟未设置 fixed 时的区别。

```
body{ background:url(images/bg.jpg)   fixed;}
```

5. 定位背景图像（background-position）

当在网页中插入背景图片时，每一次插入的位置都是位于网页的左上角。可以通过 background-position 属性来改变图片的插入位置。

基本语法：

```
bbackground-position: <position> [ , <position> ]*
<position> = [ left | center | right | top | bottom | <percentage> | <length> ] | [ left | center | right | <percentage> | <length> ] [ top | center | bottom | <percentage> | <length> ] | [ center | [ left | right ] [ <percentage> | <length> ]? ] && [ center | [ top | bottom ] [ <percentage> | <length> ]? ]
```

语法说明：利用百分比和长度来设置图片位置时，都要指定两个值，并且这两个值都要用空格隔开。一个代表水平位置，一个代表垂直位置。水平位置的参考点是网页页面的左边，垂直位置的参考点是网页页面的上边。水平方向的关键字主要有 left、center 和 right，垂直方向的关键字主要有 top、center 和 bottom。水平方向和垂直方向相互搭配使用。

将上例代码修改为如下所示，再在浏览器中观察效果。

```
body{background: url(images/bg.jpg) no-repeat center;}
p { background:url(bc.jpg) no-repeat right 40px bottom 10px; }
```

4.3.2 多重背景图像

CSS 中的 background 属性可以把前面的 5 种基本属性组合使用，将相关属性值汇总写在同一行，变成背景速记（Backgrounds Shorthand）形式。示例代码如下。

```
p { background:yellow url(images/bg.jpg) no-repeat right 40px bottom 10px; }
```

background 是 CSS 中使用频率很高的属性，CSS3 对该属性也进行了增强，比如在同一个元素内叠加多层背景图像（Layering Multiple Background Images）等功能。

基本语法：

```
background: [background-image] | [background-color] | [background-origin] | [background-clip] | [background-repeat] | [background-size] | [background-position] | [background-attachment]。
```

取值（子属性）：<background-image>指定或检索对象的背景图像。<background-color>定义背景颜色。<background-origin>指定背景的显示区域。<background-clip>指定背景的裁剪区域。<background-repeat>设置或检索对象的背景图像是否及如何重复铺排。<background-size>指定背景图片的大小。<background-position>设置或检索对象的背景图像位置。<background-attachment>定义背景图像的显示方式。这些子属性也可以独立使用。

语法说明：多重背景图像指可以把不同背景图像只放到一个块元素里。多个图片 url 之间使用逗号隔开即可；如果有多个背景图片，而其他属性只有一个（如 background-repeat 只有一个），表明所有背景图片都应用该属性值。

书写格式范例：

```
background-image: url(images/multiple-background1.png), url(images/multiple-background2.png), url(images/multiple-background3.png); background-position: left top, -320px bottom, -640px top; background-repeat: no-repeat, no-repeat, repeat-y;
```

也可以简写为：

```
background: url(images/multiple-background1.png) left top no-repeat, url(images/multiple-background2.png) -320px bottom no-repeat, url(images/multiple-background3.png) -640px top repeat-y;
```

示例 CSS 样式：

```
html, body { height:100%; }
body { background: url( images/multi-bg3.gif) 40% 45% no-repeat,
                   url( images/multi-bg1.jpg) center no-repeat; }
```

再来看一个要在同一个元素上定义 3 个背景图像的示例，体会两种写法的区别。

1）缩写方式。

```
background:url(bg1.jpg) no-repeat scroll 10px 20px/50px 60px content-box padding-box,
           url(bg2.jpg) no-repeat scroll 10px 20px/70px 90px content-box padding-box,
           url(bg3.jpg) no-repeat scroll 10px 20px/110px 130px content-box padding-box #aaa;
```

2）拆分方式。

```
background-image:url(bg1.jpg),url(bg2.jpg),url(bg3.jpg);
background-repeat:no-repeat,no-repeat,no-repeat;
background-attachment:scroll,scroll,scroll;
background-position:10px 20px,10px 20px,10px 20px;
background-size:50px 60px,70px 90px,110px 130px;
background-origin:content-box,content-box,content-box;
background-clip:padding-box,padding-box,padding-box;
background-color:#aaa;
```

4.3.3　CSS3 新增背景属性

CSS 新增的背景属性能让用户做出的背景效果更加随心所欲。

1. 背景图像原点（background-origin）

基本语法：

```
background-origin：<box> [ , <box> ]*
<box> = border-box | padding-box | content-box
```

取值：padding-box 从 padding 区域（含 padding）开始显示背景图像。border-box 从 border 区域（含 border）开始显示背景图像。content-box 从 content 区域开始显示背景图像。

语法说明：设置或检索对象的背景图像的参考原点（位置）。默认值为 padding-box。

示例 CSS 样式：

```
p { border:10px dashed #666; width:400px; height:100px; padding:20px; background:#aaa url(images/bb.jpg) no-repeat;}
    p:first-of-type { background-origin:border-box; }
    p:nth-of-type(2) { background-origin:padding-box; }        //默认值，本行定义多余
    p:last-of-type { background-origin:content-box; }
```

示例 HTML 代码：

```
<p>border-box: 从 border 区域（含 border）开始显示背景图像</p>
<p>padding-box: 从 padding 区域（含 padding）开始显示背景图像，默认值</p>
<p>content-box: 从 content 区域开始显示背景图像</p>
```

2. 背景图像裁切（background-clip）

基本语法：

```
background-clip: <box> [ , <box> ]*
<box> = border-box | padding-box | content-box | text
```

取值：padding-box 从 padding 区域（不含 padding）开始向外裁剪背景。border-box 从 border 区域（不含 border）开始向外裁剪背景。content-box 从 content 区域开始向外裁剪背景。text 从前景内容的形状（比如文字）作为裁剪区域向外裁剪背景，如此即可实现使用背景作为填充色之类的遮罩效果。

语法说明：指定对象的背景图像向外裁剪的区域。

示例 CSS 样式：

```
p {width:200px;height:150px;padding:20px;border:10px dashed #666;background:#aaa url(images/bb.jpg) no-repeat;margin:10px;float: left;}
    p:first-of-type {background-clip:border-box;}
    p:nth-of-type(2) {background-clip:padding-box;}
    p:nth-of-type(3) {background-clip:content-box;}
    p:last-of-type  {width:auto;height:auto;background-repeat:repeat; -webkit-background-clip:text; -webkit-text-fill-color:transparent; font-weight:bold; font-size:72px;}
```

示例 HTML 代码：

```
<p>border-box 从 border 区域（不含 border）开始向外裁剪背景<br>（需要设置 background-origin:border-box 才能看到左边和上边的剪切效果）</p>
<p>padding-box 从 padding 区域（不含 padding）开始向外裁剪背景</p>
<p>content-box 从 content 区域开始向外裁剪背景</p>
<p>text 从前景内容的形状作为裁剪区域向外裁剪背景，IE 浏览器不支持，Chrome 等浏览器也需要-webkit-前缀</p>
```

3. 背景图像大小（background-size）

基本语法：

```
background-size: <bg-size> [ , <bg-size> ]*
<bg-size> = [ <length> | <percentage> | auto ]{1,2} | cover | contain
```

取值：<length>用长度值指定背景图像大小，不允许为负值。<percentage>用百分比指定背景图像大小，不允许为负值。auto 表示背景图像的真实大小。cover 将背景图像等比缩放到完全覆盖容器，背景图像有可能超出容器。contain 表示将背景图像等比缩放到宽度或高度与容器的宽度或高度相等，背景图像始终被包含在容器内。

语法说明：检索或设置对象的背景图像的尺寸大小。该属性提供两个参数值（特性值 cover 和 contain 除外）。如果提供两个参数，第一个用于定义背景图像的宽度，第二个用于定

义背景图像的高度。如果只提供一个参数，该值将用于定义背景图像的宽度，第二个值默认为auto，即高度为auto，此时背景图像以提供的宽度作为参照来进行等比缩放。

示例 CSS 样式：

```
p { border: 10px dashed #666; background:url(images/bc.jpg) no-repeat; width:500px; height:300px; padding:20px; }
p:nth-of-type(2) { background-size:cover; }
p:nth-of-type(3) { background-size:contain; }
p:last-of-type { background-size:100px 140px; }
```

示例 HTML 代码：

```
<p>图片原始大小：400X290px，容器大小: 500X300px</p>
<p>cover 将背景图像等比缩放到完全覆盖容器，背景图像有可能超出容器。</p>
<p>contain 将背景图像等比缩放到宽度或高度与容器的宽度或高度相等，背景图像始终被包含在容器内。</p>
<p>length 自定义背景图像大小: 100X140px</p>
```

4.3.4 渐变背景

基本语法：

```
<gradient> = linear-gradient() | repeating-linear-gradient() | radial-gradient() | repeating-radial-gradient()
```

语法说明：<gradient> 允许使用简单的语法实现颜色渐变，以便 UA（用户代理，一般指浏览器）在渲染页面时自动生成图像。渐变在一个拥有尺寸的盒子中被生成，称之为渐变盒，但是渐变本身并没有内在的尺寸，也就是说如果在一个没有尺寸的容器上定义渐变，将无法被呈现。<gradient> 可以应用在所有接受图像的属性上。

下面对<gradient>的 4 种用法分别进行讲解。

1. 线性渐变（linear-gradient()）

基本语法：

```
<linear-gradient> = linear-gradient([ [ <angle> | to <side-or-corner> ] ,]? <color-stop>[, <color-stop>]+)
<side-or-corner> = [left | right] || [top | bottom]
<color-stop> = <color> [ <length> | <percentage> ]?
```

取值：① 下述值用来表示渐变的方向，可以使用角度或者关键字来设置：<angle>用角度值指定渐变的方向（或角度）；to left 设置渐变为从右到左（相当于 270deg）；to right 设置渐变从左到右（相当于 90deg）；to top 设置渐变从下到上（相当于 0deg）；to bottom 设置渐变从上到下（相当于 180deg），这是默认值，等同于留空不写。② <color-stop>用于指定渐变的起止颜色：<color>指定颜色；<length>用长度值指定起止色位置，不允许为负值；<percentage>用百分比指定起止色位置。

语法说明：用线性渐变创建图像。如果想创建以对角线方式渐变的图像，可以使用 to top left 这样的多关键字方式来实现。用默认的渐变方向绘制一个最简单的线性渐变。

下面几句代码都可以实现从上（白）到下（黑）的渐变效果。

```
linear-gradient(#fff, #333);
linear-gradient(to bottom, #fff, #333);
linear-gradient(to top, #333, #fff);
linear-gradient(180deg, #fff, #333);
linear-gradient(to bottom, #fff 0%, #333 100%);
```

示例 CSS 样式：

```
div { width: 200px; height: 100px; margin-top: 10px; border: 1px solid #ddd;}
div:first-of-type { background: linear-gradient(#fff, #333); }
div:nth-of-type(2) { background: linear-gradient(#000, #f00 50%, #090);}
div:nth-of-type(3) { background: linear-gradient(0deg, #000 20%, #f00 50%, #090 80%); }
div:nth-of-type(4) { background: linear-gradient(45deg, #000, #f00 50%, #090); }
div:last-of-type { background: linear-gradient(to top right, #000, #f00 50%, #090); }
```

示例 HTML 代码：

```
<div></div>  <div></div>  <div></div>  <div></div>  <div></div>
```

2. 径向渐变（radial-gradient()）

基本语法：

```
<radial-gradient> = radial-gradient([ [ <shape> || <size> ] [ at <position> ]? , | at <position>, ]?<color-stop>[ , <color-stop> ]+)
<position> = [ <length>① | <percentage>① | left | center① | right ]? [ <length>② | <percentage>② | top | center② | bottom ]?
<shape> = circle | ellipse
<size> = <extent-keyword> | [ <circle-size> || <ellipse-size> ]
<extent-keyword> = closest-side | closest-corner | farthest-side | farthest-corner
<circle-size> = <length>
<ellipse-size> = [ <length> | <percentage> ]{2}
<shape-size> = <length> | <percentage>
<color-stop> = <color> [ <length> | <percentage> ]?
```

取值：

1）<position> 确定圆心的位置。如果提供两个参数，第一个表示横坐标，第二个表示纵坐标；如果只提供一个参数，第二个值默认为 50%，即 center。

<percentage>①：用百分比指定径向渐变圆心的横坐标值。可以为负值。

<length>①：用长度值指定径向渐变圆心的横坐标值。可以为负值。

left：设置左边为径向渐变圆心的横坐标值。

center①：设置中间为径向渐变圆心的横坐标值。

right：设置右边为径向渐变圆心的横坐标值。

<percentage>②：用百分比指定径向渐变圆心的纵坐标值。可以为负值。

<length>②：用长度值指定径向渐变圆心的纵坐标值。可以为负值。

top：设置顶部为径向渐变圆心的纵坐标值。

center②：设置中间为径向渐变圆心的纵坐标值。

bottom：设置底部为径向渐变圆心的纵坐标值。

2）<shape> 确定圆的类型。

circle：指定圆形的径向渐变。

ellipse：指定椭圆形的径向渐变。

3）<extent-keyword> circle | ellipse 都接受该值作为 size。

closest-side：指定径向渐变的半径长度为从圆心到离圆心最近的边。

closest-corner：指定径向渐变的半径长度为从圆心到离圆心最近的角。

farthest-side：指定径向渐变的半径长度为从圆心到离圆心最远的边。

farthest-corner：指定径向渐变的半径长度为从圆心到离圆心最远的角。

4）<circle-size> circle 接受该值作为 size。

<length>：用长度值指定正圆径向渐变的半径长度。不允许为负值。

5）<ellipse-size> ellipse 接受该值作为 size。

<length>：用长度值指定椭圆径向渐变的横向或纵向半径长度。不允许为负值。

<percentage>：用百分比指定椭圆径向渐变的横向或纵向半径长度。不允许为负值。

6）<color-stop> 用于指定渐变的起止颜色。

<color>：指定颜色。

<length>：用长度值指定起止色位置。不允许为负值。

<percentage>用百分比指定起止色位置。不允许为负值。

语法说明：用径向渐变创建图像。下面再来具体说明一下。

1）用默认的渐变方向绘制一个最简单的径向渐变。

下面几种写法都可以实现相同的径向渐变效果。

```
radial-gradient(circle, #f00, #ff0, #080);
radial-gradient(circle at center, #f00, #ff0, #080);
radial-gradient(circle at 50%, #f00, #ff0, #080);
radial-gradient(circle farthest-corner, #f00, #ff0, #080);
```

2）<shape> 和 <size> 使用注意事项。

下面是错误的代码，因为 circle 是正圆，一个值就能表示其直径长度，所以此时 <size> 只能是一个值。

```
radial-gradient(circle 50px 50px, #f00, #ff0, #080);
```

下面是另一种错误的写法，circle 不接受 <size> 的值是 <percentage>。

```
radial-gradient(circle 50%, #f00, #ff0, #080);
```

3）不通过 <shape> 来表示圆和椭圆的方法。

以下几行代码都可以表示一个圆。

```
radial-gradient(100px, #f00, #ff0, #080); /* 1 */
radial-gradient(100px 100px, #f00, #ff0, #080); /* 2 */
radial-gradient(50px 100px, #f00, #ff0, #080); /* 3 */
```

其中，代码 1 只给出 100px，所以被当成是正圆的半径，于是就能确定一个直径为 100px 的圆；代码 2 给出了两个值，按理应该是要画一个椭圆的，但两个值相等，所以这个椭圆其实此时是一个正圆形态，需要注意的是，代码 2 如果加上 circle，那将是错误语法，因为这是两个值，只有椭圆才接受；代码 3 表示了一个水平半径为 50px、垂直半径为 100px 的椭圆。

示例 CSS 样式：

```
div { width: 200px; height: 100px; margin-top: 10px; border: 1px solid #ddd; }
.t1 { background: radial-gradient(circle at center, #f00, #ff0, #080); }
.t2 { background: radial-gradient(circle closest-side, #f00, #ff0, #080); }
.t3 { background: radial-gradient(farthest-side, #f00 20%, #ff0 50%, #080 80%); }
.t4 { background: radial-gradient(at top right, #f00, #ff0, #080); }
.t5 { background: radial-gradient(farthest-side at top right, #f00, #ff0, #080); }
.t6 { background: radial-gradient(farthest-side at top right, #f00, #ff0, #080, transparent),
            radial-gradient(60px at top left, #f00, #ff0, #080); }
```

示例 HTML 代码：

```
<div class="t1"></div>
<div class="t2"></div>
<div class="t3"></div>
<div class="t4"></div>
<div class="t5"></div>
<div class="t6"></div>
```

3. 可重复线性渐变（repeating-linear-gradient()）

用重复的线性渐变创建图像。repeating-linear-gradient()的语法与 linear-gradient()相同。所以可以使用 linear-gradient()做出 repeating-linear-gradient()的效果，但不推荐。

以下几行代码都可以实现相同的可重复线性渐变效果。

```
repeating-linear-gradient(#f00, #ff0 10%, #f00 15%);
repeating-linear-gradient(to bottom, #f00, #ff0 10%, #f00 15%);
repeating-linear-gradient(180deg, #f00, #ff0 10%, #f00 15%);
repeating-linear-gradient(to top, #f00, #ff0 10%, #f00 15%);
```

示例 CSS 样式：

```
div { width: 200px; height: 100px; margin-top: 10px; border: 1px solid #ddd; }
.t1 { background: repeating-linear-gradient(#f00, #ff0 10%, #f00 15%); }
.t2 { background: repeating-linear-gradient(to right, #f00, #ff0 10%, #f00 15%); }
.t3 { background: repeating-linear-gradient(45deg, #f00, #ff0 10%, #f00 15%); }
.t4 { background: repeating-linear-gradient(to bottom left, #f00, #ff0 10%, #f00 15%); }
```

示例 HTML 代码：

```
<div class="t1"></div>   <div class="t2"></div>
<div class="t3"></div>   <div class="t4"></div>
```

4. 可重复径向渐变（repeating-radial-gradient()）

用重复的径向渐变创建图像。repeating-radial-gradient()的语法与 radial-gradient()相同。

以下代码是一个实现重复的径向渐变圆效果。

```
repeating-radial-gradient(circle closest-side, #f00, #ff0 10%, #f00 15%);
```

示例 CSS 样式：

```
div { width: 200px; height: 100px; margin-top: 10px; border: 1px solid #ddd; }
.t1 { background: repeating-radial-gradient(circle, #f00 0, #ff0 10%, #f00 15%); }
.t2 { background: repeating-radial-gradient(at top left, #f00, #ff0 10%, #080 15%, #ff0 20%, #f00 25%); }
.t3 { background: repeating-radial-gradient(circle closest-corner at 20px 50px, #f00, #ff0 10%, #080 20%, #ff0 30%, #f00 40%); }
```

示例 HTML 代码：

```
<div class="t1"></div>   <div class="t2"></div>   <div class="t3"></div>
```

4.4 小结

长度单位的重点内容是常用的 px、em 和%等的使用，如果涉及响应式或移动网页，则还需要掌握 CSS3 新增的 rem、vw、vh、vmax 和 vmin 等的使用方法。对于颜色设置方面的内容，重点是要熟练使用 RGB 颜色模式的十六进制和颜色名称。

本章还介绍了 CSS 样式中对网页文字和背景相关元素进行控制的各种 CSS 样式属性的设置和使用方法。读者一定要结合源码调试来灵活掌握并运用，特别是 CSS3 新增的背景样式参数太多，一定要在调试时自己通过修改源码来达到想要的效果。本章继续坚持表现与内容分离的原则，所有外观样式都采用 CSS 实现。请习惯使用这种用法。

4.5 思考与练习

1. 思考题

1）CSS 最常用的长度单位有哪些？举例说明 CSS3 新增的长度单位的使用方法。

2）CSS 的颜色如何表示？

3）简述组合字体设置的使用方法。其中的顺序是否可以任意调换？

4）简述 CSS 中的 white-space 和 pre 元素有何异同。

5）举例说明文本阴影的使用方法。

6）简述多重背景的使用方法。

7）简述背景原点、背景裁切和背景大小的含义。

8）简述线性渐变和径向渐变的使用方法。

2. 操作题

1）调试本章所有源代码。

2）将 CSS3 新增的背景属性创造性地改造成新的实例。

第 5 章　常用 Web 元素

添加网页内容除了前面讲过的基础标签外，还有一些常用元素，如图像、超链接、列表、表格、表单和音视频等。本章只介绍早期 HTML 常用的 Web 元素，HTML5 中的增强或新增部分留待后面的章节补充。

教学目标

- 了解特殊符号的使用方法
- 熟练掌握图像、超链接、列表和表格元素的使用方法
- 熟悉 figure 和 iframe 元素的使用

二维码

5.1　添加特殊符号

通常情况下，HTML 会自动删除文字内容中的多余空格，不管文字中有多少连续空格，都被视为一个空格。比如，两个字之间加了 10 个空格，HTML 会截去 9 个空格，只保留一个。为了在网页中增加空格，可以使用“ ”表示空格。这种使用代码控制的方式与在文本编辑软件中通过输入空格键来添加空格的方式不同。输入多少个空格就添加多少个“ ”。

其他特殊符号和空格一样，也是通过在 HTML 文件中输入符号代码来添加。在 HTML 中，不能使用小于号（<）和大于号（>），这是因为浏览器会误认为它们是标签。使用特殊符号可以将键盘上没有的字符输出来。在需要添加特殊符号的地方添加相应的符号代码即可。常用特殊符号及其对应的符号代码如表 5-1 所示。

表 5-1　特殊符号代码表

特殊符号	符号代码	特殊符号	符号代码	特殊符号	符号代码
&	&	±	±	·	·
©	©	×	×	§	§
®	®	<	<	¢	¢
£	£	>	>	€	€
¥	¥	"	"	TM	™

示例 HTML 代码：

```
<h6>版权所有&copy; 数字媒体专业 All rights reserved.</h6>
```

二维码

5.2　图像

高质量的图片一般用 TIFF 格式保存，但其图片体积过大，不太适合网络传输。不同的图片格式会表现出不同的颜色分辨率和颜色标准，当然也会影响其体积的大小。网页中常用的图片格式有图像格式（如 GIF、JPEG 和 PNG）和图形格式（如 SVG）。

5.2.1 图像标签

一般在网页设计中选择的图片尽量控制在 20KB 以下，如果使用的服务器足够好也可以适当放宽。当必须选用较大图片时，可先将其分成若干小图片，显示时再通过表格将这些小图片拼合起来。当在同一文件中多次使用相同的图片时，最好使用相对路径查找该图片。

基本语法：

```
<img src="url" alt=" " >
```

语法说明：

1）img 元素用于向网页中嵌入一幅图像。但从技术上讲，<img> 标签并不会在网页中插入图像，而是从网页上链接图像，<img>标签创建的是被引用图像的占位空间。其中 src 是其必需的属性，其功能是指定图像源，即图像的 URL 路径；alt 属性规定图像的替代文本。

📖 img 的 width 和 height 属性建议用 CSS 样式实现。不推荐使用 hspace、vspace、align 和 border。

2）src 属性用来指定图像源，即图像的 URL 路径。该路径可以是相对路径，也可以是绝对路径。

3）alt 属性用于对图像信息进行描述。当浏览器中的图片无法正常显示时，在图片位置显示该描述信息。

4）alt 属性的功能是如果图片在 Web 浏览器不支持图像显示、用户关闭图像或网速慢还未下载完等情况下无法显示时，替代图像的说明文字，也是一个必需的属性。

示例 CSS 样式：

```
img {width: 240px;}
```

示例 HTML 代码：

```
<!-- 使用相对路径指定图像路径 -->
<img src="images/001.jpg" alt="花">
<!-- 使用绝对路径指定图像路径 -->
<img src="http://www.baidu.com/img/bdlogo.gif " alt="百度">
```

5.2.2 图像的宽高、间距与边框

默认情况下，HTML 页面中显示的是图像的原始大小。要显示自己指定的图像大小，可以使用 CSS 的 width 和 height 属性来代替<img>的宽高属性。使用 CSS 的边距 margin 来代替<img>标签的 hspace 和 vspace 属性，指定图像的水平间距和垂直间距，默认值为 0。使用 CSS 的 border 属性来实现图片的边框，默认没有边框。

示例 CSS 样式：

```
img { width: 240px; height:200px; margin: 20px; border: 1px solid red; }
```

示例 HTML 代码：

```
<img src="images/001.jpg" class="img1" alt="花">
<img src="images/002.jpg" class="img2" alt="人">
```

❓ 如果设置这两个图片有不同的边距，应该如何修改代码？

5.2.3 图像的对齐方式

使用 CSS 来实现图片的垂直对齐相对复杂一点，需要注意的是，图像的对齐方式是设在

其块级（block）父元素上，而不是设在 img 本身。请仔细阅读示例程序以理解原理。

示例 CSS 样式：

```
p{ border:solid 1px #000; width:600px; height:480px;text-align:center; vertical-align:middle; display: table-cell;}
img {width: 240px; height:200px;}
```

示例 HTML 代码：

```
<p>
  <img src="images/001.jpg" class="img1" alt="花">
  <img src="images/002.jpg" class="img2" alt="人">
</p>
```

5.2.4 figure 元素

<figure>标签用于规定独立的流内容（图像、图表、照片和代码等），如文档中的插图。figure 元素的内容应该与主内容相关，但如果被删除，也不应对文档流产生影响。

figure 元素内一般还会用到<figcaption>标签，用于定义 figure 元素的标题（caption）。figcaption 元素应该被置于 figure 元素的第一个或最后一个子元素的位置。

示例 HTML 代码：

```
<figure>
  <figcaption>白水溪溯溪行</figcaption>
  <p>拍摄：弃卒，拍摄时间：2015 年 7 月</p>
  <img src="images/baishuixi.jpg">
</figure>
```

📖 图像占位格式：size=宽×高&&背景颜色&前景颜色&text=占位文本。<img alt=" " src="http:// www.atool.org/placeholder.png?size=200x100&&bg=eee&fg=333&text=占位文本">

5.3 超链接

二维码

网页文件的最大魅力是超越各个文件的空间，通过超链接相互连接构成一个纷繁复杂的互联网世界。超链接（Hyperlink）是一个网站的精髓，超链接在本质上属于一个网页的一部分，它是一种允许一个网页同其他网页或站点之间进行链接的元素。各个网页链接在一起后，才能真正构成一个网站。

超文本具有链接能力，层层链接相关文件，这种具有超级链接能力的特性即称为超链接。超链接除了可链接文本外，也可链接各种媒体，如声音、图像和动画等，通过它们可以将网站建设成一个丰富多彩的多媒体世界。

5.3.1 创建超链接

建立超链接的元素是锚（anchor，a）。锚可以指向网络上的任何资源：一张 HTML 页面、一幅图像、一个声音或视频文件等。

基本语法：

```
<a  href=" "  title=" "  target=" ">超链接内容</a>
```

语法说明：

1）<a>表示链接的开始，</a>表示链接的结束。

2）href 属性规定链接的目标地址，可以链接到网页或其他文件地址，比如 PDF 等其他文档。既可以是一个绝对地址，也可以是一个相对地址。

3）target 属性用于指定打开链接的目标窗口，仅在 href 属性存在时使用，其默认方式是原窗口，其具体的值如下。

- _blank：在新窗口中打开被链接文档，如无特殊需要请勿滥用。
- _self：在被点击的同一框架中打开被链接文档（默认）。
- _parent：在父框架集中打开被链接文档。
- _top：在窗口主体中打开被链接文档。
- framename：在指定的框架中打开被链接文档。不再推荐。
- _self、_parent 和_top：这 3 个值大多数时候与 iframe 一起使用。

4）title 属性用于指定指向链接时所显示的提示信息。

5）超链接内容是指链接目标资源的文字显示说明，单击“超链接内容”，就会链接到指定 URL 的资源。

示例 HTML 代码：

```
<p><a href="https://www.sina.com.cn" title="打开新浪首页">新浪</a></p>
<p><a href="https://www.baidu.com" target=_blank >百度</a></p>
<p><a href="http://www.yxc.cn">浙江越秀外国语学院</a></p>
```

1. 超链接路径

建立链接时，属性 href 定义了这个链接所指的目标地址，即路径。

在 HTML 文件中，主要提供了 3 种路径：绝对路径、相对路径和根路径，不同的路径使用在不同的链接中。HTML 将链接分为内部链接和外部链接，内部和外部是相对于站点文件夹而言的。所谓内部链接，就是站点文件夹内文件之间的链接；所谓外部链接，就是将站点文件夹内的文件链接到站点文件夹之外的文件。添加内部链接时，常用到相对路径和根路径；添加外部链接时，常用到绝对路径。

（1）绝对路径

绝对路径是指文件的完整路径，包括完整的协议名称、主机名称、文件夹名称和文件名称。一般用于网站的外部链接。常见的绝对路径如下。

1）http 链接：http://news.sina.com.cn/c/2013-08-15/211027960510.shtml。

2）ftp 链接：ftp://192.168.190.110/use.docx。

🕮 如果链接的资源和当前页面都在一个网站内，尽量不要使用绝对路径，同一个网站内使用相对路径便于页面的移植，有些商业网站特意使用绝对路径来防止盗链。

（2）相对路径

相对路径是以当前文件所在的路径为起点，进行相对文件查找，包含从当前文件指向目标文件的路径。一个相对路径不包括协议和主机地址信息，因为它与当前文档的访问协议和主机名相同，甚至有相同的目录路径，所以通常只包含文件夹名和文件名，有时甚至只有文件名。可以用相对路径指向与源文档位于同一服务器或同一文件夹中的文件。

1）如果要链接到同一文件夹下的 main.html 文件，则路径的设置方法为：href="main.html"。

2）如果要链接到下级子目录中的文件，如 main.html 是本地当前路径的 web 子目录下的文件，则路径的设置方法为：href="web/main.html"。

3）如果要链接到上一级子目录中的文件，如 main.html 是本地当前目录的上一级子目录下的文件，则路径的设置方法为：href="../main.html"。

4）如果要链接到上两级子目录中的文件，如 main.html 是本地当前目录的上两级子目录下的文件，则路径的设置方法为：href="../../main.html"。

<a href="./main.html">表示什么意思？</a>

"目录"和"文件夹"有什么区别？

（3）根路径

根路径适用于创建内部链接，但是大多数情况下，不建议使用根路径。根路径书写方法一般以一个斜线开头。

2. 内部链接

所谓内部链接，是指在同一个网站内部，不同的 html 页面之间的链接关系。在建立网站内部链接时，要明确哪个是主链接文件（即当前页），哪个是被链接文件。

内部链接一般采用相对路径链接比较好。假如某网站的 news 子目录下有两个文件 news1.html 和 news2.html，内部链接语句中相对路径的写法如表 5-2 所示。

表 5-2　站点内部链接

主链接文件描述	被链接文件描述	超链接代码
网站根文件夹下的文件 index.html	链接到新闻目录 news 下的文件 news1.html	<a href="news/news1.html" class="head">关于第一次野外活动的通知</a>
新闻目录 news 下的文件 new1.html	链接到 news 目录上一级目录（根文件夹下）的文件为 index.html	<a href="../index.html" class="head"> 首页</a>
新闻目录 news 下的文件 new1.html	链接到本级目录中的文件 news2.html	<a href="news2.html" >关于驾照考试的通知</a>

3. 外部链接

所谓外部链接，是指跳转到当前网站外部，与其他网站中的页面或其他元素之间的链接关系。这种链接的 URL 地址一般要用绝对路径（以 http://、ftp://等开头），要有完整的 URL 地址。

5.3.2 链接对象

1. 图片链接

可以为一个图片指定链接。

基本语法：

```
<a href="url" target=" "><img src=" "> </a>
```

语法说明：href 用来设置图片链接的页面地址 URL。target 用来设置目标窗口的打开方式。<img>表示插入图片，在一个 HTML 文件中显示图片时通常使用<img>标记。

示例 HTML 代码：

```
<a href="https://www.baidu.com" target="_blank">
  <img src="images/bdlogo.gif" alt="百度" ></a>
```

如果将图像样式修改为"img {border: 4px solid #F00; border-radius:8px;}"会是什么效果？

2. 书签链接

在浏览页面时，如果页面篇幅很长，需要不断地拖动滚动条，从而给浏览带来不便。要让浏览者既可以从头阅读到尾，又可以很快寻找到自己感兴趣的特定内容进行部分阅读，这时就需要通过书签链接来实现。当浏览者单击页面上的某一“标签”后，就能自动跳到网页相应的位置进行阅读，方便浏览者。

基本语法：

1）在同一页面内使用书签链接的格式。

```
<a href="#书签名称">链接标题</a>
```

2）在不同页面之间使用书签链接的格式（在不同页面中链接的前提是需要指定好链接的页面地址和链接的书签名称）。

```
<a href="URL 地址#书签名称" target="窗口名称">链接标题</a>
```

以上两种书签链接形式链接到的目标为：

```
<a name="书签名称">链接内容</a>，建议使用：<a id="书签名称">链接内容</a>
```

以下示例代码 main.html 实现了同一个页面内的书签链接，main.html 和 sub.html 结合实现了不同页面之间的书签链接。

示例 main.html 的 HTML 代码：

```
<a id="top"><h2>课程介绍</h2></a>
<a href="#T1">数据库</a><br><a href="#T2">计算机基础</a><br>
<a href="#T3">计算机网络</a><br><a href="#T4">人工智能</a>
<br><br><hr><br><br><br><br>
<h3><a id="T1">数据库</a> </h3>
<p>     《数据库》是……。</p>
<a href="#top">返回页首</a>
<br><br><hr><br><br><br><br>
<h3><a id="T2">计算机基础</a> </h3>
<p>     《计算机基础》是……。</p>
<a href="#top">返回页首</a>
<br><br><hr><br><br><br><br>
<h3><a id="T3">计算机网络</a> </h3>
<p>      计算机网络是……。</p>
<a href="#top">返回页首</a>
<br><br><hr><br><br><br><br>
<h3><a id="T4">人工智能</a> </h3>
<p>      人工智能是……。</p>
<p><a href="sub.html#zhineng">人工智能发展现状介绍</a></p>
<a href="#top">返回页首</a>
```

示例 sub.html 的 HTML 代码：

```
<h1>人工智能的发展趋势</h1><hr>
<p>      …</p>
…<!-- 这里省略了很多段落，使得页面内容大于一个窗口的范围 -->
<p>      …</p>
<a id="zhineng"><hr><a href="main.html#top">返回</a>
```

3. 电子邮件链接

在 HTML 页面中建立 E-mail 链接，用户单击链接，系统会自动启动默认的电子邮件软件，打开一个邮件窗口。

基本语法：

```
<a href="mailto:E-mail 地址[?subject=邮件主题[&参数=参数值]]">链接内容</a>
```

语法说明：

1）电子邮件链接的功能只有在浏览器正确安装了电子邮件客户端软件后才能正常运行。

2）mailto 表示电子邮件链接的属性，其后跟具体的电子邮件地址。

3）也可以添加多个参数，如抄送等，具体参数如表 5-3 所示。多个参数之间使用“&”分隔符。

4）多个邮件地址之间用“；”隔开。

5）使用“%20”替换单词之间的空格，这样浏览器就可以正确地显示文本。

6）bcc 暗送的功能指收件人和抄送人在接收到的邮件中看不到暗送人也接收了同样的邮件。

表 5-3 邮件参数

参 数	说 明
subject	电子邮件主题
cc	抄送接收人
bcc	暗送收件人，收件人和抄送人都看不到暗送人
body	邮件内容

示例 HTML 代码：

```
<a href="mailto:xyz@gmail.com;xy@gmail.com?cc=abc@yahoo.com.cn&subject= 试 发 邮 件 &bcc=ab@gmail.com&body=不是愚人节，也可以愚一下哈！">联系我们</a>
```

📖 老的邮件客户端（OE）会有乱码问题，Outlook 2010 的解决方案为：“文件”→“选项”→“高级”→选择“国际选项”中的“对 mailto:协议启用 UTF-8 支持”复选框，其他第三方客户端不存在此问题。

4. FTP 链接

FTP 是一种文件传输协议，它是计算机与计算机之间能够相互通信的语言，通过 FTP 可以获得 Internet 上丰富的资源。

基本语法：

```
<a href="ftp://…/路径/文件名">链接内容</a>
```

语法说明：

1）ftp://：ftp 资源地址。

2）链接内容：页面中 FTP 资源的文字链接显示。

3）如果 FTP 服务器支持目录列表索引，可以省略文件名，从列表中由用户选择下载。

示例 HTML 代码：

```
<p>这是一个 FTP 链接：<a href= "ftp://ftp.pku.edu.cn/" >北京大学 FTP 服务器</a> </p>
```

5. 下载文件的链接

如果希望制作下载文件的链接，只需在链接地址处输入文件所在的位置即可。当浏览器用户单击链接后，浏览器会自动判断文件的类型，以做出不同情况的处理。

基本语法：

```
<a href="url">链接内容</a>
```

语法说明：

1）url 代表文件所在的相对路径或绝对路径。

2）文件类型可以是 Word 文档、PDF 文档、可执行文件或压缩文件等。

3）不同的浏览器可以根据文件类型直接在浏览器窗口中用默认的编辑软件打开，或使用下载工具软件下载，此时可以右击该链接，然后在弹出的快捷菜单中选择“另存为”命令才能通过浏览器下载该文件。

示例 HTML 代码：

```
<p>这是一本电子书：<a href="ds.zip">数据结构--C#</a> </p>
```

5.3.3 网页链接属性设置

在 HTML 中，可以使用<a>标记来建立网页的链接。CSS 允许按照链接的状态来设置网页链接文字的效果。该部分内容就是在“第 3 章 CSS 基础”中介绍的伪类，由于使用频率较高，所以再复习一下，语法如表 5-4 所示。

表 5-4 网页链接属性

语　法	说　明
a:link	未访问过的超链接文字的样式
a:visited	已访问过的超链接文字的样式
a:hover	当鼠标移动到超链接上方时，超链接文字的样式
a:active	鼠标按下时超链接文字的样式
a	为该标签设置样式时，则上述四种伪类的默认值将同时引用此值

📖 一个便于记忆的“爱恨原则”（LoVe/HAte），即四种伪类的首字母：LVHA。实际上用“就近原则”很好理解，或者记住正确的顺序：a:link、a:visited、a:hover、a:active。

示例 CSS 样式：

```
a:link{color:#999;}
a:visited{color:#000;}
a:hover{background:#f00;}
a:active{color:#0f0;}
a{color:#0F0;}
```

示例 HTML 代码：

```
<p><a href="https://www.baidu.com">百度</a></p>
<p><a href="https://www.sina.com.cn">新浪</a></p>
<p><a href="https://www.163.com">网易</a></p>
<p><a href="http://www.yxc.cn">越秀</a></p>
<p><a href="http://ustu.pro">实验教学网</a></p>
```

5.3.4 图像映射

图像映射就是在图像上先划分出不同的区域，然后定义哪个目标与图像的哪个区域对应，但单击图像的某一区域就会把用户带到一个目标，单击另一区域又会把用户带到另外的目标。其实，图像映射就是将图像内的区域与一系列 URL 链接起来了，从而单击特定区域就会把用户带到相应的内容。这里所讲的映射是客户端图像映射，与服务器端图像映射相比，运行速度要快。

基本语法：

```
<img src="URL" usemap="id/name">
<map name="name" id="id">
  <area shape=" " coords=" " href="URL">
</map>
```

语法说明：

1）shape 用于说明映射区域的形状，取值可以是 rect（矩形）、circle（圆形）、poly（多边形）和 default（整个图像区域）。

2）coords 用于标识映射区域的边界。它有四个“坐标”值，分别表示区域左边缘距离图像左边缘的距离、区域上边缘距离图像上边缘的距离、区域右边缘距离图像左边缘的距离、区域下边缘距离图像上边缘的距离。

3）map 标记符中，name 属性的取值必须与 img 标记符中 usemap 属性的取值相同，只是 usemap 属性的值前面多了一个#。

示例 HTML 代码：

```
<p>请点击图像上的星球，把它们放大。</p>
<img src="images/eg_planets.jpg" usemap="#planetmap" alt="Planets" />
<map name="planetmap" id="planetmap">
  <area shape="rect" coords="0,0,110,260" href ="images/eg_sun.gif" alt="Sun" />
  <area shape="circle" coords="129,161,10" href ="images/eg_merglobe.gif" alt="Mercury" />
  <area shape="circle" coords="180,139,14" href ="images/eg_venus.gif" alt="Venus" />
</map>
```

5.4 列表

二维码

列表（List）是指在网页中将相关资料以条目的形式有序或者无序排列而形成的表。常用的列表有无序列表（ul）、有序列表（ol）和定义列表（dl）三种。另外，还有不太常用的目录列表（dir）和菜单列表（menu）。

5.4.1 无序列表

无序列表（Unordered List）是一个没有特定顺序的列表项的集合，也称为项目列表。在无序列表中，各个列表项之间属于并列关系，没有先后顺序之分，它们之间以一个项目符号来标记。

基本语法：

```
<ul>
    <li>列表项 1</li>
    <li>列表项 2</li>
        …
    <li>列表项 n</li>
</ul>
```

语法说明：

1）在 HTML 文件中，可以利用成对的<ul></ul>标记来插入无序列表，中间的列表项（list-items）标签<li></li>用来定义列表项序列。

2）使用无序列表标签 ul 的 type 属性（使用 CSS 的 list-style 来代替），用户可以指定出现在列表项前的项目符号的样式，其取值及相对应的符号样式如下。

- disc：指定项目符号为一个实心圆点（默认值是 disc，是否使用该值在浏览器中效果都一样）。

- circle：指定项目符号为一个空心圆点。
- square：指定项目符号为一个实心方块。
- none：无项目符号。

示例 CSS 样式：

```
ul { list-style: circle;}
```

示例 HTML 代码：

```
<ul>
  <li>最新课程表</li>
  …
  <li>div+css 高级应用学习</li>
</ul>
```

5.4.2 有序列表

有序列表（Ordered List）又称编号列表，它是一个有特定顺序的列表项的集合。在有序列表中，各个列表项有先后顺序之分，它们之间以编号来标记。

1. 编号样式

基本语法：

```
<ol>
        <li>列表项 1</li>
        <li>列表项 2</li>
          …
        <li>列表项 n</li>
</ol>
```

语法说明：

1）在 HTML 文件中，可以利用成对的<ol></ol>标记来插入有序列表，其中间的列表项标记<li></li>用来定义列表项顺序。

2）有序列表标记的 type 属性也应该用 CSS 的 list-style 来代替，用户可以指定出现在列表项前的项目编号的样式，其取值及相对应的编号样式如下。

- decimal：指定项目编号为阿拉伯数字（默认值是 decimal）。
- lower-alpha：指定项目编号为小写英文字母。
- upper-alpha：指定项目编号为大写英文字母。
- lower-roman：指定项目编号为小写罗马数字。
- upper-roman：指定项目编号为大写罗马数字。
- none：无编号。

示例 CSS 样式：

```
ol { list-style: upper-alpha;}
```

示例 HTML 代码：

```
<ol>
  <li>报名时间：…</li>
  …
  <li>提交资料及注意事项：……</li>
</ol>
```

2. 编号起始值

通常在指定列表的编号样式后，浏览器会从 1、a、A、i 或 I 开始自动编号。而在使用有序列表标记的 start 属性后，用户则可改变编号的起始值。start 属性值是一个整数，表示从哪一个数字或字母开始编号。例如，设置 start="3"，则有序列表的列表项编号将从 3、c、C、iii 或Ⅲ开始编号。

示例 CSS 样式：

```
ol { list-style: decimal;}
```

示例 HTML 代码：

```
<ol start="3">
    <li>报名时间：…</li>
    …
    <li>提交资料及注意事项：</li>
</ol>
```

3. 列表项样式

除了可以对列表标记<ol></ol>进行属性设置外，还可以对列表项标记<li></li>进行属性设置。

利用列表项标记<li></li>的 type 属性（也使用 CSS 来实现），用户可以指定单个列表项的符号（对于无序列表而言）或编号（对于有序列表而言）。

在列表标签<ol>的 list-style 和列表项标签<li>的 list-style 发生冲突的情况下，所指定的单个列表项遵循<li>的 list-style 进行显示。

示例 CSS 样式：

```
ol {list-style: decimal;}
li.style1 { list-style: upper-alpha;}
```

示例 HTML 代码：

```
<ol>
    <li>报名时间：…</li>
    <li class="style1">报名地点：…</li>
    <li>…</li>
    <li>提交资料及注意事项：</li>
</ol>
```

📖 所指定的单个列表项只有样式发生了变化，其顺序值大小不变。

4. 列表项编号

列表项标签<li>的 list-style 只能改变列表项的符号或编号的样式，并不会改变其值的大小。而使用列表项标签<li>的 value 属性，可以改变当前列表项的编号大小，并会影响其后所有列表项的编号大小。但该属性只适用于有序列表。

示例 HTML 代码：

```
<ol>
    <li>报名时间：…</li>
    <li value="5">报名地点：…</li>
    <li>…</li>
    <li>提交资料及注意事项：</li>
</ol>
```

5.4.3 嵌套列表

列表还可以嵌套使用，也就是一个列表中还可以包含有多层子列表。

在网页文件中，对于内容层次较多的情况，使用嵌套列表不仅使网页的内容布局更加合理美观，而且使其内容看起来更加清晰明了。

嵌套的列表可以是无序列表的嵌套，也可以是有序列表的嵌套，还可以是无序列表和有序列表的混合嵌套。

示例 CSS 样式：

```
body>ol>li { font-weight: bold;}
ol>ol { list-style: upper-alpha;}
ol>ol>ol { list-style:lower-alpha;}
```

示例 HTML 代码：

```
<ol>
  <li>报名</li>
    <ol>
      <li>报名时间：…</li>
      <li>…</li>
      <li>提交资料及注意事项：</li>
        <ol>
          <li>参加测试的学生须…</li>
          <li>填写准考证一份…</li>
          <li>提交小一寸彩色证件照…</li>
        </ol>
      </ol>
    <li>培训</li>
    <li>测试</li>
    <p>（注：具体时间和地点…</p>
</ol>
```

5.4.4 定义列表

在 HTML 文件中，只要在适当的地方插入<dl></dl>标记，即可自动生成定义列表（Definition List）。它的每一项前既没有项目符号，也没有编号，它是通过缩进的形式使内容层次清晰。

基本语法：

```
<dl>
    <dt>…</dt>
        <dd>…</dd>
        <dd>… </dd>
            …
    <dt>…</dt>
        <dd>…</dd>
        <dd>…</dd>
            …
</dl>
```

语法说明：

1）<dl>标签用来创建定义列表。

2）dt（definition term）用来创建列表中的每个元素标题，它只能在 dl 元素中使用。<dt>标签定义的内容将左对齐显示。

3）dd（definition description）用来创建列表元素的内容描述，它也只能在 dl 元素中使用。<dd>标签定义的内容将相对于<dt>标签定义的内容向右缩进显示。

示例 CSS 样式：

```
dt{font-weight: bold;}
```

示例 HTML 代码：

```
<dl>
  <dt>报名</dt>
      <dd>报名时间：…</dd>
      <dd>报名地点：…</dd>
      <dd>报名费用：…</dd>
      <dd>提交资料及注意事项：</dd>
  <dt>培训</dt>
      <dd>培训时间：…</dd>
      <dd>培训地点：…</dd>
      <dd>注意事项：…</dd>
</dl>
```

5.4.5　菜单列表

菜单列表（Menu List）通常用于显示一个简单的单列列表，一般不做嵌套。目录列表（Directory List）通常用于显示一个多列的文件列表，可做嵌套。它们的使用方法与无序列表类似，并且可以看作是无序列表的一种特殊形式。早期 Web 标准不建议使用此两项列表（menu 和 dir），但在新的 Web 标准 HTML5 中重新定义了 menu 元素，用于排列表单控件。

基本语法：

```
<menu>
    <li>列表项 1</li>
    <li>列表项 2</li>
    …
</menu>
```

示例 CSS 样式：

```
menu {list-style: none;}
```

示例 HTML 代码：

```
<h3>请选择颜色后提交</h3>
<form action="" method="post">
  <menu>
    <li><input type="checkbox" />Red</li>
    <li><input type="checkbox" />blue</li>
  </menu>
  <input name="" type="submit" value="提交">
</form>
```

5.4.6 图像列表

除了用特定的 list-style-type 属性设置列表符号的样式外，利用 css（list-style-image）还可以把列表项的符号设置成自己喜欢的图片。

基本语法：

```
list-style-image:url | none
```

语法说明：

url 是指定要载入的图片路径，在使用上与插入图片<img>的用法差不多；none 表示不使用图片式的列表符号。

示例 CSS 样式：

```
.list1 {list-style-type:circle;}
.list2 {list-style-image:url(images/b.gif);}
.list3 {list-style-image:url(images/a.gif);}
```

示例 HTML 代码：

```
<ul class="list3">
    <li>水果</li>
    <ol class="list1">
        <li>苹果</li>
        <li>梨</li>
        <li>香蕉</li>
    </ol>
    <li>坚果</li>
    <ol class="list2">
        <li>松子</li>
        <li>花生</li>
        <li>核桃</li>
    </ol>
</ul>
```

📖 从示例中可以看出，list-style-image 优先于 list-style-type，前一个 ol 继承了父 ul 的样式。

5.4.7 列表符号位置

list-style-position 属性主要用于设置每个列表项目的符号或图片是否向外凸出。

基本语法：

```
list -style-position:inside | outside
```

语法说明：

inside 表示列表符号不向外凸出，也可以理解成列表项上的第二行文字与列表符号对齐；outside 表示列表符号向外凸出，是默认值。

示例 CSS 样式：

```
.list1 {list-style-position:inside}
.list2 {list-style: outside;}
```

示例 HTML 代码：

```
<ul>
```

```
        <li>项目一</li>
        <ol>
            <li>松子</li>
            <li>香蕉<br>你喜欢吗</li>
        </ol>
        <li>项目二</li>
        <ol class="list1">
            <li>苹果<br>苹果是水果之王</li>
            <li>梨</li>
        </ol>
        <li>项目三</li>
        <ol class="list2">
            <li>花生</li>
            <li>核桃<br>享有"长寿果"之美誉</li>
        </ol>
    </ul>
```

5.5 表格

表格在网站设计中有着非常广泛的应用，几乎所有的 Web 页面中都或多或少地采用表格。网页内容多数都存储在数据库中，表格是在网页上显示二维表格式数据的最佳方式。

5.5.1 表格元素

1. 表格标签

在 HTML 语法中，表格主要由 3 个标签构成：<table>、<tr>和<td>。

基本语法：

```
<table>
  <tr> <td>…</td> … </tr>
  <tr> <td>…</td> … </tr>
  …
</table>
```

语法说明：

1）<table>代表表格的开始，</table>代表表格的结束。

2）<tr>代表行的开始，</tr>代表行的结束。

3）<td></td>之间是单元格的内容，既可以是文字，也可以是元素。

4）在一个表格中，<tr>的个数代表表格的行数，每对<tr></tr>之间<td>的个数代表该行单元格数。

示例 HTML 代码：

```
<table>
  <tr>                          <!--表格第一行-->
      <td>节次</td> <td>星期一</td> <td>星期二</td>
      <td>星期三</td> <td>星期四</td> <td>星期五</td>
  </tr>
  <tr>                            <!--表格第二行-->
      <td>第 12 节</td> <td>体育</td> <td>大学英语</td>
```

```
        <td>高等数学</td> <td>图文设计实验</td> <td>网页设计</td>
    </tr>
    <tr>                  <!--表格第三行-->
        <td>第 34 节</td> <td>大学英语</td> <td>高等数学</td>
        <td>图文设计</td> <td>图文设计</td> <td>网页设计实验</td>
    </tr>
</table>
```

2. 表格标题

表格标题一般放在表格的上面，是对表格内容的简单说明，用<caption>标签实现。<caption> 标签必须紧随<table>标签之后。

基本语法：

```
<caption>…</caption>
```

语法说明：

<caption>标记之间就是标题的内容。

> 📖 Web 标准中表格的样式都应该使用 CSS 来实现，但现在还有很多人使用表格的属性来设置，所以本章的知识点讲解中仍然是表格的属性，而示例全部改成了使用 CSS 实现，目的是希望大家了解表格属性的使用方法，但建议以后还是使用 CSS 来呈现。

示例 CSS 样式：

```
caption { text-align: center;}
```

示例 HTML 代码：

```
<table>
  <caption>课程表</caption>
  <tr> <td>节次</td> …</tr>
  …
</table>
```

3. 表格表头

表头是指表格的第一行或第一列对表格内容的说明，文字样式为居中、加粗显示，通过<th>标签实现。

基本语法：

```
<table>
  <tr> <th>…</th> …</tr>
  <tr> <td>…</td> …</tr>
  …
</table>
```

语法说明：

1）<th>为头标记，包含在<tr>标记中。

2）在表格中，只要把标记<td>改成<th>就可以实现表格的表头。

示例 HTML 代码：

```
<table>
  <caption>课程表</caption>
  <tr>
      <th>节次</th> <th>星期一</th> <th>星期二</th>
```

```
        <th>星期三</th> <th>星期四</th> <th>星期五</th>
    </tr>
    <tr> <th>第 12 节</th> <td>体育</td> … </tr>
    <tr> <th>第 34 节</th> <td>大学英语</td> … </tr>
</table>
```

4. 划分表格结构

为了清楚区分表格结构，将一个表格分三个部分在网页上显示出来。HTML 语言规定了<thead>、<tbody>和<tfoot>三个标签分别对应于表格的表首、表主体和表尾。

基本语法：

```
<thead>…</thead>
<tbody>…</tbody>
<tfoot>…</tfoot>
```

示例 HTML 代码：

```
<table>
  <caption>课程表</caption>
  <thead>     <!--表头-->
    <tr>
        <th>节次</th><th>星期一</th><th>星期二</th>
        <th>星期三</th><th>星期四</th><th>星期五</th>
    </tr>
  </thead>
  <tfoot>     <!--表尾-->
    <tr><td colspan="6">适用时间：2013~2014 学年第 1 学期</td></tr>
  </tfoot>
  <tbody>     <!--表体-->
    <tr><th>第 12 节</th><td>体育</td>…</tr>
    <tr><th>第 34 节</th><td>大学英语</td>… </tr>
  </tbody>
</table>
```

表尾<tfoot>为什么可以放在<tbody>前？

5.5.2 表格修饰

表格是网页布局中的重要元素，它拥丰富的属性，可以对其进行相关设置。常用的属性如表 5-5 示。

表 5-5 表格标签的属性

属　性	描　述	属　性	描　述
border	设置边框粗细（默认值为 0）	background	设置背景图片
bordercolor	设置边框颜色	frame	设置边框样式
bordercolorlight	设置亮边框颜色（左上边框颜色）	rules	设置内部边框样式
bordercolordark	设置暗边框颜色（右下边框颜色）	cellspacing	设置单元格间距
width	设置表格宽度	cellpadding	设置单元格边距
height	设置表格高度	align	设置表格水平对齐方式
bgcolor	设置背景颜色		

根据 Web 标准表现与内容分离的原则，所有样式都应该用 CSS 来呈现，所以下面的示例全部采用 CSS 样式来实现表中各属性（表格的边框、宽度和高度、背景颜色、背景图像、边框样式、单元格间距、单元格边距和表格的水平对齐）的效果。

示例 CSS 样式：

```
table {
  border: 1px solid #000;
  height: 200px;
  width: 800px;
  background: #f5f5dc url(images/kechengbiao.gif) no-repeat center;
  background-size:cover;
  border-spacing: 20px;
  margin: 0px auto;
}
th, td {
  border: 1px solid #000;
  padding: 20px;
}
```

5.5.3 设置表格行属性

表格行标签<tr>的属性用于设定表格中某一行的属性，其常见属性设置如表 5-6 所示。

表 5-6　<tr>标签的属性

属　性	描　述	属　性	描　述
align	行内容的水平对齐	bordercolor	行的边框颜色
valign	行内容的垂直对齐	bordercolorlight	行的亮边框颜色
bgcolor	行的背景颜色	bordercolordark	行的暗边框颜色

下面的示例全部采用 CSS 样式来实现表格行的水平和垂直对齐效果。

示例 CSS 样式：

```
.rig {text-align: right; vertical-align:bottom;}
.lef {text-align: left; vertical-align:top;}
```

示例 HTML 代码：

```
<tr class="rig"> <th>第 12 节</th><td>体育</td>…</tr>
<tr class="lef"> <th>第 34 节</th><td>大学英语</td>…</tr>
```

5.5.4 设置单元格属性

表格列标签<td>的属性用于设定表格中某一单元格的属性，常见属性设置如表 5-7 所示。单元格的对齐属性和背景设置等与表格及行的相应属性设置类似，此处不再讲述。

表 5-7　<td>标签属性

属　性	描　述	属　性	描　述
align	单元格内容的水平对齐	bordercolordark	单元格的暗边框颜色
valign	单元格内容的垂直对齐	width	单元格的宽度
bgcolor	单元格的背景颜色	height	单元格的高度
background	单元格的背景图像	rowspan	单元格跨行
bordercolor	单元格的边框颜色	colspan	单元格跨列
bordercolorlight	单元格的亮边框颜色		

1. 设置单元格跨行

单元格的 rowspan 属性可实现单元格的跨行合并（纵向合并）。

基本语法：

```
<td rowspan=" ">…</td>
```

语法说明：

rowspan 的值为单元格跨越的行数。如果创建跨越两行的单元格（即 rowspan="2"），那么在下一行中就不用定义相应的单元格；如果创建跨越三行的单元格（即 rowspan="3"），那么在下两行中就不用定义相应的单元格，以此类推。

2. 设置单元格跨列

colspan 属性可以进行单元格的跨列合并（横向合并）。

基本语法：

```
<td colspan=" ">…</td>
```

语法说明：

colspan 的值为所跨单元格的列数。若在一行中创建跨越两列的单元格（即 colspan="2"），那么在该行中就应该少定义一个单元格；若在一行中创建跨越三列的单元格（即 colspan="3"），那么在该行中就应该少定义两个单元格，以此类推。

示例 HTML 代码：

```
<tr> <th>第 12 节</th><td>体育</td><td>大学英语</td><td>高等数学</td>
     <td rowspan="2">数据结构及实验</td><!--此处定义了一个单元格占两行-->
     <td>Web 开发</td> </tr>
<tr> <th>第 34 节</th><td>大学英语</td><td>高等数学</td><td>数据结构</td>
     <!--此处少一格，因上一行已定义--><td>Web 实验</td></tr>
<tr><td colspan="6">适用时间：2011~2012 学年第 2 学期</td><!--此处少 5 格--></tr>
```

5.5.5 单线表格的制作

表格和单元格都加上边框线后，会发现所有的边框都是双线，而在 Word 等其他软件中一般都是用单线，在 CSS 中可以使用 table 的 border-collapse 属性实现。

示例 CSS 样式：

```
table { background: #eee;   margin: 0px auto;   width: 800px;   border: 1px solid #000;
        border-collapse:collapse;}
body { margin: 0px;   padding: 0px;}
td { border: 1px solid #000;}
.header{ height:80px;}
.nav{ height:40px;}
.main{ height:400px;}
```

示例 HTML 代码：

```
<table>
  <tr class="header"><td colspan="3">header</td></tr>
  <tr class="nav"><td colspan="3">nav</td></tr>
  <tr class="main"><td>left</td><td>content</td><td>right</td></tr>
  <tr class="footer"><td colspan="3">footer</td></tr>
</table>
```

📖 有关表格（table）元素的 CSS 样式属性还有 table-layout、border-spacing、caption-side 和 empty-cells，不经常使用，感兴趣的读者可以自学。

5.5.6 表格的嵌套

表格嵌套就是根据插入元素的需要，在一个表格的某个单元格中再插入一个拥有若干行和列的表格。对嵌套表格，可以像对其他任何表格一样进行格式设置，但是其宽度受所在单元格的宽度的限制。利用表格的嵌套，一方面可以编辑出复杂而精美的效果，另一方面可根据布局需要来实现精确的编排。不过需要注意的是，嵌套层次越多，网页的载入速度就会越慢。所以，不建议使用表格的嵌套功能。

示例是在一个表格布局的第二行（单元格）中嵌套了一个一行六列的表格。

示例 CSS 样式：

```
table {background: #eee; margin: 0px auto; width: 800px; border: 1px solid #000;
      border-collapse:collapse; padding:0px;}
body {margin: 0px; padding: 0px;}    td {border: 1px solid #000;}
.header{height:80px;}    .nav{height:40px;}    .main{ height:400px;}
.intab{border: 0; width:80%;}    .intab td{ border: 0;}
```

示例 HTML 代码：

```
<table>
  <tr class="header"><td colspan="3">header</td></tr>
  <tr class="nav"><td colspan="3">
    <table class="intab"><tr><td>栏目 1</td><td>栏目 2</td><td>栏目 3</td><td>栏目 4</td><td>栏
目 5</td><td>栏目 6</td></tr></table>
  </td></tr>
  <tr class="main"><td>left</td><td>content</td><td>right</td></tr>
  <tr class="footer"><td colspan="3">footer</td></tr>
</table>
```

5.6 内联框架

二维码

早期 HTML 利用 frame 和 frameset 元素进行页面布局，但这种布局方法不利于 SEO，而 iframe 元素创建包含另外一个文档的内联框架（即行内框架）则值得提倡使用。放置在<iframe>和</iframe>之间的文本用于不支持 iframe 的浏览器，内联框架的属性如表 5-8 所示。

表 5-8 内联框架属性

属　性	值	描　述
src	URL	规定在 iframe 中显示的文档的 URL
srcdoc	HTML 代码	规定在<iframe>中显示的页面的 HTML 内容
name	frame_name	规定 iframe 的名称
sandbox	"" allow-forms allow-same-origin allow-scripts allow-top-navigation	启用一系列对 <iframe> 中内容的额外限制
allowfullscreen		是否允许 iframe 的内容使用 requestFullscreen()
width	pixels 或%	定义 iframe 的宽度
height	pixels 或%	规定 iframe 的高度

示例 CSS 样式：

```
.frame_name { border: 0;}
```

示例 HTML 代码：

```
<iframe src="https://www.baidu.com" name="frame_name" class="frame_name" seamless width="100%" height="300px" sandbox="allow-scripts">浏览器不支持</iframe>
<h3> iframe 嵌入一个视频，需要 allowfullscreen 属性才能控制播放器全屏显示：</h3>
<iframe title="Video" src="WebDesignTitle.mp4" allowfullscreen></iframe>
<iframe sandbox srcdoc="<p>did you get a cover picture yet?</p>"></iframe>
```

5.7 小结

本章主要介绍了一些常用网页元素的使用方法，包括特殊符号、图片、超链接、列表、表格和内联框架等。图片的使用是美化网页的重要手段，也是传递信息的另一种方式。文字传播的信息更准确，图片传递的信息更丰富，能用文字表达清楚的地方就没有必要用图片，所以在网页中不要滥用图片。超链接可以指向网络上的任何资源，可以是一张 HTML 页面、一幅图像、一个声音或视频文件等。列表的作用不仅仅用来呈现列表，更重要的是可以格式化多项内容的显示，如导航菜单。使用表格的目的是显示二维式数据和排版简单元素，千万不要用来布局。

5.8 思考与练习

1. 思考题

1）HTML 中为什么要使用特殊符号？

2）简述 figure 的用法。

3）简述超链接的各种类型。

4）简述图像映射链接的使用方法。

5）简述列表的各个种类与用法。

6）简述表格的适用范围。

7）简述内联框架的使用方法。

2. 操作题

1）调试本章所有源代码。

2）利用表格实现一个成绩登记表。

3）使用列表制作一个简单的页面导航菜单。

第6章 盒 模 型

CSS 有一种基础设计模式称为盒模型，定义了 Web 页面中的元素是如何被看作盒子来解析的，而每一个盒子都有不同的展示方法。现今房价和人们的住宅需求之间的矛盾就是房屋面积是有限的，而伸缩盒能够最合理、最高效地把房子分给大家。面积大了，就多分点；面积小了，就少分点，总而言之不会让任何一个人露宿街头的（overflow）。

教学目标

- 熟练掌握盒子模型的概念和使用方法
- 掌握圆角边框、盒阴影和图像边框的使用方法
- 灵活掌握伸缩盒的概念与使用方法

二维码

6.1 盒模型概述

日常生活中所见的盒子是能装东西的一种箱子，内容（content）就是盒子里装的东西；填充（padding）就是为防止盒子里装的贵重或易碎物品损坏而添加的泡沫或者其他抗震的辅料；边框（border）就是盒子本身；至于边距（margin）则说明盒子摆放时不能全部堆在一起，要留一定空隙保持通风，同时也为了方便放入或取出。

在网页设计中，内容常指文字、图片等元素，但是也可以是小盒子（DIV 嵌套）。现实生活中的东西一般不能大于盒子，否则盒子会被撑坏，而 CSS 盒子具有弹性，里面的东西大过盒子本身，东西也不会损坏。填充只有宽度属性，可以理解为生活中盒子里的抗震辅料的厚度。而边框有大小和颜色之分，又可以理解为生活中所见盒子的厚度，以及这个盒子是用什么颜色材料做成的。边距就是该盒子与其他东西要保留多大距离。

在 CSS 中主要有以下几种盒模型：inline、inline-block、block、table、absolute position 和 float 等。浏览器把每个元素看作一个盒模型，每个盒模型都是由以下几个属性组合所决定的：display、position、float、width、height、margin、padding 和 border 等，不同类型的盒模型会产生不同的布局。

CSS 中的每一个元素都是一个盒模型，包括<html>和<body>标签元素。在平时设计中，经常用到 content、padding、margin、background 和 border，因为盒模型都具备这些属性。其中 width、height、border、padding 和 margin 之间的层次关系和相互影响如图 6-1 所示，而 background-image 和 background-color 的层次处于它们的后面，背景颜色在最底层。从图 6-1 中可以看出，元素的高度和宽度等于元素内容（content）的高度和宽度，而早期有些浏览器在计算时可能把填充和边框都算进去了。

CSS 中的元素尺寸（dimension）除了 width（宽度）和 height（高度）外，还有 min-width（最小宽度）、max-width（最大宽度）、min-height（最小高度）和 max-height（最大高度）。这几个属性比较容易理解，大家调试一下源码就会明白。

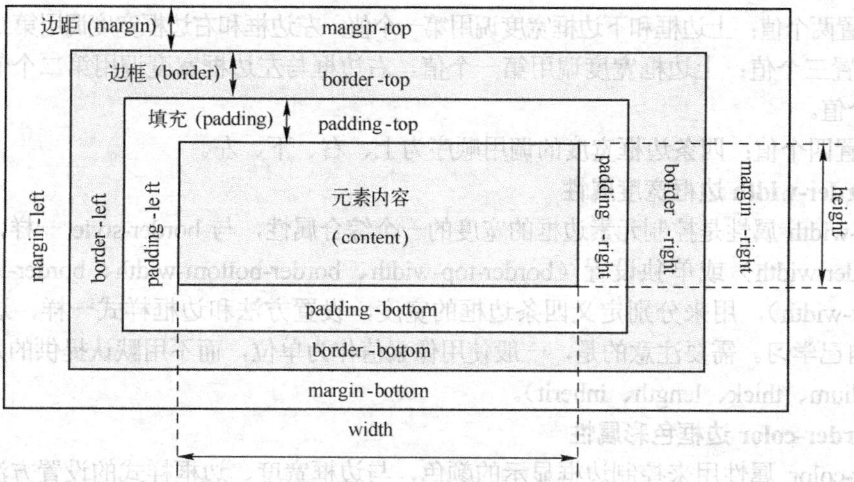

图 6-1　CSS 盒子模型图

6.1.1　边框

边框（border）由边框的粗细（width）、样式（style）和颜色（color）三部分组成。

1. border-style 边框样式属性

在 CSS 中，利用边框样式属性不仅能统一设置四条边框的样式，还可以对单个边框进行设置。

基本语法：

```
border-style:样式值   //统一设置四条边框，以下为单独设置
border-top-style:样式值
border-bottom-style:样式值
border-left-style:样式值
border-right-style:样式值
```

语法说明：

border-style 是一个复合属性，复合属性的值有四种设置方法，而其他四个属性都是单个边框的样式属性，只能取一个值。样式值属性的具体说明如表 6-1 所示。

表 6-1　边框样式

值	描　述
none	定义无边框
hidden	与 none 相同。不过应用于表时除外，对于表，hidden 用于解决边框冲突
dotted	定义点状边框。在大多数浏览器中呈现为实线
dashed	定义虚线。在大多数浏览器中呈现为实线
solid	定义实线
double	定义双线。双线的宽度等于 border-width 的值
groove	定义 3D 凹槽边框。其效果取决于 border-color 的值
ridge	定义 3D 垄状边框。其效果取决于 border-color 的值
inset	定义 3D inset 边框。其效果取决于 border-color 的值
outset	定义 3D outset 边框。其效果取决于 border-color 的值
inherit	规定应该从父元素继承边框样式

1）设置一个值：四条边框宽度均使用一个值。

2）设置两个值：上边框和下边框宽度调用第一个值，左边框和右边框宽度调用第二个值。

3）设置三个值：上边框宽度调用第一个值，右边框与左边框宽度调用第二个值，下边框调用第三个值。

4）设置四个值：四条边框宽度的调用顺序为上、右、下、左。

2. border-width 边框宽度属性

border-width 属性是控制元素边框的宽度的一个综合属性，与 border-style 一样，可以统一设置（border-width）或单独设置（border-top-width、border-bottom-width、border-left-width、border-right-width），用来分别定义四条边框的宽度，设置方法和边框样式一样，这里不再讲解，大家自己学习。需要注意的是，一般使用像素值作为单位，而不用默认提供的几个属性值（thin、medium、thick、length、inherit）。

3. border-color 边框色彩属性

border-color 属性用来控制边框显示的颜色，与边框宽度、边框样式的设置方法一样，既可以统一（border-color）设置，也可以分别设置每个边框（border-top-color、border-bottom-color、border-left- color、border-right- color）的颜色。

4. border 属性的复合设置

在 CSS 中，border 属性用来同时设置边框的样式、宽度和颜色，也可以另外对每个边界属性单独进行设置。

基本语法：

```
border:边框宽度 | 边框样式 | 边框颜色
border-top:上边框宽度 | 上边框样式 | 上边框颜色
border-bottom:下边框宽度 | 下边框样式 | 下边框颜色
border-left:左边框宽度 | 左边框样式 | 左边框颜色
border-right:右边框宽度 | 右边框样式 | 右边框颜色
```

语法说明：

每个属性都是一个复合属性，都可以同时设置边框的样式、宽度和颜色，每个属性的值中间用空格隔开。在这 5 个属性中，只有 border 可以同时设置 4 条边框的属性，其他只能设置单条边框的属性。

示例 CSS 样式：

```
border: 1px solid red;
```

📖 这种复合设置方法在 Dreamweaver 中称为速记。如果使用 Dreamweaver 编辑网页，可以先进行设置："编辑"→"首选参数"→"CSS 样式"，选择"当创建 CSS 规则时"下面的"使用速记"后的"字体""背景""边界与填充""边框与边框宽"和"列表样式"复选框，然后确定，此时采用可视化方式设置的 CSS 将自动应用速记。

6.1.2 填充

填充（padding，也可以称为内边距或内补白）主要是指边框和内部元素之间的空白距离，利用 padding 属性设置元素内的边界时，包括 5 个属性，同样也有 4 种设置方法。

基本语法：

```
padding:长度 | 百分比
padding-top: 长度 | 百分比
```

```
padding-bottom: 长度 | 百分比
padding-left: 长度 | 百分比
padding-right: 长度 | 百分比
```

语法说明：

长度包括长度值和长度单位，百分比是相对于上级元素宽度的百分比，不允许用负数，padding 作为复合属性的四种取值方法请参考边框样式的取值方法。

6.1.3 边距

边距（margin，也可以称为外边距或外补白）的四个属性主要是控制元素与相邻其他元素之间的空白距离，可以单独设置（margin-top、margin-right、margin-bottom、margin-left）四个边距，也可以简写为 margin 统一设置，按上、右、下、左顺时针方向书写。

基本语法：

```
margin-(top、right、bottom、left):长度单位 | 百分比单位 | auto
```

示例 CSS 样式：

```
#nav { margin-top: 10px; margin-bottom: 10px;}
#main { margin: 0px auto 0px auto; }
```

采用 margin 速记方式可以进一步简写代码，以上第二行代码还可以速记为“#main{margin:0 auto;}”，该样式除表示边距外，还表示具有块属性的元素相对其父元素来说是水平居中对齐。

📖 水平两个盒子之间的实际距离=左盒子的右边距+右盒子的左边距；垂直放置的两个盒子之间的实际距离=上盒子的下边距与下盒子的上边距两者取较大的那个值。但如果在 CSS 中设置了 float 属性样式后，垂直距离又恢复为两者相加了。

6.2 边框高级属性

二维码

CSS3 对原来的盒模型功能进行了完善，增强了元素边框和背景样式的控制能力，还新增了很多 UI 特性，用以解决用户界面设置问题。

6.2.1 圆角边框

圆角边框可使页面看起来比较舒服，版块显得圆润而不失灵巧。

基本语法：

```
border-radius：[ <length> | <percentage> ]{1,4} [ / [ <length> | <percentage> ]{1,4} ]?
```

派生的相关子属性有：border-top-right-radius、border-bottom-right-radius、border-bottom-left-radius、border-top-left-radius，分别定义右上角、右下角、左下角、左上角的圆角。

语法说明：

“<length>”与“/<length>”这两个参数分别定义圆角形状的四分之一椭圆的两个半径，每个参数允许设置 1～4 个参数值（对应那 4 个派生子属性）。第一个值表示圆角的水平半径，第二个值表示圆角的垂直半径，两个参数值通过斜线分隔。如果第二个值省略，则它等于第一个值，这时这个角就是一个四分之一圆角。如果任意一个值为 0，则这个角是矩形，不会是圆的。值不允许是负值。

四个子属性既可以单独使用，也可以采用 border-radius 的速记形式按照 top-left、top-right、bottom-right、bottom-left 的顺序来设置，中间用空格分隔。如果 bottom-left 省略，那么它等于 top-right；如果 bottom-right 省略，那么它等于 top-left；如果 top-right 省略，那么它等于 top-left。

应用范围：所有的元素，除了 table 的样式属性 border-collapse 是 collapse 时。

内边半径等于外边半径减去对应边的厚度。当这个结果是负值时，内边半径是 0。所以内外边曲线的圆心并不一定是一致的。

border-radius 也会导致该元素的背景是圆的，即使 border 是 none。如果 background-clip 是 padding-box，则背景（background）会被曲线的内边裁剪；如果是 border-box，则被外边裁剪。border 和 padding 定义的区域也一样会被曲线裁剪。

所有的边框样式（solid、dotted、inset 等）都遵照角的曲线。如果设置了 border-image，则曲线以外的部分会被裁剪掉。

如果角的两个相邻边有不同的宽度，那么这个角将会从宽的边平滑过渡到窄的边。其中一条边甚至可以是 0。

两条相邻边颜色和样式转变的中心点是在一个和两边宽度成正比的角上。比如，两条边宽度相同，这个点就在一个 45°的角上；如果一条边是另外一条边的两倍，那么这个点就在一个 30°的角上。界定这个转变的线就是连接在内外曲线上的两个点的直线。

示例 CSS 样式：

```
div { height: 100px; border: 10px solid red; margin: 40px; text-align: center; }
.div1 { border-radius:10px; }
.div2 { border-radius:40px/20px; }
.div3 { border-radius:20px/40px; }
.div4 { border-radius:10px 30px 50px 70px; }
.div5 { border-radius:10px 50px 70px; }
.div6 { border-radius:10px 70px; }
.div7 { border-top-left-radius:50px; }
.div8 { border-radius:50px; border:40px solid blue; }
.div9 { border-radius:150px; height:300px;    width: 300px; }
.div10 { border-radius:150px; height:300px; width: 300px; background:url(images/img9.jpg) no-repeat; }
.div11 { border-radius:20px 40px 60px 80px; height:200px; border:solid red; border-width:20px 40px 60px 80px; }
.div12 { border-radius:50px; height:200px; border-style:solid;
border-color:red green blue yellow; border-width:40px 60px 60px 120px; }
```

示例 HTML 代码：

```
<div class="div1">border-radius:10px;</div>
<div class="div2">border-radius:40px/20px;</div>
<div class="div3">border-radius:20px/40px;</div>
<div class="div4">border-radius:10px 30px 50px 70px;</div>
<div class="div5">border-radius:10px 50px 70px;</div>
<div class="div6">border-radius:10px 70px;</div>
<div class="div7">border-top-right-radius:50px;</div>
<div class="div8">border-radius:50px;</div>
<div class="div9">border-radius:150px;</div>
<div class="div10">border-radius:150px; background:url(images/img9.jpg) no-repeat;</div>
<div class="div11">border-radius:20px 40px 60px 80px; border:solid red; border-width:20px 40px 60px 80px;</div>
<div class="div12">border-radius:50px; border-style:solid; border-color:red green blue yellow;
border-width:40px 60px 60px 120px;</div>
```

6.2.2 盒阴影

box-shadow 属性用于定义元素的阴影，它与 text-shadow 属性的功能相同，只是作用对象略有不同。

基本语法：

```
box-shadow：none | <shadow> [ , <shadow> ]*
<shadow> = inset? && <length>{2,4} && <color>?
```

语法说明：

box-shadow 这个属性应用得非常普遍，可以使元素立刻变得漂亮起来，只是记得不要把值设得太大或太小。取值 none 表示无阴影，取值<shadow>可以使用公式表示为 inset? && [<length>{2,4} && <color>?]，其中，inset 表示设置阴影的类型为内阴影，默认为外阴影；<length>是由浮点数字和单位标识符组成的 1～4 个长度值，用来定义阴影水平偏移、阴影垂直偏移、阴影模糊值和阴影外延值；<color>表示阴影颜色（color of shadow）。

参数<length>可取 1～4 个值：第 1 个长度值用来设置对象的阴影水平偏移值（x-offset 可取正负值）；第 2 个长度值用来设置对象的阴影垂直偏移值（y-offset 可取正负值）；如果提供了第 3 个长度值，则用来设置对象的阴影模糊值（blur 不允许负值）；如果提供了第 4 个长度值，则用来设置对象的阴影外延值（可取正负值）。

示例 CSS 样式：

```
div { width:300px; height: 100px; margin: 40px; background: #FC0; }
.box1 { box-shadow:5px 5px; }
.box2 { box-shadow:2px 2px 10px #06C; }
.box3 { box-shadow:0 0 10px #06C; }
.box4 { box-shadow:0 0 10px 10px #06C; }
.box5 { box-shadow:inset 2px 2px 10px #06C; }
.box6 { box-shadow:-10px 0 12px red, 10px 0 12px blue, 0 -10px 12px yellow, 0 10px 12px green; }
.box7 { box-shadow:0 0 10px red, 2px 2px 10px 10px yellow, 4px 4px 12px 12px green; }
.box8 { box-shadow:4px 4px 12px 12px green, 0 0 10px red, 2px 2px 10px 10px yellow; }
```

示例 HTML 代码：

```
<div class="box1">box-shadow:5px 5px;黑色实阴影</div>
<div class="box2">box-shadow:2px 2px 10px #06C;蓝色虚阴影</div>
<div class="box3">box-shadow:0 0 10px #06C;带渐变的阴影</div>
<div class="box4">box-shadow:0 0 10px 10px #06C;带晕边的阴影</div>
<div class="box5">box-shadow:inset 2px 2px 10px #06C;内阴影</div>
<div class="box6">box-shadow:-10px 0 12px red, 10px 0 12px blue, 0 -10px 12px yellow, 0 10px 12px green;多彩阴影</div>
<div class="box7">box-shadow:0 0 10px red, 2px 2px 10px 10px yellow, 4px 4px 12px 12px green;彩色渐变阴影</div>
<div class="box8">box-shadow:4px 4px 12px 12px green, 0 0 10px red, 2px 2px 10px 10px yellow;底层阴影被遮盖了</div>
```

6.2.3 图像边框

border-image 专门用于图像边框的处理，它的强大之处在于能够灵活地分割图像，并应用于边框。

基本语法：

```
border-image: <'border-image-source ' > || < ' border-image-slice ' > [ / < ' border-image-width ' > | / < ' border-image-width ' >? / < ' border-image-outset ' > ]? || < ' border-image-repeat ' >
```

子属性语法：

```
border-image-source: none | <image>
border-image-slice: [ <number> | <percentage> ]{1,4} && fill?
border-image-width: [ <length> | <percentage> | <number> | auto ]{1,4}
border-image-outset: [ <length> | <number> ]{1,4}
border-image-repeat: [ stretch | repeat | round | space ]{1,2}
```

语法说明：

border-image 是一个复合属性，设置或检索对象的边框样式使用图像来填充。

应用范围：所有的元素，除了 table 的样式属性 border-collapse 是 collapse 时。

<border-image-source>：设置或检索对象的边框是否用图像定义样式或图像来源路径。none 表示无背景图片，<image>使用绝对或相对地址，或者创建渐变色来确定图像。

<border-image-slice>：设置或检索对象的边框背景图的分割方式。<number>用浮点数指定宽度，不允许为负值。<percentage>用百分比指定宽度，参照其包含块区域进行计算，不允许为负值。fill 保留裁剪后的中间区域，其铺排方式遵循<border-image-repeat>的设定。该属性指定从上、右、下、左方位来分隔图像，将图像分成 4 个角、4 条边和中间区域共 9 份，中间区域始终是透明的（即没有图像填充），除非加上关键字 fill。

<border-image-width>：设置或检索对象的边框厚度。该属性用于指定使用多厚的边框来承载被裁剪后的图像，该属性可省略，由外部的<border-width>来定义。<length>用长度值指定宽度，<percentage>用百分比指定宽度（参照其包含块进行计算），<number>用浮点数指定宽度，都不允许为负值。如果设置为 auto 值，则<border-image-width>采用与<border-image-slice>相同的值。

<border-image-outset>：设置或检索对象的边框背景图的扩展。该属性用于指定边框图像向外扩展所定义的数值，即如果值为 10px，则图像在原本的基础上往外延展 10px 再显示。<length>用长度值指定宽度，<number>用浮点数指定宽度，都不允许为负值。

<border-image-repeat>：设置或检索对象的边框图像的平铺方式。该属性用于指定边框背景图的填充方式，可定义 0～2 个参数值，即水平和垂直方向。如果两个值相同，可合并成一个，表示水平和垂直方向都用相同的方式填充边框背景图；如果两个值都为 stretch，则可省略不写。stretch 指定用拉伸方式来填充边框背景图。repeat 指定用平铺方式来填充边框背景图，当图片碰到边界时，如果超过则被截断。round 指定用平铺方式来填充边框背景图，图片会根据边框的尺寸动态调整图片的大小直至正好可以铺满整个边框。space 指定用平铺方式来填充边框背景图，图片会根据边框的尺寸动态调整图片之间的间距直至正好可以铺满整个边框。

示例 CSS 样式：

```
.d0,.d1,.d2,.d3,.d4,.d5,.d6,.d7,.d8{margin:20px; min-height:100px; border:10px solid orange;}
.d1 { border-image:url(images/btn-green.png) 10; }
.d2 { border-image: url(images/btn-green.png); border-image-slice: 10; }
.d3 {border-image:url(images/btn-green.png);border-image-slice:10;border-image-width:20px;}
.d4 {border-image:url(images/btn-green.png);border-image-slice:10;border-image-outset:10px;}
.d5{border-image:url(images/btn-green.png);border-image-slice:10;border-image-repeat:repeat;}
.d6 { border-image: url(images/btn-green.png); border-image-slice: 10 fill; border-image-repeat: repeat; }
.d7 { border-image: url(images/btn-green.png) 10 12 fill repeat; }
```

```
.d8 { border-image: url(images/btn-green.png) 10 fill; }
.t1, .t2 {
    margin: 20px;    min-height: 100px;
    border-top: 10px solid orange;
    border-right: 20px solid purple;
    border-bottom: 30px solid yellow;
    border-left: 40px solid greenyellow;
}
.t2 { border-image: url(images/btn-green.png) 10 20 30 40; }
```

示例 HTML 代码：

```
<div class="d0"> .d0</div>
<div class="d1">.d1</div>
<div class="d2">.d2</div>
<div class="d3">.d3</div>
<div class="d4">.d4</div>
<div class="d5">.d5</div>
<div class="d6">.d6</div>
<div class="d7">.d7</div>
<div class="d8">.d8</div>
<div class="t1">.t1</div>
<div class="t2">.t2</div>
```

6.3 伸缩盒

二维码

CSS3 引入了一种新的布局模式——Flexbox 布局，即伸缩盒（Flexible Box）模型，用来提供一个更加有效的方式制定、调整和分布一个容器中的项目布局，即使它们的大小是未知或者动态的。

6.3.1 CSS 中的布局模式

CSS2.1 中定义了四种布局模式，由一个盒与其兄弟、祖先盒的关系决定其尺寸与位置的算法。

- 块布局：呈现文档的布局模式。
- 行内布局：呈现文本的布局模式。
- 表格布局：用格子呈现 2D 数据的布局模式。
- 定位布局：能直接定位元素的布局模式，定位元素基本与其他元素没有任何关系。

CSS3 引入的 Flexbox 布局模式的主要思想是让容器有能力让其子项目能够改变其宽度和高度（甚至顺序），以最佳方式填充可用空间（主要是为了适应所有类型的显示设备和屏幕大小）。Flex 容器会使子项目（伸缩项目）扩展来填满可用空间，或缩小它们以防止溢出容器。

最重要的是 Flexbox 布局的方向不可预知，而原先常规的页面布局（块就是从上到下，内联就是从左到右）对于支持大型或者复杂的应用程序（特别是涉及取向改变、缩放和收缩等）又缺乏灵活性。

6.3.2 Flexbox 模型的功能

Flexbox 布局对于设计比较复杂的页面非常有用，可以轻松地实现屏幕和浏览器窗口大小发生变化时保持元素的相对位置和大小不变，同时减少了依赖于浮动布局实现元素位置的定义，以及重置元素的大小。

Flexbox 布局在定义伸缩项目大小时，伸缩容器会预留一些可用空间，可以调节伸缩项目的相对大小和位置。例如，可以确保伸缩容器中的多余空间平均分配多个伸缩项目。当然，当伸缩容器没有足够大的空间放置伸缩项目时，浏览器会根据一定的比例减小伸缩项目的大小，使其不溢出伸缩容器。

综合而言，Flexbox 布局功能主要有以下几点。

- 屏幕和浏览器窗口大小发生改变也可以灵活调整布局。
- 指定伸缩项目沿着主轴或侧轴按比例分配伸缩容器额外空间，以调整伸缩项目的大小。
- 指定伸缩项目沿着主轴或侧轴将伸缩容器额外空间分配到伸缩项目之前、之后或之间。
- 指定如何将垂直于元素布局的额外空间分布到该元素的周围。
- 控制元素在页面上的布局方向。
- 按照不同于文档对象模型（DOM）所指定的排序方式对屏幕上的元素重新排序。也就是说，可以在浏览器渲染中不按照文档流先后顺序重排伸缩项目顺序。

6.3.3 Flexbox 模型的相关术语

Flexbox 不是一个属性，而是一个模块，包括多个 CSS3 属性，涉及很多内容，包括整个组属性。

1. 主轴和侧轴

在 Flexbox 模型与布局计算偏向使用书写模式方向的块布局或行内布局不同，伸缩布局偏向使用伸缩流的方向。为了便于描述伸缩布局，本章定义了一系列关于伸缩流的术语，如图 6-2 所示。

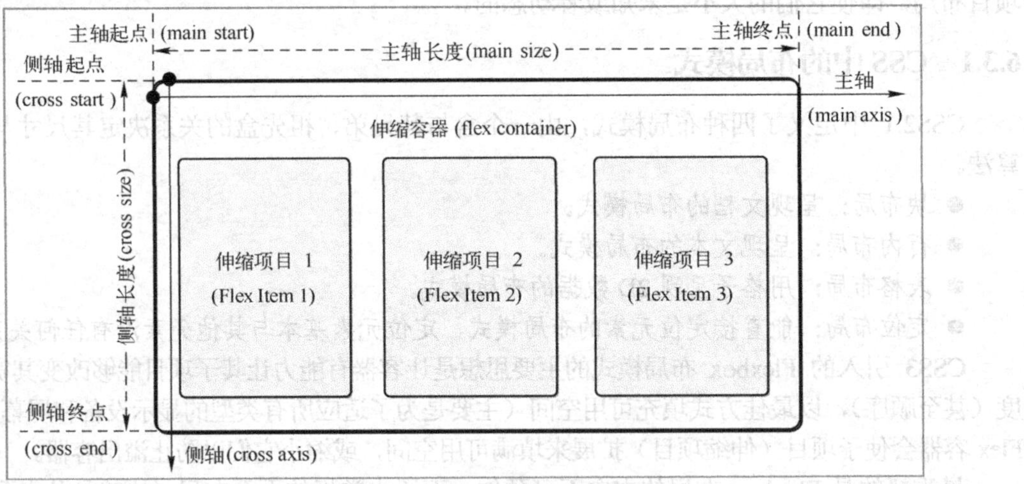

图 6-2　一个 row 伸缩容器

用户代理沿着一个伸缩容器的主轴配置伸缩项目，主轴是主轴方向的延伸。伸缩项目主要沿着伸缩容器的主轴进行布局。但它不一定是水平的，这主要取决于 justify-content 属性，如果其取值为 colunm，主轴方向则变为垂直方向。

2. 伸缩容器和伸缩项目

通过 display 属性显式地给一个元素设置 flex 或者 inline-flex，这个容器就是一个伸缩容器。伸缩容器会为其内容创建新的伸缩格式化上下文，其中设置为 flex 的容器被渲染为一个块级元素，而设置为 inline-flex 的容器则被渲染为一个行内元素。若元素 display 的指定值是 inline-flex 且元素是一个浮动或绝对定位元素，则 display 的计算值是 flex。

一个伸缩容器的内容具有零个以上的伸缩项目——伸缩容器的每个子元素（除了需要修复的元素之外）都会成为一个伸缩项目，且用户代理会将任何直接位于伸缩容器中的连续文字块包起来成为匿名伸缩项目。

3. 伸缩容器的属性

伸缩容器和伸缩项目是Flexbox伸缩布局模块中的重要部分，其中每个部分都具有各自的属性。

1）伸缩流方向。是指伸缩容器的主轴方向，其决定了伸缩项目放置在伸缩容器的方向。伸缩流方向主要通过 flex-direction 属性来设置，其默认值为 row。伸缩流方向与书写模式有关，换句话说，伸缩项目根据书写模式的方向布局。

2）伸缩行换行。伸缩项目在伸缩容器中有时也会溢出伸缩容器。与传统的盒模型一样，CSS 允许使用 overflow 属性来处理溢出内容的显示方式。在伸缩容器中有一个伸缩换行 flex-wrap 属性，主要用来设置伸缩容器的伸缩项目是单行显示还是多行显示，并决定侧轴的方向，默认值为 nowrap。使用此属性来启用溢出的伸缩容器的伸缩项目自动换行到下一行，以及控制流动方向。

3）伸缩方向与换行。伸缩方向与换行属性 flex-flow 同时设定了伸缩流方向 flex-direction 和伸缩换行 flex-wrap 两个属性，是这两个属性的缩写（复合属性），用于设置或检索伸缩盒模型对象的子元素排列方式。

4）主轴与侧轴对齐。justify-content 属性用来设置伸缩容器当前行伸缩项目在主轴方向的对齐方式，指定如何在伸缩项目之间分布伸缩容器额外空间。当一行中的所有伸缩项目不能伸缩或可伸缩但已达到最大长度时，这一属性才会对伸缩容器额外空间进行分配。当伸缩项目溢出某一行时，这一属性也会在项目的对齐上施加一些控制。align-items 属性用来设置伸缩项目在伸缩容器当前行的侧轴上的对齐方式。

5）堆栈伸缩行。align-content 属性用来定义伸缩容器中伸缩项目行在侧轴的对齐方式，类似于侧轴对齐，只不过这是用来控制伸缩项目行在布局轴的堆放方式。

4. 伸缩项目的属性

一个伸缩项目是一个伸缩容器的子元素，伸缩容器中的文本也被视为一个伸缩项目。伸缩项目中的内容与普通流一样，伸缩项目都有一个主轴长度和侧轴长度。

1）显示顺序。伸缩容器中的伸缩项目默认显示顺序也是遵循文档在源码中出现的先后顺序，可以通过伸缩项目的显示顺序 order 属性修改伸缩项目在页面中的显示顺序。

2）侧轴对齐。包括两种，一种是 align-items 属性，可以用来设置伸缩容器中包括匿名伸缩项目在内的所有项目的对齐方式；另一种是 align-self 属性，主要用来在单独的伸缩项目上覆写默认的对齐方式。对于匿名伸缩项目，align-self 的值与其关联的伸缩容器的 align-items 的值相同。

3）伸缩性。定义伸缩项目可以改变它们的宽度或高度填补可用的空间。可以将伸缩容器的额外空间分发给其伸缩项目或将它们缩小以防止伸缩项目溢出。

5. 伸缩行

伸缩项目沿着伸缩容器内的一个伸缩行定位，伸缩容器可以是单行的，也可以是多行的，主要由 flex-wrap 属性决定。单行的伸缩容器会将其所有子元素在单独的一行上进行布局，这种情况下有可能导致内容溢出伸缩容器；多行的伸缩容器会将其伸缩项目配置在多个伸缩行上，这类似于文本的排列。当文本过宽导致一行无法容纳时，内容会断开并移至新的一行。当用户代理创建新的伸缩行时，这些伸缩行会根据 flex-wrap 属性沿着侧轴进行堆叠。除非伸缩容器本身是空的，每一个伸缩行至少包含一个伸缩项目。

6.3.4 Flexbox 模型的使用

经过几年的发展，W3C 于 2012 年 9 月为 Flexbox 推出了最新版本的语法，成为当前的标准规范版本。新版 Flexbox 模型使用的属性有 flex、flex-grow、flex-shrink、flex-basis、flex-flow、flex-direction、flex-wrap、align-content、align-items、align-self、justify-content 和 order。

1. 伸缩容器设置 display

伸缩容器为其内容创建新的伸缩格式化上下文（Flex formatting context），除了伸缩排版用来代替块布局以外，创建一个伸缩格式化上下文与创建一个块格式化上下文是一样的。

要改变元素的显示模式，需要使用 display 属性，如果要让一个元素变成伸缩容器，也离不开 display 属性。伸缩容器的设置语法很简单，只需将 display 显式设置为 flex 或 inline-flex 属性值即可。

```
display: flex | inline-flex
```

flex 将对象作为弹性伸缩盒显示，inline-flex 将对象作为内联块级弹性伸缩盒显示。CSS 的 columns、float、clear 和 vertical-align 在伸缩项目上没有效果。

2. 伸缩流方向 flex-direction

flex-direction 属性通过定义 flex 容器的主轴方向来决定 felx 子项在 flex 容器中的位置，这将决定 flex 需要如何进行排列。

```
flex-direction: row | row-reverse | column | column-reverse
```

默认值为 row。row 表示主轴与行内轴方向作为默认的书写模式，即横向从左到右排列（左对齐）；row-reverse 对齐方式与 row 相反；column 主轴与块轴方向作为默认的书写模式，即纵向从上往下排列（顶对齐）；column-reverse 对齐方式与 column 相反。该属性的反转取值不影响元素的绘制、语音和导航顺序，只改变流动方向。

3. 伸缩换行 flex-wrap

flex-wrap 属性用于控制 flex 容器是单行或者多行，主轴的方向决定了新行堆叠的方向。

```
flex-wrap: nowrap | wrap | wrap-reverse
```

默认值为 nowrap。nowrap 表示 flex 容器为单行，该情况下 flex 子项可能会溢出容器；wrap 表示 flex 容器为多行，该情况下 flex 子项溢出的部分会被放置到新行，子项内部会发生断行；wrap-reverse 表示反转 wrap 排列。

4. 伸缩流方向与换行 flex-flow

复合属性 flex-flow 用于设置或检索弹性盒模型对象的子元素排列方式。

```
flex-flow:<' flex-direction '> || <' flex-wrap '>
```

<' flex-direction '>定义弹性盒子元素的排列方向。

<' flex-wrap '>控制 flex 容器是单行或者多行。

5. 主轴对齐 justify-content

justify-content 用于设置或检索弹性盒子元素在主轴方向上的对齐方式。

```
justify-content: flex-start | flex-end | center | space-between | space-around
```

默认值为 flex-start，表示弹性盒子元素将向行起始位置对齐。该行的第一个子元素的主起始位置的边界将与该行的主起始位置的边界对齐，同时所有后续的伸缩盒项目与其前一个项目对齐。

flex-end 表示弹性盒子元素将向行结束位置对齐。该行的第一个子元素的主结束位置的边界将与该行的主结束位置的边界对齐，同时所有后续的伸缩盒项目与其前一个项目对齐。

center 表示弹性盒子元素将向行中间位置对齐。该行的子元素将相互对齐并在行中居中对齐，同时第一个元素与行的主起始位置的边距等同于最后一个元素与行的主结束位置的边距（如果剩余空间是负数，则保持两端相等长度的溢出）。

space-between 表示弹性盒子元素会平均地分布在行里。如果最左边的剩余空间是负数，或该行只有一个子元素，则该值等效于 flex-start。在其他情况下，第一个元素的边界与行的主起始位置的边界对齐，同时最后一个元素的边界与行的主结束位置的边界对齐，而剩余的伸缩盒项目则平均分布，并确保两两之间的空白空间相等。

space-around 表示弹性盒子元素会平均地分布在行里，两端保留子元素与子元素之间间距大小的一半。如果最左边的剩余空间是负数，或该行只有一个伸缩盒项目，则该值等效于'center'。在其他情况下，伸缩盒项目则平均分布，并确保两两之间的空白空间相等，同时第一个元素前的空间及最后一个元素后的空间为其他空白空间的一半。

当弹性盒里一行中的所有子元素都不能伸缩或已经达到其最大值时，这一属性可协助对多余的空间进行分配。当元素溢出某行时，这一属性同样会在对齐上进行控制。

6. 侧轴对齐 align-items

align-items 属性定义了 flex 子元素在 flex 容器的当前行的侧轴方向上的对齐方式。

```
align-items: flex-start | flex-end | center | baseline | stretch
```

默认值为 stretch。flex-start 表示弹性盒子元素的侧轴起始位置的边界紧靠该行的侧轴起始边界；flex-end 表示弹性盒子元素的侧轴起始位置的边界紧靠该行的侧轴结束边界；center 表示弹性盒子元素在该行的侧轴上居中放置（如果该行的尺寸小于弹性盒子元素的尺寸，则会向两个方向溢出相同的长度）；baseline 表示如果弹性盒子元素的行内轴与侧轴为同一条，则该值与 flex-start 等效，其他情况下该值将参与基线对齐；stretch 表示如果指定侧轴大小的属性值为 auto，则其值会使项目的边距离盒的尺寸尽可能接近所在行的尺寸，但同时会遵照 min/max-width/height 属性的限制。

7. 单独侧轴对齐 align-self

align-self 属性定义了 flex 子元素单独在侧轴方向上的对齐方式。

```
align-self: auto | flex-start | flex-end | center | baseline | stretch
```

默认值为 auto，表示如果 align-self 的值为 auto，则其计算值为元素的父元素的 align-items 值，如果其没有父元素，则计算值为 stretch；flex-start 表示弹性盒子元素的侧轴起始位置的边界紧靠该行的侧轴起始边界；flex-end 表示弹性盒子元素的侧轴起始位置的边界紧靠该行的侧轴结束边界；center 表示弹性盒子元素在该行的侧轴上居中放置（如果该行的尺寸小于弹性盒子元素的尺寸，则会向两个方向溢出相同的长度）；baseline 表示如果弹性盒子元素的行内轴与侧轴为同一条，则该值与 flex-start 等效，其他情况下，该值将参与基线对齐；stretch 表示如果指定侧轴大小的属性值为 auto，则其值会使项目的边距离盒的尺寸尽可能接近所在行的尺寸，但同时会遵照 min/max-width/height 属性的限制。

8. 堆栈伸缩行 align-content

当伸缩容器的侧轴还有多余空间时，本属性可以用来调准“伸缩行”在伸缩容器里的对齐方式，这与调准伸缩项目在主轴上对齐方式的 justify-content 属性类似。

```
align-content: flex-start | flex-end | center | space-between | space-around | stretch
```

默认值为 stretch。本属性在只有一行的伸缩容器上没有效果。

flex-start 表示各行向弹性盒容器的起始位置堆叠。弹性盒容器中第一行的侧轴起始边界紧靠该弹性盒容器的侧轴起始边界，之后的每一行都紧靠前面一行。

flex-end 表示各行向弹性盒容器的结束位置堆叠。弹性盒容器中最后一行的侧轴结束边界紧靠该弹性盒容器的侧轴结束边界，之后的每一行都紧靠前面一行。

center 表示各行向弹性盒容器的中间位置堆叠。各行两两紧靠住的同时在弹性盒容器中居中对齐，保持弹性盒容器的侧轴起始内容边界和第一行之间的距离与该容器的侧轴结束内容边界与最后一行之间的距离相等（如果剩下的空间是负数，则各行会向两个方向溢出相等距离）。

space-between 表示各行在弹性盒容器中平均分布。如果剩余的空间是负数或弹性盒容器中只有一行，该值等效于 flex-start。在其他情况下，第一行的侧轴起始边界紧靠弹性盒容器的侧轴起始内容边界，最后一行的侧轴结束边界紧靠弹性盒容器的侧轴结束内容边界，剩余的行则按一定方式在弹性盒窗口中排列，以保持两两之间的空间相等。

space-around 表示各行在弹性盒容器中平均分布，两端保留子元素与子元素之间间距大小的一半。如果剩余的空间是负数或弹性盒容器中只有一行，该值等效于 center。在其他情况下，各行会按一定方式在弹性盒容器中排列，以保持两两之间的空间相等，同时第一行前面及最后一行后面的空间是其他空间的一半。

stretch 表示各行将会伸展以占用剩余的空间。如果剩余的空间是负数，该值等效于 flex-start。在其他情况下，剩余空间被所有行平分，以扩大它们的侧轴尺寸。

9. 伸缩性 flex

复合属性用于 flex 设置或检索弹性盒模型对象的子元素如何分配空间。

```
flex: none | <' flex-grow '> <' flex-shrink >'? || <' flex-basis '>
```

none 关键字的计算值为：0 0 auto。

<'flex-grow '>用来指定扩展比率，即剩余空间是正值时此“flex 子项”相对于“flex 容器”中其他“flex 子项”能分配到的空间比例。在 flex 属性中该值如果被省略，则默认为 1。

<'flex-shrink '>用来指定收缩比率，即剩余空间是负值时此“flex 子项”相对于“flex 容器”中其他“flex 子项”能收缩的空间比例。在收缩时收缩比率会以伸缩基准值加权。在 flex 属性中该值如果被省略，则默认为 1。

<' flex-basis '>用来指定伸缩基准值，即在根据伸缩比率计算出剩余空间的分布之前，“flex 子项”长度的起始数值。在 flex 属性中该值如果被省略，则默认为 0%

在 flex 属性中该值如果被指定为 auto，则伸缩基准值的计算值是自身的 width 设置，如果自身的宽度没有定义，则长度取决于内容。

以上文字说明还比较抽象，下面再给出一个例子来详细说明。

特殊例子：缩写“flex: 1”，其计算值为“1 1 0%”。缩写“flex: auto”，其计算值为“1 1 auto”。缩写“flex: none”，其计算值为“0 0 auto”。缩写“flex: 0 auto”或者“flex: initial”，其计算值为“0 1 auto”，即 flex 初始值。

下面再列举一个例子来说明一般值如何计算。

示例 CSS 样式：

```
.flex{display:flex;width:800px;margin:0;padding:0;list-style:none;}
.flex :nth-child(1){flex:1 1 300px;}
.flex :nth-child(2){flex:2 2 200px;}
.flex :nth-child(3){flex:3 3 400px;}
```

示例 HTML 代码：

```
<ul class="flex"> <li>a</li> <li>b</li> <li>c</li> </ul>
```

本例定义了父容器宽（即主轴宽）为 800px，由于子元素设置了伸缩基准值 flex-basis，相加 300+200+400=900，那么子元素将会溢出 900–800=100px。

由于同时设置了收缩因子，所以加权综合可得 300×1+200×2+400×3=1900px。

于是可以计算 a、b、c 将被移除的溢出量是：

a 被移除溢出量：(300×1/1900)×100，即约等于 16px。

b 被移除溢出量：(200×2/1900)×100，即约等于 21px。

c 被移除溢出量：(400×3/1900)×100，即约等于 63px。

最后 a、b、c 的实际宽度分别为：300–16=284px，200–21=179px，400–63=337px。

如果上面这个例子只修改容器的宽度为 1500px，请问最后 a、b、c 的实际宽度分别是多少？

从上面的例子可以看出：

当 flex-basis 在 flex 属性中不为 0 时（包括值为 auto，此时伸缩基准值等于自身内容宽度），“flex 子项”将分配容器的剩余空间（剩余空间即等于容器宽度减去各项的伸缩基准值）。

当 flex-basis 在 flex 属性中等于 0 时，flex 子项将分配容器的所有空间（因为各项的伸缩基准值相加等于 0，剩余空间等于容器宽度减去各项的伸缩基准值，即减去 0，最后剩余空间值等于容器宽度），所以可以借助此特性，给各子项定义 flex:n 来进行按比例均分容器总宽度。

10. 显示顺序 order

order 属性用于设置或检索弹性盒模型对象的子元素出现的顺序。

```
order: <integer>
```

<integer>用整数值来定义排列顺序，数值小的排在前面，可以为负值，默认值为 0。

以上各属性的示例源码请参考下载的源代码，下面通过一个综合案例来了解它们的使用方法。

11. flexbox 综合案例（三列布局）

首先在 body 中新建基本结构。

```
<header>页眉</header>
<section>
  <article>主内容</article>
  <nav>左侧栏导航</nav>
  <aside>右边栏</aside>
</section>
<footer>页脚</footer>
```

在 CSS 样式中为每个部分添加基本样式，以便识别各部分的位置和大小关系。

```
html, body { height: 100%; margin: 0; }
header { background-color: purple; min-height: 10%; }
section { background-color: silver; }
article { background-color: aqua; }
```

```
nav { background-color: orange; min-width: 20%; }
aside { background-color: olive; min-width: 20%; }
footer { background-color: purple; min-height: 10%; }
```

然后在 CSS 样式中设置 body 和 section 为伸缩容器。

```
body { display: flex; }
section { background-color: silver; display: flex; }
```

还需要设置伸缩流方向与伸缩项目换行，将页眉、主体和页脚按文档流顺序垂直排列，并占据整个容器的宽度。

```
body { display: flex; flex-flow: column wrap; }
```

接下来设置 section 容器的三列子项目水平布局。

```
section { background-color: silver; display: flex; flex-flow: row wrap; }
```

设置 section 和 article 具有伸缩性。

```
section { background-color: silver; display: flex; flex-flow: row wrap; flex: 1; }
article { background-color: aqua; flex: 1; }
```

设置 order 属性，将 article 排列在三列的中间。

```
article { background-color: aqua; flex: 1; order: 2; }
aside { background-color: olive; min-width: 200px; order: 3; }
```

为了实现中间主内容区域三列等高效果，还需要在 section 区域设置侧轴的排列方式。

```
section { background-color: silver; display: flex; flex-flow: row wrap; flex: 1; align-items: stretch; }
```

设置完成后，在浏览器中的显示效果如图 6-3 所示。

图 6-3　伸缩盒三列布局效果

6.4　小结

在 CSS 中主要有 inline、inline-block、block、table、absolute position 和 floatc，以及一些新的盒模型，浏览器把每个元素都看作一个盒模型，每一个盒模型都是由以下几个属性组合所决定的：display、position、float、width、height、margin、padding 和 border 等，不同类型的盒模型会产生不同的布局，比如内联盒模型中以上部分属性是无效的。CSS3 引入的伸缩盒模型提供了一个更加有效的方式来制定、调整和分布一个容器中的项目布局，即使它们的大小是未知或者动态的。读者应熟练掌握伸缩盒模型的布局方式。

尽管早期伸缩盒和混合伸缩盒的发展给大家带来了一些困惑，但这只是过程中的一个痛点而已，要学会放弃，凡是不符合 HTML5 和 CSS3 标准的都可以放弃，包括凡是带有-moz-、-ms-和-webkit-这种浏览器私有的属性都可以放弃，等到它们被标准化以后再使用。

6.5 思考与练习

1. 思考题

1）简述普通盒模型。

2）简述圆角边框、盒阴影和图像边框的速记用法。

3）简述伸缩盒模型。

2. 操作题

1）调试本章所有源代码。

2）制作一个主轴为垂直方向的伸缩盒三列布局实例。

第7章 界面设计

在 CSS 盒模型中，每一个盒子都有不同的展示界面。除了盒模型本身界面外，一些专门用于定位和布局的元素也能很好地实现用户界面的展示，还有适合报纸、杂志的多列排版也非常实用。

教学目标

- 熟练掌握定位和布局属性的使用方法
- 熟悉用户界面属性的使用方法
- 掌握多列的概念和使用方法
- 掌握 CSS 网格布局方法

二维码

7.1 定位与布局

HTML 元素的位置遵循文档流排版布局规则，元素会自动按照从左往右（行内元素）、从上往下（块元素）的流式排列，并最终将窗体自上而下分成一行行显示，并在每行中按从左至右的顺序排放元素。要想脱离文档流，就需要用到 CSS 的浮动和定位。

7.1.1 定位

CSS 为定位提供了一些属性可以建立列式布局，将布局的一部分与另一部分重叠，还可以完成多年前通常需要使用多个表格才能完成的任务。

定位的基本思想很简单，它允许定义块元素（包括使用 display 改变成具有块属性的元素）相对于其正常位置应该出现的位置，或者相对于父元素、另一个元素甚至浏览器窗口本身的位置。

CSS 有三种基本的定位机制：普通流、浮动和绝对定位。除非专门指定，否则所有元素都在普通流中定位。也就是说，普通流中的元素位置由元素在 HTML 中的位置决定。

1. position 定位

基本语法：

```
position: static | relative | absolute | fixed | center | page | sticky
```

语法说明：

默认值为 static，后三种还有待新版浏览器支持。适用于除 display 属性定义为 table-column-group | table-column 之外的所有元素。

static 对象遵循常规流，此时 4 个定位偏移属性（top、right、bottom 和 left）不会被应用。

relative 对象遵循常规文档流，并且参照自身在常规流中的位置，通过 4 个定位偏移属性进行偏移时不会影响常规流中的任何元素。元素仍然保持其未定位前的形状，它原本所占的空间仍保留。也就是说，不影响元素本身的特性，块元素还是块元素，内联还是内联；如果没有定位偏移量，对元素本身没有任何影响；如果定位了偏移量，则相对于其正常位置进行定位。设置为 relative 拥有 z-index 声明。

absolute 对象脱离常规流（和 float 一样），如果没有定位偏移量，则其位置不变并具有原来的跟随性。如果定位了偏移量，则参照的是离自身最近的已定位祖先元素，如果没有定位的祖先元素，则一直回溯到 body 元素。盒子的偏移位置不影响常规流中的任何元素，其 margin

不与其他任何 margin 折叠。一般在需要绝对定位元素的祖先元素上添加相对定位(position:relative)。元素原先在正常文档流中所占的空间会关闭，就好像该元素原来不存在一样。设置为 absolute 同样拥有 z-index 声明。

fixed 与 absolute 的特性基本一致，差别是偏移定位始终是以屏幕窗口为参考，当出现滚动条时，对象不会随着滚动。

示例 CSS 样式：

```
h1, h6 { position: static; }
h2 { position:relative; left:20px; top: -90px; }
h3 { position:absolute; left:200px; top:200px; }
h4 { position:absolute; right:50px; bottom:50px; }
h5 { position:fixed; left:20px; top:150px; }
```

示例 HTML 代码：

```
<h1>1 正常位置的标题 1：h1, h6 { position: static; }</h1>
<h2>2 右上移动的标题 2：h2 { position:relative; left:20px; top:-90px; }</h2>
<h3>3 绝对定位的标题 3：h3 { position:absolute; left:200px; top:200px; }</h3>
<h4>4 绝对定位的标题 4：h4 { position:absolute; right:50px; bottom:50px; }</h4>
<h5>5 固定定位的标题 5：div { position:fixed; left:20px; top:150px; }<h5>
<h6>6 正常位置的标题 6</h6>
```

📖 对于定位的主要问题是要记住每种定位的意义：相对定位是“相对于”元素在文档中的初始位置，而绝对定位是“相对于”最近的已定位祖先元素，如果不存在已定位的祖先元素，那么“相对于”最初的包含块。根据用户代理的不同，最初的包含块可能是画布或 HTML 根元素。

2. z-index 层叠顺序

基本语法：

```
z-index: auto | <integer>
```

语法说明：

检索或设置对象的层叠顺序。同一个层叠上下文中，层叠级别大的显示在上面，反之显示在下面。默认值为 auto，适用于定义了 position 为非 static 的定位元素。

auto 表示元素在当前层叠上下文中的层叠级别是 0，元素不会创建新的局部层叠上下文，除非它是根元素。<integer>表示用整数值来定义堆叠级别，可以为负值。

示例 CSS 样式：

```
div { position: absolute; width: 200px; height: 100px; }
.z1 { z-index: 1; background: purple; top: 0px; left: 0px; }
.z2 { z-index: 2; background: red; top: 30px; left: 30px; }
.z3 { z-index: 3; background: silver; top: 60px; left: 60px; }
```

示例 HTML 代码：

```
<div class="z1">z-index:1</div>
<div class="z2">z-index:2</div>
<div class="z3">z-index:3</div>
```

7.1.2 浮动

块元素默认的文档流是垂直方向从上往下排列，要使它们水平排列就需要设置浮动

（float）属性（设置了浮动属性的元素暂称为浮动盒）。浮动盒可以向左或向右移动，直到它的外边缘碰到包含浮动盒的块元素边框或另一个浮动盒的边框为止。

由于浮动盒不在文档的普通文档流中，所以文档的普通流中的块元素表现得就像浮动盒不存在一样，可能造成重叠显示。图 7-1 所示为浮动原理示意图。

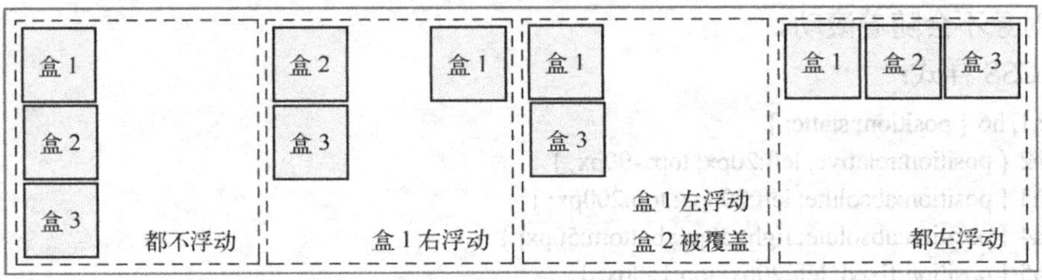

图 7-1　浮动原理

图 7-1 中当盒 1 向左浮动时，它脱离文档流并且向左移动，直到它的左边缘碰到包含盒的左边缘。因为它不再处于文档流中，所以它不占据空间，实际上覆盖住了盒 2，好像盒 2 从视图中消失了一样。不仅如此，盒 2 中的内容却被挡在盒外，与盒 3 的内容重叠。所以可以使用一个清除（clear）属性来解决此问题，clear 属性还可以阻止行内元素围绕浮动盒的问题。

基本语法：

```
float：none | left | right
clear：none | left | right | both
```

语法说明：任何元素都可以设置为浮动，且设置浮动后自动转化为块级；float 元素是半脱离文档流的，对元素是脱离文档流，但对于其内容则是在文档流之中的（即元素重叠但内容不重叠）。

示例 CSS 样式：

```
* { margin: 0; padding: 0; }
header { background-color: #ccc; height: 80px; }
nav { background-color: #ddd; }
section { background-color: #e66; height: 400px; }
.sidebar-left, .sidebar-right { width: 200px; background-color: #f36; height: 400px; }
.sidebar-left { float: left; }
.sidebar-right { float: right; }
footer { clear: both; background-color: #ccc; height: 50px; }
```

示例 HTML 代码：

```
<header> <h1>页眉</h1> </header>
<nav>导航菜单栏</nav>
<main>
   <aside class="sidebar-left"> <h1>左边栏</h1> </aside>
   <aside class="sidebar-right"> <h1>右边栏</h1> </aside>
   <section> <h1>主内容区域</h1> </section>
</main>
<footer> <p>页脚</p> </footer>
```

7.1.3　显示

在前面的学习中，已知可以使用 display 实现块元素和行内元素的显示属性相互转换，在伸缩盒部分也用到了 display 属性的 flex 值。现在再来学习 display 的其他用法。

基本语法：

```
display: none | inline | block | list-item | inline-block | table | inline-table | table-caption | table-cell | table-row | table-row-group | table-column | table-column-group | table-footer-group | table-header-group | run-in | flex | inline-flex
```

语法说明：

设置或检索对象是否显示及如何显示。各取值说明如下。

none：隐藏对象。与 visibility 属性的 hidden 值不同，它不为隐藏的对象保留物理空间。

inline：指定对象为内联元素。

block：指定对象为块元素。

list-item：指定对象为列表项目。

inline-block：指定对象为内联块元素。

table：指定对象作为块元素级的表格。类似<table>标签。

inline-table：指定对象作为内联元素级的表格。类似<table>标签。

table-caption：指定对象作为表格标题。类似<caption>标签。

table-cell：指定对象作为表格单元格。类似<td>标签。

table-row：指定对象作为表格行。类似<tr>标签。

table-row-group：指定对象作为表格行组。类似<tbody>标签。

table-column：指定对象作为表格列。类似<col>标签。

table-column-group：指定对象作为表格列组显示。类似<colgroup>标签。

table-header-group：指定对象作为表格标题组。类似<thead>标签。

table-footer-group：指定对象作为表格脚注组。类似<tfoot>标签。

run-in：根据上下文决定对象是内联对象还是块级对象。

flex：将对象作为弹性伸缩盒显示。

inline-flex：将对象作为内联块级弹性伸缩盒显示。

如果将 display 设置为 none，float 及 position 属性定义将不生效；如果 position 既不是 static 也不是 relative，或者 float 不是 none 或者元素是根元素，当 display:inline-table 时，display 的计算值为 table；当 display:inline | inline-block | run-in | table-* 时，display 的计算值为 block，其他情况为指定值。

示例 CSS 样式：

```
ul { margin:0;padding:0;list-style:none;}
.table { display:table;border-collapse:collapse;border:1px solid #ccc; text-align: center;}
h3 { display:table-caption; text-align: center;}
.table-column-group { display:table-column-group;}
.table-column-group div {display:table-column; width: 100px; }
.table-row-group { display:table-row-group;}
.table-row {display:table-row;}
.table-row-group .table-row:hover { background:#eee;}
.table-row li { display:table-cell; border:1px solid #ccc;}
.table-header-group { display:table-header-group;background:#eee;font-weight:bold;}
.table-footer-group { display:table-footer-group;}
```

示例 HTML 代码：

```
<div class="table">
```

```html
    <h3>花名册</h3>
    <div class="table-column-group">
      <div></div> <div></div> <div></div>
    </div>
    <div class="table-header-group">
      <ul class="table-row">
        <li>序号</li> <li>姓名</li> <li>年龄</li>
      </ul>
    </div>
    <div class="table-footer-group">
      <ul class="table-row">
        <li>footer</li> <li>footer</li> <li>footer</li>
      </ul>
    </div>
    <div class="table-row-group">
      <ul class="table-row">
        <li>1</li> <li>张三</li> <li>20</li>
      </ul>
      <ul class="table-row">
            <li>2</li> <li>李四</li> <li>23</li>
      </ul>
      <ul class="table-row">
        <li>3</li> <li>王五</li> <li>21</li>
      </ul>
    </div>
  </div>
```

除了使用 display 属性来实现元素的显示特性外，CSS 中还有一个相似的属性 visibility。

基本语法：

```
visibility: visible | hidden | collapse
```

语法说明：

设置或检索是否显示对象，如果希望对象为可视，其父对象也必须是可视的。与 display 属性不同，此属性为隐藏的对象保留其占据的物理空间。

visible 为默认值，设置对象可视。hidden 设置对象隐藏。collapse 主要用来隐藏表格的行或列，隐藏的行或列能够被其他内容使用，对于表格外的其他对象，其作用等同于 hidden。

示例 CSS 样式：

```css
.test { visibility: hidden; }
```

7.1.4 溢出

处理盒元素内容的溢出是常有的情况，这又分为两种处理情况：一种情况是溢出内容是否显示（以何种方式显示），由 overflow（包括 overflow-x 和 overflow-y 两种特例）属性处理；另一种情况是当不显示溢出时，是否提示有隐藏文本，由 text-overflow 属性处理。

基本语法：

```
Overflow: <overflow-style>
            <overflow-style> = visible | hidden | scroll | auto
```

语法说明：

检索或设置对象处理溢出内容的方式，适用于块容器、伸缩盒容器和 grid 容器。overflow

的效果相当于同时设置 overflow-x 和 overflow-y。visible 为默认值，表示对溢出内容不做处理，内容可能会超出容器。hidden 表示隐藏溢出容器的内容且不出现滚动条。scroll 表示隐藏溢出容器的内容，溢出的内容将以卷动滚动条的方式呈现。auto 表示当内容没有溢出容器时不出现滚动条，当内容溢出容器时出现滚动条，即按需出现滚动条。

示例 CSS 样式：

```
div { width:150px; height:150px; overflow: auto; }
```

下面再来看一下 text-overflow 属性实现超出宽度的内容用省略标记显示的方法。

基本语法：

```
text-overflow: clip | ellipsis
```

语法说明：

当块容器的 overflow 属性值为非 visible 时，定义内联内容溢出其块容器是否截断或者添加（…）及自定义字符，同时显式或隐式地定义 width 为非 auto 值，white-space 为 nowrap 值。clip 表示当内联内容溢出块容器时，将溢出部分裁切掉，这是默认值。ellipsis 表示当内联内容溢出块容器时，将溢出部分替换为（…）。

示例 CSS 样式：

```
p { overflow:hidden; width:200px; white-space:nowrap ;text-overflow:ellipsis; }
```

7.2 用户界面

二维码

CSS 中的用户界面属性较多，如元素默认样式、轮廓、导航顺序、鼠标样式、缩放比例、盒模型组成模式，以及是否允许用户缩放等。由于浏览器支持程度问题（比如虽然 appearance 的可选值很多，但浏览器除了对 none 和 button 以外的支持还是太少），下面选择部分进行讲解。

7.2.1 轮廓

轮廓（outline）是绘制在元素周围的一条线，位于边框边缘的外围，可起到突出元素的作用。CSS 的 outline 属性规定元素轮廓的样式、颜色和宽度。

基本语法：

```
outline: < 'outline-width' > || < 'outline-style' > || < 'outline-color' >
```

语法说明：

outline-width 指定轮廓边框的宽度，outline-style 指定轮廓边框的样式，outline-color 指定轮廓边框的颜色。outline 画在 border 外面，outlines 相关属性不占据布局空间，不会影响元素的尺寸；outlines 可能是非矩形。

CSS3 中还增加了一个复合属性 outline-offset，表示轮廓偏移容器的值。

示例 CSS 样式：

```
p { width:100px; border:8px solid #333; outline: 8px dashed red; outline-offset:-4px; }
```

7.2.2 放大

如果不喜欢 zoom，也可以尝试使用 transform 属性。

基本语法：

```
zoom: normal | <number> | <percentage>
```

语法说明：

设置或检索对象的缩放比例。normal 使用对象的实际尺寸，<number>用浮点数来定义缩放比例，<percentage>用百分比来定义缩放比例，都不允许为负值。

示例 CSS 样式：

```
div { background: gray; width: 100px; height: 50px; margin: 4px auto; }
.test1 {zoom:normal;}
.test2 {zoom:5;}
.test3 {zoom:300%;}
```

示例 HTML 代码：

```
<div class="test1">zoom:normal</div>
<div class="test2">zoom:5</div>
<div class="test3">zoom:300%</div>
```

7.2.3 盒模型组成模式

box-sizing 是 CSS3 的 box 属性之一。CSS 的盒模型（Box model）分为两种，一种是 W3C 标准模型，另一种是 IE 传统模型。它们都是对元素计算尺寸的模型，具体来说就是对元素的 width、height、padding 和 border 与元素实际尺寸的计算关系。

基本语法：

```
box-sizing: content-box | border-box
```

语法说明：

box-sizing 属性用于设置或检索元素的盒模型解析模式，其主要目的是控制元素的总宽度。content-box 表示 padding 和 border 不被包含在定义的 width 和 height 之内，对象的实际宽度等于设置的 width 值和 border、padding 之和，即（Element width = width + border + padding），此属性表现为标准模式下的盒模型，所以是默认值。border-box 表示 padding 和 border 被包含在定义的 width 和 height 之内，对象的实际宽度就等于设置的 width 值，即使定义有 border 和 padding 也不会改变对象的实际宽度，即（Element width = width），此属性表现为怪异模式下的盒模型。

示例 CSS 样式：

```
div { background-color: silver; width: 150px; height: 150px; padding: 20px; }
.content-box { box-sizing: content-box; border: 5px solid purple; }
.border-box { box-sizing: border-box; border: 5px solid aqua; }
```

示例 HTML 代码：

```
<div>元素背景 =<br>content + padding</div>
<div class="content-box">默认值<br>content-box</div>
<div class="border-box">border-box</div>
```

7.2.4 允许缩放

在 CSS3 中新增了区域缩放调节的功能设置，通过 resize 属性来设置或检索对象的区域是否允许用户缩放，调节元素尺寸大小。

基本语法：

```
resize: none | both | horizontal | vertical
```

语法说明：

默认值为 none，适用于所有 overflow 属性设置为非 visible（值可以是 auto、hidden 或 scroll）的元素。none 表示不允许用户调整元素大小，both 表示用户可以调节元素的宽度和高度，horizontal 表示用户可以调节元素的宽度，vertical 表示用户可以调节元素的高度。

示例 CSS 样式：

```
.test { overflow:auto; width:200px; height:100px; resize:both; background:silver; }
```

7.3 多列

二维码

CSS3 新增的多列布局特性，可以让浏览器确定何时结束一列和开始下一列，无需任何额外的标记。简单来说，就是 CSS3 多列布局可以自动将内容按指定的列数排列，这种特性实现的布局效果和报纸、杂志类排版非常相似。

7.3.1 多列的基本属性

为了能在 Web 页面中方便地实现类似报纸和杂志一样的多列排版布局，W3C 特意给 CSS3 增加了一个多列布局模块（Multiple Column Layout Module），主要应用在文本的多列布局方面。

基本语法：

```
columns:< 'column-width' > || < 'column-count' >
```

语法说明：

这是一个复合属性，子属性 column-width 用于设置或检索对象每列的宽度，子属性 column-count 用于设置或检索对象的列数。适用于除 table 外的非替换块级元素、table cells 和 inline-block 元素。

示例 CSS 样式：

```
p { margin:0; padding:5px 10px; background:#eee;}
.test1 { border:4px solid #000; columns:200px 3; width:628px; }
.test2 { border:4px solid #000; columns:200px; }
```

示例 HTML 代码：

```
<h2>列数及列宽固定:</h2>
<div class="test1">
    <p>This module describes multi-column layout in CSS. …</p>
    <p>On the Web, tables have also been used to describe multi-column layouts. …</p>
</div>
<h2>列宽固定，根据容器宽度动态分布列数:</h2>
<div class="test2">
    <p>This module describes multi-column layout in CSS. … </p>
    <p>On the Web, tables have also been used to describe multi-column layouts. …</p>
</div>
```

示例中有两个例子，通过在浏览器中观察显示效果，会发现前一个例子感觉有点不好理解，“columns:200px 3;”表示列宽 200 像素共 3 列，但实际上看到的只有两列，而且列宽远不只 200 像素，应该已经超过 300 像素了。可以这样理解：如果要按照 3 列排列的话，3 个列宽为 200 像素的列加在一起是 600 像素，再加上中间两个间隙（每个间隙在默认情况下的宽度为默认字体的大小 16 像素）32 像素，共 632 像素，超过了 div 元素规定的 width（628px），所以浏览器只能把 3 列降为 2 列显示，而列宽则是平均分配除去间隙后的宽度。后一个例子没有规定列数，具体列数为设置 columns 属性的元素宽度除去间隙后，按不低于 column-width 值进行平均分配后的最大列数。

7.3.2 列间距

上一节讲到多列布局的各个列之间有间隙，这个间隙就是由 column-gap 属性来定义的。

基本语法：

```
column-gap: <length> | normal
```

语法说明：

column-gap 属性用于设置或检索对象的列与列之间的间隙。默认值 normal 与祖先元素的 font-size 大小相同，如果没有规定则等于浏览器默认的 16px。<length>用长度值来定义列与列之间的间隙，不允许为负值。

示例 CSS 样式：

```
p { margin:0; padding:5px 10px; background:#eee; }
.test1 { border:2px solid #000; column-count:3; column-gap:normal; }
.test2 { border:2px solid #000; column-count:3; column-gap:40px; }
```

示例 HTML 代码：

```
  <h2>未定义 font-size 时，列间隙 column-gap:normal 值为浏览器默认的 16px：</h2>
<div class="test1">
  <p>This module describes multi-column layout in CSS. …</p>
  <p>On the Web, tables have also been used to describe multi-column layouts. …</p>
</div>
<h2>固定列间隙为 40px：</h2>
<div class="test2">
  <p>This module describes multi-column layout in CSS. …</p>
  <p>On the Web, tables have also been used to describe multi-column layouts. …</p>
</div>
```

7.3.3 列边框

column-rule 属性主要用来定义列与列之间的边框宽度、边框样式和边框颜色。简单来说，有点类似于常用的 border 属性，但 column-rule 不占用任何空间位置，在列与列之间改变其宽度不会改变任何列的位置。

基本语法：

```
column-rule: < 'column-rule-width' > || < 'column-rule-style' > || < 'column-rule-color' >
```

语法说明：

column-rule 属性是一个复合属性。column-rule-width 用于设置或检索对象的列与列之间的边框厚度，column-rule-style 用于设置或检索对象的列与列之间的边框样式，column-rule-color 用于设置或检索对象的列与列之间的边框颜色。

示例 CSS 样式：

```
p { margin:0;padding:5px 10px; background:#eee; }
.test { border:2px solid #000; column-count:3; column-gap:20px; column-rule:10px solid #090; }
```

示例 HTML 代码：

```
<div class="test">
    <p>This module describes multi-column layout in CSS. …</p>
    <p>On the Web, tables have also been used to describe multi-column layouts. …</p>
</div>
```

7.3.4 跨列

报纸或杂志文章的标题通常是跨列显示，但从前面的示例可以发现，所有示例的标题都在当前列显示，这就需要使用 column-span 属性才能实现跨列的效果。

基本语法：

```
column-span:none | all
```

语法说明：

column-span 属性用于设置或检索对象元素是否横跨所有列，要么默认不跨列，要么跨全部列。

示例 CSS 样式：

```
p { margin:0; padding:5px 10px; background:#eee; }
.test { width:640px; border:2px solid #000; column-count:3; column-rule:3px solid #090; column-gap:20px; }
.test h3 {  column-span:all; }
```

示例 HTML 代码：

```
<div class="test">
    <p>This module describes multi-column layout in CSS. …</p>
    <h3>spanning element</h3>
    <p>On the Web, tables have also been used to describe multi-column layouts. …</p>
</div>
```

7.3.5 列高

在列布局中，有时由于内容不足，在多列中的最后一列往往出现没有足够内容填充的情况，但实际制作时又必须让所有列具有相同高度的页面效果，这就需要用到 column-fill 属性。

基本语法：

```
column-fill: auto | balance
```

语法说明：

column-fill 属性用于设置或检索对象所有列的高度是否统一，auto 表示列高度默认自适应内容，balance 表示所有列的高度统一为其中最高的一列。

示例 CSS 样式：

```
p { margin:0; padding:5px 10px; background:#eee; }
.test { width:600px; border:2px solid #000; column-count:2; column-fill:balance; }
```

示例 HTML 代码：

```
<div class="test">
```

```
    <p>On the Web, tables have also been used to describe multi-column layouts. …</p>
</div>
```

7.3.6 断行

CSS3 新增的断行属性包括 column-break-before（设置或检索对象之前是否断行）、column-break-after（设置或检索对象之后是否断行）和 column-break-inside（设置或检索对象内部是否断行），但各浏览器的支持程度还不够好，需要使用浏览器的私有属性也只有部分有效果，所以下面只给出一个简单示例。

示例 CSS 样式：

```
.test p,.test div{ margin:0; padding:5px 10px; background:#eee; }
.test { width:600px; border:2px solid #000; column-count:4; column-rule:3px solid #090; }
.test div{
    -moz-column-break-before:always;
    -webkit-column-break-before:always;
    column-break-before:always;
    -moz-column-break-after:always;
    -webkit-column-break-after:always;
    column-break-after:always;
}
```

示例 HTML 代码：

```
<div class="test">
    <p>This module describes multi-column layout in CSS. …</p>
    <div>不管上列是否填满，都另起一列；不管本列是否填满，都在后面新建一列。</div>
    <p>On the Web, tables have also been used to describe multi-column layouts. …</p>
</div>
```

7.4 CSS 网格布局

二维码

以前布局网页一直都存在这样或那样的问题，从最开始用表格（table），然后是浮动（float），再是定位（postion）和内嵌块（inline-block），所有这些方法本质上都只是 hack 而已，并且遗漏了很多重要的功能（例如垂直居中）。Flexbox（伸缩盒）的出现很大程度上改善了布局方式，但它的目的是解决更简单的一维布局。CSS Grid Layout（网格布局）是第一个专门为解决布局问题而创建的 CSS 模块，它是一个二维布局系统，可以同时处理列和行。通过 CSS 规则，使父元素成为 Grid Container（网格容器），使子元素成为 Grid Items（网格项），从而可以轻松使用 Grid（网格）布局。实际上，Flexbox 和 Grid 配合使用，才是今后布局的最佳选择。

7.4.1 重要术语

在深入了解 Grid（网格）概念前，理解术语是很重要的。由于这里涉及的术语在概念上都很相似，如果不先记住 Grid（网格）规范定义的含义，很容易混淆它们。

1. 网格容器（Grid Container）

应用 display: grid 的元素，这是所有网格项（Grid Items）的直接父级元素。下面例子中，对 div.container 应用该样式就变成了网格容器（Grid Container）。

```
<div class="container">
   <div class="item"></div>   <div class="item"> </div>
</div>
```

2. 网格项（Grid Item）

它是 Grid 容器的直接子元素，下面的.item 元素就是 Grid Item，但.sub-item 不是。

```
<div class="container">
   <div class="item"></div>
   <div class="item">
      <p class="sub-item"></p>
   </div>
</div>
```

3. 网格线（Grid Line）

构成网格结构的分界线，它们既可以是垂直的列网格线（Column Grid Lines），也可以是水平的行网格线（Row Grid Lines），并位于行或列的任一侧。如图 7-2 所示的黄线（第 3 条竖线，共 4 条竖线）就是一条列网格线。

4. 网格轨道（Grid Track）

两条相邻网格线之间的空间，可以把它们想象成网格的列或行，如图 7-3 所示是第 2 条和第 3 条行网格线之间的网格轨道（Grid Track）。

5. 网格单元格（Grid Cell）

两个相邻的行和两个相邻的列网格线之间的空间，是 Grid（网格）系统的一个基本单元。如图 7-4 所示是第 1 至第 2 条行网格线和第 2 至第 3 条列网格线交汇构成的网格单元格（Grid Cell）。

6. 网格区域（Grid Area）

一个网格区域（Grid Area）可以由任意数量的连续网格单元格（Grid Cell）组成。如图 7-5 所示是行网格线 1 和 3，以及列网格线 1 和 3 之间的网格区域。

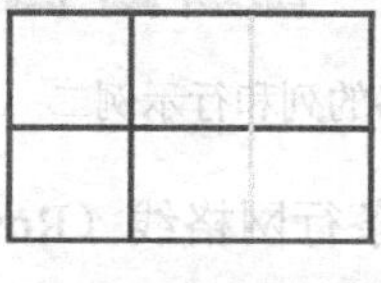

图 7-2　网格线

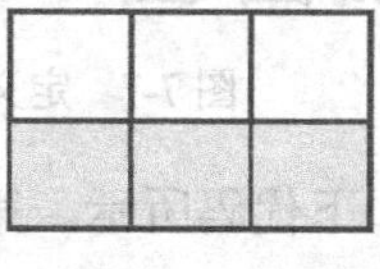

图 7-3　网格轨道

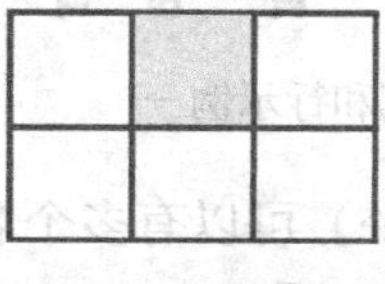

图 7-4　网格单元格

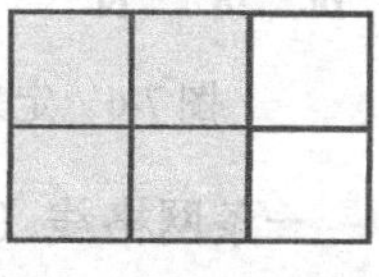

图 7-5　网格区域

7.4.2　网格容器属性

1. display

将元素定义为网格容器，并为其内容建立新的网格格式上下文，可选值如下。

- grid：生成一个块级网格。
- inline-grid：生成一个内联网格。
- subgrid：指明这个容器内部的网格项的行列尺寸直接继承其父级网格容器属性。

```
display: grid | inline-grid | subgrid;
```

2. grid-template-columns / grid-template-rows

使用空格分隔的值列表，用来定义网格的列和行。这些值表示网格轨道（Grid Track）大小，它们之间的空格表示网格线，可选值如下。

- <track-size>：可以是长度值、百分比，或者等分网格容器中可用空间（使用 fr 单位）。
- <line-name>：可以选择的任意名称。

```
grid-template-columns: <track-size> ... | <line-name> <track-size> ...;
grid-template-rows: <track-size> ... | <line-name> <track-size> ...;
```

如下示例，当在网格轨道（Grid Track）值之间留出空格时，网格线会自动分配数字名称。效果如图 7-6 所示。

```
.container{
    grid-template-columns: 40px 50px auto 50px 40px;
    grid-template-rows: 25% 100px auto;
}
```

也可如下代码所示，明确地指定网格线（Grid Line）名称，即<line-name>值，要注意网格线名称的括号语法。

```
grid-template-columns: [first] 40px [line2] 50px [line3] auto [col4-start] 50px [five] 40px [end];
grid-template-rows: [row1-start] 25% [row1-end] 100px [third-line] auto [last-line];
```

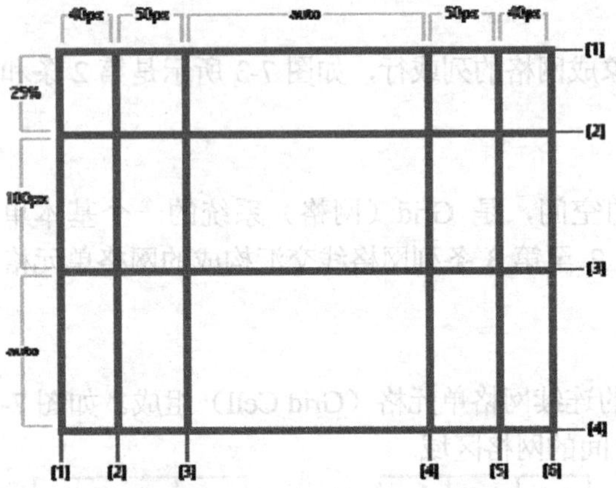

图 7-6　定义网格的列和行示例一

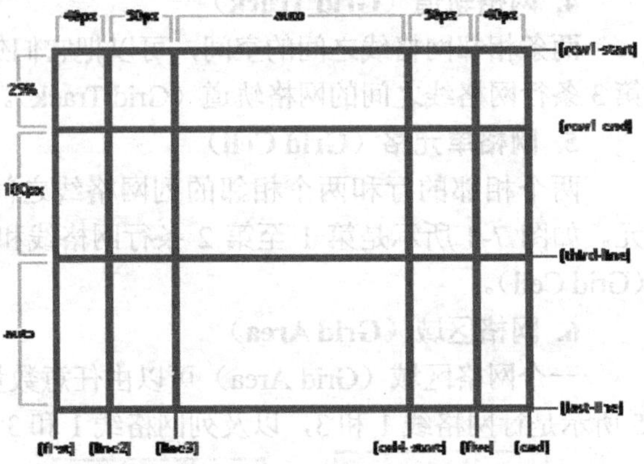

图 7-7　定义网格的列和行示例二

一条网格线（Grid Line）可以有多个名称。如下代码所示，第二条行网格线（Row Grid Lines）有两个名称：row1-end 和 row2-start。

```
.container{
    grid-template-rows: [row1-start] 25% [row1-end row2-start] 25% [row2-end];
}
```

如果定义包含多个重复值，则可以使用 repeat()表示法来简化定义，如下代码所示。

```
.container {
    grid-template-columns: repeat(3, 20px [col-start]) 5%;
}
```

上面的代码等价于如下代码。

```
.container {
    grid-template-columns: 20px [col-start] 20px [col-start] 20px [col-start] 5%;
}
```

fr 单元允许用等分网格容器剩余可用空间来设置网格轨道（Grid Track）的大小。例如，下面的代码会将每个网格项设置为网格容器宽度的三分之一。

```
.container {
    grid-template-columns: 1fr 1fr 1fr;
}
```

剩余可用空间是除去所有非灵活网格项之后计算得到的。在下面例子中，可用空间总量减去 50px 后，再给 fr 单元的值三等分。

```
.container {
    grid-template-columns: 1fr 50px 1fr 1fr;
}
```

3. grid-template-areas

通过引用 grid-area 属性指定的网格区域（Grid Area）名称来定义网格模板，重复网格区域的名称导致内容跨越这些单元格。一个或多个连续的点号（.）代表一个空的网格单元，这个语法本身可视作网格的可视化结构。其可选值如下。

- <grid-area-name>：由网格项的 grid-area 指定的网格区域名称。
- .（点号）：代表一个空的网格单元。
- none：不定义网格区域。

```
grid-template-areas:
  " | . | none | ..."
  "...";
```

示例如下。

```
.item-1 {   grid-area: header;}
.item-2 {   grid-area: main;}
.item-3 {   grid-area: sidebar;}
.item-4 {   grid-area: footer;}
.container {
  grid-template-columns: 100px 100px 100px 100px;
  grid-template-rows: auto;
  grid-template-areas:
    "header header header header"
    "main main . sidebar"
    "footer footer footer footer";
}
```

上面的代码将创建一个 4 列 3 行的网格，如图 7-8 所示，整个顶行由 header 区域组成，中间一排由两个 main 区域、一个空单元格和一个 sidebar 区域组成，最后一行全是由 footer 区域组成。

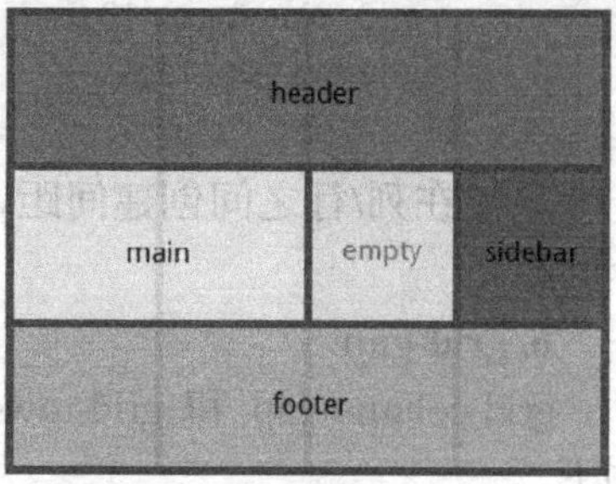

图 7-8　网格区域示例

用这个语法只是命名网格区域，区域两端的网格线实际上是自动命名的。如果网格区域的名称是 foo，该区域的起始行网格线和起始列网格线的名称是 foo-start，而最后一行的行网格线和最后一列的列网格线的名称是 foo-end。这意味着一些网格线可能有多个名称，如上例中最左边的网格线有三个名称：header-start、main-start 和 footer-start。

4. grid-template

用于定义 grid-template-rows，grid-template-columns，

grid-template-areas 缩写 （shorthand）属性，可选值如下。

- none：将所有三个属性设置为其初始值。
- subgrid：将 grid-template-rows、grid-template-columns 的值设为 subgrid，将 grid-template-areas 设为初始值。
- <grid-template-rows> / <grid-template-columns>：将 grid-template-columns 和 grid-template-rows 设置为相应特定的值，并且设置 grid-template-areas 为 none。

```
grid-template: none | subgrid | <grid-template-rows> / <grid-template-columns>;
```

这个属性也接受一个更复杂但相当方便的语法来指定上述三个属性，如下代码所示。

```
.container {
  grid-template:
    [row1-start] "header header header" 50px [row1-end]
    [row2-start] "footer footer footer" 50px [row2-end]
    / auto 100px auto;
}
```

等价于如下代码。

```
.container {
  grid-template-rows: [row1-start] 50px [row1-end row2-start] 25px [row2-end];
  grid-template-columns: auto 100px auto;
  grid-template-areas:
    "header header header"
    "footer footer footer";
}
```

由于 grid-template 不会重置隐式网格属性（grid-auto-columns、grid-auto-rows 和 grid-auto-flow），建议使用 grid 属性而不是 grid-template。

5. grid-column-gap / grid-row-gap

指定网格线（grid lines）的大小，可以把它想象为设置列/行之间间距的宽度，可选值如下。

- <line-size>：长度值。

```
grid-column-gap: <line-size>;
grid-row-gap: <line-size>;
```

示例如下代码所示。

```
.container {
  grid-template-columns: 100px 50px 100px;
  grid-template-rows: 80px auto 80px;
  grid-column-gap: 10px;
  grid-row-gap: 15px;
}
```

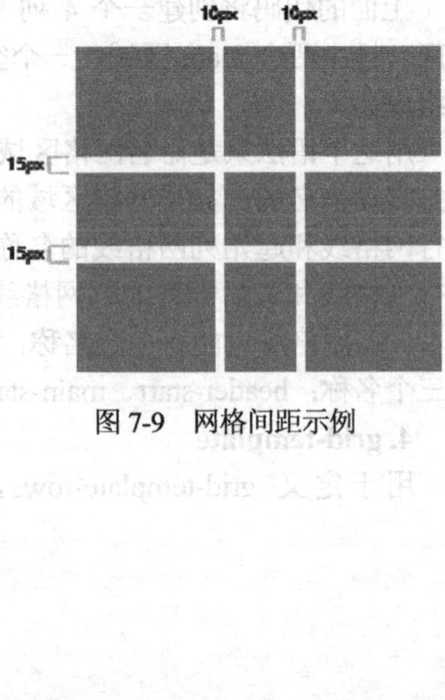

图 7-9　网格间距示例

只能在列/行之间创建间距，网格外部边缘不会有这个间距。

6. grid-gap

grid-column-gap 和 grid-row-gap 的缩写语法，可选值如下。

- <grid-row-gap> <grid-column-gap>：长度值。

```
grid-gap: <grid-row-gap> <grid-column-gap>;
```

示例如下代码所示。

```
.container{
  grid-template-columns: 100px 50px 100px;
  grid-template-rows: 80px auto 80px;
  grid-gap: 10px 15px;
}
```

如果 grid-row-gap 没有定义，那么就会被设置为等同于 grid-column-gap 的值。例如下面的代码是等价的。

```
.container{
  grid-column-gap: 10px;
  grid-column-gap: 10px;
  grid-gap: 10px 10px;              /* 上面两行等价于本行 */
  grid-gap: 10px;                   /* 也等价于本行 */
}
```

7. grid-auto-columns / grid-auto-rows

指定任何自动生成的网格轨道（Grid Tracks，又名隐式网格轨道）的大小，在明确定位的行或列（通过 grid-template-rows / grid-template-columns）超出定义的网格范围时，隐式网格轨道被创建，可选值如下。

- <track-size>：可以是长度值、百分比，或者等分网格容器中可用空间（使用 fr 单位）。

```
grid-auto-columns: <track-size> ...;
grid-auto-rows: <track-size> ...;
```

为了说明如何创建隐式网格轨道，可考虑以下代码，生成如图 7-10 所示 2×2 的网格。

```
.container {   grid-template-columns: 60px 60px;   grid-template-rows: 90px 90px; }
```

但现在想象一下，如果使用 grid-column 和 grid-row 来定位网格项（Grid Items），像如下的代码，生成如图 7-11 所示的网格。

```
.item-a {   grid-column: 1 / 2;   grid-row: 2 / 3;}
.item-b {   grid-column: 5 / 6;   grid-row: 2 / 3;}
```

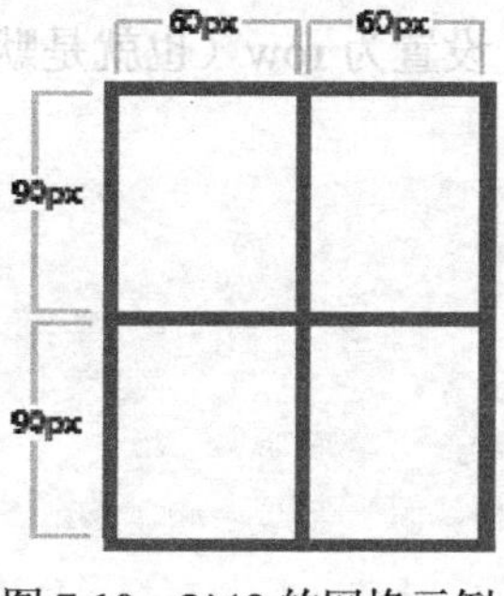

图 7-10　2×2 的网格示例

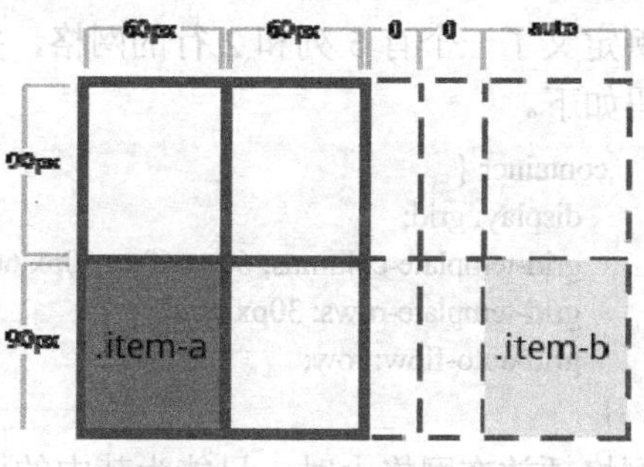

图 7-11　定位网格项示例

本例告诉.item-b 从第 5 条列网格线开始到第 6 条列网格线结束，但从来没有定义过第 5 或第 6 列网格线。

因为引用的网格线不存在，所以创建宽度为 0 的隐式网格轨道以填补空缺。可以如下代码所示使用 grid-auto-columns 和 grid-auto-rows 来指定这些隐式轨道的大小，生成如图 7-12 所示的网格。

```
.container {
  grid-auto-columns: 60px;
}
```

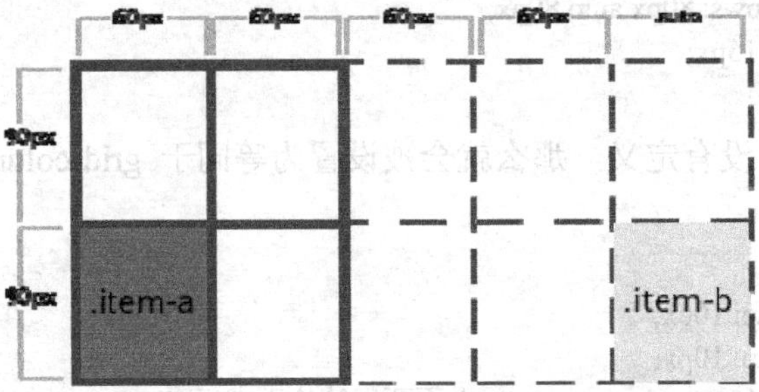

图 7-12　隐式轨道示例

8. grid-auto-flow

如果有一些没有明确放置在网格上的网格项（Grid Items），自动放置算法会自动放置这些网格项，该属性控制自动布局算法如何工作，可选值如下。

- row：告诉自动布局算法依次填充每行，根据需要添加新行。
- column：告诉自动布局算法依次填入每列，根据需要添加新列。
- dense：告诉自动布局算法在稍后出现较小的网格项时，尝试填充网格中较早的空缺。

```
grid-auto-flow: row | column | row dense | column dense
```

示例 HTML 代码如下。

```
<section class="container">
    <div class="item-a">item-a</div>
    <div class="item-b">item-b</div>
    <div class="item-c">item-c</div>
    <div class="item-d">item-d</div>
    <div class="item-e">item-e</div>
</section>
```

示例定义了一个有 5 列和 2 行的网格，并将 grid-auto-flow 设置为 row（也就是默认值），CSS 代码如下。

```
.container {
  display: grid;
  grid-template-columns: 60px 60px 60px 60px 60px;
  grid-template-rows: 30px 30px;
  grid-auto-flow: row;
}
```

将网格项放在网格上时，只能为其中的两个指定位置。

```
.item-a {   grid-column: 1;   grid-row: 1 / 3; }
.item-e {   grid-column: 5;   grid-row: 1 / 3; }
```

因为把 grid-auto-flow 设成了 row，没有定位的网格项（item-b、item-c、item-d）会如图 7-13 所示排列在可用的行中。

相反地，如果按如下代码所示把 grid-auto-flow 设成了 column，则没有定位的网格项（item-b、item-c、item-d）会如图 7-14 所示沿着列向下排列。

```
.container {
  display: grid;
  grid-template-columns: 60px 60px 60px 60px 60px;
  grid-template-rows: 30px 30px;
  grid-auto-flow: column;
}
```

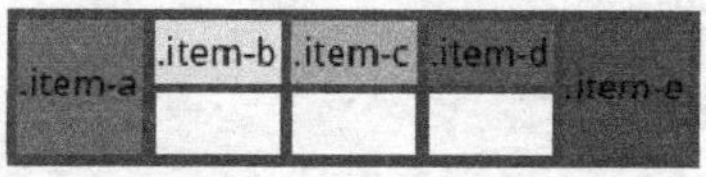

图 7-13　没有定位的网格项位置

图 7-14　已定位的网格项位置

9. grid

在一个声明中设置 grid-template-rows、grid-template-columns、grid-template-areas、grid-auto-rows、grid-auto-columns 和 grid-auto-flow 等所有属性的简写。它还将 grid-column-gap 和 grid-column-gap 设置为初始值，即使它们不可以通过 grid 属性显式地设置，可选值如下。

- none：将所有子属性设置为其初始值。
- <grid-template-rows> / <grid-template-columns>：将 grid-template-rows 和 grid-template-columns 分别设置为指定值，将所有其他子属性设置为其初始值。
- <grid-auto-flow> [<grid-auto-rows> [/ <grid-auto-columns>]]：分别接受所有与 grid-auto-flow、grid-auto-rows 和 grid-auto-columns 相同的值。如果省略了 grid-auto-columns，它被设置为由 grid-auto-rows 指定的值。如果两者都被省略，它们就会被设置为初始值。

```
grid: none | <grid-template-rows> / <grid-template-columns> | <grid-auto-flow> [<grid-auto-rows> [/ <grid-auto-columns>]];
```

示例一代码如下。

```
.container {
  grid: 200px auto / 1fr auto 1fr;
}
```

下面的代码块是等效的。

```
.container {
  grid-template-rows: 200px auto;
  grid-template-columns: 1fr auto 1fr;
  grid-template-areas: none;
}
```

示例二代码以下。

```
.container {
  grid: column 1fr / auto;
}
```

下面的代码块是等效的。

```
.container {
  grid-auto-flow: column;
```

```
    grid-auto-rows: 1fr;
    grid-auto-columns: auto;
}
```

它也接受一个更复杂但相当方便的语法来一次性设置所有内容。也可以设置 grid-template-areas、grid-template-rows 和 grid-template-columns，并且所有其他的子属性都被设置为它们的初始值。这么做可以在它们的网格区域内相应地指定网格线名称和网格轨道的大小。下面用最简单的例子来描述。

```
.container {
  grid: [row1-start] "header header header" 1fr [row1-end]
        [row2-start] "footer footer footer" 50px [row2-end]
        / auto 100px auto;
}
```

等价于下面的代码。

```
.container {
  grid-template-areas:
    "header header header"
    "footer footer footer";
  grid-template-rows: [row1-start] 1fr [row1-end row2-start] 50px [row2-end];
  grid-template-columns: auto 100px auto;
}
```

结合 flexbox 布局中的 justify-items、align-items、justify-content 和 align-content 将会更加得心应手。

7.4.3 网格项属性

1. grid-column-start / grid-column-end / grid-row-start / grid-row-end

通过指定网格线（Grid Lines）来确定网格内网格项（Grid Item）的位置， grid-column-start / grid-row-start 是网格项开始的网格线，grid-column-end / grid-row-end 是网格项结束的网格线，可选值如下。

- <line>：可以是一个数字引用一个编号的网格线，或者一个名称来引用一个命名的网格线。
- span <number> ：该网格项将跨越所提供的网格轨道数量。
- span <name> ：该网格项将跨越到它与提供的名称位置。
- auto ：表示自动放置，自动跨度，默认会扩展一个网格轨道的宽度或者高度。

```
.item {
    grid-column-start: <number> | <name> | span <number> | span <name> | auto
    grid-column-end: <number> | <name> | span <number> | span <name> | auto
    grid-row-start: <number> | <name> | span <number> | span <name> | auto
    grid-row-end: <number> | <name> | span <number> | span <name> | auto
}
```

示例一代码如下，效果如图 7-15 所示。

```
.item-a {
    grid-column-start: 2;
    grid-column-end: five;
    grid-row-start: row1-start;
```

```
        grid-row-end: 3;
    }
```

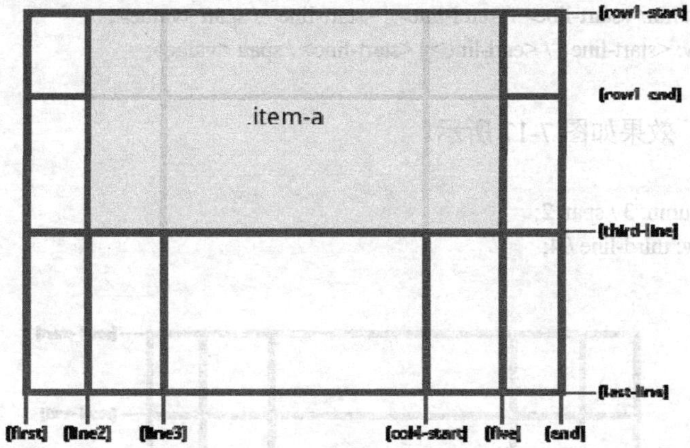

图 7-15　网格项位置示例一

示例二代码如下，效果如图 7-16 所示。

```
    .item-b {
        grid-column-start: 1;
        grid-column-end: span col4-start;
        grid-row-start: 2;
        grid-row-end: span 2;
    }
```

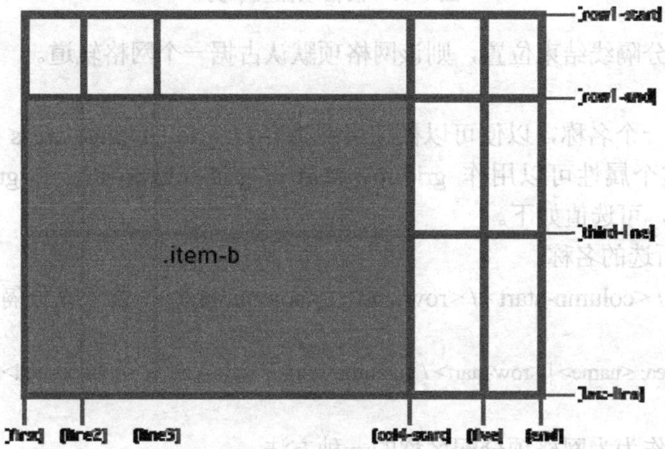

图 7-16　网格项位置示例二

如果没有声明指定 grid-column-end / grid-row-end，默认情况下，该网格项将占据一个轨道。项目可以相互重叠，可以使用 z-index 来控制它们的重叠顺序。

2. grid-column / grid-row

grid-column / grid-row 分别为 grid-column-start ＋ grid-column-end 和 grid-row-start ＋ grid-row-end 的缩写形式，可选值如下。

● <start-line> / <end-line>：每个网格项都接受所有相同的值，作为普通书写的版本，包括跨度。

```
.item {
    grid-column: <start-line> / <end-line> | <start-line> / span <value>;
    grid-row: <start-line> / <end-line> | <start-line> / span <value>;
}
```

示例代码如下，效果如图 7-17 所示。

```
.item-c {
    grid-column: 3 / span 2;
    grid-row: third-line / 4;
}
```

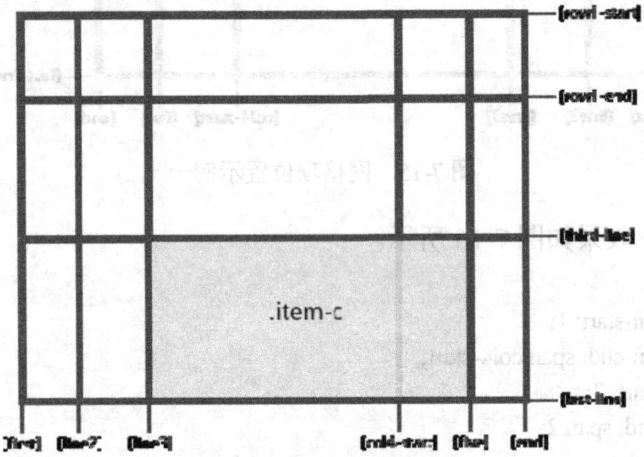

图 7-17　网格项位置示例

如果没有声明分隔线结束位置，则该网格项默认占据一个网格轨道。

3. grid-area

为网格项提供一个名称，以便可以被使用网格容器 grid-template-areas 属性创建的模板进行引用。另外，这个属性可以用作 grid-row-start + grid-column-start + grid-row-end + grid-column-end 的缩写，可选值如下。

- <name>：所选的名称。
- <row-start> / <column-start> / <row-end> / <column-end>：数字或分隔线名称。

```
.item {
    grid-area: <name> | <row-start> / <column-start> / <row-end> / <column-end>;
}
```

如下示例代码作为为网格项分配名称的一种方法。

```
.item-d {
    grid-area: header;
}
```

作为 grid-row-start + grid-column-start + grid-row-end + grid-column-end 属性的缩写形式示例代码如下，效果如图 7-18 所示。

```
.item-d {
    grid-area: 1 / col4-start / last-line / 6;
}
```

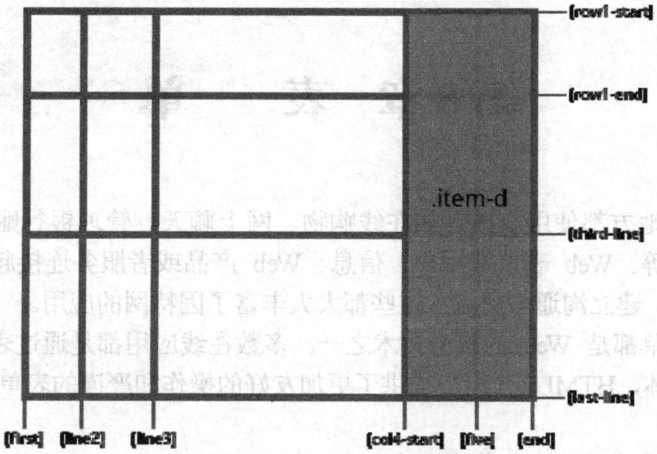

图 7-18　网格区域示例

结合 flexbox 布局中的 justify-self 和 align-self 将会更加得心应手。

7.5　小结

本章主要介绍了网页界面设计相关的盒模型定位布局属性和多列布局，最后还介绍了可用于复杂布局的 CSS Grid，今后 Grid 结合 Flexbox 布局将成为主流。在实际工作过程中，还有一些在此基础上开发的 UI 类库或前端框架都能实现非常漂亮的用户界面，这些将留待以后学习。

7.6　思考与练习

1. 思考题

1）简述 CSS 定位 position 与层叠顺序 z-index 属性的使用方法。

2）简述 CSS 浮动 float 与清除 clear 属性的使用方法。

3）举例说明 CSS 的 display 属性的基本使用方法。

4）简述 CSS 中轮廓与边框用法的异同。

5）简述 CSS 多列的使用方法。

6）简述未来的 CSS 布局流行方式。

2. 操作题

1）调试本章所有示例代码。

2）仿照一张真实报纸的排版制作一个网页页面。

3）制作一个 CSS Grid 结合 Flexbox 混合布局的页面。

第8章　表　　单

网络上的很多地方都使用表单，如在线购物、网上聊天、管理银行账户、用户注册、登录和在线搜索资料等。Web 表单把用户、信息、Web 产品或者服务连接起来。它们能促进销售、捕捉用户行为、建立沟通与交流，这些都大大丰富了因特网的应用。

一直以来，表单都是 Web 的核心技术之一，多数在线应用都是通过表单来交互完成的。作为交互的数据载体，HTML5 为用户提供了更加友好的操作和严谨的表单验证。

教学目标

- 熟练掌握传统表单元素的使用方法
- 掌握 HTML5 新增表单元素和属性的使用方法
- 熟悉 HTML5 新增表单输入类型和验证方法

二维码

8.1　网页表单概述

网站的功能不仅仅是给浏览者展示信息，同时还能接收用户信息。网络上常见的留言本、注册系统等都是能够实现交互功能的动态网页，可以使浏览者充分参与到网页中。可以实现交互功能的最重要的 HTML 元素就是表单。HTML 表单的主要作用就是收集用户输入或选择的数据，并将其作为参数提交给远程服务器。

要实现表单有两个重要组成部分：一是 HTML 源代码，用于描述表单（如域、标签和用户在页面上看见的按钮），表单使用的<form>标签是成对出现的，在开始标签<form>和结束标签</form>之间的部分就是一个表单；二是脚本或应用程序，用于处理提交的信息（如 CGI 脚本、ASP.NET、JSP 和 PHP 等），不使用处理脚本就不能收集表单数据。

基本语法：

```
<form name=" "  id=" "  action=" "  method=" ">
   <input>
   …
   <select>…</select>
   …
   <textarea>…</textarea>
</form>
```

语法说明：

1）name 和 id 是表单名称，为表单命名之后就可以使用脚本语言（如 JavaScript 或 VBScript）对它进行控制。name 和 id 可以同时使用，但它们是有区别的：表单元素（form、input、textarea 和 select 等）与框架元素（iframe 等）需要用 name，否则提交的表单（或框架元素作用的 target）不起作用，而其他更多的非表单元素（如 body、table、div、span 和 ul 等）则需要使用 id，否则 CSS 或 JavaScript 也不认识，而且像表单中的单选按钮组（radio）和复选框组（checkbox）一般都是用相同的 name 值来代表它们是一组，表单接收网页也会自动把它们作为一个数组来处理。Dreamweaver 生成的控件代码总是会自动同时产生 name 和 id 属性，单个元素的这两个属性的值是相同的，单选按钮组和复选框组中每个成员的 name 值是相同的，而 id 值是不同的，因为 id 必须是唯一的。

2）action 是动作属性，用于指定处理表单信息的服务器端应用程序。该程序既可以是 ASP.NET、CGI、PHP 和 JSP 等脚本，还可以是用 C、Visual Basic 等编写的动态链接库等程序。

3）method 是方法属性，用于指定表单向服务器提交数据的方法，method 的值可以为 get 或 post，默认方式是 get。由于 get 方式有安全性低、传送的数据量较小等缺点，所以一般采用 post 方式（所以新版 Dreamweaver 产生的表单 method 值默认就是 post）。但 get 也有提交效率较高的优点，所以仅当请求查询功能时使用 get，当请求会改变（数据库）服务器数据或状态时（如添加、更新或删除数据的操作）则应该使用 post。

二维码

8.2 传统表单元素

只有一个表单元素（form）是无法实现其功能的，表单元素只有和它所包含的具体表单组件元素相结合才能真正实现表单收集信息的功能。属于表单内部的表单组件元素比较多，适用于不同类型的数据记录。大部分的表单组件元素都采用输入元素（input），不同的输入表单使用不同的 type 属性区分。

8.2.1 传统表单输入类型

<input>是一个单标签，它必须嵌套在表单标签中使用，用于定义一个用户的输入项。

<input>基本语法：

```
<form>
    <input  name=" "  type=" ">
</form>
```

语法说明：

一般<input>标签的 name 和 type 是必选的两个属性，name 属性的值是相应程序中的变量名。type 属性如表 8-1 所示。

表 8-1 input 的属性值

属　性	值	描　述
accept	list_of_mime_types	逗号分隔的 MIME 类型列表，文件传输的 MIME 类型。需与 file 类型配合使用
alt	text	定义图像的替代文本。需与 image 类型配合使用
checked	true/false	此 input 元素首次加载时应当被选中。需与 checkbox 或 radio 类型配合使用
disabled	true/false	此 input 元素首次加载时禁用此元素，用户无法在其中写文本或选定它。不能与 type="hidden" 一同使用
maxlength	number	定义文本域中所允许的字符最大数目
name	field_name	为 input 元素定义唯一的名称
readonly	readonly	指示是否可修改该字段的值
src	URL	定义要显示的图像的 URL，仅用于 image 类型时

（续）

属　性	值	描　述
type	指示 input 元素的类型，默认值是 text	button 定义可单击按钮（一般用于通过 JavaScript 启动脚本）； checkbox 定义复选框；file 定义输入字段和“浏览”按钮，供文件上传； hidden 定义隐藏的输入字段； image 定义图像形式的提交按钮； password 定义密码字段，该字段中的字符被掩码； radio 定义单选按钮； reset 定义重置按钮，重置按钮会清除表单中的所有数据； submit 定义提交按钮，提交按钮会把表单数据发送到服务器； text 定义单行的输入字段，用户可在其中输入文本，默认为 20 个字符
value	value	按钮、重置按钮和提交按钮定义按钮上的文本； 图像按钮定义传递向某个脚本的此域的符号结果； 复选框和单选按钮定义 input 元素被单击时的结果； 隐藏域、密码域及文本域定义元素的默认值。 注释：不能与 type="file"一同使用；与 type="checkbox"和 type="radio"一同使用时，此元素是必需的

📖 不建议使用 align（定义图像后的文本对齐方式）和 size（定义 input 元素的大小），请用 CSS 代替。

1. 文本域

当 type="text"时，表示该输入项的输入信息是字符串。此时，浏览器会在相应的位置显示一个文本框供用户输入信息。

基本语法：

```
<form>
  <input  name=" " type="text"  maxlength=" "  value=" ">
</form>
```

语法说明：

text 文本框是一个只能输入一行文字的输入框。<input>标签除了具有两个必选的属性 name 和 type 外，还有常用的可选属性：maxlength 和 value。

1）maxlength 用于设置单行输入框可以输入的最大字符数，例如限制邮政编码为 6 个数字、密码最多为 10 个字符等。

2）value 用于指定文本框的默认值，可以通过设置 value 属性的值来指定当表单首次被载入时显示在输入框中的值。

3）如果需要创建一个随着表单提交一同传递的元素，希望用户看到却又不允许编辑，可以添加 readonly 属性。

示例 HTML 代码：

```
<form action=" " method="post">
  用户名：<input type="text" name="name" id="name">
</form>
```

2. 密码域

密码输入框 password 与单行文本输入框 text 的使用方法非常相似，所不同的只是当用户在其中输入内容时，是用“*”来代替显示每个输入的字符的，以保证密码的安全性。

基本语法：

```
<form>
  <input  name=" "  type="password"  maxlength= " ">
</form>
```

语法说明：

在表单中插入密码框，只要将<input>标签中的 type 属性值设置为 password，就可以插入密码框，maxlength 属性同文件输入框 text 的属性一样。

示例 HTML 代码：

```
<form action=" " method="post">
  用户名：<input type="text" name="name" id="name"><br />
  密  码：<input type="password" name="password" id="password">
</form>
```

3. 复选框

当 type="checkbox"时，表示该输入是一个复选框。

基本语法：

```
<form>
  <input  name=" "  type="checkbox"  value=" ">
</form>
```

语法说明：

1）用户可以同时选中表单中的一个或多个复选框作为输入信息，由于选项可以有多个，属性 name 应取相同的值，使服务器接收页面作为一个字符串数组来处理。若有需要的话，可以使用不同的 id 值来区分。

2）属性 value 的参数值就是在该选项被选中并提交后，浏览器要传送给服务器的数据。因此，value 属性的参数值必须与选项标签匹配，该属性是必选项。

3）checked 属性用于指定该选项在初始时是否被选中。

示例 HTML 代码：

```
<form action=" " method="post">
  <menu>
    你喜欢的运动有：
    <li><input type="checkbox" name="sports" value="outdoor" id="outdoor">户外运动</li>
    <li><input type="checkbox" name="sports" value="ball" id="ball">球类运动</li>
    <li><input type="checkbox" name="sports" value="running" id="running">跑步</li>
  </menu>
</form>
```

4. 单选按钮

当 type="radio"时，表示该输入项是一个单选按钮。

基本语法：

```
<form>
  <input  name=" " type="radio"  value=" ">
</form>
```

语法说明：

1）单选按钮必须是唯一的，即用户只能选中表单中所有单选按钮中的一项作为输入信息，因此，所有属性的 name 都应取相同的值。

2）不同的选项其属性 value 的值应是不同的。

3）checked 属性用于指定该选项在初始时是否被选中。

示例 HTML 代码：

```
<form action=" " method="post">
  <menu>
    性别:
    <li><input type="radio" name="gender" value="male">男</li>
    <li><input type="radio" name="gender" value="female">女</li>
    <li><input type="radio" name="gender" value="secrecy" checked>保密</li>
  </menu>
</form>
```

5. 按钮

用户输入的信息如果不发送到服务器，就没有意义，所以要为表单提供提交按钮。当type="submit"时，产生一个提交按钮。当用户单击该按钮时，浏览器就会将表单的输入信息传送给服务器。当 type="reset"时，产生一个重置按钮，当用户单击该按钮时，浏览器就会清除表单中所有的输入信息而恢复到初始状态。一般情况下，提交按钮与重置按钮经常同时出现。还有一种普通无动作按钮，type 属性值为 button，其样式与提交按钮和重置按钮均相同。

基本语法：

```
<form>
  <input  name=" " type="button"  value="普通按钮">
  <input  name=" " type="submit"  value="提交">
  <input  name=" "  type="reset"  value="重置">
</form>
```

语法说明：

1）提交按钮的 name 属性可以是默认的。除 name 属性外，它还有一个可选的属性 value，用于指定显示在提交按钮上的文字。value 属性的默认值是“提交”。在一个表单中必须有提交按钮，否则将无法向服务器传送信息。

2）重置按钮的 name 属性也可以是默认的。value 属性与 submit 类似，用于指定显示在清除按钮上的文字，value 的默认值为“重置”。

3）普通 button 按钮被单击后无任何效果，需要与脚本配合使用。可以为其添加 onclick 事件，当用户单击按钮时触发事件并执行指定的 JavaScript 代码。

示例 HTML 代码：

```
<form action=" " method="post">
  用户名：<input type="text" name="name" id="name"><br />
  密  码：<input type="password" name="password" id="password">
  <input type="button" name="btn1" value="点我后悔" onclick="alert('你太坏了!')"><br>
  <input type="submit" value="提交">
  <input type="reset" value="重置">
</form>
```

6. 图像域

为了界面美观，可以用一张图片作为提交或者其他类型的按钮，当 type="image"时，浏览器就会在相应的位置产生一个图像按钮。

基本语法：

```
<form>
  <input  name=" "  type="image"  src="url"  alt=" ">
</form>
```

语法说明：

默认的图像域按钮只有提交表单的功能，如果要改变其用途，则需要将某种行为附加到表单元素中。image 类型中的 src 和 alt 属性是必需的，它用于设置图像文件的路径。

示例 HTML 代码：

```
<form action=" " method="post">
    <input type="image" src="./images/confirm.gif" value="提交" alt="提交图像按钮" onclick="alert('你点了图像按钮')"><br>
</form>
```

7. 文件域

文件选择输入框允许用户在自己的硬盘中浏览文件，并把文件名及其路径作为表单数据上传，主要用在上传程序中。

基本语法：

```
<form>
  <input   name=" "   type="file" >
</form>
```

语法说明：

1）要在表单中插入文件选择输入框，只需将<input>标签中的 type 属性值设置为 file 即可。

2）enctype 属性用于确保文件采用正确的格式上传。

3）accept 属性用于指定允许上传的文件类型。

4）对于允许文件上传的表单，不能使用 get 方法。

示例 HTML 代码：

```
<form action=" " method="post">
  请选择要上传的文件：<input type="file" name="uploadfile" size="40"><br>
  <input type="submit" value="提交"> <input type="reset" value="重置">
</form>
```

8. 隐藏域

如果不想显示某些选项，因为这些信息与用户选择无关，但服务器应用程序运行时又是需要的，此时就可以把这些选项中 type 属性的值设置为 hidden。

基本语法：

```
<form>
  <input   name=" "   type="hidden"   value=" ">
</form>
```

语法说明：

1）当 type=hidden 时，表示输入项将不在浏览器中显示。

2）隐藏域可以通过 JavaScript 代码动态地对隐藏域中的信息进行存储访问。

8.2.2 标注元素

标注元素 label 可以放置在 input 元素前后为其定义标注，作为 input 元素的补充说明。虽然显示效果与普通文本一致，但 label 元素可以在被单击时为对应的表单控件生成焦点。

基本语法：

```
<form>
  <label for="name">姓名：<label>
  <input   type="text" name="name"   id="name">
  <label>密   码：<input type="password" name="password"></label>
</form>
<label for="male" form="nameform">显示文本</label>
```

语法说明：

1）第一种用法是开始标签<label>中使用 for 属性对应 input 表单控件的 id 名称。其中表单控件的 id 名称为自定义，可以与 name 属性值相同。

2）第二种用法是可以直接将文本内容与表单控件都放入 lable 元素内，此时 input 元素可不设 id。

3）label 元素除了 for 属性外，还有一个 form 属性，规定 label 字段所属的一个或多个表单。form 属性值必须要对应所属的表单的 id，如需引用一个以上的表单，请使用空格分隔列表。

示例 HTML 代码：

```
<form action=" " method="post" id="nameform">
  <label for="name">用户名：</label>
  <input type="text" name="name" id="name">
  <br />
  <label for="password">密   码：</label>
  <input type="password" name="password" id="password">
  <menu>
    性别：
    <li><label><input type="radio" name="gender" value="male" id="male">男</label></li>
    <li><label><input type="radio" name="gender" value="female" id="female">女</label></li>
    <li><label><input   type="radio"   name="gender"   value="secrecy"   id="secrecy"   checked> 保 密
</label></li>
  </menu>
  <input type="submit" value="提交"> <input type="reset" value="重置">
</form>
<p>用于第一个单选按钮的 label 位于 form 元素之外，但仍然是表单的一部分。请尝试单击下面的
"男"文本标注可以切换到 radio 控件。</p>
<label for="male" form="nameform">男</label>
```

8.2.3 文本区域

用<textarea>标签可以定义高度超过一行的文本输入框。<textarea>标签是成对标签，开始标签<textarea>和结束标签</textarea>之间的内容就是显示在文本输入框中的初始信息。<textarea>标签的属性有 name、rows、cols、disabled 和 readonly。

基本语法：

```
<form>
  <textarea   name=" "   cols=" "   rows=" "> </textarea>
</form>
```

语法说明：

1）name 用于指定文本输入框的名称。

2）rows 用于设置多行文本输入框的行数，此属性的值是数字，浏览器会自动为高度超过一行的文本输入框添加垂直滚动条。但是，当输入文本的行数小于或等于 rows 属性的值时，滚动条将不起作用。

3）cols 用于设置多行文本输入框的列数。

示例 HTML 代码：

```
<form action=" "   mcthod="post">
  <label for="suggest">请提宝贵意见：</label><br>
  <textarea name="suggest" id="suggest" cols="50" rows="3"></textarea> <br>
  <input type="submit" value="提交"> <input type="reset" value="重置">
</form>
```

8.2.4 选择域

在表单中，通过<select>和<option>标签可以在浏览器中设计一个下拉式的列表框或带有滚动条的列表框，用户可以在列表框中选中一个或多个选项。

基本语法：

```
<form>
  <select name=" "   size=" ">
    <options   value=" ">
    …
  </select>
</form>
```

语法说明：

1）<select>标签是成对标签，开始标签<select>和结束标签</select>之间的内容就是一个下拉式菜单的内容。<select>标签必须与<option>标签配套使用。<option>标签用于定义列表中的各个选项，<select>标签包含 name、multiple、size 和 disabled 属性。

name 用于设定下拉列表框名称。size 是可选项，用于改变下拉列表框的大小。size 属性的值是数字，表示显示在列表中选项的数目，当 size 属性的值小于列表框中的列表项数目时，浏览器会为该下拉列表框添加滚动条，用户可以使用滚动条来查看所有的选项，size 的默认值为 1。如果加上 multiple 属性，表示允许用户从列表框中选择多项，使用 multiple 时 size 属性的值不能太小，否则在浏览器中的显示会不正常。

2）<option>标签用来定义列表框中的选项，设置列表中显示的文字和列表条目的值，列表框中的每个选项都有一个显示的文本和一个 value 值（当选项被选择时传送给处理程序的信息）。<option>标签是单标签，它必须嵌套在<select>标签中使用。一个列表框中有多少个选项，就要有多少个<option>标签与之相对应，选项的具体内容写在每个<option>之后。<option>标签有两个属性：value 和 selected，它们都是可选项。

value 用于设置当该选项被选中并提交后浏览器传送给服务器的数据，如果是默认状态，浏览器将传送选项的内容。selected 用来指定选项的初始状态，表示该选项在初始时被选中。

当使用一个长的选项列表时，对相关的选项进行组合会使处理更加容易。optgroup 元素用于组合选项。

示例 HTML 代码：

```
<form action=" " method="post">
```

```
    <label for="daxue">请选择你喜欢的大学（可多选）</label> <br>
      <select name="daxue" id="daxue" multiple>
        <optgroup label="北京市">
          <option value ="pku">北京大学</option>
          <option value ="tsinghua">清华大学</option>
        </optgroup>
        <optgroup label="浙江省">
          <option value ="zju">浙江大学</option>
          <option value ="yxc" selected>浙江越秀外国语学院</option>
        </optgroup>
        <optgroup label="四川省">
          <option value ="scu">四川大学</option>
          <option value ="uestc">电子科技大学</option>
        </optgroup>
      </select> <br>
    <input type="submit" value="提交"> <input type="reset" value="重置">
  </form>
```

8.2.5 域集

fieldset 元素可将表单内的相关元素分组。<fieldset>标签将表单内容的一部分打包，生成一组相关表单的字段。<fieldset>标签没有必需的或唯一的属性。

当一组表单元素放到<fieldset>标签内时，浏览器会以特殊方式来显示它们，它们可能有特殊的边界、3D 效果，甚至可创建一个子表单来处理这些元素。

<legend>标签为<fieldset>元素定义域集标题。

示例 CSS 样式：

```
fieldset { width: 200px; padding: 10px; border-radius: 8px; box-shadow: 4px 4px 4px gray; }
menu { padding: 0; margin: 0 }
li { list-style: none; }
```

示例 HTML 代码：

```
<form action=" " method="post">
  <fieldset>
    <legend>性别</legend>
    <menu>
      <li><input type="radio" name="gender" value="male" id="male">男</li>
      <li><input type="radio" name="gender" value="female" id="female">女</li>
      <li><input type="radio" name="gender" value="secrecy" id="secrecy" checked>保密</li>
    </menu>
    </fieldset>
  <input type="submit" value="提交"> <input type="reset" value="重置">
</form>
```

📖 HTML 表单中还有一个表单控件 button 元素，但不同的浏览器会提交不同的值。IE 将提交<button>与</button>之间的文本，而其他浏览器将提交 value 属性的内容。请在 HTML 表单中使用 input 元素来创建按钮。

8.3　HTML5 表单的新特性

二维码

相对 HTML4 而言，HTML5 的表单新特性提供了更多语义明确的表单类型，并能够及时响应用户交互。HTML5 的表单新特性还提供了原先浏览器脚本才能做到的输入类型验证功能，即使用户禁用了浏览器脚本，也能得到完全相同的体验。

8.3.1　HTML5 新增表单输入类型

HTML5 表单新增的输入类型共有 13 种，其中有 6 种可以统称为 Date pickers（日期选择器）。语法格式与 text 相似，只需要将双引号中的 text 替换为这 13 种新的类型值即可。

1. 电子邮件

email 类型用于输入电子邮箱地址，该类型只允许输入包含“@”字样的标准电子邮箱格式的文本内容。该输入类型在表单标签<form>和</form>内使用，可用于验证用户填写的是否为正确的电子邮件地址。当用户提交表单时，浏览器会自动验证输入域的值是否有效。

示例 HTML 代码：

```
<form action=" " method="post">
  <label for="email">E-mail: </label>
  <input type="email" name="email" id="email">
</form>
```

2. url

url 类型用于显示包含 URL 地址的输入框。当用户提交表单时，浏览器会自动验证输入框内的值是否有效。

示例 HTML 代码：

```
<form action=" " method="post">
    <label for="url">Url:</label>
    <input type="url" name="url" id="url">
</form>
```

3. tel

tel 类型用于输入电话号码。该类型在 PC 端与普通单行文本输入框 text 类型没有任何区别，但是在手机移动端使用该类型时会显示数字键盘，改善了用户的体验。

示例 HTML 代码：

```
<form action=" " method="post">
    <label for="tel">电话号码：</label>
    <input type="tel" name="tel" id="tel">
</form>
```

4. 搜索

search 类型用于显示搜索域，它是专门为输入搜索引擎关键词定义的文本框，如百度搜索、站内搜索等。没有特殊的验证规则，显示效果为普通单行文本输入框。当框内有输入内容且还处于焦点状态时，在右边会出现快捷符号“x”用于清空搜索框中的文字内容。

示例 HTML 代码：

```
<form action=" " method="post">
```

```
        <label for="search" onmouseover="myFunction()">搜索：</label>
        <input type="search" name="search" id="search" placeholder="Search ustu.pro">
    </form>
```

5. 数字

number 类型用于显示只能包含数值内容的文本输入框。还可以用 max 和 min 属性限定数值的最大值和最小值范围。

示例 HTML 代码：

```
    <form action=" " method="post">
        <label for="number">数字：</label>
        <input type="number" name="number" id="number" min="0" max="100" step="2">
    </form>
```

6. 范围

range 类型用于显示包含数值范围的滑动条，用户可直接拖动滑动条上的点进行数据值的选择。一般使用 max 和 min 属性限定数值的最大值和最小值范围，用 step 属性设置间隔步长。

示例 HTML 代码：

```
    <form action=" " method="post">
        <label for="range">音量大小：</label>
        <input type="range" name="range" id="range" min="0" max="100" step="1" value="0" onchange="change()">
    </form>
```

7. 颜色

color 类型用于显示颜色选择器。在打开的"颜色"对话框中，要先选一次左边的基本颜色，"确定"看到有变化后，就可以选右边的自定义颜色。

示例 HTML 代码：

```
    <form action=" " method="post">
        <label for="color">颜色选择：</label>
        <input type="color" name="color" id="color" onchange="colorchange()">
    </form>
```

8. date pickers

date pickers 又称为日期选择器，它不是类型名称，而是各种时间日期选择器类型的总称。input 元素中与时间日期选择相关的 type 属性分为以下 6 种。

- datetime 类型：可用于选择包含年月日和时间的内容（UTC 时间）。
- datetime-local 类型：可用于选择包含年月日和时间的内容（本地时间）。
- time 类型：可用于选择时间，包括小时和分钟。
- date 类型：可用于选择年月日。
- week 类型：可用于选择年份和第几周。
- month 类型：可用于选择年份和月份。

示例 HTML 代码：

```
    <form action=" " method="post">
        <label for="datetime-local">DateTime-Local（日期时间（当地））：</label>
        <input type="datetime-local" name="datetime-local" id="datetime-local">
        <label for="time">Time（时间）：</label>
```

```
        <input type="time" name="time" id="time">
        <label for="date">Date（日期）：</label>
        <input type="date" name="date" id="date">
        <label for="week">Week（周）：</label>
        <input type="week" name="week" id="week">
        <label for="month">Month（月）：</label>
        <input type="month" name="month" id="month">
    </form>
```

以上示例中，为了查看效果，添加了 JavaScript 代码，请查看电子版源码。

8.3.2 HTML5 新增表单元素

HTML5 中新增了 3 种表单元素：datalist、output 和 keygen，通过使用这些元素，在传统表单基础上可以开发出更加精美、精致的页面效果。

1. datalist 元素

使用数据列表元素 datalist 可以为普通单行文本输入框提供提示选项（需要结合 input 的 list 属性）。提示选项初始为隐藏状态，当焦点位于对应的文本输入框时，会在下方自动展开提示选项，用户可以通过单击提示选项自动完成文本内容。

基本语法：

```
<input type="text" list="optList">
<datalist   id="optList">
    <options   label=" "   value=" ">
    …
</datalist>
```

语法说明：

datalist 元素不能单独使用，需要与 input 文本输入框配合使用。在需要显示列表选项的文本框中添加 list 属性，并将其属性值设置为 datalist 元素的 id 名称。

示例 HTML 代码：

```
<form action=" " method="post">
    <label for="url">网页：</label>
    <input type="url" list="url_list" name="link">
    <datalist id="url_list">
        <option label="W3school" value="http://www.w3school.com.cn">
        <option label="Baidu" value="https://www.baidu.com">
        <option label="Yuexiu" value="http://www.yxc.cn">
    </datalist>
</form>
```

datalist 元素有 4 种属性：disabled、multiple、name 和 size。

2. output 元素

输出元素 output 用于显示各类输出结果，可以与表单 oninput 事件配合使用，动态变化输出结果。

示例 HTML 代码：

```
<form action=" " method="post" oninput="px.value=parseInt(pa.value)+parseInt(pb.value)">
    <input type="range" id="pa" value="50">100
    +<input type="number" id="pb" value="50">
```

```
    =<output name="px" for="pa pb"></output>
</form>
```

output 元素有 3 种属性：for、form 和 name。

3. keygen 元素

keygen 元素提供了一种安全方式来验证用户。该元素有密钥生成的功能，当提交表单时，会分别生成一个私人密钥和公共密钥。其中私人密钥保存在客户端，公共密钥则通过网络传输至服务器。这种非对称加密的方式，为网页的数据安全提供了更大的保障。

示例 HTML 代码：

```
<form action=" " method="post">
    用户名：<input type="text" name="usr_name" />
    加　密：<keygen name="security" />
    <input type="submit" value="提交"> <input type="reset" value="重置">
</form>
```

keygen 元素提供了中级和高级的加密算法，显示的是一个类似 select 元素的下拉列表框，可以选择加密等级。

8.3.3 HTML5 新增表单属性

HTML5 新增的表单属性涉及 form 和 input 这两个元素的新属性。

新的 form 属性有：autocomplete 和 novalidate。

新的 input 属性有：autocomplete、autofocus、form、form overrides（formaction、formenctype、formmethod、formnovalidate 和 formtarget）、height、width、list、min、max、step、multiple、pattern（regexp）、placeholder 和 required。

1. autocomplete

autocomplete 属性规定 form 或 input 域应该拥有自动完成功能。autocomplete 适用于 <form>标签，以及以下类型的<input>标签：text、search、url、telephone、email、password、date pickers、range 和 color。

当用户在自动完成域中开始输入时，浏览器应该在该域中显示填写的选项（如果浏览器中没有缓存选项，可先填写好后提交表单，然后重载页面就能看到效果了）。在某些浏览器中，可能需要启用自动完成功能，以使该属性生效。

示例 HTML 代码：

```
<form action=" " method="post" autocomplete="on">
    用户名：<input type="text" name="username"><br>
    密　码：<input type="password" name="password"><br>
    E-mail：<input type="email" name="email" autocomplete="off">
    <input type="submit" value="提交"> <input type="reset" value="重置">
</form>
```

2. autofocus

autofocus 属性规定在页面加载时，域自动获得焦点。autofocus 属性适用于所有 input 元素的类型。使用方式是在需要获取焦点的<input>标签中添加 autofocus="autofocus"，或直接简写为 autofocus。

示例 HTML 代码：

```
<form action=" " method="post">
    搜索：<input type="search" name="search" id="search" autofocus="autofocus">
    <input type="submit" value="提交"> <input type="reset" value="重置">
</form>
```

3. form

在 HTML5 之前，只有包含在表单元素 form 内的表单组件才能正确提交给服务器，而在 HTML5 中，表单组件可以通过规定 form 属性放置于 form 元素之外。form 属性可以指定 input 元素从属于哪个表单，同一个 imput 元素可以属于一个或者多个表单（使用空格分隔引用列表名称）。

示例 HTML 代码：

```
<form action=" " method="post" id="form1">
    First name:<input type="text" name="fname">
    <input type="submit" value="提交"> <input type="reset" value="重置">
</form>
<p>下面的输入域在 form 元素之外，但仍然是表单的一部分。</p>
Last name: <input type="text" name="lname" form="form1">
```

示例中的表单提交时，也会把 Last name 组件中的输入内容一起发送给服务器处理。

4. form overrides

表单重写属性（form override attributes）允许用户重写 form 元素的某些属性设定。

表单重写属性有：formaction 重写表单的 action 属性；formenctype 重写表单的 enctype 属性；formmethod 重写表单的 method 属性；formnovalidate 重写表单的 novalidate 属性；formtarget 重写表单的 target 属性。

表单重写属性适用于 submit 和 image 类型的 input 元素。

示例 HTML 代码：

```
<form action=" " method="post" id="form1">
    <input type="submit" formaction="demo_admin.php" value="Submit as admin">
    <input type="submit" formnovalidate="true" value="Submit without validation">
</form>
```

5. height 和 width

width 和 height 属性只能用于 image 类型的 input 元素，为图像规定以像素为单位的宽度（width）和高度（height），当然也可以用 CSS 代替。这两个属性的用法大家已经非常熟悉，所以这里就不举例了。

6. list

list 属性可以为输入框提供一系列选项提示，需要与数据列表 datalist 元素配合使用。数据列表 dagalist 元素是输入域的提示选项列表，当输入域获得焦点时，提示选项列表会自动展开。该属性适用于 9 种 input 元素类型：text（单行文本框）、search（搜索框）、url（URL 地址）、tel（电话）、email（电子邮箱）、data pickers（日期选择器）、number（数值）、range（数值范围）和 color（颜色选择器）。具体示例可参考前面关于数据列表 datalist 元素的相关内容。

7. min、max 和 step

max 和 min 属性用于数字或日期类型的 input 元素规定所允许的数值范围：其中 max 规定最大值，min 规定最小值。step 属性用于规定数字间隔。max、min 和 step 属性均适用于三种类型的 input 元素：date pickers（日期选择器）、number（数值）和 range（数值范围）。这三个属性使用时不分先后顺序。示例请参考前面 number 和 range 类型的 input 元素。

8. multiple

multiple 属性可以允许 input 元素同时输入多个值。该属性只适用于两种类型的 input 元素：email（电子邮箱）和 file（上传文件控件）。

示例 HTML 代码：

```
<form action=" " method="post" id="form1">
    <p>浏览文件时，请试着选择多个文件。下面是 multiple 属性的完整写法。</p>
    选择图片：<input type="file" name="multifile" multiple="multiple">
    <p>可以用英文逗号分隔的多个邮箱地址。下面是 multiple 属性的简写形式。</p>
    电子邮箱：<input type="email" name="youremail" multiple>
</form>
```

9. novalidate

novalidate 属性表示在表单提交时不验证 form 或 input 域的内容，其属性值有 true（真）或 false（假）两种情况。该属性同时适用于 form 元素和 9 种类型的 input 元素：text（单行文本框）、search（搜索框）、url（URL 地址）、tel（电话）、email（电子邮箱）、password（密码框）、data pickers（日期选择器）、range（数值范围）和 color（颜色选择器）。

示例 HTML 代码：

```
<form action=" " method="post" id="form1" novalidate="true">
    <p>novalidate="true"添加到 form 元素的开始标签中后，下面的邮箱地址中不输入“@”，然后提交就不会出现验证提示了。</p>
    电子邮箱：<input type="url" name="novaliemail">
</form>
```

10. pattern

pattern 属性规定用于验证 input 域的模式（pattern），该属性以正则表达式的方式对输入内容进行规范，对正则表达式感兴趣的读者可以参考 JavaScript 的相关资料。该属性适用于 6 种 input 元素：text（单行文本框）、search（搜索框）、url（URL 地址）、tel（电话）、email（电子邮箱）和 password（密码框）。

```
<form action=" " method="post" id="form1">
    国家代码：<input type="text" name="country_code" pattern="[A-z]{3}" title="三个英文字符的国家代码"><br>
    邮政编码：<input type="text" name="postal_code" pattern="[0-9]{6}" title="六位数字">
</form>
```

11. placeholder

placeholder 属性为 input 类型提供了提示功能，该提示会在空白输入框中出现，当输入框获得焦点时提示消失。该属性适用于 input 元素的 6 种类型：text（单行文本框）、search（搜索框）、url（URL 地址）、tel（电话）、email（电子邮箱）和 password（密码框）。

```
<form action=" " method="post" id="form1">
    年龄：<input type="text" name="age" pattern="130|((1[0-1]|\d)?\d)" placeholder="超过 130 岁的只能改规则了">
</form>
```

12. required

required 属性要求在提交之前必须在该输入框内填写内容，提交时输入框不能为空。该属性适用于 input 元素的 11 种类型：text（单行文本框）、search（搜索框）、url（URL 地址）、tel（电话）、email（电子邮箱）、password（密码框）、data pickers（日期选择器）、number（数值）、checkbox（复选框）、radio（单选按钮）和 file（上传文件控件）。

```
<form action=" " method="post" id="form1">
    <input type="checkbox" name="agree" value="1" required="required">我已阅读并同意遵守本网规定的全部规则。
</form>
```

required="required"也可以简写为 required。

8.4 小结

表单具有服务器端和客户端之间双向服务和沟通的作用，提供了包含文本框、复选框和按钮等的输入界面。当它接受了用户从浏览器上的输入数据或者选择并送至服务器后，根据 action 属性指定的处理程序，按照 method 定义的数据提交方法（get 和 post），将数据准备好提交给位于后端服务器内的 CGI 程序或服务器端的 Script 程序（如 ASP.NET、JSP 和 PHP）。使用了这种结构的 HTML 文件将可改变以往用户对 HTML 文件只能做静态的、固定的文件展示的印象，大大增强了网页信息的多样性。

通过学习本章知识，不仅应理解 HTML5 是对表单输入类型、表单元素和表单属性的增强，还应学会表单验证方式的思维转变，对表单验证的整个过程有非常充分的理解。

8.5 思考与练习

1. 思考题

1）表单是实现动态交互式的可视化界面，在表单开始标签中一般包含哪些属性？其含义分别是什么？

2）简述 HTML5 对表单进行了哪些方面的增强。

2. 操作题

1）调试本章所有源代码。

2）根据如图 8-1 所示的效果图制作网页（不使用图片）。

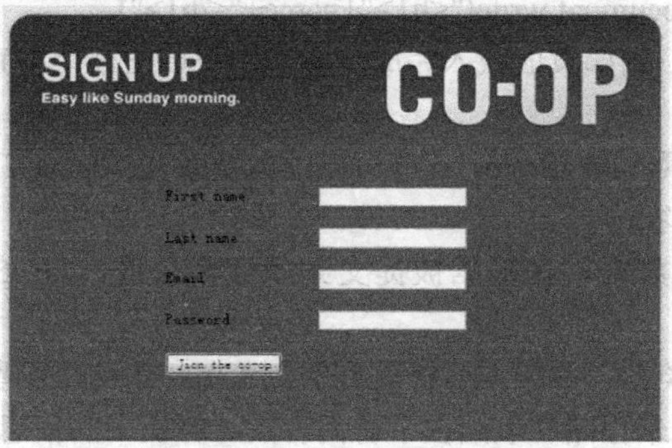

图 8-1 效果图

第9章　JavaScript

HTML、CSS 和 JavaScript 是制作网页的三大法宝，它们在网页设计中扮演了重要的角色。HTML 是基础架构，CSS 用来美化页面，而 JavaScript 用来实现网页的动态性和交互性。JavaScript 还可以用来改进 HTML 页面设计、响应用户操作、验证用户的输入、动态维护页面内容和创建 Cookies，甚至与运行在服务器端的程序直接进行交互等。

教学目标

- 熟练掌握 JavaScript 的基本概念及其在网页中的使用方法
- 掌握 JavaScript 程序控制结构的使用方法
- 熟悉 JavaScript 的常用对象和事件编程方法

二维码

9.1　JavaScript 简介

JavaScript 是为了适应动态网页制作的需要而产生的，如今越来越广泛地使用于 Web 开发上。它是一种脚本语言（脚本语言是一种轻量级的编程语言），也是一种解释性语言（即代码执行前不进行预编译），短小精悍，运行在浏览器中；它又是一种基于事件驱动的语言，对于网页中页面元素的操作可以直接响应；它也可被看作是面向对象的语言，这不仅体现在它可以充分地利用运行环境存在的众多元素，如代表网页的对象 document 及一些基本对象（如 String）等，还可以基于面向对象的思想进行程序设计；它也是一种安全的语言，运行于浏览器环境中的代码不能访问本地资源（除了 Cookie），从而保证了它不能实质上影响计算机的软硬件资源。然而，JavaScript 程序在不同浏览器软件中也存在兼容性问题，特别是早期的 IE 版本，不过随着各浏览器的标准化，这一问题逐渐得到解决。

作为一个运行于浏览器环境中的语言，JavaScript 被设计用来向 HTML 页面添加交互行为，利用它可以完成以下任务。

1）将文本动态地放入 HTML 页面。类似于这样的一段 JavaScript 声明可以将一段可变的文本放入 HTML 页面：document.write("<h1>"+name+"</h1>")。

2）对事件做出响应。例如页面载入完成或者当用户单击某个 HTML 元素时，调用指定的 JavaScript 程序。

3）读写 HTML 元素。JavaScript 程序可以读取及改变当前 HTML 页面内某个元素的内容，如文本框中的输入内容。

4）验证用户输入的数据。在数据被提交到服务器之前，JavaScript 可被用来验证这些数据。

5）检测访问者的浏览器，并根据所检测到的浏览器，为这个浏览器载入相应的页面。

6）创建 Cookies，用来存储和取回位于访问者的计算机中的信息。

7）利用 Ajax 技术来完成和服务器直接通信，无需刷新即可修改当前 HTML 页面内容。

基本语法：

```
<script  type="text/javascript"[  src= "外部 js 文件"]>
    …
</script>
```

语法说明：

1）script 是脚本标记。它必须以<script type="text/javascript">开头，以</script>结束，界定程序开始的位置和结束的位置。HTML5 中可以简写为<script>。

2）script 在页面中的位置决定了什么时候装载它们，如果希望在其他所有内容之前装载脚本，就要确保脚本在 head 部分。

3）src 属性不是必要的。它指定了一个要加载的外部 js 代码文件，一旦应用了这个属性，则<script>标签中的任何内容都将被忽略。

JavaScript 程序本身不能独立存在，它依附于某个 HTML 页面，在客户端浏览器中运行。下面来看看 JavaScript 的几种用法。

1. 位于 head 部分的脚本

如果把脚本放置到 head 部分，在页面载入时，就同时载入了代码。通常这个区域的 JavaScript 代码是为 body 区域程序代码所调用的事件处理函数。示例如下。

```
<!DOCTYPE HTML><html><head><meta charset="utf-8">
<title>页面载入事件触发 JavaScript 程序</title>
<script type="text/javascript">
function show(){
    alert("欢迎加入 JavaScript 学习团队!");
}
</script>
</head><body onload="show()">
</body></html>
```

如果删除<script>标签，浏览器中的显示会有什么变化？

如本例所示，浏览器在解释 JavaScript 语句时，如果是属于某个函数，则只有函数调用时才可以被执行。

2. 位于 body 部分的脚本

放置于 body 中的脚本，通常是一些在页面载入时需要同时执行的脚本，这些代码执行后的输出就成为页面的内容，在浏览器中可以即时看到。示例如下。

```
<!DOCTYPE HTML><html><head><meta charset="utf-8">
<title>一个直接运行的 JavaScript 程序</title>
</head><body>
<script type="text/javascript">
    document.write("欢迎加入 JavaScript 学习团队!");
</script>
</body></html>
```

如本例所示，浏览器在解释 JavaScript 语句时，如果碰到的是独立的语句（也就是不属于任何函数），则直接执行。

3. 直接位于事件处理部分的代码中

```
<!DOCTYPE HTML><html><head><meta charset="utf-8">
<title>直接位于事件处理部分的代码中</title>
```

```
</head><body onload='alert("欢迎加入 JavaScript 学习团队!");'>
</body></html>
```

4. 位于网页之外的单独脚本文件

示例 HTML 代码：

```
<!DOCTYPE HTML><html><head><meta charset="utf-8">
<title>位于网页之外的单独脚本文件</title>
<head>
<script src="test.js"></script>
</head><body onload="show()">
</body></html>
```

示例调用的外部文件 test.js 代码：

```
//一个外部的 js 文件代码，文件名为 test.js
function show(){
   alert("欢迎加入 JavaScript 学习团队!");
}
```

采用位于网页之外的单独脚本文件的优点是可以复用和共享。

> 📖 外部 js 程序文件中不需要使用<script>标签，此文件的内容仅含有 JavaScript 程序代码。使用 src 属性后，位于该 script 元素内部的任何内容都将被忽略。如果需要嵌入其他的代码，可以继续在文件中添加一对新的<script>标签。

9.2 JavaScript 程序

二维码

9.2.1 语句

作为一种嵌入到 HTML 页面内的解释型程序设计语言，JavaScript 脚本语言的基本构成是由语句、函数、对象、方法和属性等来实现编程的，在程序结构上同样有顺序、分支和循环三种基本结构。

JavaScript 语句是发给浏览器的命令，这些命令的作用是告诉浏览器要做的事情。在 JavaScript 程序中，语句的类型一般包括：变量声明语句、输入/输出语句、表达式语句、程序流向控制语句和返回语句。

语句块就是用“{”和“}”封闭起来的若干条语句。例如：

```
var color="red";
if(color=="red") {
   document.write("现在颜色是红色!");
   alert("现在颜色是红色!");
}
```

> 📖 用“{...}”把相关代码封闭在一起的做法是一个很好的编程习惯，有助于更清晰、准确地定义逻辑边界。

代码就是由若干条语句或语句块构成的执行体。浏览器按照代码编写的逻辑顺序逐行执行，直至碰到结束符号或者返回语句。

JavaScript 代码中也可以进行注释，与 CSS 中的注释方法相同，也分为单行注释（以

"//"开始，一般对语句的含义进行说明，也可以跟在代码后，放在同一行中）和多行注释（以"/*"开头、"*/"结尾，常用来对一个函数或者语句块进行说明）。注释的作用是为代码添加阅读说明，但有时也会用来屏蔽某些语句行的执行。

9.2.2 函数

JavaScript 的函数有系统本身提供的内部函数，也有系统对象定义的函数，还包括程序员自定义的函数。一个函数代表了一个特定的功能。

1. 函数的构成

函数一般是由若干条语句构成的。

基本语法：

```
function 函数名(参数 1, 参数 2,…, 参数 N) {
    函数体;
}
```

语法说明：

1）function 是关键字，组成一个函数必须由 function 关键字开始。

2）函数名用来在调用时使用，命名必须符合有关标识符的命名规则。

3）一个函数可以没有参数，但必须保留括号，函数也可以有一到多个参数，声明参数时不必明确类型。

4）大括号界定了函数体。

通过单击前一个 table 中的色块来改变后一个 table 的颜色，示例 script 代码：

```
function changeColor(color){
  var table=document.getElementById("colorTable");
  table.bgColor=color;
}
```

示例中的前一个 table 中的 td 分别由 CSS 设置不同的颜色，示例 HTML 代码：

```
<table id="colorBlock"> <tr>
    <td onclick="changeColor('red')"></td>       <td onclick="changeColor('orange')"></td>
    <td onclick="changeColor('yellow')"></td>    <td onclick="changeColor('green')"></td>
    <td onclick="changeColor('black')"></td>     <td onclick="changeColor('blue')"></td>
    <td onclick="changeColor('purple')"></td>
  </tr></table>
<table id="colorTable"> <tr> <td></td> </tr></table>
```

2. 函数声明时的参数

前面示例中定义的函数是这样声明的：

```
function changeColor(color)
```

形参 color 用来接收函数调用者传递过来的参数，实参 red、orange、yellow…等是函数调用时的实际参数值。

具体来讲，Javascript 函数的参数是可选的，它有下面几个特点。

1）Javascript 本身是弱类型，所以，它的函数参数也没有类型检查和类型限定，一切都靠编程者自行检查。

2）一般情况下，实参和形参要一一对应。

3）实参的个数可以和形参的个数不匹配。尽管在函数声明时，可以定义 3 个参数，而在实际使用中，可以传递任意个参数给这个函数。它的识别仅仅是依靠函数名，这与其他语言中的函数调用有很大的不同。如果函数在执行时发现参数不够，不够的参数被设置为 undefined 类型。在编程时不鼓励实参和形参不匹配使用的情况。

3. 调用函数

函数必须被调用才能发挥作用，前面多个程序已经展示了函数的调用过程。具体调用规则是：函数必须通过名称加上括号才能调用，如前面示例中的 changeColor()等，括号必不可少；函数调用时，必须满足参数传递的要求，按照形式参数的声明要求，保证类型、顺序和个数（不是必需的）的统一。

程序员在使用一个函数时，应当了解这个函数的参数声明，确定应当在调用时传递给函数具体的参数值。例如，前面示例中的 changeColor()函数在声明时，确定需要一个参数用来表示表格新的背景色，所以在示例中有下面一行代码。

```
<td onclick="changeColor('red')"></td>
```

其中，onClick 定义了单击按钮事件发生时要执行的 JavaScript 代码。该按钮单击事件绑定要执行的动作是调用一个 changeColor()函数，其中 red 表示传给函数的参数，也被称为“实参”，实参应该对应函数声明时的形参。

每一个函数体内部都内置存在一个对象 arguments，它是一个类似数组的对象，通过它可以查看函数当前有几个传递而来的参数（并非定义的形式参数）及各个参数的值是什么。下面示例给出了 arguments 的使用方法。

```
<!DOCTYPE HTML><html><head><meta charset="utf-8">
<title>一个 JS 参数的例子</title>
<script language="javascript">
  function testparams(){
        var params = "";
        for(var i = 0;i<arguments.length;i++){
              params = params + " " + arguments[i];
        }
        alert(params);
  }
</script>
</head><body onload=testparams(123,"张三","李四")>
</body></html>
```

在该示例中，实际调用函数时，它的参数是三个，但 testparams 函数声明时并没有规定有参数的要求，但这并不影响页面的显示和执行。这种变长参数的使用，通常适合于实参的内容和类型是一致的情况。

4. 用 return 返回函数的计算结果

函数可以在执行后返回一个值来代表执行后的结果，当然有些函数基于功能的需要并不需要返回任何值。

函数返回一个值非常简单，一般在一个函数代码的最后一行是 return 语句，return 的作用有两点：结束程序的执行，也就是说 return 之后的语句就不会再执行了；利用 return 可以返回一个结果，return 语句后可以跟上一个具体的值，也可以是简单的变量，还可以是一个复杂的表达式。

当然，一个函数也可以没有返回值，但并不妨碍最后添加一条 return 语句，明确表示函数执行结束，像 show()函数一样。

示例 script 代码：

```
    //这里声明了一个全局变量 pi，供函数计算面积使用
var pi = 3.14;
    /*参数：name 接收半径；描述：根据半径计算一个圆的面积；返回：圆的面积*/
function compute(radius){
  var area=0;
  area=pi * radius*radius;
  return area;
}
    /* 描述：将计算出的面积显示在面积文本框中*/
function show(){
    //利用 document 对象，获得页面中半径文本框中的输入值
  var radius=document.getElementById('radius').value;
  var area=compute(radius);   //调用 compute()函数计算对应的面积
    //将计算出的面积值显示到面积文本框中
  document.getElementById('area').value=area;
  return;  //此句可以不要
}
```

示例 HTML 代码：

```
<form>
  <label>输入半径：</label>  <input type="text" name="radius" id="radius">
  <input type="button" value="计算!" onclick="show()" >   <br>
  <label>圆的面积：</label> <input type="text" name="area" id="area" readonly>
</form>
```

5. 函数变量的作用域

（1）局部变量

当代码在函数内声明了一个变量后，就只能在该函数中访问该变量，它们被称为“局部变量”。当退出该函数后，这个变量会被撤销。可以在不同的函数中使用名称相同的局部变量而互不影响，这是因为一个函数能够识别它自己内部定义的每个变量。

（2）全局变量

如果程序在函数之外声明了一个变量，则页面上的所有函数都可以访问该变量，它们被称为“全局变量”。这些变量的生存期从声明它们之后开始，在页面关闭时结束。

6. 常用系统函数

系统函数又称内部方法，与任何对象无关，可直接使用。

常见的系统函数包括 eval（返回字符串表达式中的值）、escape（返回字符的编码）、unescape（返回字符串的 ASCII 码）、parseFloat（返回实数）、parseInt（返回不同进制的数）和 isNaN（判断是否为非数值）等，具体使用方法请查阅相关资料。

9.2.3 消息对话框

1. 弹出对话框

方法：alert("文本")

功能：实现了一个简单的信息告知的功能。

2. 确认框

方法：confirm("文本")

功能：确认框是一个带有显示信息和“ok/确认”及“cancel/取消”两个按钮的对话框，用于使用户可以验证或者接受某些信息。当确认框出现后，用户需要单击“确定”或者“取消”按钮才能继续进行操作。如果用户单击“确认”按钮，那么返回值为 true；如果用户单击“取消”按钮，那么返回值为 false。

3. 提示框

方法：prompt("文本","默认值")

功能：提示框经常用于提示用户在进入页面前输入某个值。当提示框出现后，用户需要输入某个值，然后单击“ok/确认”或“cancel/取消”按钮才能继续操作。如果用户单击“确认”按钮，那么返回值为输入的值。如果用户单击“取消”按钮，那么返回值为 null。

二维码

9.3 标识符和变量

9.3.1 命名规定

良好的命名方法有助于提高程序代码的可理解性和可维护性。

1. 标识符

标识符是计算机语言关于命名的规定。如前面示例中的函数名 show，变量名 radius 和 area，这些名称都是标识符的实例。JavaScript 关于标识符的规定如下。

1）必须以字母或者下画线开始。

2）必须由英文字母、数字、下画线组成，不能出现空格或制表符。

3）不能使用 JavaScript 关键词与 JavaScript 保留字。

4）不能使用 JavaScript 语言内部单词，如 Infinity、NaN 和 undefined 等。

5）大小写敏感，也就是说 x 和 X 是两个不一样的标识符。

作为命名的一种规定，如同起名一样，需要非常慎重。总的来讲，标识符的确定应该做到“见名知意”。

2. 关键字

关键字对于 JavaScript 程序有着特别的含义，它们可标识程序的结构和功能，所以，在编写代码时，不能用它们作为自定义的变量名或者函数名。JavaScript 的关键字有 break、case、catch、continue、default、delete、do、else、finally、for、function、if、in、instanceof、new、return、switch、this、throw、try、typeof、var、void、while 和 with。

3. 保留字

除了关键字，JavaScript 还有一些未来扩展时可能使用的保留字，同样不能用于标识符的定义。JavaScript 的保留字有 abstract、boolean、byte、char、class、const、debugger、double、enum、export、extends、final、float、goto、implements、import、int、interface、long、native、package、private、protected、public、short、static、super、synchronized、throws、transient 和 volatile。

9.3.2 数据类型

虽然 JavaScript 变量表面上没有类型，但是 JavaScript 内部还是会为变量赋予相应的类型，在将来的版本中会增加变量类型。

JavaScript 有 6 种数据类型，主要的类型有 Number、String、Object 和 Boolean 类型，其他两种类型为 null 和 undefined。

1. String 字符串类型

字符串是用单引号或双引号来说明的（可以使用单引号来输入包含引号的字符串），如"张三" '张三'或者" '张三' "。字符串中的每个字符都有特定的位置，首字符从位置 0 开始。

2. Number 数值数据类型

JavaScript 支持整数和浮点数。整数可以为正整数、0 或者负整数；浮点数可以包含小数点，也可以包含一个 e（大小写均可，在科学计数法中表示“10 的幂”），或者同时包含这两项，下面是一些关于数的表示。

1）正数：1、30、10.3。

2）负数、−1、−30、−10.3。

3）有理数：0、正数和负数统称为有理数。

4）指数：2e3 表示 2×10×10×10，5.1e4 表示 5.1×10×10×10×10。

5）八进制数：八进制数是以 0 开头的数，如 070 代表十进制的 56。

6）十六进制数：十六进制数是以 0x 开头的数，如 0x1f 代表十进制的 31。

7）Infinity 表示无穷大，这是一个特殊的 Number 类型。

8）NaN 表示非数（Not a Number），这是一个特殊的 Number 类型。

3. Boolean 类型

可能的 Boolean 值有 true 和 false。这是两个特殊值，不能用作 1 和 0。

4. undefined 数据类型

一个 undefined 值就是指在变量被创建后，但未给变量赋值之前所具有的值。

5. null 数据类型

null 值就是没有任何值，什么也不表示。

6. Object 类型

除了上面提到的各种常用类型外，对象也是 JavaScript 中的重要组成部分，将在后面进行介绍。

9.3.3 变量

经常会看到用一个名称表示一个值的情况，而这个值可以随着程序的运行不断改变。例如：

```
var area = 0;
area = 3.14*radius*radius;
```

这种可以保存执行时变化的值的名称，被称为“变量”，变量相当于是值的容器。var 的作用就是声明（创建）变量，如“var area=0”就表示声明一个名称为 area 的变量，该变量的初始值为 0。

1. 声明变量

在使用一个变量保存值之前事先声明一下这个变量非常重要。虽然 JavaScript 并不要求一定在使用之前声明变量，但是作为一个良好的编程习惯，每个程序员都会先声明变量，然后再在后面的程序中去使用它。

基本语法：

```
var  变量名 [=初值][, 变量名[=初值]…]
```

语法说明：

var 是关键字，声明变量时至少要有一个变量，每个变量要起一个合适的名称；变量的起名应该符合标识符的规定，好的名称应该做到见名知意；可以同时声明多个变量；可以在声明变量的同时，直接给变量赋予一个合适的初值。

以下是变量声明的实例：

```
var account;
var area = 0;
var name = "张三";
var status = true;
var a,b,c;
```

2. 向变量赋值

在前面已经多次出现向变量赋值的语句。例如，前面在声明 area 变量时直接赋了初值 0。在为变量赋值时需要注意：变量名在赋值运算符“=”符号的左边，而需要向变量赋的值在右侧；一个变量在声明后，可以多次被赋值或使用；可以向一个变量随时赋值，而且可以赋不同类型的值。下面是一些赋值的实例。

声明一个变量：

```
var test;
```

定义一个数字类型的变量 area：

```
var area = 0;
```

定义一个字符串类型的变量 name：

```
var name = "张三";
```

用另外一种方法来定义一个字符串类型的变量 name：

```
var str=new string("张三");
```

定义一个逻辑类型的变量 status：

```
var status = true;
```

将一个表达式的计算结果赋值给变量 area：

```
area = 3.14*radius*radius;
```

用一个 var 语句定义两个或多个变量，它们的类型不必一定相同：

```
var area = 0 , name = "张三";
```

📖 虽然一个变量在一个代码段中可以被赋予不同类型的值，但实际使用时要杜绝这样赋值，因为容易导致对代码理解上的混乱。

3. 向未声明的变量赋值

如果在赋值时所赋值的变量还未进行过声明，该变量会自动声明。例如：

```
area =0;   name="张三";
```

等价于：

```
var area =0;   var name="张三";
```

📖 在编程过程中要避免出现事先没有赋值却直接使用的情况。作为一种良好的编码规则，任何变量都要“先声明，后使用”。

9.3.4 转义字符

在 HTML 中，定义转义字符串（Escape Sequence）的原因有两个：一是像“<”和“>”这类符号已经用来表示 HTML 标签，定义了转义字符串后，当解释程序遇到这类字符串时就把它解释为真实的字符，转义字符串也遵守字母大小写规则；二是有些字符在 ASCII 字符集中没有定义，因此需要使用转义字符串来表示。表 9-1 所示为主要的转义字符。

表 9-1 转义字符

字　符	转义字符	表　示	字　符	转义字符	表　示
N	\n	换行符	b	\b	退格符
r	\r	回车符	f	\f	换页符
t	\t	横向跳格	"	\"	双引号
u	\u	编码转换	'	\'	单引号
/	\/	斜线	\	\\	反斜线

例如，\u 后面加 4 个十六进制数字可以表示一个字符，如：\u03c6 表示Φ。

二维码

9.4 运算符和表达式

9.4.1 算术运算符和表达式

JavaScript 运算符包括算术运算符、赋值运算符、关系运算符、逻辑运算符、条件运算符、逗号运算符和位运算符，也可以根据运算符需要操作数的个数，把运算符分为一元运算符、二元运算符或者三元运算符。

由操作数（变量、常量和函数调用等）和运算符结合在一起构成的式子称为“表达式”。对应的表达式包括算术表达式、赋值表达式、关系表达式、逻辑表达式、条件表达式、逗号表达式和位表达式。

JavaScript 算术运算符负责算术运算，如表 9-2 所示。用算术运算符和运算对象（操作数）连接起来符合规则的式子，称为算术表达式。

表 9-2 算术运算符

运算符	描　述	例子（假定 a＝2）	结　果
+	加	b＝a+2	b＝4
-	减	b＝a-1	b＝1
*	乘	b＝a*2	b＝4
/	除	b＝a/2	b＝1
%	取模	b＝a%2	b＝0
++	自增	b＝a++	b＝2
—	自减	b＝--a	b＝1

基本语法：

（1）双元运算符

```
op1 operator op2
```

（2）单元运算符

```
op operator  或  operator op
```

练习：

1）var x= 26 % 5; 结果？

2）var result1 = 5 + 5; 结果？

3）var result2 = 5 + "5"; 结果？

4）var result3 = 5 + 5 + "5"; 结果？

5）var a = 10; var b = ++ a; 结果？

6）var a = 10; var b = a − −; 结果？

9.4.2 赋值运算符和表达式

简单的赋值运算符由等号（=）实现，即把等号右边的值赋予等号左边的变量。

基本语法：

（1）简单赋值运算

```
<变量> = <变量> operator <表达式>
```

（2）复合赋值运算

```
<变量> operator = <表达式>
```

语法说明：

赋值运算是最常用的一种运算符，通过赋值，可以把一个值用一个变量名来表示。例如，area = 3.14 * radius * radius;。

等号右边的表达式在复合赋值表达式中被认为是一个整体。

复合赋值运算是由算术运算符或位移运算符加等号（=）实现的，如表 9–3 所示。

表 9–3　赋值运算符

运算符	描述	例子（假定 a = 2）	结果	运算符	描述	例子（假定 a = 2）	结果
=	赋值	a=2	a=2	%=	取模赋值	a%=2	a=0
+=	加法赋值	a+=1	a=3	<<=	左移赋值	a<<=1	a=4
-=	减法赋值	a-=1	a=1	>>=	有符号右移赋值	a>>=1	a=1
*=	乘法赋值	a*=2	a=4	>>>=	无符号右移赋值	a>>>=1	a=1
/=	除法赋值	a/=2	a=1				

9.4.3 关系运算符和表达式

关系运算符负责判断两个值是否符合给定的条件，所包括的运算符如表 9–4 所示。关系运算符和运算对象（操作数）连接起来符合规则的式子，称“关系表达式”，关系表达式返回的结果为 true 或 false，分别代表符合给定的条件或者不符合。

表 9-4 关系运算符

运 算 符	描 述	例 子	结 果	判 断 内 容
>	大于	6>5	true	数值
<	小于	6<5	false	数值
>=	大于或等于	6>=5	true	数值
<=	小于或等于	6<=5	false	数值
!=	不等于	6!=5	true	数值
==	相等	6==5	false	数值
===	恒等于	5==="5"	false	数值与类型
!==	不恒等于	5!=="5"	true	数值与类型

基本语法：

```
op1 operator op2
```

语法说明：

1）不同类型间的比较。比较两个类型不同的操作数时，遵循的规则为：无论何时比较一个数字和一个字符串，都会把字符串转换成数字，然后按照数字顺序比较它们，如果字符串不能转换成数字，则比较结果为 false；如果一个运算数是 Boolean 值，在检查相等性之前，把它转换成数字值，false 转换为 0，true 为 1；如果一个运算数是对象，另一个是字符串，在检查相等性之前，要尝试把对象转换成字符串；如果一个运算数是对象，另一个是数字，在检查相等性之前，要尝试把对象转换成数字。

2）=与= =的区别。“=”是赋值运算符，用来把一个值赋予一个变量，比如“var i=5”。“= =”是相等运算符，用来判断两个操作数是否相等，并且会返回 true 或 false，比如“a= =b”。

3）= = =与!= =。“= = =”代表恒等于，不仅判断数值，而且判断类型。例如：

```
var a=5, b="5";
var result1 = (a= =b);    //结果是 true
var result2 = (a= = =b);   //结果是 false
```

这里的 a 是数值类型，b 是字符串类型，虽然数值相等但是类型不等，同样的“!= =”代表恒不等于，也是要判断数值与类型。

4）相等性判断的特殊情况。除了常见类型的值之间的比较外，还存在着一些特殊值之间的比较，表 9-5 所示为这些特殊值之间进行相等性判断时的结果。

表 9-5 相等性判断的特殊情况

表达式	值	表达式	值	表达式	值
null= = undefined	true	"NaN" = = NaN	false	false = = 0	true
null = = 0	false	NaN != NaN	true	true = = 1	true
undefined = = 0	false	NaN = = NaN	false	true = = 2	false
5 = = NaN	false	"5" = = 5	true		

关系表达式一般用于分支和循环控制语句中，根据逻辑值的真假来决定程序的执行流向。一个简单的判断最大值的实例如下。

示例 script 代码：

```
    /*描述：将判断出的最大值显示在最大值文本框中    */
function showMax(){
    /*利用 document 对象，分别获得页面的文本框中的两个待比较的输入值
     * parseFloat()函数可以将一个数值字符串解析为数值 */
  var v1=parseFloat(document.getElementById('v1').value);
  var v2=parseFloat(document.getElementById('v2').value);
  if(v1>v2){
    document.getElementById('max').value=v1;
  }else{
    document.getElementById('max').value=v2;
  }
}
```

示例 HTML 代码：

```
输入第一个数值：<input type="text" name="v1" id="v1"/><br>
输入第二个数值：<input type="text" name="v2" id="v2"/>
<input type="button" value="计算最大值!" onclick="showMax()" /> <br>
最大值是：<input type="text" name="max" id="max" readonly/>
```

9.4.4 逻辑运算符和表达式

基本语法：

（1）双元运算符

```
boolean_expression operator boolean_expression
```

（2）逻辑非运算符

```
!boolean_expression
```

语法说明：

逻辑运算符包括两个双元运算符逻辑或（||）和逻辑与（&&），要求两端的操作数类型均为逻辑值。逻辑非（!）则是一个单元运算符，它的运算结果还是逻辑值，其使用的场合和关系表达式类似，一般都用于控制程序的流向，如分支条件、循环条件等。表 9-6 所示为逻辑运算符的总结。

表 9-6 逻辑运算符

a	b	!a	a||b	a&&b
true	true	false	true	true
true	false	false	true	false
false	true	true	true	false
false	false	true	false	false

9.4.5 条件运算符和表达式

基本语法：

```
variable = boolean_expression ? true_value : false_value;
```

语法说明：

该条件表达式表示，如果 boolean_expression 的结果为 true，则 variable 的值取 true_value，否则取 false_value。

例如，在前面的示例程序中，showMax()函数中的 if(v1>v2)判断可以改为如下代码：

```
var max = (v1 >v2) ? v1 : v2;
document.getElementById('max').value = max;
```

9.4.6 其他运算符和表达式

1. 逗号运算符

逗号运算符负责连接多个表达式，允许在一条语句中执行多个表达式，例如：

```
var x=1, y=2, z=3;
```

2. 一元加法和一元减法

一元加法和一元减法与数学上的用法一致，例如：

```
var x=10;
x=+10;      //x 的值还是 10，没有影响
x=-10;      //x 的值是-10，对值求反
```

3. 位运算符

位运算是在数的二进制的基础上进行的操作。具体的位运算符如表 9-7 所示。

表 9-7 位运算符

运 算 符	含 义	运 算 符	含 义
~	位非	<<	左移
&	位与	>>	有符号右移
|	位或	>>>	无符号右移
^	位异或		

9.5 JavaScript 程序控制结构

二维码

9.5.1 顺序程序

从形式上看，程序就是为了达到某种目的而将若干条语句组合在一起的指令集。JavaScript 程序的主要特点是解决人机交互问题。编写任何程序前，首先应该弄明白要解决的问题是什么，为了解决问题，需要对什么样的数据进行处理，这些数据是如何在程序中出现的（也就是如何获得它们），又该用什么样的语句（也就是算法）来处理它们。

JavaScript 程序设计有两种方式：面向过程程序设计与基于对象程序设计。每种方法都是对数据结构与算法的描述。数据结构包括前面介绍的各种数据类型及后面将要介绍的更复杂的引用类型。而算法则比较简单，任何算法都可以由最基本的顺序、分支和循环三种结构组成。

顺序程序是最基本的程序设计思路。顺序程序执行是按照语句出现的顺序一步一步从上到下运行，直到最后一条语句。从总体上看，任何程序都是按照语句出现的先后顺序被逐句执行的。

在根据半径计算圆面积的示例中，show()函数的执行过程如图 9-1 所示。

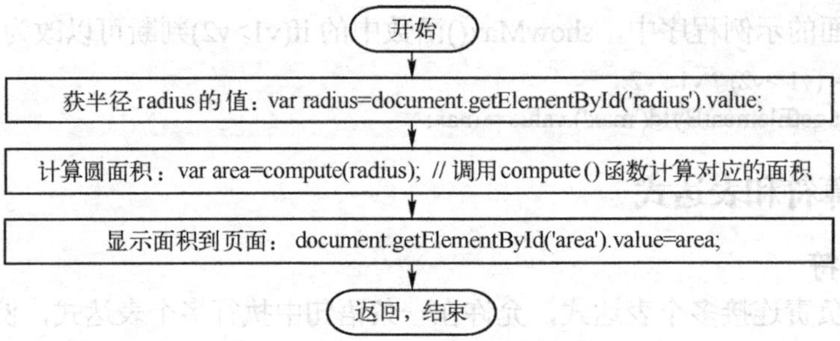

图 9-1　show()函数语句执行顺序

练习：

写一段代码，定义三个整数变量并任意赋初值，求它们的平均值并用 alert 语句输出。

9.5.2　分支程序

在编写代码时，经常需要根据不同的条件完成不同的行为。可以在代码中使用条件语句来完成这个任务。

1. if 语句

如果希望指定的条件成立时执行代码，就可以使用这个语句。

基本语法：

```
if (条件){条件成立时执行代码; }
```

语法说明：

假如条件成立，即条件的值为 true，则执行大括号中的语句；如果不成立，则跳过括号中的语句，继续执行大括号后面的其他语句。

这里的条件可以是一个关系表达式，如 a>b，也可以是一个逻辑表达式，如 a>b&&a<c，或者其他能够表示为真的表达式或值。

示例 script 代码：

```
var d=new Date();
var time=d.getHours();
if (time<12) {
  document.write("<b>上午好</b>");
}
document.write("<br>"+"现在时间是："+d.toLocaleString());
```

2. if…else 语句

基本语法：

```
if (条件){
    条件成立时执行此代码;
}else{
    条件不成立时执行此代码;
}
```

语法说明：

假如条件成立，即条件的值为 true，则执行其后大括号中的语句；如果不成立，则执行 else 大括号中的语句。

示例 script 代码：

```
var d=new Date();
var time=d.getHours();
if (time<12) {
  document.write("<b> Good morning</b>");
}else{
  document.write("<b>Good afternoon</b>");
}
document.write("<br>"+"现在时间是："+d.toLocaleString());
```

练习：

信函的重量不超过 100g 时，每 20g 付邮资 80 分。即信函的重量不超过 20g 时，付邮资 80 分；信函的重量超过 20g，不超过 40 克时，付邮资 160 分。编写程序输入信函的重量，输出应付的邮资。

3. 多重 if…else 语句

基本语法：

```
if (条件 1){
    条件 1 成立时执行代码;
} else if (条件 2){
    条件 2 成立时执行代码;
}
…
else if(条件 n){
    条件 n 成立时执行代码;
}else{
    所有条件均不成立时执行代码;
}
```

示例 script 代码：

```
var d=new Date();
var time=d.getHours();
if (time<12) {
  document.write("<b> Good morning</b>");
}else if(time<18){
  document.write("<b>Good afternoon</b>");
}else{
  document.write("<b>Good evening</b>");
}
document.write("<br>"+"现在时间是："+d.toLocaleString());
```

4. 嵌套的 if…else 语句

有时，在一种判断条件下的语句中，根据情况可以继续使用 if 语句，这种情况称为 if 的嵌套。

基本语法：

```
if(条件 1){
        if(条件 2) { 语句 1; }
        else       { 语句 2; }
```

```
    } else {     //隐含的条件 3
            if(条件 4) { 语句 4; }
      else        { 语句 5; }
    }
```

语法说明：

这种嵌套可以根据情况使用，使用时需要注意嵌套语句的条件是层层满足的，如果要执行条件 2 的语句，必须先满足条件 1。

5. switch 语句

switch 语句也是用于分支的语句，与 if 语句不同的是，它用于对多种可能相等情况的判断，解决了 if…else 语句使用过多、逻辑不清的弊端。

基本语法：

```
switch(变量或表达式) {
    case 常量 1:
        { 语句 1; }
        break;
        ...
    case 常量 n-1:
        { 语句 n-1; }
        break;
    default:
        { 语句 n; }
}
```

语法说明：

在 switch 语句执行时，各个 case 判断后需要执行的语句都应该放在紧随的一对大括号内，当 switch 的“变量或表达式”的值与某个 case 后面的常量相等时，就执行常量后面的语句，碰到 break 之后跳出 switch 分支选择语句。当所有的 case 后面的常量都不符合“条件表达式”时，执行 default 后面的“语句 n”。

具体在使用 switch 语句时，还需要注意以下几点。

1）顺序执行 case 后面的每个语句，最后执行 default 下面的“语句 n”。

2）每个 case 后面的语句可以是一条，也可以是多条，但要使用{}包括起来，构成一个语句块。

3）每个 case 后面的值必须互不相同。

4）关键字 break 会结束该 case 后的语句执行，跳出 switch 语句。如果没有 break 关键字，代码执行就会继续进入下一个 case，并且不会再对照判断，依次执行后续所有 case 的语句，直到 switch 语句结束，或者碰到一个 break。

5）default 语句并不是必需的，而且虽然建议将该语句放在最后，但对其位置也没有强制规定。default 语句表示其他情况都不匹配后，默认执行的语句。

示例 script 代码：

```
var d=new Date();
var time=d.getHours();
var r=time<12?"morning":time<18?"afternoon":"evening";
switch(r){
  case "morning":
    document.write("<b>上午好！</b>");
```

```
        break;
    case "afternoon":
        document.write("<b>下午好！ </b>");
        break;
        case "evening":
        document.write("<b>晚上好！ </b>");
        break;
    }
    document.write("<br>"+"现在时间是："+d.toLocaleString());
```

📖 一般在使用 switch 语句时，case 后面总跟一个常量，但有时可以是一个有值的变量。

9.5.3 循环程序

在实际编程时，还会遇到另一种情况，即要重复执行一组语句，直到达到目标，如在页面上显示一个集合内的所有元素，程序不可能把输出元素的代码重复写很多次，而且事先还可能并不知道有多少元素要输出。JavaScript 提供的 for、while、do…while 和 for…in 四种循环结构可以完成这样的任务。

1. for 循环

基本语法：

```
for (初始化表达式; 判断表达式; 循环表达式){
    需循环执行的代码
}
```

语法说明：

初始化表达式在循环开始前执行，一般用来定义循环变量。判断表达式就是循环的条件，当表达式结果为 true 时，循环继续执行；否则，结束循环，跳至循环后的语句继续执行程序。循环表达式在每次循环执行后都将被执行，然后再进行判断表达式的计算，决定是否进行下次循环。当循环体只有一条语句时，可以不用大括号括起来（建议使用），但有一条以上语句时，必须用大括号括起来，以表示一个完整的循环体。

执行流程如图 9-2 所示。

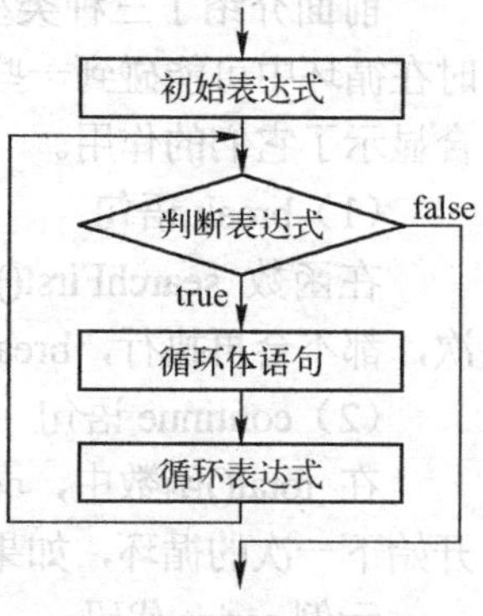

图 9-2　for 循环流程图

示例 script 代码：

```
var fname="";
for (var i=1;i<=30;i++){
  fname="images/gif_"+((i<10)?"00"+i:"0"+i)+".gif";
  document.write("<img   src=\""+fname+"\"/>");
}
```

❓ 如何设置断点输出，才能验证循环表达式是在循环体语句之后才执行的？

2. while 循环

while 循环用于在指定条件为 true 时循环执行代码。

基本语法：

```
while(表达式){
    需执行的代码;
}
```

语法说明：

while 为不确定性循环，当表达式的结果为 true 时，执行循环中的语句；表达式为 false 时不执行循环，跳至循环语句后，继续执行其他语句。

执行流程如图 9-3 所示。

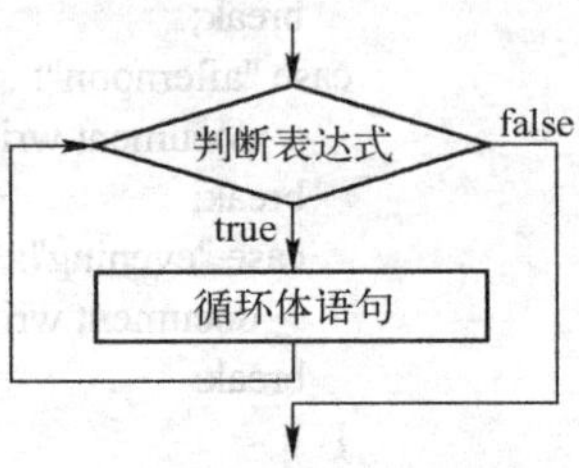

图 9-3　while 循环流程图

📖 应该使用大括号{ }将循环体语句括起来（一条语句也应使用大括号）。在循环体中应该包括使循环退出的语句。

练习：

使用 while 语句实现前一程序显示图标的功能。

3. do…while 循环

do…while 循环是 while 循环的变种。该循环程序在初次运行时会首先执行一遍其中的代码，然后当指定的条件为 true 时，它会继续这个循环。

基本语法：

```
do{
    需执行的代码;
}while(表达式)
```

执行流程如图 9-4 所示。

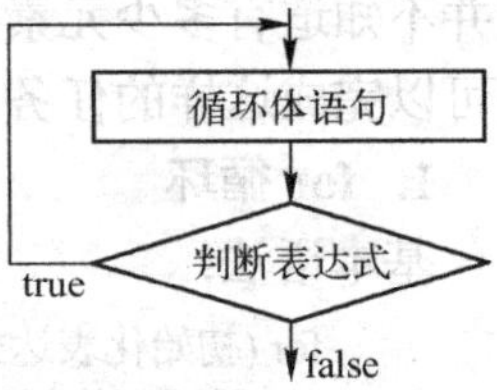

图 9-4　do…while 循环流程图

练习：

使用 do…while 语句实现前一程序显示图标的功能。

4. break 和 continue 的作用

前面介绍了三种类型的循环，每次循环都是从头执行到尾，然而情况并不都是如此，有时在循环中可能碰到一些需要提前中止循环的情况，或者放弃某次循环的情况。下面的示例综合显示了它们的作用。

（1）break 语句

在函数 searchFirst()中，可以看到循环中的 break 语句一旦被碰到，无论循环还有多少次，都不会再执行，break 语句的作用就是立即结束循环，转到循环后的语句继续执行。

（2）continue 语句

在 total()函数中，continue 语句的作用则是本次循环结束了，后面的语句本次不再执行，开始下一次的循环，如果还有的话。

示例 script 代码：

```
function searchFirst(){
    var str=document.getElementById('str').value;
    var ch=document.getElementById('ch').value.charAt(0);
    var pos=-1;//记录首次出现的位置
    for(var i=0;i<str.length;i++){
        if(str.charAt(i)==ch){
            pos=i;
            break;    //假如发现了该字符，立即退出循环，执行循环后语句
        }
    }
```

```
        if(pos>=0){
            document.getElementById('fp').value=pos+1;
        }else{
            document.getElementById('fp').value="没有发现！";
        }
    }
    function total(){
        var str=document.getElementById('str').value;
        var ch=document.getElementById('ch').value.charAt(0);
        var amount=0;//记录出现的次数
        for(var i=0;i<str.length;i++){
            if(str.charAt(i)!=ch){
                continue; //当不等于查找字符时，本次循环剩余语句不再执行，开始下一次
            }
            amount++;
        }
        document.getElementById('tp').value=amount;
    }
```

示例 HTML 代码：

```
<form>
    请输入字符串：<input type="text" name="str" id="str"/><br>
    输入查找字符：<input type="text" name="ch" id="ch"/>只填写一个字符<br>
    第一次出现在：<input type="text" name="fp" id="fp" readonly/>
                  <input type="button" value="开始查找!" onclick="searchFirst()" /><br>
    字符总共出现：<input type="text" name="tp" id="tp" readonly/>
                  <input type="button" value="开始统计!" onclick="total()" />
</form>
```

5. for…in 循环

for…in 循环是另外一种特殊用途的循环。

基本语法：

```
for (变量 in 对象){
    执行代码;
}
```

语法说明：该循环用来对数组或者对象的属性进行操作。

例如下面示例中的代码逐个将 window 对象的每个属性进行了输出。

示例 script 代码：

```
for(var prop in window){
    document.write(prop);
    document.write("<br>");
    }
```

6. 循环的嵌套

一个循环内又包含着另一个完整的循环结构，称为循环的嵌套。内嵌的循环中还可以继续嵌套循环，即多层循环。

示例 script 代码：

```
for(var row=1;row<=9;row++){
    for(var col=1;col<=row;col++){
        document.write(col+"*"+row+"="+(row*col)+"\t");
```

```
    }
    document.write("<br>");;
}
```

9.6 常用对象

二维码

9.6.1 对象简介

JavaScript 既支持传统的结构化编程，也支持面向对象的编程（OOP），用户在编程时可以定义自己的对象类型。本节将重点介绍内建的 JavaScript 对象，使用浏览器的内部对象系统，可实现与 HTML 文档乃至浏览器本身进行交互。

建立对象的目的是将围绕对象的属性和方法封装在一起提供给程序设计人员使用，从而减轻编程人员的劳动，提高设计 Web 页面的能力。例如，通过 document 对象，可以获得页面表单内的输入内容，也可以直接用程序更改一个表格的显示样式。

1. JavaScript 的对象类型

JavaScript 的对象类型可以简单分为 4 类。

1）JavaScript 本地对象（Native Object）。本身提供的类型，如 Math 等，这种对象无需具体定义，直接就可以通过名称引用它们的属性和方法，如 Math.Random()。

2）JavaScript 的内建对象（Built-in Object），如 Array，String 等。这些对象独立于宿主环境，在 JavaScript 程序内由程序员声明具体对象，并可以通过对象名来使用。

3）宿主对象（Host Object）。是被浏览器支持的，目的是为了能和被浏览的文档乃至浏览器环境交互，如 document，window 和 frames 等。

4）自定义对象。是程序员基于需要自己定义的对象类型。

2. 访问对象的属性和方法

访问一个对象的属性和方法都可以通过圆点运算符访问。

基本语法：

```
对象名称.属性名
对象名称.方法名()
```

语法说明：

访问一个对象的属性和方法时，一定要指明是哪一个对象，通过圆点运算符来访问。访问对象的方法时，必须有括号，无论是否需要提供参数值。

例如，“var s = "Welcome to you! ";”这条语句创建了一个字符串对象，通过变量名 s 来引用它。通过 length 可以知道它的字符个数。

```
var len = s.length;
```

也可以获得一个字符串某个位置的字符。

```
var ch = s.charAt(3);
```

9.6.2 核心对象

JavaScript 的核心对象包括 Array、Boolean、Date、Function、Math、Number、Object 和 String 等。这些对象可以同时在客户端和服务器端的 JavaScript 中使用。

1. Array

数组对象用来在单独的变量名中存储一系列的值，避免同时声明很多变量使得程序结构变得复杂，导致难于理解和维护。

数组一般用在需要对一批同类的数据逐个进行相同的处理中。通过声明一个数组，将相关的数据存入数组，使用循环等结构对数组中的每个元素进行操作。

（1）定义数组并直接初始化数组元素

```
var course = new Array ("图文设计","网页设计","音视频编辑","计算机网络");
```

或

```
var course = ["图文设计","网页设计","音视频编辑","计算机网络"];
```

（2）先定义数组，后初始化数组元素

```
var course = new Array();
course[0] = "图文设计";
course[1] = "网页设计";
course[2] = "音视频编辑";
course[3] = "计算机网络";
```

（3）数组的长度

可以通过“数组名.length”来获得指定数组的实际长度。

（4）数组的元素

一般而言，数组中存放的应该都是同类型的数据，如字符串、整数、实数和同样类型的对象等，但由于 JavaScript 语言是一个弱类型的语言，它同样不检查存入数组的每个元素的类型是否一致。也就是说，这些元素的类型可以不一样。例如：

```
course[4]=100;
```

📖 作为一种良好的编程习惯，应该在程序中保证数组中存放的元素其数据类型都是一致的。

（5）访问/修改数组元素

访问数组的元素可以通过下标（也就是元素在数组中存放的顺序）来访问。

1）数组的下标总是从 0 开始，也就是说，数组的第一个元素放在下标为 0 的位置，访问第一个和第三个元素的代码可以这样写。

```
var cn = course[0];
var cn = course[2];
```

2）最大的数组元素下标总是“数组长度数-1”，通常可以用类似下面的方式获得。

```
var last_position = course.length-1;
```

下标可以用变量替代，例如：

```
var i=3;
var cn = course[i];
```

3）如果指定的下标超出了数组的边界，则返回值为 undefined。

4）可以通过重新赋值的方式来修改数组对应位置的元素，例如：

```
course[2] = "数字音视频编辑";
```

5）使用数组对象的属性和方法。length 就是数组对象的一个属性，通过它可以获得一个数组的长度。除此之外，数组对象还有其他的属性和方法可以供程序员使用。比如，join 把数组中的各个元素项用某个字符串连接起来但并不修改原来的数组；pop 删除并返回数组的最后一个元素；push 可向数组的末尾添加一个或多个元素并返回新的长度；shif 和 unshift 则是在数组的第一个元素之前删除和插入元素。

2. Date

Date 对象用来处理和日期时间相关的事情。例如，两个日期的前后比较等。

（1）定义日期对象

定义日期对象的方法有以下几种。

```
new Date()
new Date("month day, year hours:minutes:seconds")
new Date(yr_num, mo_num, day_num)
new Date(yr_num, mo_num, day_num, hr_num, min_num, sec_num)
```

具体应用如下。

```
var today = new Date();   //自动使用当前的日期和时间作为其初始值
var birthday = new Date( "December 17, 2013 03:24:00" ); //按照日期字符串设置对象
birthday = new Date(2013,11,17); //根据指定的年月日设置对象
birthday = new Date(2013,11,17,3,24,0); //根据指定的年月日时分秒设置对象
```

（2）获得日期对象的各个时间元素

根据定义对象的方法，可以看出日期对象包括年月日时分秒等各种信息。Date 对象提供了获得这些内容的方法。例如：

- getDate()：从 Date 对象返回一个月中的某一天（1~31）。
- getDay()：从 Date 对象返回一周中的某一天（0~6）。
- getMonth()：从 Date 对象返回月份（0~11）。
- getFullYear()：从 Date 对象以 4 位数字返回年份。
- getHours()：返回 Date 对象的小时（0~23）。
- getMinutes()：返回 Date 对象的分钟（0~59）。
- getSeconds()：返回 Date 对象的秒数（0~59）。
- getMilliseconds()：返回 Date 对象的毫秒（0~999）。

例如，下面语句分别获得当前日期对象的年月日三项值。

```
var today = new Date();
var year=today.getFullYear();
var month=today.getMonth();
var day=today.getDate();
```

📖 日期的 1~12 月，用数字 0~11 对应。每周的星期日~星期六，用数字 0~6 表示。

（3）两个日期对象的比较

```
var today = new Date();
var oneDay = new Date(2013,10,1);
if(today>oneDay){
  document.write("today is after 2013-10-1");
}else{
  document.write("today is before 2013-10-1");
}
```

（4）调整日期对象的日期和时间

```
var today = new Date();
today.setDate(today.getDate()+5);   //将日期调整到 5 天以后，若碰到跨年月，自动调整
today.setFullYear(2013,10,1);       //调整 today 对象到 2013-10-1，月和日期参数可省略
```

3. Math

Math 对象提供了多种算术常量和函数，可执行普通的算术任务。使用 Math 对象无需像数组和日期对象一样要首先定义一个变量，它可以直接通过 Math 名来使用它提供的属性和方法。

（1）使用 Math 常量

Math 常量如表 9-8 所示。

表 9-8 Math常量

常 量	说 明
Math.E	常量 e，自然对数的底数（约等于 2.718）
Math.LN2	返回 2 的自然对数（约等于 0.693）
Math.LN10	返回 10 的自然对数（约等于 2.308）
Math.LOG2E	返回以 2 为底的 e 的对数（约等于 1.414）
Math.LOG10E	返回以 10 为底的 e 的对数（约等于 0.434）
Math.PI	返回圆周率（约等于 3.14159）
Math.SQRT1_2	返回 2 的平方根除 1（约等于 0.707）
Math.SQRT2	返回 2 的平方根（约等于 1.414）

例如：

```
var radius=10;
var area=Math.PI*radius*radius;
```

（2）生成随机数

random()方法可返回介于 0.0～1.0 之间的一个伪随机数。例如：

```
var r= Math.random();
```

（3）平方根函数

sqrt()方法可返回一个数的平方根，如果给定的值小于 0，则返回 NaN。例如：

```
var x = Math.sqrt(100);     //返回 10
```

（4）最大与最小值函数

函数 max()和 min()返回给定参数之间的最大值和最小值，比较的参数个数可以是 0 到多个。如果没有参数，则返回 Infinity。例如：

```
var max=Math.max(100,101,102); //结果是 102
var min=Math.min(100,101,102); //结果是 100
```

（5）取整函数

1）ceil()方法返回大于等于 x，并且与 x 最接近的整数。例如：

```
var x=Math.ceil(10.5);      //返回的值是 11
```

2）floor()方法返回小于等于 x，并且与 x 最接近的整数。例如：

```
var x=Math.floor(10.5);     //返回的值是 10
```

3）round()方法返回一个数字舍入为最接近的整数。例如：

```
var x=Math.round(10.5);      //返回的值是 11
var x=Math.round(10.2);      //返回的值是 10
var x=Math.round(-10.5);     //返回的值是-10
var x=Math.round(-10.2);     //返回的值是-10
var x=Math.round(-10.6);     //返回的值是-11
```

（6）指数、对数和幂函数

1）exp()：返回 e 的指数。

2）log()：返回数的自然对数（底为 e）。

3）pw()：返回 x 的 y 次幂。

（7）其他数学函数

除了上述函数之外，Math 对象还包括系列三角函数、求绝对值函数 abs 等。

4. Number

Number 用来表示数值对象，JavaScript 会自动在原始数据和对象之间转换，编程时无需考虑创建数值对象，直接使用数值变量名即可。Number 对象的具体应用如下。

1）toString(radix)：按照指定的进制，将数值转化为字符串，默认为十进制。例如：

```
var x=10;
var s=x.toString(2); //返回结果是二进制的 1010
s=x.toString();      //返回结果是默认的十进制的 10
```

2）toFixed()：可把 Number 四舍五入为指定小数位数的数字，如果必要，多余的小数位会被抛掉，或者在不足的情况下后面补 0。例如：

```
var x=10.15;
var s=x.toFixed(1);//保留 1 位小数，返回结果 10.2
s=x.toFixed(3);   //保留 3 位小数，返回结果 10.150
```

5. String

字符串是 JavaScript 程序中使用非常普遍的一种类型。JavaScript 为 String 提供了丰富的属性和方法，以完成各种各样的要求。

（1）两种不同的定义字符串对象的方式

```
var   s1 = "Welcome to you!";
var   s2 = new String("Welcome to you!");
```

（2）获取字符串的长度

每个字符串都有一个 length 属性，用于说明该字符串的字符个数。例如：

```
var   s1 = "Welcome to you!";
var   len = s1.length;   // s1.length 返回 15，也就是 s1 所指向的字符串中有 15 个字符
```

（3）获取字符串中指定位置的字符

通过 charAt()方法可以获得一个字符串指定位置上的字符，字符串的字符位置是从 0 开始的。例如，要想获得“Welcome to you!”这个字符串中的第 4 个字符 c，示例代码为：

```
var ch = s1. charAt(3);
```

（4）字符串查找

字符串对象提供了在字符串内查找一个字符串是否存在的方法，包括：indexOf (searchvalue,fromindex)返回某个指定的字符串值在字符串中首次出现的位置，在一个字符串中的指定位置从前向后搜索，如果没有发现，返回-1；lastIndexOf()返回一个指定的字符串值最

后出现的位置，在一个字符串中的指定位置从后向前搜索，如果没有发现，返回-1。

（5）字符串的分割

split()方法用于把一个字符串分割成字符串数组。例如“Welcome to you!”中的三个单词之间都用空格间隔，就可以把这个字符串按照空格分成三个字符串，具体方法如下。

```
var s1="Welcome to you!"
var sub=s1.split(" ")  //得到的 sub 也是一个数组;
for(var i=0;i<sub.length;i++){
    document.write(sub[i]);
    document.write(“<br>”);
}
```

（6）字符串的显示风格

除了上述方法和属性之外，字符串对象还有很多其他方法，其中一类重要的方法就是修改字符串在 Web 页面中的显示风格，如 big()、small()和 bold()等。

（7）大小写转换

1）toLowerCase()：把字符串转换为小写。

2）toUpperCase()：把字符串转换为大写。

练习：

1）如何把 7.25 四舍五入为最接近的整数？

A. round(7.25)　　B. rnd(7.25)　　C. Math.rnd(7.25)　　D. Math.round(7.25)

2）如何求得 2 和 4 中最大的数？

A. Math.ceil(2,4)　　B. top(2,4)　　C. Math.max(2,4)　　D. ceil(2,4)

3）定义 JavaScript 数组的正确方法是（　　）。

A. var txt = new Array="tim","kim","jim"

B. var txt = new Array(1:"tim",2:"kim",3:"jim")

C. var txt = new Array("tim","kim","jim")

D. var txt = new Array:1=("tim")2=("kim")3=("jim")

9.6.3 文档

文档对象模型（Document Object Model，DOM）是一种在加载 Web 页面时由浏览器创建的 HTML 文档模型。JavaScript 可以通过名为 document 的对象访问页面中的所有元素，包括 style 等。document 对象是 window 对象的一个部分，虽然可通过 window.document 属性来访问，但在编程中，可以直接使用 document 名称来访问页面中的各个元素。

页面就是按照规则由一系列如 html、body、form 和 p 等各种标签组成的规范文档，这些标签之间存在一定的关系，如 body 被 html 所包含，而 form 标签又被包含在 body 内，这些页面元素的关系好像倒立的一棵树一样，而顶端就是 html。页面上的每个元素都是这棵树的一个结点（Node），每个结点有包含自己的父结点，自己包含的子结点，以及同属于一个父结点的兄弟结点。图 9-5 所示的文档树就是对下面示例的结构说明。

```
<!DOCTYPE HTML><html>
<head><meta charset="utf-8"><title>DOM 模型</title></head>
<body>
```

```
<form name="loginForm" action="" method="post">
  <table>
    <tr> <td colspan="2">用户登录</td> </tr>
    <tr> <td>用户名</td> <td><input name="userName" type="text"></td> </tr>
    <tr> <td>密码</td> <td><input name="pwd" type="password"></td> </tr>
    <tr> <td></td>
      <td><input type="submit" value="登录"> <input type="reset" value="取消"></td>
    </tr>
  </table>
</form>
</body></html>
```

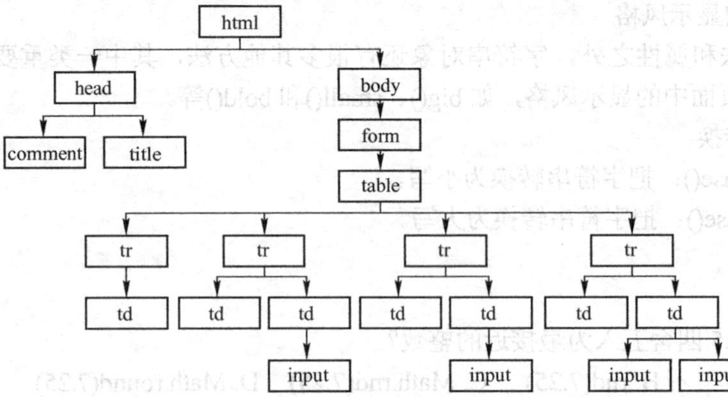

图 9-5　DOM 结构图

1. 理解结点

DOM 树上的每个结点都是一个对象，代表了该页面上的某个元素。每个结点都可分清自己与其他哪些跟自己直接相邻的结点之间的关系，而且还包含着关于自身的大量信息。

1）根结点：一个网页最外层的标记是<html>，实际上它也是页面所有元素的根，通过 document 对象的 documentElement 属性可以获得。

```
var root=document.documentElement;
```

2）子结点：任何结点都可以通过集合（数组）属性 childNodes 来获得自己的子结点。例如，根结点包含两个子结点，也就是 head 和 body。

```
var aNodeList=root.childNodes;
```

一个结点的子结点，还可以通过结点的 firstChild 和 lastChild 属性来获得它的第一个和最后一个子结点。

3）父结点：DOM 规定一个页面只有一个根结点，根结点是没有父结点的。除此之外，其他结点都可以通过 parentNode 属性获得自己的父结点。

```
var parentNode=aNode.parentNode;   // aNode 是一个结点的引用
```

4）兄弟结点：一个结点如果有父结点的话，那么这个父结点下的子结点之间就被称为“兄弟结点”。一个子结点的前一个结点可以用属性 previousSibling 获得，对应的后一个结点可以用 nextSibling 属性获得。如果没有前结点或后结点，则返回 null。

```
var prevNode=aNode.previousSibling   // 返回 aNode 的前一个结点的引用
```

```
var nextNode=aNode. nextSibling        // 返回 aNode 的后一个结点的引用
```

2. 通过 ID 访问页面元素

基本语法：

```
document.getElementById(id)
```

参数：id 为必选项，为字符串（String）。

返回值：对象。返回相同 id 对象中的第一个，如果没有符合条件的对象，则返回 null。

例如：var userName=document.getElementById("userName").value;

使用该方法时需要注意：在页面开发时，最好给每一个需要交互的元素设定一个唯一的 id，以便于查找。getElementById()返回的是一个页面元素的引用。如果页面上出现了不同元素使用同一个 id 的情况，则该方法返回的只是第一个找到的页面元素。如果给定 id，没有找到对应的元素，则返回值为 null。

3. 通过 Name 访问页面元素

除了通过一个页面元素的 id 可以得到该对象的引用外，程序也可以通过名称来访问页面元素。

基本语法

```
document.getElementsByName(name)
```

参数：name 为必选项，为字符串（String）。

返回值：数组对象。如果没有符合条件的对象，则返回空数组。

由于该方法的返回值是一个数组，所以可以通过位置下标来获得页面元素。例如：

```
var userNameInput=document.getElementsByName("userName");
var userName=userNameInput[0].value;
```

使用该方法时需要注意：若一个名称指定的页面元素确实只有一个，该方法也返回一个数组，所以在上面代码段中，用位置下标 0 来获得"用户名输入框"元素，如 userNameInput[0]。如果指定名称，在页面中没有对应的元素存在，则返回一个长度为 0 的数组，程序中可以通过判断数组的 length 属性值是否为 0 来判断是否找到了对应的元素。

4. 通过标签名访问页面元素

除了通过 id 和 name 可以获得对应的元素外，还可以通过指定的标签名称来获得页面上所有这一类型的元素，如 input 元素。

基本语法：

```
document.getElementsByTagName(tagname)
```

参数：tagname 为必选项，为字符串（String）。

返回值：数组对象。如果没有符合条件的对象，则返回空数组。

例如：在程序 9-18login()函数中如果添加这样两行：

```
var inputs=document.getElementsByTagName("input");
alert(input.length);    //显示为 4
```

5. 获得当前页面所有的 Form 对象

Form 元素是 HTML 程序提供给用户向系统提供输入的重要对象，里面一般会包含文本输入框、各种选项按钮等元素。获得一个 form 对象，最主要是利用 form 的几个方法。

基本语法：

```
document.forms
```

参数：无。

返回值：数组对象。如果没有符合条件的对象（Form 对象），则返回空数组。

例如，下面的代码段显示了如何获得“9.7.2 表单事件”中的 Form 对象。

```
var frms=document.forms;    //先获得数组对象，注意不是方法，是属性
var loginfrm=frms[0];       //获得数组中的第一个 form 对象，如果存在的话
```

9.6.4 窗口

window 对象是 JavaScript 层级的顶层对象，该对象会在一个页面中<body>或<frameset>出现时被自动创建，也就是浏览器中显示的网页会自动拥有相关的 window 对象。

1. window 对象中的主要属性

1）history 记录了一系列用户访问的网址，可以通过 history 对象的 back()、forward()和 go()方法来重复执行以前的访问。

2）location 表示本窗口中当前显示文档的 Web 地址，如果把一个含有 URL 的字符串赋予 location 对象或它的 href 属性，浏览器就会把新的 URL 所指的文档装载进来，并显示在当前窗口。例如：

```
window.location = "/index.html";
```

3）navigator 是一个包含有关客户机浏览器信息的对象。例如：

```
var    browser = navigator.appName;
```

4）每个 window 对象的 screen 属性都引用一个 screen 对象。screen 对象中存放着有关显示浏览器屏幕的信息。使用 screen 定位窗口显示位置示例如下。

```
window.resizeTo(500,300);     //设定当前窗口的显示大小
var top=((window.screen.availHeight-300)/2); //计算窗口居中后左上角的垂直坐标
var left=((window.screen.availWidth-500)/2); //计算窗口居中后左上角的水平坐标
window.moveTo(left, top); //调整当前窗口左上角的显示坐标位置
```

5）parent：获得当前窗口的父窗口对象引用。

6）top：窗口可以层层嵌套，典型的如框架。top 表示最高层的窗口对象引用。

7）self：返回对当前窗口的引用，等价于 window 属性。

2. window 对象中的主要方法

前面在介绍 window 对象时，已经介绍了很多属于 window 对象的方法，如三种类型的对话框，设置按时间重复执行某个功能的 setInterval()，以及移动窗口位置的 moveTo()等。除此之外，Window 对象还有一些主要的方法可供使用。

1）close()：关闭浏览器窗口。

2）createPopup()：创建一个右键弹出窗口。

3）open()：打开一个新的浏览器窗口或查找一个已命名的窗口。

9.7 事件编程

二维码

9.7.1 事件简介

事件编程是 JavaScript 中最吸引人的地方，因为它提供了一个平台，让

用户不仅能够浏览页面中的内容，而且还可以和页面元素进行交互。

事件是可以被 JavaScript 侦测到的行为。网页中的每个元素都可以产生某些可以触发 JavaScript 函数的事件。

1. 网页访问中常见的事件

根据事件触发的来源不同，可分为鼠标事件、键盘事件和浏览器事件三种主要类型。

1）鼠标事件：例如单击 button、选中 checkbox 和 radio 等元素时产生的 Click 事件，当鼠标进入、悬浮或退出页面的某个热点（如鼠标进入、移动或退出一个图片、按钮、表格的范围时），分别会触发 MouseOver、MouseMove 和 MouseOut 这样的事件。

2）键盘事件：在页面操作键盘时，常用的事件包括 KeyDown、KeyUp 和 KeyPress。

3）浏览器事件：当一个页面或图像载入时会产生 Load 事件；退出前加载另一个网页时，当前网页上会产生一个 Unload 事件；当准备提交表单的内容时会产生 Submit 事件；在表单中改变文本框中的内容时会产生 Change 事件等。

当事件发生时，浏览器会创建一个名为 event 的 Event 对象，供该事件的事件处理程序使用，通过这个对象可以了解到事件类型、事件发生时光标的位置、键盘各个键的状态，以及鼠标上各个按钮的状态。

2. 主要事件句柄

当事件发生时，浏览器会自动查询当前页面上是否指定了对应的事件处理函数。如果没有指定，则什么也不会发生；如果指定了，则会调用执行对应的事件处理代码，完成一个事件的响应。通过设置页面元素的事件处理句柄，可以将一段事件处理代码和该页面元素的特定事件关联起来。表 9-9 所示为典型的事件和事件句柄的对照关系。

表 9-9　事件和事件句柄的对照表

事件分类	事　件	事件句柄
窗口事件	当文档载入时执行的脚本	onload
	当文档卸载时执行的脚本	onunload
表单元素事件	当元素改变时执行的脚本	onchange
	当表单被提交时执行的脚本	onsubmit
	当表单被重置时执行的脚本	onreset
	当元素被选取时执行的脚本	onselect
	当元素失去焦点时执行的脚本	onblur
	当元素获得焦点时执行的脚本	onfocus
鼠标事件	被单击时执行的脚本	onclick
	被双击时执行的脚本	ondbclick
	当鼠标按钮被按下时执行的脚本	onmousedown
	当鼠标指针移动时执行的脚本	onmousemove
	当鼠标指针移出某元素时执行的脚本	onmouseout
	当鼠标指针悬停于某元素之上时执行的脚本	onmouseover
	当鼠标按钮被松开时执行的脚本	onmouseup
键盘事件	当键盘被按下时执行的脚本	onkeydown
	当键盘被按下后又松开时执行的脚本	onkeypress
	当键盘被松开时执行的脚本	onkeyup

3. 指定事件处理程序

当一个事件发生时，如果需要截取并处理该事件，只需要定义该事件的事件句柄所关联的事件处理函数或者语句集即可。具体关联方法包括以下两种方式。

（1）直接在 HTML 标记中静态指定

基本语法：

```
<标记  事件="事件处理程序"[  事件="事件处理程序"  …]>
```

语法说明：

这是一种静态的指定方式，可以为一个元素同时指定一到多个事件处理程序。事件处理程序既可以是<script>标记中的自定义函数，也可以直接将事件处理代码写在此位置。例如：

```
<input type="button" onclick="createOrder()" value="发送教材选购单">
<body  onload="alert('网页读取完成！')" onunload="alert('再见！')">
```

（2）在 JavaScript 中动态指定

基本语法：

```
<事件对象>.<事件>  =  <事件处理程序>;
```

语法说明：

这种用法中，“事件处理程序”是真正的代码，而不是字符串形式的代码。如果事件处理程序是一个自定义函数，如无使用参数的需要，就不要加“()”。例如：

```
function m(){
   alert("再见");
}
window.onload=function(){
   alert("网页读取完成");
}
window.onunload=m;   //这里指定了页面卸载时，执行函数 m
```

9.7.2 表单事件

Form 表单是网页设计中一种重要的与用户进行交互的工具，它用于搜集不同类型的用户输入。Form 表单本身支持很多事件，典型的有两个，一个是 Submit；另一个是 Reset。

示例 script 代码：

```
function login(){
   var userName=document.getElementById("userName").value;
   var pwd=document.getElementById("pwd").value;
   var matchResult=true;
   if(userName==""||pwd==""){
      alert("请确认用户名和登录密码输入正确！");
      matchResult=false;
   }
   return matchResult;
}
```

示例 HTML 代码：

```
<form name="loginForm" action="" onSubmit="return login()" method="post">
   <table>
      <tr> <td class="table-title" colspan="2">用户登录</td> </tr>
```

```
    <tr> <td>用户名</td>
      <td><input id="userName" name="userName" type="text" class="input"></td> </tr>
    <tr> <td>密  码</td>
      <td><input id="pwd" name="pwd" type="password" class="input"></td> </tr>
    <tr> <td></td> <td><input type="submit" value="登录">
          <input type="reset" value="取消"></td> </tr>
  </table>
</form>
```

9.7.3 鼠标事件

鼠标事件除了最典型的 Click 之外，还有鼠标进入页面元素 MouseOver 事件、退出页面元素 MouseOut 事件和鼠标按键检测 MouseDown 等事件。

示例 script 代码：

```
function mouseOver(){
  document. mouse.src ="images/mouse_over.jpg"
}
function mouseOut() {
  document. mouse.src ="images/mouse_out.jpg"
}
function mousePressd(){
  if (event.button==2){
    alert("您点击了鼠标右键！")
  }else{
    alert("您点击了鼠标左键！")
  }
}
```

示例 HTML 代码：

```
<body onmousedown="mousePressd()">
  <img border="0" src="images/mouse_out.jpg" name="mouse"
  onmouseover="mouseOver()" onmouseout="mouseOut()" />
</body>
```

9.7.4 键盘事件

键盘共有三类事件，分别用来检测键盘按下、按下又松开及松开这三个动作。按键的信息被包含在事件发生时创建的事件对象 event 中，用 event.keyCode 可以获得，例如：

```
<input type="text" id="stuName" value="请在此输入学生姓名"
  size="28"    onkeypress="if(event.keyCode==13){Javascript:onSubmit()}"/>
<input type="text" id="IDCARD" value="请在此输入身份证号" size="28"
  onkeypress="if (event.keyCode < 45 || event.keyCode > 57) event.returnValue = false;"/>
```

9.7.5 页面载入和离开

如果希望在页面加载或转换到其他页面时做些工作，就可以利用 Load 和 Unload 两个事件，这两个事件与<body>及<frmaeset>两个页面元素有关，例如：

```
<body onload ="javascript:alert('enter');" onunload="javascript:alert('exit');"></body>
```

9.8 利用 JS 实现在线订购

二维码

在线订购是电子商务网站必备的功能，如在当当网上采购书籍。

下面是一个提交教材购买单的例子，和网站购物车的应用有一定的相似性。这里希望达到的目标是当学生选择购买教材，确定后单击“发送教材选购单”按钮，程序应当提取到选择的教材的 ISBN 号码和名称，统计选择的教材数量。

示例 script 代码：

```
function createOrder(){
    var num=0;    //用来保存用户选择了几本书
    var textbooks=document.forms[0].textbook; //获得页面中 textbook 元素的数组
    var txtTitles="";          //用来保存用户选择的图书的名称
    var textIsbns="";  //用来保存用户选择的图书的 ISBN 号码
    for (i=0;i<textbooks.length;++ i){
      if (textbooks[i].checked){ //如果对应教材的 checkbox 框被选中
        txtTitles=txtTitles +"《"+ textbooks[i].nextSibling.nodeValue + "》\r\n";
        textIsbns = textIsbns + textbooks[i].value + ",";
        num++;
      }
    }
    //将选择的教材信息输出到文本框中，如果没有选中，清空文本框
    if(num>0){
      alert("您订购的教材有"+num+"本，分别是：\r\n" + txtTitles);
    }else{
      alert("您尚未选择任何教材！");
    }
}
```

示例 HTML 代码：

```
<div>
<h2>教材选购单</h2>
<h3>您想订哪几本教材？</h3>
<form>
  <table>
    <tr>
      <td><input type="checkbox" name="textbook" value="9787113086756">计算机网络技术及应用
<br /></td>
    </tr>
    <tr>
      <td><input type="checkbox" name="textbook" value="9787113023456">网页设计与制作<br />
</td>
    </tr>
  </table>
  <input type="button" onclick="createOrder()" value="发送教材选购单">
</form>
</div>
```

9.9 小结

JavaScript 语言是解释性的脚本语言，通常运行在浏览器环境中，不同的浏览器支持的程序有一定的差异。JavaScript 运行时，不属于任一函数的代码总是在加载时就被解释执行，而一个 JavaScript 函数则只有在调用时才得以执行。

JavaScript 主要是由语句、函数、对象、方法和属性等实现编程的，在程序结构上由顺序、分支和循环三种基本结构构成。

JavaScript 程序中的变量名、函数名等需要遵循标识符的定义规则。作为程序运行中数据的临时保存场所，变量可以表示的类型有 6 种，包括 Number、String、Boolean、Object、null 和 undefined。变量的使用一般遵循“先声明、后使用”的原则，变量使用需要注意作用域的现象。

语句是具备一定功能的代码，JavaScript 有定义语句、表达式语句和控制语句等，通常要在每条语句的结尾加上一个分号来表示语句的结束。

函数是一段有着明确目的（功能）的代码，函数必须被主动调用才能得以执行。可以通过在调用时传递实参影响函数的执行，函数也可以用 return 语句返回一个值给调用者。

JavaScript 程序的分支有单分支（if）、双分支（if…else），以及多分支（if…else if…else）和 switch。分支语句主要针对不同情况做出判断，决定程序执行的流向。JavaScript 的循环类型有 for、while、do…while 及 for…in。循环主要适用于要对目标进行多次重复处理的情况。分支和循环都需要注意它们控制的语句范围。一般而言，哪怕只有一条控制语句，也建议把它们用大括号括起来，以便清楚地标明它们的范围。

JavaScript 程序是一些面向对象的程序，本身也提供了多种类型的对象供编程使用，如 Array、Date、String 和 Number 等。HTML 和 DOM 定义了通过 document 对象访问和操作 HTML 文档的内部元素系列方法来实现交互。

事件是浏览器响应用户操作的一种机制，结合事件编程，JavaScript 程序可以灵活处理各种交互要求，极大地改善了用户访问页面的体验。

9.10 思考与练习

1. 思考题

1）简述 JavaScript 语言的特点。

2）简述 JavaScript 的放置位置。

3）简述 JavaScript 的常用控制结构。

4）列举至少 4 个浏览器对象模型 BOM 中常用的对象，并列举至少 5 个 window 对象的常用方法。

5）简述并列举文档对象模型 DOM 中，document 的常用的查找访问结点的方法并做简单说明。

6）简述网页访问中常见的事件。

2. 操作题

1）调试本章源代码。

2）搜集 ECMAScript 的相关资料，与 JavaScript 比较，找出 ECMAScript 2015 及以上版本的变化。

第 10 章　网页多媒体实现

网页中用得最多的多媒体元素除了<img>外，还有音视频、动画等元素。在 HTML 的早期版本中，常常引用 Flash 插件来实现在 Web 页面中播放视频或音频文件，主要通过<object>和<embed>元素设置一些低效、冗余的属性来实现，使用时不仅不便，而且还存在页面安全隐患。因此，HTML5 中新增了<video>和<audio>元素及对应的 API 文件来实现音视频的播放。CSS3 通过变换、过渡和动画给网页带来了漂亮的动画效果，HTML 结合 JavaScript 实现了绘图功能。

教学目标

- 熟练掌握<video>和<audio>元素的使用方法
- 掌握 CSS 变换、过渡和动画的制作方法
- 了解 canvas 绘图和 HTML 拖放的使用方法

二维码

10.1　HTML 多媒体元素

HTML5 支持的音频和视频文件格式主要有 MP3、MPEG-4、WAV、Ogg 和 WebM。大家熟悉的 MP3 音频和 MP4 视频（H.264）格式都得到了各大浏览器的最新版的全面支持。如果浏览器播放不了，有可能是版本太低，或者文件格式不正确，比如扩展名为.mp4 但不符合 H.264 规范也无法播放，可以通过各种转换工具（如格式工厂等）转成标准格式即可。如果使用苹果公司的 Safari 浏览器，这些文件的存放路径中不能有中文。

10.1.1　多媒体元素的基本属性

在 HTML5 中播放视频与音频文件十分简单，只需添加<video>或<audio>元素，并简单设置元素的一些基本属性，就可以在页面中播放多媒体文件。

1．元素格式

<video>元素用于视频文件的播放，<audio>元素用于音频文件的播放。在两个多媒体元素的开始标记与结束标记间放置文本内容，可以在不支持该元素的浏览器中使用，即如果浏览器不支持这两个多媒体元素，那么将显示开始与结束标记之间的文本内容。

示例 HTML 代码：

```
<video id="vMain" src="av/birds.mp4" controls>
    <!-- 如果要兼容旧版浏览器，可以像下面 audio 一样使用来源多样性的写法 -->
    你的浏览器不支持 video 视频 </video>
<audio id="aMain" autoplay="true" controls>
    <source src="AV/mylife.mp3">
    <source src="AV/mylife.ogg">
    <source src="AV/mylife.wav">
    <source src="AV/mylife.wma">
    <!-- 如果不用考虑兼容旧版浏览器，可以像上面 video 一样的写法 -->
```

```
你的浏览器不支持 audio 音频 </audio>
```

在页面中，创建两个多媒体元素<video>与<audio>，并在元素的 src 属性中设置各自播放的视频与音频文件，页面加载完成后根据 controls 的设置来播放两个文件。创建多媒体元素后，通过 src 属性指定播放文件的 URL。为了在页面加载完成后实现自动播放功能，需要添加一个 autoplay 属性，并将该属性的值设置为 true；该属性的功能是告诉浏览器是否自动播放视频或音频文件，默认值为 false，表示不会自动播放。注意，在<audio>音频元素中，为了能正常播放音频文件，必须将 controls 属性设置为 true，表示显示音频元素自带的控制条工具。

2．controls 属性

在前面的实例中，为多媒体元素添加了 controls 属性，<video>视频元素的 controls 属性将在视频元素的底部展示一个元素自带的控制条工具。虽然由于浏览器不同，控制条工具的样式会有些变化，但所有控制条都有一个播放/暂停控件、一个进度条和音量开关，这些特征是不变的。

只有当用户将鼠标悬停或按〈Tab〉键聚焦至播放的视频上时，所设置的控制条工具才能显示出来；一旦从视频上移开，控制条工具又会隐藏起来。

<audio>元素的 controls 属性如果没有设置，页面中将不会显示任何效果，但该元素却存在于 DOM 中，通过 JavaScript 代码可以访问相关的元素。

3．poster 属性

在 HTML5 的<video>元素中，poster 属性表示所选图片 URL，如果添加该属性，将在视频文件播放前显示该图片，而不是默认显示视频文件的第一帧，还可以避免在播放的视频文件不可用时出现一片空白区域，影响用户体验。

```
<video id="vMain" src="AV/birds.mp4" poster="images/network.jpg" controls>
    你的浏览器不支持 video 视频 </video>
```

实例中为<video>元素新增一个 poster 属性，并选取一幅图片作为该属性的值。当播放视频文件时，在视频播放区域中首先将显示 poster 属性指定的图片。在 Chrome 浏览器中执行的页面效果如图 10-1 所示。

在本实例中，设置的 poster 属性是视频元素<video>所独有的属性。利用该属性不仅可以在视频文件开始播放前设置图片，还可以通过视频元素的事件机制，指定在某事件中改变该属性的图片 URL。例如，当用户单击“暂停”按钮或播放完成时，在相应的事件中编写 JavaScript 代码，通过 setAttribute()方法重置 poster 属性中的图片 URL，可以根据不同时间，动态变换图片的效果。

图 10-1　poster 属性效果图

4．其他属性

除以上介绍的多媒体元素属性外，还有许多其他属性可以在播放多媒体文件时使用。

（1）width 与 height 属性

width 与 height 属性只适用于<video>元素，表示设置媒体元素的大小，单位为像素。如果不设置，则使用播放源文件的大小；如果播放源文件的大小不可用，则使用 poster 属性中的文件大小。如果只设置了宽度，则根据播放源文件的长宽比例，自动生成一个与之对应的高的值，以等比方式控制视频文件的大小。推荐使用 CSS 样式代替宽高属性设置。

（2）networkState 属性

<video>元素的 networkState 属性为只读属性，可返回视频文件的网络状态。当浏览器读取视频文件时，将触发一个 progress 事件，通过该事件，可获取视频文件在被打开过程中各个不同阶段的网络状态值。该属性对应 4 个返回值，如表 10-1 所示。

表 10-1　networkState 属性返回值

字符常量	返回值	描　述
NETWORK_EMPTY	0	数据加载初始化
NETWORK_IDLE	1	文件加载成功，等待请求播放
NETWORK_LOADING	2	文件正在加载过程中
NETWORK_NO_SOURCE	3	加载出错，一般原因是没有找到支持的编码格式

（3）error 属性

error 属性是一个只读属性，在使用多媒体元素加载或读取文件的过程中，如果出现异常或错误，将触发元素的 error 事件。在该事件中，可以通过元素的 error 属性返回一个 MediaError 对象，根据该对象的 code 返回当前的错误值。MediaError 对象中的 code 对应 4 个返回值，如表 10-2 所示。

表 10-2　error 属性返回值

字符常量	返回值	描　述
MEDIA_ERR_ABORTED	1	媒体资源文件获取过程中出现异常而被中止
MEDIA_ERR_NETWORK	2	出现网络错误，获取媒体资源出错
MEDIA_ERR_DECODE	3	媒体资源可用，解码出错
MEDIA_ERR_SRC_NOT_SUPPORTED	4	没有找到可以播放的媒体文件格式

（4）readyState 属性

多媒体元素可以通过 readyState 属性返回当前播放文件的各种状态，根据这些状态，可以反映媒体文件在播放过程中是否正常。该属性为只读属性，共返回 5 种可能出现的状态值，如表 10-3 所示。

表 10-3　readyState 属性返回值

字符常量	返回值	描　述
HAVE_NOTHING	0	表示当前没有可播放的媒体文件
HAVE_METADATA	1	表示正在加载中，还不具备开始播放的条件
HAVE_CURRENT_DATA	2	已加载完成部分数据，还不具备完整播放的条件
HAVE_FUTURE_DATA	3	数据加载全部完成，可以进行正常播放
HAVE_ENOUGH_DATA	4	数据加载全部完成，并且能以一种较流畅的速率进行播放

（5）currentTime、startTime 和 duration 属性

currentTime 属性可以返回媒体文件当前的播放时间，也可以修改该时间属性。如果修改成功，当前播放位置指向所修改时间，该属性为可读写属性。

startTime 属性可以返回媒体元素开始播放的时间。默认情况下，该时间值为 0。该属性为只读属性，不可修改。

duration 属性可以返回媒体元素的总体播放时间。在加载媒体文件过程中，该值将不断发

生变化，如果加载完成，将返回播放整个文件所需的总时间。

（6）palyed、paused 和 ended 属性

通过多媒体元素中的 palyed 属性可以获取媒体文件已播放完成的时间段。palyed 属性返回一个 TimeRanges 对象，通过该对象，可以获取已播放文件的开始时间与结束时间。

paused 属性可以返回当前播放的文件是否处于暂停状态。该返回值是一个布尔值，如果为 ture，表示当前的播放文件处于暂停状态，否则为等待播放或正在播放的状态。

ended 属性可以返回当前播放的文件是否已结束。该返回值是一个布尔值，如果为 ture，表示当前播放的文件已结束，否则为还没有结束文件的播放。

以上三个属性均为只读属性，不可修改，只能在各事件中获取。

（7）preload、autoplay 和 loop 属性

preload 属性表示在页面打开时，多媒体元素是否需要将所指定的媒体文件进行预加载。该属性有三个可选择值，如表 10-4 所示。

表 10-4　preload 属性返回值

属性值	描述
none	表示不进行先期播放文件的加载
metadata	表示只加载播放文件的基本信息（如总字数、持续时间或第一帧信息等）
auto	表示需要将播放文件进行预加载，默认值为 auto

autoplay 属性可以使媒体元素加载完成播放的文件后，实现自动播放的功能。打开页面后，无需单击“播放”按钮，自动开始播放。添加时，可以单独加入该属性名称 autoplay 或者将该属性的值设置为 ture 均可。

loop 属性表示媒体的文件在播放结束后，是否还要进行循环播放。一旦添加该属性名称或将该属性的值设置为 ture 时，将不断重复播放，直到手动结束为止。

（8）defaultPlaybackRate 和 playbackRate 属性

defaultPlaybackRate 属性可以返回页面媒体元素默认的文件播放速度频率，即默认播放速率。一般情况下，该属性值为 1，也可以修改该属性值，以改变其默认的播放速率值。

playbackRate 属性可以返回当前正在播放的媒体文件的速率。也可以修改该属性值，如果修改成功，将可以实现“快进”或“慢进”的播放效果，默认值为 1。

需要说明的是，目前绝大多数的浏览器并不支持修改 defaultPlaybackRate 与 playbackRate 属性的功能，因此，目前只能获取该属性值。

（9）volume 和 muted 属性

volume 属性表示媒体元素播放时的音量。该属性的取值范围为 0～1，0 为最低音量，1 为最高音量。也可在取值范围内修改该属性值，从而调整当前播放媒体的音量大小。

muted 属性是一个布尔值，表示是否设置为静音。如果为 true，表示是静音，否则为非静音。默认值为 false。

10.1.2　多媒体元素的常用方法

多媒体元素可以通过添加 controls 属性显示控制条工具栏，单击工具栏中的按钮可以控制媒体文件的播放过程。除此之外，也可以自定义播放按钮，调用多媒体元素在播放文件时的方法，实现控制文件播放过程的功能。

1．媒体播放时的方法

当一个媒体文件需要通过媒体元素播放时，可以调用元素 load 方法进行文件的加载。load 方法用于加载媒体文件，且自动将元素的 playbackRate 属性值设置为 defaultPlaybackRate 属性对应的值；同时，将元素的 error 属性值设置为 null。

如果播放加载完成的媒体文件，还需要调用媒体元素的 play 方法，同时将元素的 paused 属性设置为 false。如果暂停正在播放中的媒体文件，还需要调用元素的 pause 方法，即将元素的 paused 属性设置为 true。

下面通过实例介绍自定义<video>元素控制条工具栏的过程。在页面中，添加一个媒体元素<video>，用于播放指定的媒体文件，且不设置 controls 属性；并在媒体元素的底部创建两个<span>元素，前者用于“加载”媒体文件，后者用于“播放”加载完成的媒体文件，或者“暂停”正在播放中的媒体文件。

示例 HTML 代码：

```
<video id="vMain" src="AV/birds.mp4" poster="images/network.jpg">
        你的浏览器不支持 video 视频
</video>
<p id="pTool">
    <span onClick="v_load();">加载</span>
    <span id="spnPlay" onClick="v_play(this);">播放</span>
</p>
```

示例 script 代码：

```
function $$(id) {
    return document.getElementById(id);
}
function v_load() {
    $$("spnPlay").innerHTML = "播放";
    $$("vMain").load();
}
function v_play(e) {
    if (e.innerHTML == "播放") {
        $$("vMain").play();
        e.innerHTML = "暂停";
    } else {
        $$("vMain").pause();
        e.innerHTML = "播放";
    }
}
```

在 JavaScript 代码中自定义了 v_load()与 v_play()两个函数，分别在单击两个<span>元素时调用。在本实例中，单击“加载”标记时，将触发自定义函数 v_load()。在该函数中，先改变“播放”标记中显示的文字信息，因为一旦重新加载，需要再次单击“播放”标记；然后调用多媒体元素的 load 方法，从而实现重新加载一次媒体文件的功能。

当媒体文件加载完成，单击“播放”标记时，将触发自定义函数 v_play()。在该函数中，根据传回单击标记中的内容触发对应方法；如果传回标记内容是“播放”，那么执行元素的 play 方法，并将标记内容修改为“暂停”；当单击“暂停”标记时，由于传回标记内容是“播放”，因此，执行元素的 pause 方法，并将标记内容修改为“播放”，从而实现同一个标记根据

不同的显示内容，完成“播放”或“暂停”媒体文件的功能。

2．canPlayType 方法

由于浏览器对多媒体元素加载媒体文件的类型支持不同，因此，在使用多媒体元素加载文件前，需要检测当前浏览器是否支持媒体文件类型。检测的方法是通过调用媒体元素的 canPlayType(type)方法，其中 type 参数表示需要浏览器检测的类型，该类型与媒体文件的 MIME 类型一致。通过媒体元素的 canPlayType(type)方法可以返回以下三个值。

- 空字符：表示浏览器不支持该类型的媒体文件。
- maybe：表示浏览器可能支持该类型的媒体文件。
- Probably：表示浏览器支持该类型的媒体文件。

下面通过实例介绍使用 canPlayType 方法检测浏览器支持媒体类型的过程。在页面中，添加一个多媒体元素<video>和<span>元素，用于检测浏览器是否支持各种媒体类型。单击<span>元素后，将检测后的结果显示在页面中。

示例 HTML 代码：

```
<video id="vMain" src="AV/birds.mp4" poster="images/network.jpg">
        你的浏览器不支持 video 视频
</video>
  <p id="pTool">
      <span onClick="v_chkType();">检测</span>
  </p>
  <span id="spnResult"></span>
```

示例 script 代码：

```
function $$(id) {
    return document.getElementById(id);
}
var i = 0,j = 0,k = 0;
function v_chkType() {
  var strHTML="";
  var arrType = new Array('audio/mpeg;', 'audio/mov;',
    'audio/mp4;codecs="mp4a.40.2"', 'audio/ogg;codecs="vorbis"',
    'video/webm;codecs="vp8,vorbis"', 'audio/wav;codecs="1"');
  for (intI = 0; intI < arrType.length; intI++) {
    switch ($$("vMain").canPlayType(arrType[intI])) {
      case "":
        i = i + 1;
        break;
      case "maybe":
        j = j + 1;
        break;
      case "probably":
        k = k + 1;
        break;
    }
  }
  strHTML+="空字符："+i+"<br>";
  strHTML+="maybe："+j+"<br>";
  strHTML+="probably："+k;
  $$("spnResult").style.display="block";
```

```
        $$("spnResult").innerHTML=strHTML;
    }
```

在代码 JavaScript 中自定义了一个函数 v_chkType()，在单击内容为“检测”的<span>元素时调用。在本实例中，当用户在页面中单击内容为“检测”的<span>元素时，将调用一个自定义函数 v_chkType()。在该函数中，首先定义一个数组 arrType，用于保存各种媒体类型及编码格式；然后，遍历该数组中的元素。在遍历过程中，调用媒体元素的 canPlayType()方法，对每种类型及编码格式进行检测，并将返回检测结果值的累加总量保存至各自变量中；最后将这些变量数据通过 ID 号为 spnResult 的元素显示在页面中。

10.1.3　多媒体元素的重要事件

多媒体元素不仅有相关的属性和方法，而且该元素还有一系列完备的事件机制。在第一节介绍多媒体元素的 networkState 与 error 属性时，分别触发了 progress 与 error 事件。除此之外，还有很多记录媒体文件播放过程的事件，如 playing 等。

1．媒体播放事件

在媒体文件被浏览器请求加载、开始加载、开始播放、暂停播放和播放结束这一系列的流程中所触发的事件，称为“媒体播放事件”，也是多媒体元素的核心事件。通过对这些事件的跟踪，可以很方便地获取媒体文件在各个阶段的播放状态。

下面通过实例介绍获取多媒体元素在播放时间中不同状态的过程。在页面中，添加一个多媒体元素<video>，并增加 controls 属性；同时，通过自定义函数绑定多个播放事件。在事件中，分别记录媒体元素的即时状态，并以动态的方式将状态内容显示在 ID 号为 spnPlayTip 的页面元素中。

示例 HTML 代码：

```
    <video id="vMain" src="AV/birds.mp4" poster="images/network.jpg" onMouseOut="v_move(0)" onMouseOver=
"v_move(1)" onPlaying="v_palying()" onPause="v_pause()" onLoadStart="v_loadstart();" onEnded="v_ended();" controls>
            你的浏览器不支持 video 视频
    </video>
      <p id="pTip"> <span id="spnPlayTip" class="spnL">播放完成</span> </p>
```

示例 script 代码：

```
    function $$(id) {
      return document.getElementById(id);
    }
    function v_move(v){
      $$("pTip").style.display=(v)?"block":"none";
    }
    function v_loadstart() {
      $$("spnPlayTip").innerHTML="开始加载";
    }
    function v_palying(){
      $$("spnPlayTip").innerHTML="正在播放";
    }
    function v_pause(){
      $$("spnPlayTip").innerHTML="已经暂停";
    }
    function v_ended(){
```

```
        $$("spnPlayTip").innerHTML="播放完成";
    }
```

代码 JavaScript 中自定义了多个函数，分别响应各个播放事件被触发时的调用。在本实例中，实现了鼠标移至多媒体元素时显示媒体播放状态，移出元素时隐藏播放状态的效果。实现方法是在多媒体元素的 onMouseOut 与 onMouseOver 事件中传递不同的参数值，调用同一个自定义函数 v_move()。在该函数中，将根据传回的参数值显示或隐藏 ID 号为 pTip 的页面元素，从而实现鼠标移至显示或移出隐藏多媒体元素的效果。

为了在多媒体元素触发播放时间的过程中动态显示媒体文件的播放状态，需要在绑定的事件中修改 ID 号为 spnPlayTip 的元素内容。

2．timeupdate 事件

多媒体元素的 timeupdate 事件可以实现媒体文件播放过程中，如果播放位置发生变化，就会触发该事件。利用该事件，结合多媒体元素的 currentTime 与 duration 属性，可以动态显示媒体文件播放的当前时间与总量时间。

下面实例介绍通过 timeupdate 事件动态显示媒体文件播放时间的过程。为多媒体元素<video>添加一个 onTimeUpdate 事件，用于改变播放文件位置时调用。另外，新增一个 ID 号为 spnTimeTip 的<span>元素，用于动态显示媒体文件播放的当前时间与总量时间。

示例 HTML 代码：

```
<video id="vMain" src="AV/birds.mp4" poster="images/network.jpg"
        onMouseOut="v_move(0)" onMouseOver="v_move(1)"
        onPlaying="v_palying()" onPause="v_pause()"
        onLoadStart="v_loadstart();" onEnded="v_ended();"
        onTimeUpdate="v_timeupdate(this)"
        controls>
      你的浏览器不支持 video 视频
</video>
  <p id="pTip">
      <span id="spnPlayTip" class="spnL"></span>
      <span id="spnTimeTip" class="spnR">00:00 / 00:00</span>
  </p>
```

示例 script 代码：

```
function $$(id) { return document.getElementById(id); }
function v_move(v){ $$("pTip").style.display=(v)?"block":"none"; }
function v_loadstart() { $$("spnPlayTip").innerHTML="开始加载"; }
function v_palying(){ $$("spnPlayTip").innerHTML="正在播放"; }
function v_pause(){ $$("spnPlayTip").innerHTML="已经暂停"; }
function v_ended(){ $$("spnPlayTip").innerHTML="播放完成"; }
function v_timeupdate(e){
  var strCurTime=RuleTime(Math.floor(e.currentTime/60),2)+":"+
              RuleTime(Math.floor(e.currentTime%60),2);
  var strEndTime=RuleTime(Math.floor(e.duration/60),2)+":"+
              RuleTime(Math.floor(e.duration%60),2);
  $$("spnTimeTip").innerHTML=strCurTime+" / "+strEndTime;
}
    //转换时间显示格式
function RuleTime(num, n) {
    var len = num.toString().length;
```

```
        while(len < n) {
            num = "0" + num;
            len++;
        }
        return num;
    }
```

JavaScript 代码中，除其他自定义函数外，还新增了一个函数 v_timeupdate()，以在改变播放位置时调用。在本实例中，当多媒体元素触发 timeupdate 事件时，调用一个自定义函数 v_timeupdate()。在该函数中，分别使用整除与求余数的方法，分割多媒体元素当前时间（currentTime）属性与时间总量（duration）属性返回的秒值，组成分与秒的格式。在组成过程中，又调用了另外一个自定义函数 RuleTime()，该函数可以将长度不足 2 位的数字，在前面加 0 进行补充。

3. 其他事件

除前面介绍的事件外，多媒体元素还有很多实用的事件。例如，播放总长度改变时，将触发 durationchange 事件；音量大小改变或启动静音时，将触发 volumechange 事件等。多媒体元素的相关事件如表 10-5 所示。

表 10-5　多媒体元素的相关事件

事件名称	描　述
abort	浏览器下载媒体文件过程中，非错误引起中止下载时触发
canplay	媒体文件播放时，因速率原因需要缓存，引起不能正常播放时触发
canplaythrough	媒体文件以当前的速率，无需缓存可以正常播放时触发
durationchange	当媒体文件的播放时间总量长度发生变化时触发
emptied	当多媒体元素播放一个未知或异常的媒体文件时触发
ended	当媒体文件播放结束时触发
error	当媒体文件在加载过程中出现错误时触发
loadeddata	当多媒体元素加载完成当前指定位置的媒体文件时触发
loadedmetadata	当多媒体元素加载完成时间总长与总字节数时触发
loadstart	当浏览器开始加载媒体文件时触发
pause	当多媒体元素中止播放媒体文件时触发
play	当多媒体元素开始播放媒体文件时触发
playing	当多媒体元素正在播放媒体文件时触发
progress	当多媒体元素正在读取媒体文件时触发
ratechange	当多媒体元素的默认速率或当前速率改变时触发
readystatechange	当多媒体元素的 readystate 属性值改变时触发
seeked	当多媒体元素的 seeking 属性为 false，浏览器中止数据请求时触发
seeking	当多媒体元素的 seeking 属性为 true，浏览器正在请求数据时触发
stalled	当多媒体元素因延时原因无法正常获取数据时触发
suspend	浏览器暂停数据的下载，但下载过程并未结束时触发
timeupdate	当多媒体元素播放媒体文件的位置发生变化时触发
volumechange	当多媒体元素音量大小改变或启动静音时触发
waiting	当多媒体元素正在等待加载下一帧播放数据时触发

在 HTML5 中，多媒体元素<video>与<audio>可以利用这些自带的事件，方便快捷地实现在 HTML4 以前版本中较为复杂的功能。

10.1.4 Flash 动画与视频

如果项目的客户中还有大量使用旧版浏览器，担心 HTML5 的音视频元素特别是音频元素在各种旧版浏览器中的支持不够，也可以采用传统的 Flash 来实现。可以在网页中使用的 Flash 文件格式有“.flv”和“.swf”两种。

一个.flv 文件（Flash 视频）是基于图片的视频流和音频。如果正在运行一个流服务，.flv 将是一个好的选择。上游条件是，这个文件的任何部分可以被客户终端访问，并且任何时间不会等待下载。一般该格式文件多数是由其他格式的视频转换来的。

.swf 也是 Flash 文件格式，是一个完整的视音频文件，一般采用 Flash 制作，可能具有脚本，也可能是动画。这将有利于 HTTP（渐进式）下载，也被称为“伪随机流（Psuedo Streaming）”。当文件的一部分下载完成后，视频片段就立刻播放，但是客户端将等待 Flash 文件片段下载后才能访问（不能快进），除非整个文件完整下载。

使用 Dreamweaver 插入.flv 时可以有两种视频类型供选择：累进式下载视频和流视频。还可以对显示的外观、是否自动播放及重放等进行选择设置。

10.2 CSS 动画设计

CSS 擅长呈现静态样式，网页设计师也习惯把它作为页面效果的设计工具。CSS3 不仅可以实现圆角和边框图像，还可以实现 2D 和 3D 动画功能，包括变换（Transform）、过渡（Transition）和动画（Animation）技术。

二维码

10.2.1 CSS 变换

CSS3 新增的 transform 属性可以实现元素的旋转、缩放和翻转、移动、倾斜和矩阵变形等变换效果。

1．变换基础——transform 属性

transform 属性实现了一些需用可缩放矢量图形（Scalable Vector Graphics，SVG）实现的变形功能。它可用于内联（inline）元素和块级（block）元素，该属性可以旋转、缩放和移动元素。熟练使用 transform 属性可以控制文字的变形，这种纯 CSS 的方法可以确保网页内的文字保持可选，这是 CSS 相对于使用图片（或背景图片）的一个巨大优势。

取值默认是 none，也可以是由一个或多个空格隔开的多个变形函数列表。matrix()定义矩阵变换，即基于 X 和 Y 坐标重新定位元素的位置。translate()移动元素对象，即基于 X 和 Y 坐标重新定位元素。scale()缩放元素对象，可以使任意元素对象尺寸发生变化，取值包括正数、负数和小数。rotate()旋转元素对象，取值为一个度数值。skew()倾斜元素对象，取值为一个度数值。

2．旋转动画——rotate()函数

rotate()函数能够旋转指定的元素对象，它主要在二维空间内进行操作，可以接受一个角度参数值，用来指定旋转的幅度。元素对象可以是内联元素和块级元素。

语法格式：

```
rotate(<angle>)
```

3．缩放动画——scale()函数

scale()函数能够缩放元素。该函数包含两个参数值，分别用来定义宽和高缩放比例。

语法格式：

```
scale(<number>[ <number>])
```

<number>参数值可以是正数、负数和小数。正数值基于指定的宽度和高度放大元素。负数值不会缩小元素，而是翻转元素（如文字被反转），然后再缩放元素。使用小于 1 的小数可以缩小元素，如果第二个参数省略，则第二个参数值等于第一个参数值。

缩放对象是一项相当有意义的功能，使用它可以渐进增强 hover 的可用性，例如在导航菜单中添加缩放功能，让导航菜单更好用。

4．移动动画——translate()函数

translate()函数能够重新定位元素的坐标，该函数包含两个参数值，分别用来定义 X 轴和 Y 轴坐标。

语法格式：

```
translate(<translation-value>[, <translation-value>])
```

<translation-value>参数表示坐标值，第一个参数表示相对于原位置的 X 轴偏移距离，第二个参数表示相对于原位置的 Y 轴偏移距离，如果省略第二个参数，则第二个参数值默认为 0。

5．倾斜动画——skew()函数

skew()函数能够让元素倾斜显示，该函数包含两个参数值，分别用来定义 X 轴和 Y 轴坐标的角度。

语法格式：

```
skew(<angle> [, <angle>])
```

<angle>参数表示角度值，第一个参数表示相对于 X 轴进行倾斜，第二个参数表示相对于 Y 轴进行倾斜，如果省略了第二个参数，则第二个参数值默认为 0。

skew()可以将一个对象围绕 X 和 Y 轴按照一定的角度倾斜，与 rotate()函数的旋转不同，rotate()只是旋转而不会改变元素的形状。

6．矩阵变形动画——matrix()函数

matrix()是矩阵函数，它可以非常灵活地实现各种变形效果。该函数包括 6 个参数（a，b，c，d，e，f），实际上 matrix()函数是一个 3×3 矩阵，经过该矩阵将旧的参数转换成新值。

```
|a b e|
|c d f|
|0 0 1|
```

语法格式：

```
matrix(<number>, <number>, <number>,<number>, <number>, <number>)
```

以下示例演示了以上变换的效果，其 HTML 代码如下。

```
<h1>旋转：rotate()</h1>
<ul class="test">
    <li class="rotate"> <p>transform:rotate(-15deg)</p> </li>
    <li class="rotate2"> <p>transform:rotate(15deg)</p> </li>
```

```
</ul>
<h1>缩放：scale()</h1>
<ul class="test">
  <li class="scale"> <p>transform:scale(.8)</p> </li>
  <li class="scale2"> <p>transform:scale(1.2)</p> </li>
</ul>
<h1>平移：translate(), translateX(), translateY()</h1>
<ul class="test">
  <li class="translate"> <p>transform:translate(5%,10px)</p> </li>
  <li class="translate2"> <p>transform:translate(-10px,-10px)</p> </li>
  <li class="translateX"> <p>transform:translateX(20px)</p> </li>
  <li class="translate3"> <p>transform:translate(20px)</p> </li>
  <li class="translateY"> <p>transform:translateY(10px)</p> </li>
  <li class="translate4"> <p>transform:translate(0,10px)</p> </li>
</ul>
<h1>扭曲：skew()</h1>
<ul class="test">
  <li class="skew"> <p>transform:skew(-5deg)</p> </li>
  <li class="skew2"> <p>transform:skew(-5deg,-5deg)</p> </li>
</ul>
<h1>矩阵变换：matrix()</h1>
<ul class="test"> <li class="matrix"> <p>transform:matrix(0,1,1,1,10,10)</p> </li></ul>
```

示例 CSS 样式：

```
h1 {clear: both; padding-top: 10px; font-size: 16px; font-family: Arial;}
.test {zoom: 1; width: 700px; margin: 0; padding: 0; list-style: none;}
.test li {float: left; margin: 20px 30px 0 0; border: 1px solid #000;}
.test li p {width: 300px; height: 100px; margin: 0; background: #ddd;}
.test .matrix {-webkit-transform: matrix(0, 1, 1, 1, 10, 10); transform: matrix(0, 1, 1, 1, 10, 10);}
.test .translate p {-webkit-transform: translate(10px, 10px); transform: translate(10px, 10px);}
.test .translate2 p {-webkit-transform: translate(-10px, -10px); transform: translate(-10px, -10px);}
.test .translateX p {-webkit-transform: translateX(20px); transform: translateX(20px);}
.test .translate3 p {-webkit-transform: translate(20px); transform: translate(20px);}
.test .translateY p {-webkit-transform: translateY(10px); transform: translateY(10px);}
.test .translate4 p {-webkit-transform: translate(0, 10px); transform: translate(0, 10px);}
.test .rotate {-webkit-transform: rotate(-5deg); transform: rotate(-5deg);}
.test .rotate2 {-webkit-transform: rotate(5deg); transform: rotate(5deg);}
.test .scale {-webkit-transform: scale(.8); transform: scale(.8);}
.test .scale2 {-webkit-transform: scale(1.2); transform: scale(1.2);}
.test .skew {-webkit-transform: skew(-5deg);    transform: skew(-5deg);}
.test .skew2 {-webkit-transform: skew(-5deg, -5deg); transform: skew(-5deg, -5deg);}
```

📖 本节 CSS 动画的示例都在 IE 11、Firefox 55、Chrome 61、Safari 5.1.7 和 Opera 47 浏览器中测试通过。大家会发现其中每个 transform 语句都多了一个带-webkit-前缀的语句，这是因为苹果公司的 Windows 版 Safari 浏览器已很久不更新。苹果系列上的版本有更新的版本，未测试。

7. CSS3 图片墙设计综合实践

综合使用移动、旋转和缩放等函数来控制元素，可以创建更丰富、更轻量级的界面和应用，示例中使用了 CSS3 阴影、透明效果及变形动画，让图片随意贴在墙上。当鼠标移动到图片上时，会自动放大并垂直摆放。效果如图 10-2 所示。

图 10-2　图片墙效果图

8．CSS 变形原点——transform-origin 属性

CSS 变形原点默认为对象的中心点，如果要改变这个中心点，可以使用 transform-origin 属性进行定义。该属性可以将原点设置在对象左上角、左下角等位置，使 rotate 等变形变得更加灵活。

transform-origin 接受两个参数，它们可以是百分比、em 或 px 等具体值，也可以是 left、center、right，或者 top、middle、bottom 等描述性关键字。

示例 HTML 代码：

```
<ul class="polaroids">
  <li> <a href="1" title="左上角为原点"> <img src="images/hua.png" title="左上角为原点，顺时针旋转 30 度" /> </a> </li>
  <li> <a href="2" title="右上角为原点"> <img src="images/hua.png" title="右上角为原点，逆时针旋转 30 度" /> </a> </li>
  <li> <a href="3" title="左下角为原点"> <img src="images/hua.png" title="左下角为原点，顺时针旋转 60 度" /> </a> </li>
  <li> <a href="4" title="右下角为原点"> <img src="images/hua.png" title="右下角为原点，顺时针旋转 60 度" /> </a> </li>
</ul>
```

示例 CSS 样式：

```
body { background:#fff url(images/wood-bg.jpg); }
ul.polaroids li { display: inline; }
ul.polaroids a {
   background: #fff; display: inline; float: left; margin: 0 0 27px 30px; width: auto;
   padding: 10px 10px 15px; text-align: center; text-decoration: none; color: #333;
   -webkit-box-shadow: 0 3px 6px rgba(0, 0, 0, .25); box-shadow: 0 3px 6px rgba(0, 0, 0, .25);
}
ul.polaroids img { display: block; height: 180px; margin-bottom: 12px;}
ul.polaroids a:after { content: attr(title); }
ul.polaroids li:nth-child(1) a {
   -webkit-transform-origin: 0 0;    transform-origin: 0 0;
   -webkit-transform: rotate(30deg);    transform: rotate(30deg);
}
ul.polaroids li:nth-child(2) a {
      -webkit-transform-origin: top right;    transform-origin: top right;
      -webkit-transform: rotate(-30deg);    transform: rotate(-30deg);
}
ul.polaroids li:nth-child(3) a {
      -webkit-transform-origin: 0 100%;    transform-origin: 0 100%;
```

```
        -webkit-transform: rotate(60deg);    transform: rotate(60deg);
    }
    ul.polaroids li:nth-child(4) a {
        -webkit-transform-origin: 100% 100%;    transform-origin: 100% 100%;
        -webkit-transform: rotate(60deg);    transform: rotate(60deg);
    }
```

示例演示了变形原点旋转效果，如图 10-3 所示。

图 10-3　变形原点旋转效果图

9．定位三维空间——transform-style 属性

transform-style 属性指定某元素的子元素是（看起来）位于三维空间内，还是在该元素所在的平面内被扁平化。当该属性值为 preserve-3d 时，元素将会创建局部堆叠上下文。决定一个变换元素看起来是处在三维空间还是平面内，需要在该元素的父元素上定义 transform-style 属性。

默认值 flat 指定子元素位于此元素所在平面内，preserve-3d 指定子元素定位在三维空间内。

10．观察者位置——perspective 属性

perspective 属性指定观察者与“z=0”平面的距离，使具有三维位置变换的元素产生透视效果。“z>0”时三维元素比正常大，而“z<0”时则比正常小，大小程度由该属性的值决定。当该属性值为“非 none”时，元素将会创建局部堆叠上下文。

默认值 none 表示不指定透视，length 指定观察者距离“z=0”平面的距离，为元素及其内容应用透视变换，不允许为负值。

11．透视点位置——perspective-origin 属性

perspective-origin 属性指定透视点的位置。该属性可以有两个参数值，如果提供两个，第一个用于横坐标，第二个用于纵坐标。如果只提供一个，该值将用于横坐标，纵坐标将默认为 center。

取值既可以使用长度，也可以使用百分比。另外，top 和 bottom 指定透视点的纵坐标方向，left 和 right 指定透视点的横坐标方向，center 可用于二者。

12．背面可见性——backface-visibility 属性

backface-visibility 属性指定元素背面面向用户时是否可见。决定一个元素背面面向用户时是否可见，需要直接在该元素上定义 backface-visibility 属性，而不能在其父元素上定义，因为该属性默认为不可继承。

默认值 visible 指定元素背面可见，允许显示正面镜像。hidden 指定元素背面不可见。

10.2.2 CSS 过渡

CSS Transformation（变换）呈现的是一种变形效果，而 CSS Transition（过渡）呈现的是一种过渡，也就是一种动画转换过程，如渐显、渐弱和动画快慢等。

过渡可以与变形同时使用。例如，触发:hover 或者:focus 事件后创建动画过程，如淡出背景色、滑动一个元素及让一个对象旋转都可以通过 CSS 转换实现。

transition 属性是一个复合属性，可以同时定义 transition-property、transition-duration、transition-timing-function 和 transition-delay 子属性值。

1．设置过渡的 CSS 属性——transition-property 属性

transition-property 属性用来定义转换动画的 CSS 属性名称，如 background-color 属性。取值简单说明如下：none 表示没有元素，all 表示针对所有元素，IDENT 指定 CSS 属性列表。

2．设置过渡的时间——transition-duration 属性

transition-duration 属性用来定义转换动画的时间长度，即从旧属性换到新属性所花费的时间，单位为秒。在默认情况下，动画过渡时间为 0 秒，所以当指定元素动画时，看不到过渡的过程，直接看到结果。

3．设置过渡延迟时间——transition-delay 属性

transition-delay 属性用来定义过渡动画的延迟时间，时间可以为正整数、负整数和零，非零时必须设置单位为 s（秒）或者 ms（毫秒）；为负数时，过渡的动作会从该时间点开始显示，之前的动作被截断；为正数时，过渡的动作会延迟触发。

示例演示了当鼠标经过 div 对象时，transition-property 属性的效果是自动从红色背景过渡到蓝色背景；如果设置了动画过渡时间 transition-duration 属性为 2 秒，就会看到背景色从红色逐渐过渡到蓝色；如果设置了鼠标经过时的延迟 transition-delay 属性为 2 秒，则要等 2 秒后背景颜色才会从红色开始向蓝色过渡。

示例 HTML 代码：

```
<div></div>
```

示例 CSS 样式：

```
div { background-color:red; width:400px; height:200px;}
div:hover { background-color:blue; transition-property:background-color;
  -webkit-transition-duration:2s;   transition-duration:2s;
  -webkit-transition-delay:2s;   transition-delay:2s;
  }
```

4．设置过渡效果——transition-timing-function 属性

transition-timing-function 属性用来定义过渡动画的效果。取值简单说明如下。

- ease：缓解效果，等同于 cubic-bizier(0.25,0.1,0.25,1.0)函数，即立方贝塞尔。
- linear：线性效果，等同于 cubic-bizier(0.0,0.0,1.0,1.0)函数。
- ease-in：渐显效果，等同于 cubic-bizier(0.42,0,1.0,1.0)函数。
- ease-out：渐隐效果，等同于 cubic-bizier(0,0,0.58,1.0)函数。
- ease-in-out：渐显渐隐效果，等同于 cubic-bizier(0.42,0,0.58,1.0)函数。

- cubic-bizier：特殊的立方贝塞尔曲线效果。

示例 transition-timing-function.html 演示了线性过渡效果。

```
div { background-color:red; width:400px; height:200px;}
div:hover { background-color:blue; transition-property:background-color;
  -webkit-transition-duration:5s; transition-duration:5s;
  -webkit-transition-timing-function: linear;   transition-timing-function: linear;
}
```

示例 Transition-Comprehensive.html 演示的综合过渡效果，如图 10-4 所示。

图 10-4　背景色过渡的动画效果图

10.2.3　CSS 动画

CSS 动画暂时还不能达到 Flash 的动感效果或视觉冲击力，但 animation 属性确实能在一定程度上满足动画的要求。

1．@keyframes 规则——关键帧动画

在 CSS 动画设计中，关键帧动画是非常重要的功能，它所包含的是一段连续的动画。CSS 样式所实现的动画效果是通过从一种样式逐步转变到另一种样式来创建的。

基本语法：

```
@keyframes <identifier> { <keyframes-blocks> }
    <keyframes-blocks>：  [  [  from  |  to  |  <percentage>  ]{  sRules  }  ]  [  [  ,  from  |  to  |
<percentage> ]{ sRules } ]*
```

语法说明：

指定动画名称和动画效果。取值 identifier 用于定义一个动画名称，keyframes-blocks 用于定义动画在每个阶段的样式，即帧动画。

定义动画时，简单的动画可以直接使用关键字 from 和 to，即从一种状态过渡到另一种状态。

```
@keyframes animation-name {
    from { opacity: 1; }
    to { opacity: 0; }
}
```

如果是复杂的动画，可以混合百分比去设置某个时间段内的任意时间点的样式。

```
@keyframes animation-name {
    from { transform: translate(0, 0); }
    20% { transform: translate(20px, 20px); }
    40% { transform: translate(40px, 0); }
    60% { transform: translate(60px, 20); }
    80% { transform: translate(80px, 0); }
```

```
        to { transform: translate(100px, 20px); }
    }
```

当然，也可以不使用关键字 from 和 to，而都使用百分比。

```
    @keyframes animation-name {
        0% { transform: translate(0, 0); }
        20% { transform: translate(20px, 20px); }
        40% { transform: translate(40px, 0); }
        60% { transform: translate(60px, 20px); }
        80% { transform: translate(80px, 0); }
        100% { transform: translate(100px, 20px); }
    }
```

2．animation 属性——实现元素动画效果

animation 属性是一个复合属性，它包含 animation-name、animation-duration、animation-timing-function、animation-delay、animation-iteration-count、animation-direction、animation-play-state 和 animation-fill-mode 子属性值。

（1）设置 CSS 动画名称——animation-name 属性

该属性定义了一个适用的动画列表，该属性值所设置的名称用来方便选择动画关键帧，提供动画的属性值。如果名称不符合任何一个定义的关键帧，则该动画将不执行。此外，如果动画的名称是 none，那么就不会有动画。这可以用于覆盖任何动画。

（2）设置 CSS 动画时间——animation-duration 属性

该属性定义动画循环的时间，默认情况下该属性值为 0，这意味着动画周期为 0，即不会有动画。当值为负值时，则被视为 0。

（3）设置 CSS 动画播放方式——animation-timing-function 属性

该属性的取值可参阅 animation-timing-function 属性的取值说明。

（4）设置 CSS 动画开始播放的时间——animation-delay 属性

该属性定义动画的开始时间。它允许一个动画开始执行一段时间后才被应用。当动画延迟时间为 0（即默认的动画延迟时间）时，则意味着动画将尽快执行，否则该值指定将延迟执行的时间。

（5）设置 CSS 动画播放次数——animation-iteration-count 属性

该属性定义动画的循环播放次数。默认值为 1，这意味着动画将从开始到结束播放一次。infinite 表示无限次，即 CSS 动画永远重复。如果取值为非整数，将导致动画结束一个周期的一部分。如果取值为负值，则将导致在交替周期内反向播放动画。

（6）设置 CSS 动画播放方向——animation-direction 属性

该属性定义动画播放的方向，有两个取值，默认为 normal。当为默认值时，动画的每次循环都向前播放。另一个值是 alternate，设置该值则表示第偶数次向前播放，第奇数次向反方向播放。

（7）设置 CSS 动画的状态——animation-play-state 属性

默认值为 running（运动），另一个值是 paused（暂停）。

（8）设置 CSS 动画时间之外的状态——animation-fill-mode 属性

none 为默认值，不设置对象动画之外的状态。forwards 设置对象状态为动画结束时的状态。backwards 设置对象状态为动画开始时的状态。both 设置对象状态为动画结束或开始时的状态。

随书源代码文件 animation.html 演示了借助 animation 属性的移动、大小和透明度等多种用法，读者可自行参考学习。

二维码

10.3 HTML 绘图

HTML5 新增的<canvas>元素相当于页面中的一块画布，可以在该画布上绘制任意图形（包括导入图片），借助该元素自带的 API，通过编写 JavaScript 代码，还可以在<canvas>元素中控制各种图形制作动画效果。

但如果要绘制非常复杂的图形甚至二维动画，像 Flash 制作的漂亮动画一样，手工编码是不现实的，最好借助第三方可视化制作工具，比如 Adobe 的 Animate CC 2018 就是专门用来创作基于 HTML5 Canvas 的复杂图形和二维动画的。如果只是做一些简单的绘图，学一些基础绘图知识即可。本节不详细讲解各种参数，只给出一些实例供大家参考。

10.3.1 canvas 元素的基本用法

在页面中利用画布元素<canvas>绘制图形，首先要使用<canvas>元素创建一个画布区域，并获取该元素，然后通过获取的<canvas>元素取得该图形元素的上下文环境对象，最后根据取得的上下文环境对象在页面中绘制图形或动画。

与创建页面中的其他元素相同，<canvas>元素的创意也十分简单，只需加一个标记 ID 号，设置元素的长和宽即可。示例代码如下。

```
<canvas id="myCanvas" width="200" height="100">你的浏览器不支持 Canvas</canvas>
```

画布创建完成后，就可以利用画布的上下文环境对象绘制图形了。下面通过实例介绍使用<canvas>元素绘制一个正方形的过程。

```
<!doctype html><html><head><meta charset="utf-8"><title>canvas 简单示例</title>
<style>canvas {border:dashed 1px #666; cursor:pointer;}</style>
<script type="text/javascript">
function $$(id) {   return document.getElementById(id);}
function pageload(){
   var cnv=$$("cnvMain");
   var cxt=cnv.getContext("2d");
   cxt.fillStyle="#ccc";
   cxt.fillRect(30,30,80,80);
}
</script>
</head><body onLoad="pageload();">
      <canvas id="cnvMain" width="280px" height="190px"></canvas>
</body></html>
```

JavaScript 代码中编写了一个自定义函数 pageload()，在页面加载时调用。在 JavaScript 代码中，首先获取<canvas>元素，然后取得绘图元素的上下文环境对象 cxt。在获取过程中，需要调用画布的 getContext()方法，并向该方法传递一个字符串为 2d 的参数；一旦取得画布的上下文环境对象后，就可以通过该对象来使用绘图的方法与属性。例如，绘制一个矩形的方法如下。

```
cxt.fillRect(x, y, width, height);
```

其中参数 x 表示矩形起点 X 轴与左上角（0，0）间的距离，参数 y 表示矩形起点 Y 轴与左上角（0，0）的距离，参数 width 表示矩形的宽度，参数 height 表示矩形的高度。在绘制矩形之前，需要设置图形的背景色，方法如下。

```
cxt.fillStyle="background-color";
```

其中参数 background-color 可以是一种 CSS 颜色、图案或渐变色，默认值为黑色。本实例为#ccc，是一种 CSS 颜色。注意设置绘制图形背景色的操作必须先于图形绘制，否则所设置的背景色将不起作用。

10.3.2 绘制基本图形

使用 HTML5 的<canvas>元素不仅能够实现最简单、最直接的绘图，也能够通过编写脚本实现较为复杂的应用。本节介绍如何使用<canvas>元素与 JavaScript 脚本相结合实现一些简单的基本图形绘制。

1．绘制直线

绘制直线需要结合使用 moveTo()和 lineTo()方法。

```
<canvas id="canvas1" width="600" height="400">你的浏览器不支持该功能</canvas>
<script>
  var myCanvas=document.getElementById("canvas1");
  var ctx=myCanvas.getContext("2d");
  ctx.moveTo(0,0);              //moveTo 方法用于创建新的子路径，并设置其起始点
  ctx.lineTo(600,400);          //用于从 moveTo 设置的起始点开始绘制一条到设置坐标的直线
  ctx.strokeStyle="#000";       //线条样式
  ctx.stroke();                 //沿设置的路径绘制一条直线
</script>
```

2．绘制矩形

矩形是一种特殊而又普遍使用的图形，矩形的形状由宽和高决定，再确定一个绘制的起始坐标即可。绘制矩形有两个方法：strokeRect()和 fillRect()，可分别用于绘制矩形边框和填充矩形区域。在绘制前，往往需要先设置样式。

```
<canvas id="canvas1" width="900" height="320">你的浏览器不支持该功能</canvas>
<script>
  var myCanvas=document.getElementById("canvas1");
  var ctx=myCanvas.getContext("2d");
//绘制矩形边框
  ctx.strokeStyle="#F00";              //设置边框颜色
  ctx.lineWidth=5;                     //设置边框宽度
  ctx.strokeRect(0,0,850,300);         //绘制矩形边框
//填充矩形区域
  ctx.fillStyle="#99CED4";             //设置填充颜色
  ctx.fillRect(3,3,845,295);           //填充矩形区域
</script>
```

3．绘制圆形

圆形的绘制是采用绘制路径并填充颜色的方法来实现的。路径会在实际绘制前勾勒出图形的轮廓，这样就可以绘制复杂的图形。

在 canvas 中，所有基本图形都是以路径为基础的，通常会调用 lineTo()、rect()和 arc()等方

法来设置一些路径，在最后使用 fill()或 stroke()方法绘制边框或填充区域时，都是参照这个路径进行。使用路径绘图基本上分为以下 3 个步骤：创建绘图路径、设置绘图样式和绘制图形。

```
<canvas id="canvas1" width="900" height="500">你的浏览器不支持该功能</canvas>
<script>
  var myCanvas=document.getElementById("canvas1");
  var ctx=myCanvas.getContext("2d");
//创建绘图路径
  ctx.beginPath();                              //创建新路径
  ctx.arc(380,250,200,0,Math.PI*2,true);        //圆形路径
  ctx.closePath();                              //闭合路径
//设置绘图样式
  ctx.strokeStyle="#F00";                       //设置边框颜色
  ctx.lineWidth=10;                             //设置边框宽度
  ctx.fillStyle="#EDB5C0";                      //设置填充颜色
//绘制图形
  ctx.stroke();                                 //绘制边框
  ctx.fill();                                   //绘制填充
</script>
```

4．绘制三角形

三角形同样需要通过绘制路径的方法来实现。了解了前面讲解的有关绘制图形的相关方法和属性后，使用绘制路径的方法就能够自由地绘制出其他相关图形。

```
<canvas id="canvas1" width="900" height="500">你的浏览器不支持该功能</canvas>
<script>
  var myCanvas=document.getElementById("canvas1");
  var ctx=myCanvas.getContext("2d");
//创建绘图路径
  ctx.beginPath();                  //创建新路径
  ctx.moveTo(0,0);                  //确定起始坐标
  ctx.lineTo(500,0);                //目标坐标
  ctx.lineTo(0,500);                //目标坐标
  ctx.closePath();                  //闭合路径
//设置绘图样式
  ctx.fillStyle="#6E7376";          //设置填充颜色
//绘制图形
  ctx.fill();                       //绘制填充
</script>
```

5．图形组合

通常情况下，会把一个图形绘制在另一个图形上，称为图形组合。默认的情况是上面的图形覆盖了下面的图形，这是由于图形组合默认设置了 source-over 属性值。在 canvas 中，可通过 globalCompositeOperation 属性设置如何在两个图形叠加的情况下组合颜色。

```
<canvas id="canvas1" width="400" height="300">你的浏览器不支持该功能！</canvas>
<script>
function Draw(){
  var myCanvas=document.getElementById("canvas1");
  var ctx=myCanvas.getContext("2d");
  // source-over
  ctx.globalCompositeOperation = "source-over";  //新图形绘制于已有图形的顶部
```

```
    RectArc(ctx);
    // lighter
    ctx.globalCompositeOperation = "lighter";   //图形重叠处由两种颜色值的加值决定
    ctx.translate(90,0);
    RectArc(ctx);
    // xor
    ctx.globalCompositeOperation = "xor";   //重叠和正常绘制的其他地方，图形都为透明
    ctx.translate(-90,90);   //重新映射画布上的(0,0)位置
    RectArc(ctx);
    // destination-over
    ctx.globalCompositeOperation = "destination-over";   //新图绘制于已有图形后面
    ctx.translate(90,0);
    RectArc(ctx);
  }
  // 绘制组合图形
  function RectArc(ctx){
    ctx.beginPath();   //起始一条路径，或重置当前路径
    ctx.rect(10,10,50,50);   //创建矩形
    ctx.fillStyle = "#F90";   //填充颜色
    ctx.fill();   //填充当前绘图（路径）
    ctx.beginPath();
    ctx.arc(60,60,30,0,Math.PI*2,true);   //创建弧/曲线（用于创建圆形或部分圆）
    ctx.fillStyle = "#0f0";
    ctx.fill();
  }
  window.addEventListener("load",Draw,true);   //侦听窗口的 load 事件并处理 Draw 函数
  </script>
```

10.3.3 绘制曲线

在实际绘图中，绘制曲线是常用的一种绘图形式。在设置路径时，需要使用一些曲线方法来勾勒曲线路径，以完成曲线的绘制。在 Canvas 中，绘图 API 提供了多种曲线绘制方法，如 arc()、arcTo()、quadraticCurveTo()和 bezierCurveTo()。

1．使用 arc()方法

arc()方法用于创建弧/曲线（用于创建圆或部分圆）。如需通过 arc()来创建圆，请把起始角设置为 0，结束角设置为 2*Math.PI。使用 stroke()或 fill()方法在画布上绘制实际的弧。

JavaScript 语法：

```
context.arc(x,y,r,sAngle,eAngle,counterclockwise);
```

其中，x、y 和 r 代表坐标和半径，sAngle 和 eAngle 代表以弧度计的起始角（默认向右方向为 0 度）和结束角，counterclockwise 为可选，用于规定是按逆时针还是顺时针绘图（false 表示顺时针，true 表示逆时针）。

```
<canvas id="canvas1" width="900" height="600">你的浏览器不支持该功能</canvas>
<script>
  var myCanvas=document.getElementById("canvas1");
  var ctx=myCanvas.getContext("2d");
//先绘制一个圆形
  ctx.beginPath();   //起始一条路径，或重置当前路径
```

```
        ctx.arc(450,300,250,0,Math.PI*2,true);   //创建弧/曲线（用于创建圆或部分圆）
        ctx.closePath();    //创建从当前点回到起始点的路径
        ctx.fillStyle="#CCC";          //填充绘画的颜色
        ctx.fill();                    //填充当前绘图（路径）
    //再绘制一条圆弧
        ctx.beginPath();
        ctx.arc(450,300,250,0,(-Math.PI*1),true);
        ctx.strokeStyle="#F90";        //笔触的颜色
        ctx.lineWidth=20;              //当前的线条宽度
        ctx.stroke();                  //绘制已定义的路径
    </script>
```

2．使用 arcTo()方法

arcTo()方法用于在画布上创建介于两个切线之间的弧/曲线，使用两个目标点和一个半径，为当前的子路径添加一条弧线。

JavaScript 语法：

```
context.fillRect(x1,y1,x2,y2,radius);
```

5 个参数分别代表两个坐标和弧线的半径。

```
<canvas id="canvas1" width="900" height="600">你的浏览器不支持该功能</canvas>
<script>
    var myCanvas=document.getElementById("canvas1");
    var ctx=myCanvas.getContext("2d");
// 先绘制灰色的辅助线段
    ctx.beginPath();               //起始一条路径，或重置当前路径
    ctx.moveTo(150,450);           //创建新的子路径，并设置其起始点
    ctx.lineTo(400,100);           //添加一个新点，然后在画布中创建从该点到最后指定点的线条
    ctx.lineTo(700,500);
    ctx.strokeStyle="#CCC";        //笔触颜色
    ctx.lineWidth=2;               //当前的线条宽度
    ctx.stroke();                  //绘制已定义的路径
// 再绘制一条圆弧
    ctx.beginPath();
    ctx.moveTo(150,450);
    ctx.arcTo(400, 100, 700, 500, 320);    //创建两条切线之间的弧/曲线
    ctx.strokeStyle="#F90";
    ctx.lineWidth=10;
    ctx.stroke();
    ctx.lineTo(700,500);
    ctx.stroke();
</script>
```

3．使用 quadraticCurveTo()方法

quadraticCurveTo()方法通过使用表示二次贝塞尔曲线的指定控制点，向当前路径添加一个点。

JavaScript 语法：

```
context.quadraticCurveTo(cpx,cpy,x,y);
```

cpx 和 cpy 表示贝塞尔控制点的坐标，x 和 y 表示结束点的坐标。

```
<canvas id="canvas1" width="900" height="600">你的浏览器不支持该功能</canvas>
```

```
<script>
  var myCanvas=document.getElementById("canvas1");
  var ctx=myCanvas.getContext("2d");
// 先绘制灰色的辅助线段
  ctx.beginPath();            // 添加第一个子路径
  ctx.moveTo(150,500);        // 确定当前位置，即绘图起始的位置
  ctx.lineTo(450,50);         // 直线连接控制点
  ctx.lineTo(750,500);        // 直线连接终点
  ctx.strokeStyle="#CCC";     // 笔触颜色
  ctx.lineWidth=2;            // 当前的线条宽度
  ctx.stroke();               // 绘制已定义的路径
// 再绘制一曲线
  ctx.beginPath();            // 添加第二个子路径
  ctx.moveTo(150, 500);       // 确定当前位置，与第一个子路径一致。开始点
  ctx.quadraticCurveTo(450, 50, 750, 500);  // 确定曲线轮廓。控制点和结束点
  ctx.lineWidth = 10;
  ctx.strokeStyle="#F90";
  ctx.stroke();
</script>
```

4．使用 bezierCurveTo()方法

bezierCurveTo()方法通过使用表示三次贝塞尔曲线的指定控制点，向当前路径添加一个点。三次贝塞尔曲线需要三个点。前两个点是用于三次贝塞尔计算中的控制点，第三个点是曲线的结束点。曲线的开始点是当前路径中的最后一个点。如果路径不存在，可以使用 beginPath()和 moveTo()方法来定义开始点。

JavaScript 语法：

```
context.bezierCurveTo(cp1x,cp1y,cp2x,cp2y,x,y);
```

前面两个是控制点，最后一个是结束点。

```
<canvas id="canvas1" width="900" height="600">你的浏览器不支持该功能</canvas>
<script>
  var myCanvas=document.getElementById("canvas1");
  var ctx=myCanvas.getContext("2d");
// 先绘制灰色的辅助线段
  ctx.beginPath();            // 添加第一个子路径
  ctx.moveTo(100,500);        // 确定当前位置，即绘图起始的位置
  ctx.lineTo(200,50);         // 直线连接控制点
  ctx.moveTo(700,600);        // 移动当前位置
  ctx.lineTo(350,100);        // 直线连接终点
  ctx.strokeStyle="#CCC";     // 线框颜色为灰
  ctx.lineWidth=2;
  ctx.stroke();
// 再绘制一条曲线
  ctx.beginPath();            // 添加第二个子路径
  ctx.moveTo(100, 500);       // 确定当前位置，与第一个子路径一致
  ctx.bezierCurveTo(200, 50, 350, 100, 700, 600);  // 确定曲线轮廓
  ctx.lineWidth = 10;
  ctx.strokeStyle="#F90";     // 线框颜色为橙色
  ctx.stroke();
```

```
</script>
```

10.3.4 绘制文本

<canvas>元素不仅可以绘制基本的图形，还可以绘制出文字效果。

1．使用文本

可以使用 fillText()填充的方法绘制文本，也可以使用 strokeText()描边的方法绘制文本。

JavaScript 语法：

```
context.fillText(text,x,y,maxWidth);
context.strokeText(text,x,y,maxWidth);
```

text 表示要输入的文本，x 和 y 表示绘制文本的坐标位置（相对于画布），maxWidth 为可选，表示允许的最大文本宽度，以像素为单位。

```
<canvas id="canvas1" width="900" height="300">你的浏览器不支持该功能</canvas>
<script>
  var myCanvas=document.getElementById("canvas1");
  var ctx=myCanvas.getContext("2d");
// 填充方式绘制文本
  ctx.fillStyle="#F6CC4C";                //填充颜色
  ctx.font="bold 60px 微软雅黑";           //文本内容的当前字体属性
  ctx.fillText("欢迎光临我们的网站！",100,100);          //在画布上绘制被填充的文本
// 描边方式绘制文本
  ctx.strokeStyle="#666";                 //笔触的颜色
  ctx.font="bold italic 60px 微软雅黑";
  ctx.strokeText("欢迎光临我们的网站！",100,200);        //在画布上绘制文本（无填充）
</script>
```

2．获取文字宽度

measureText()方法返回包含一个对象，该对象包含以像素计的指定字体宽度。如果需要在文本向画布输出之前就了解文本的宽度，可以使用该方法。

JavaScript 语法：

```
context.measureText(text).width;
```

text 为要测量的文本。

```
<canvas id="canvas1" width="900" height="300">你的浏览器不支持该功能</canvas>
<script>
  var myCanvas=document.getElementById("canvas1");
  var ctx=myCanvas.getContext("2d");
// 填充方式绘制文本
  ctx.fillStyle="#F6CC4C";                //填充颜色
  ctx.font="bold 60px 微软雅黑";           //文本内容的当前字体属性
// 根据已设置的文本样式度量文本
  var tm=ctx.measureText("欢迎光临我们的网站！");       //返回包含指定文本宽度的对象
  ctx.fillText("欢迎光临我们的网站！",100,100);         //在画布上绘制被填充的文本
  ctx.fillText(tm.width,tm.width+100,100);
// 描边方式绘制文本
  ctx.strokeStyle="#666";                 //笔触的颜色
  ctx.font="bold italic 60px impact";
//根据已设置的文本样式度量文本
```

```
    var tm=ctx.measureText("Hello Welcome!");
    ctx.strokeText("Hello Welcome!",100,200);    //在画布上绘制文本（无填充）
    ctx.strokeText(tm.width,tm.width+100,200);
</script>
```

3．创建对象阴影

阴影效果可以增加图像的立体感，为所绘制的图形或文字添加阴影效果，可以利用绘图API提供的绘制阴影的属性。阴影属性不会单独去绘制阴影，只需要在绘制任何图形或文字之前添加阴影属性，就能绘制出带有阴影效果的图形或文字。

设置阴影主要有4个属性：shadowColor、shadowOffsetX、shadowOffsetY和shadowBlur。

```
<canvas id="canvas1" width="900" height="300">你的浏览器不支持该功能</canvas>
<script>
    var myCanvas=document.getElementById("canvas1");
    var ctx=myCanvas.getContext("2d");
//设置阴影属性
    ctx.shadowColor="#CCC";              //阴影的颜色
    ctx.shadowOffsetX=5;                 //阴影距形状的水平距离
    ctx.shadowOffsetY=5;                 //阴影距形状的垂直距离
    ctx.shadowBlur=5.5;                  //阴影的模糊级别
//绘制矩形
    ctx.fillStyle="#F6CC4C";             //填充颜色
    ctx.fillRect(0,0,880,100);           //绘制被填充的矩形
//填充方式绘制文本
    ctx.fillStyle="#996600";
    ctx.font="bold 60px 微软雅黑";        //文本内容的当前字体属性
    ctx.fillText("欢迎光临我们的网站！",150,65);
</script>
```

10.3.5 图像的绘制与裁切

有时可能需要借助一些图片素材，使绘图更加灵活和方便。在Canvas中，绘图API已经提供了插入图像的方法，只需编写几行代码就能将图像绘制到画布上。

1．绘制线性渐变

渐变是一种很普遍的视觉形象，能带来视觉上的舒适感。在Canvas中，绘图API提供了两个原生的渐变方法，包括线性渐变和径向渐变，可以应用在描边样式和填充样式中。线性渐变是指起始点和结束点之间线性的内插颜色值。

JavaScript语法：

```
context.createLinearGradient(x0,y0,x1,y1);
```

4个参数分别代表渐变开始点的坐标和结束点的坐标。

```
<canvas id="canvas1" width="1000" height="80">你的浏览器不支持该功能</canvas>
<script>
    var myCanvas=document.getElementById("canvas1");
    var ctx=myCanvas.getContext("2d");
//创建线性渐变
    var grd=ctx.createLinearGradient(0,0,1000,0);     //创建线性渐变（用在画布内容上）
//设置渐变颜色
    grd.addColorStop(0,"#F90");                      //规定渐变对象中的颜色和停止位置
```

```
    grd.addColorStop(1,"#F30");
  //绘制矩形并将填充设置为渐变
    ctx.fillStyle=grd;                  //填充的颜色
    ctx.fillRect(0,0,1000,80);          //绘制被填充的矩形
  </script>
```

2．绘制径向渐变

径向渐变是指两个指定圆的圆周之间放射性地表现颜色过渡效果。

JavaScript 语法：

```
  context.createRadialGradient(x0,y0,r0,x1,y1,r1);
```

6 个参数分别代表渐变开始圆的坐标和结束圆的坐标，以及它们的半径。

```
  <canvas id="canvas1" width="400" height="400">你的浏览器不支持该功能</canvas>
  <script>
    var myCanvas=document.getElementById("canvas1");
    var ctx=myCanvas.getContext("2d");
  //创建径向渐变，创建放射状/环形的渐变（用在画布内容上）
    var grd=ctx.createRadialGradient(200,200,0,200,200,200);
  //设置渐变颜色
    grd.addColorStop(0,"#FFFC20");              //规定渐变对象中的颜色和停止位置
    grd.addColorStop(1,"#FFA100");
  //绘制圆形并将填充设置为渐变
    ctx.fillStyle=grd;     //填充的颜色
    ctx.beginPath();       //起始一条路径，或重置当前路径
    ctx.arc(200,200,200,0,Math.PI*2,true);      //创建弧/曲线（用于创建圆形或部分圆）
    ctx.fill();            //填充当前绘图（路径）
  </script>
```

3．绘制图像

使用 drawImage()方法可以将图像添加到 Canvas 画布中，即绘制一幅图像。有三种使用方法。

在画布上定位图像。JavaScript 语法：

```
    context.drawImage(img,x,y);
```

在画布上定位图像，并规定图像的宽度和高度。JavaScript 语法：

```
    context.drawImage(img,x,y,width,height);
```

剪切图像，并在画布上定位被剪切的部分。JavaScript 语法：

```
    context.drawImage(img,sx,sy,swidth,sheight,x,y,width,height);
```

img 规定要使用的图像、画布或视频。sx 和 sy 为可选，表示开始剪切的坐标位置。swidth 和 sheight 为可选，表示被剪切图像的宽度和高度。x 和 y 表示在画布上放置图像的坐标位置。width 和 height 为可选，表示要使用的图像的宽度和高度（伸展或缩小图像）。

```
  <canvas id="canvas1" width="1000" height="625">你的浏览器不支持该功能</canvas>
  <script>
    var myCanvas=document.getElementById("canvas1");
    var ctx=myCanvas.getContext("2d");
    var newImg=new Image();             //使用 Image()构造函数创建图像对象
    newImg.src="images/bg2.jpg";   //指定图像的文件地址
    newImg.onload=function() {
```

```
        ctx.drawImage(newImg,0,0);   //从左上角开始绘制图像
    }
</script>
```

4．裁切区域

在路径绘图中使用了两种方法，即用于绘制线条的 stroke()方法和用于填充区域的 fill()方法。关于路径的处理，还有一种方法，即裁切方法 clip()。

JavaScript 语法：

```
context.clip();
```

clip()方法从原始画布中剪切任意形状和尺寸。一旦剪切了某个区域，则所有之后的绘图都会被限制在被剪切的区域内（不能访问画布上的其他区域）。也可以在使用 clip()方法前，通过使用 save()方法对当前画布区域进行保存，并在以后的任意时间对其进行恢复（通过 restore()方法）。

```
<canvas id="canvas2" width="400" height="400">你的浏览器不支持该功能</canvas>
<canvas id="canvas1" width="400" height="400">你的浏览器不支持该功能</canvas>
<script>
  var canvas=document.getElementById("canvas1");
  var ctx=canvas.getContext("2d");
//绘制底部灰色圆形
  ctx.arc(200,200,115,0,Math.PI*2,true);
  ctx.fillStyle="orange";
  ctx.fill();
function Draw(){
  var canvas=document.getElementById("canvas2");
  var ctx=canvas.getContext("2d");
  //在画布对象中绘制图像
  var newImg=new Image();
  newImg.src="images/network.jpg";
  newImg.onload=function(){
    ArcClip(ctx);
    ctx.drawImage(newImg,90,88);
    }
  }
function ArcClip(ctx) {
  //裁切路径
  ctx.beginPath();
  ctx.arc(200,200,110,0,Math.PI*2,true);//设置一个圆形绘图路径
  ctx.clip();                          //裁剪区域
  }
  window.addEventListener("load",Draw,true);
</script>
```

10.4 HTML 拖放

二维码

HTML5 拖放 API 规定了所有元素都可以被拖放。拖放行为是指用户可以使用鼠标左键单击选中允许拖放的元素或文件，在保持鼠标左键按下的情况下移动该元素至页面的任意位置，当移动到具有允许放置状态的元素上时释放鼠标左键，放置被拖放的元素。其中，从鼠标左键按下选中元素，到保持鼠标左键按下并

移动该元素的整个过程称为“拖”；将被拖动的元素放置在许可放置的区域上方并释放鼠标左键的行为称为“放”。整个拖放过程增强了人机交互的功能。

拖放元素时的一系列动作会触发相关元素的拖放事件 DragEvent，该事件继承了鼠标事件 MouseEvent。DragEvent 包含的常用事件类型根据拖放生命周期触发的事件的顺序为：ondragstart（在拖动操作开端运行脚本）、ondrag（元素被拖动时运行脚本）、ondragenter（当元素已被拖动到有效拖放区域时运行脚本）、ondragover（当元素在有效拖放目标上正在被拖动时运行脚本）、ondragleave（当元素离开有效拖放目标时运行脚本）、ondrop（当被拖元素正在被拖放时运行脚本）和 ondragend（在拖动操作末端运行脚本）。

HTML5 拖放 API 允许在拖放过程中携带一项或多项自定义数据内容。这些数据内容可以使用拖放事件 DragEvent 中的 datatransfer 属性进行添加和处理，该属性来源于 HTML5 中的 DataTransfer 对象，其中包含的每项数据均可有独立的数据类型。DataTransfer 对象的常用属性有：dropEffect（获取或重置当前拖放类型）、effetAllowed（所有允许的拖放类型）、types（所有存入数据的类型）、items（以列表形式保存所有的存入数据）和 files（文件列表对象）。DataTransfer 对象的常用方法有：getData(format)、setData(format,data)、clearData([format])和 setDataImage(image,x,y)。

在 HTML5 页面中实现拖放的主要过程为：为需要被拖放的元素添加 draggable 属性，使其允许被拖放；在被拖曳元素的 ondragstart 事件中初始化需要传递的数据信息；为作为放置区域的元素设置 ondragover 事件，取消默认操作；为作为放置区域的元素设置 ondrop 事件，接收并处理传递过来的数据内容。

```
<div id="div1" ondrop="drop(event)" ondragover="allowDrop(event)">div1</div>
<div id="div2" ondrop="drop(event)" ondragover="allowDrop(event)">div2</div>
<p draggable="true" ondragstart="drag(event)" id="drag1">可被拖放段落</p>
<script>
  function allowDrop(ev) {            //ondragover 事件回调函数
    ev.preventDefault();              //解禁当前元素为可放置被拖曳元素的区域
  }
  function drag(ev) {                 //ondragstart 事件回调函数
    //设置传递的内容为被拖曳元素的 id 名称，数据类型为纯文本类型
    ev.dataTransfer.setData("text/plain",ev.target.id);
  }
  function drop(ev) {                 //ondrop 事件回调函数
    ev.preventDefault();              //解禁当前元素为可放置被拖曳元素的区域
    var id = ev.dataTransfer.getData("text");    //获取当前被放置的元素 id 名称
    var ob = document.getElementById(id);     //根据 id 名称获取元素对象
    ev.target.appendChild(ob);        //获取放置区域并添加该元素对象
  }
</script>
```

10.5 小结

本章从最基础的概念入手，介绍了 HTML5 多媒体元素在页面中的使用方法；然后，通过理论与实例结合的方式，分别介绍了多媒体元素设计的属性、方法及重要的事件，为读者熟练掌握视频与音频元素在 HTML5 中的应用打下了扎实的基础。本章还介绍了利用 CSS3 的变换、过渡和动画等属性实现动画特效的方法。而对于 HTML 绘图和拖放，只需了解简单应用

即可，复杂绘图可以借用第三方软件实现。

10.6 思考与练习

1. 思考题

1）请比较 HTML4 和 HTML5 的音视频使用方法。

2）请比较现在最新版的几大内核浏览器对 CSS3 动画的支持情况。

2. 操作题

1）调试本章源代码。

2）制作一个带有 CSS 动画特效的视频网站播放页面。

第 11 章　jQuery

jQuery 是继 prototype 之后又一个优秀的 JavaScript 库。它是轻量级的 JS 库，不仅兼容 CSS3，还兼容各种浏览器（IE 6.0+、Firefox 1.5+、Safari 2.0+、Opera 9.0+和 Chrome 等）。jQuery 使用户能更方便地处理 HTML Documents、Events，实现动画效果，并且可以方便地为网站提供 Ajax 交互。jQuery 还有一个比较大的优势是，它的文档说明很全，而且各种应用也说得很详细，同时还有许多成熟的插件可供选择。jQuery 能够使用户的 HTML 页面保持 JS 代码和 HTML 内容分离，也就是说，不用再在 HTML 中插入一堆 JS 来调用命令了，只需定义 id 即可。

教学目标

- 掌握 jQuery 的基本概念和选择器的使用方法
- 掌握 jQuery 操作 DOM 的方法
- 掌握 jQuery 中的事件、动画和特效
- 熟悉 jQuery UI 插件的使用方法

二维码

11.1　jQuery 概述

jQuery 是由美国人 John Resig 于 2006 年创建的一个开源项目，至今已吸引了来自世界各地的众多 JavaScript 高手加入其团队，其宗旨是：write less，do more。

1．jQuery 的基本功能

（1）访问和操作 DOM 元素

可以方便地获取和修改该页面中的某个元素，无论是删除、移动还是复制某个元素，jQuery 都提供了一整套方便、快捷的方法，既减少了代码的编写，又大大提高了用户对页面的体验度。

（2）控制页面样式

程序开发人员可以通过 jQuery 很方便地控制页面 CSS 文件，使用 jQuery 可以操作页面样式，并可很好地兼容各种浏览器。

（3）对页面事件的处理

使页面的表现层与功能开发层分离，开发者可以更多地专注于程序的逻辑与功效。页面设计者侧重于页面优化与用户体验，然后通过事件绑定机制，轻松实现二者的结合。

（4）大量插件在页面中的运用

通过使用大量的插件（如表单插件、UI 插件等）来完善页面的功能和展示效果，使原来使用 JavaScript 代码遥不可及的功能通过插件的引入而轻松实现。

（5）与 Ajax 技术的完美结合

引入 jQuery 库后，不仅完善了 Ajax 的功能，而且减少了代码的书写，通过其内部对象或函数，再加上几行代码，即可实现复杂的功能。

2．jQuery 语法

jQuery 语法是为 HTML 元素的选取而编制的，可以对元素执行某些操作。

基本语法：

```
$(selector).action()
```

语法说明：

美元符号“$”用于定义 jQuery，选择符（selector）用于“查询”和“查找”HTML 元素，jQuery action()用于执行对元素的操作。

以下几行代码演示了 jQuery 语法的使用方法。

```
$(this).hide()—隐藏当前元素
$("p").hide()—隐藏所有段落
$("p.test").hide()—隐藏所有 class="test" 的段落
$("#test").hide()—隐藏所有 id="test" 的元素
```

🕮 jQuery 使用的语法是 XPath 与 CSS 选择器语法的组合，有了 CSS 基础就不难学习 jQuery 选择器的内容了。

3．jQuery 实例

图 11-1 所示的实例展示了一个使用 jQuery 库的简单方法。

```
<!DOCTYPE HTML>
<html>
<head>
<meta charset="utf-8">
<title>jQuery</title>
<script src="https://cdn.bootcss.com/jquery/3.3.1/jquery.min.js"></script>
<script>!window.jQuery && document.write('<script src="js/jquery-3.3.1.min.js"><\/script>');</script>
<script>
    $(function() {
        $("p").click(function() {
            $(this).hide();
        });
    });
</script>
</head>
<body>
<p>你敢点我，我就敢隐身！</p>
</body>
</html>
```

图 11-1　jQuery 的一个简单实例

<title>下面两行的作用是加载 jQuery 框架文件，其中第一行使用了内容分发网络（Content Delivery Network，CDN），它是 jQuery 核心文件，Microsoft 和 Google 也有这个 CDN；第二行表示如果前面 CDN 没有加载成功，才使用本地服务器上的 jquery-3.2.1.min.js。由于 CDN 的加载速度明显更快，所以实际使用时推荐该用法。

🕮 本书为了简写代码，后面的例子中统一不使用 CDN，所以把这两行精简为一行（也有不出现的情况，实际使用时需加上）：<script src="jquery-3.2.1.min.js"></script>。

使用 HTML5 的声明“<!DOCTYPE HTML>”后，<script>中的“type="text/javascript"”属性也都省略了。

<body>的<p>标签中，相对 JavaScript 而言也省略了 onClick，这充分体现了 JS 代码与内容结构的分离原则。

$(document).ready(function() { })类似于传统 JavaScript 的 window.onload=function(){}，但执行时间不同，前者是在页面框架下载完毕后就执行，而后者必须在页面全部（包括图片）加

载完毕后才能执行，这就体现出 jQuery 的高效率；执行数量也不同，前者可以重复写多个，并且每次执行结果不同，而后者尽管可以执行多个，但仅输出最后一个执行结果。$(document).ready(function() { })可以简写成$(function() {})，本书就采用了这种简写形式。

再来看一个使用 jQuery 实现表格隔行背景颜色的例子（比 JS 实现简单多了）。

示例 CSS 样式：

```
table { width: 400px; text-align: center; background-color: #eee; border-collapse:collapse; }
tr th { background-color:#ccc; color:#fff }
.interlacing { background-color:#fff }
```

📖 如无特殊需要，本章后面的例子将省略 CSS 代码，只提供部分 JS 或 HTML 代码。

示例 script 代码：

```
$(function(){
    $("table tr:nth-child(even)").addClass("interlacing");
})
```

示例 HTML 代码：

```
<table>
  <tr><th>学号</th><th>姓名</th><th>性别</th><th>总分</th></tr>
  <tr><td>1</td><td>张三</td><td>男</td><td>300</td></tr>
  <tr><td>2</td><td>李四</td><td>女</td><td>340</td></tr>
  <tr><td>3</td><td>王五</td><td>男</td><td>320</td></tr>
  <tr><td>4</td><td>赵六</td><td>女</td><td>350</td></tr>
</table>
```

11.2 jQuery 选择器

jQuery 的选择器与 CSS 中的选择器相似，有了 CSS 选择器的基础后，可以快速掌握 jQuery 选择器的用法。

二维码

11.2.1 基本选择器

根据所获取页面中元素的不同，可以将 jQuery 选择器分为基本选择器、层次选择器、过滤选择器和表单选择器四大类。

基本（Basics）选择器是 jQuery 中使用最频繁的选择器，它由元素 id、class、元素名及多个选择符组成，通过基本选择器可以实现大多数页面元素的查找。基本选择器的语法如表 11-1 所示。

表 11-1 基本选择器语法

选择器	功能	举例
#id	根据给定的 ID 匹配一个元素	$("#divId")选择 ID 为 divId 的元素
element	根据给定的元素名匹配所有元素	$("a")选择所有<a>元素
.class	根据给定的类匹配元素	$(".bgRed")选择所用 CSS 类为 bgRed 的元素
*	匹配所有元素	$("*")选择页面所有元素
selector1, selector2, selectorN	将每一个选择器匹配到的元素合并后一起返回	$("#divId, a, .bgRed")

示例 script 代码：

```
$(function(){
    $("#divOne").css("display","block");      //ID 匹配元素
    $("div span").css("display","block");      //元素名匹配元素
    $(".clsFrame .clsOne").css("display","block");          //类匹配元素
    $("#divOne,span").css("display","block");   //合并匹配元素，先注释前几个后再看该效果
    $("*").css("display","block");                 //匹配所有元素，结果 title 等也会变成 block 显示出来
})
```

示例 HTML 代码：

```
<div class="clsFrame">
    <div id="divOne">ID</div>
    <div class="clsOne">CLASS</div>
    <span>SPAN</span>
</div>
```

📖 从本例开始，为节约篇幅，将把多个独立的小实例合并放在一个实例中，如果显示效果有冲突或不易观察，请分别注释$(function(){…})中可能有影响的部分，再在浏览器中查看。本书提供的完整电子版源代码中已全部注释，需分别去掉注释后才可查看浏览器中的效果。

11.2.2　层次选择器

层次（Hierarchy）选择器通过 DOM 元素间的层次关系获取元素，其主要的层次关系包括后代、父子、相邻和兄弟关系，通过其中的某类关系可以方便快捷地定位元素。层次选择器的语法如表 11-2 所示。

表 11-2　层次选择器语法

选择器	功　能	举　例
ancestor descendant	选择 ancestor（祖先）中的所有 descendant（子孙后代）	$(".bgRed div") 选择 CSS 类为 bgRed 的元素中的所有<div>元素
parent > child	选择 parent 的直接子结点 child，child 必须包含在 parent 中并且父类是 parent 元素	$(".myList>li") 选择 CSS 类为 myList 元素中的直接子结点<li>对象
prev + next	prev 和 next 是两个同级别的元素，选中在 prev 元素后面的 next 元素	$("#hibiscus+img")选择 id 为 hibiscus 元素后面的 img 对象
prev ～ siblings	选择 prev 后面的根据 siblings 过滤的元素。注：siblings 是过滤器	$("#someDiv～[title]")选择 id 为 someDiv 的对象后面所有带有 title 属性的元素

示例 script 代码：

```
$(function(){   //匹配后代元素
    $("#divMid").css("display","block");
    $("div span").css("display","block");
})
$(function(){   //匹配子元素
    $("#divMid").css("display","block");
    $("div>span").css("display","block");
})
$(function(){   //匹配后面元素
    $("#divMid + div").css("display","block");
    $("#divMid").next().css("display","block");
})
$(function(){   //匹配所有后面元素
    $("#divMid ～ div").css("display","block");
```

```
    $("#divMid").nextAll().css("display","block");
})
$(function(){   //匹配所有相邻元素
    $("#divMid").siblings("div").css("display","block");
})
```

示例 HTML 代码：

```
<div class="clsFraA">Left</div>
<div class="clsFraA" id="divMid">
    <span class="clsFraP" id="Span1">
        <span class="clsFraC" id="Span2"></span>
    </span>
</div>
<div class="clsFraA">Right_1</div>
<div class="clsFraA">Right_2</div>
```

11.2.3 过滤选择器

过滤选择器又可分为基本过滤选择器、内容过滤选择器、可见性过滤选择器、属性过滤选择器、子元素过滤选择器和表单对象属性过滤选择器 6 种。过滤选择器根据某类过滤规则进行元素的匹配，书写时都以冒号（:）开头。

1．基本过滤选择器

基本过滤（Basic Filters）选择器是过滤选择器中使用最广泛的一种，其语法如表 11-3 所示。

表 11-3　基本过滤选择器语法

选择器	功　能	举　例
:first 或 first()	匹配找到的第一个元素	查找表格的第一行:$("tr:first")
:last 或 last()	匹配找到的最后一个元素	查找表格的最后一行:$("tr:last")
:not(selector)	除给定选择器所匹配的元素外的所有元素	查找所有未选中的 input 元素: $("input:not(:checked)")
:even	匹配所有索引值为偶数的元素，从 0 开始计数	查找表格的 1、3、5…行:$("tr:even")
:odd	匹配所有索引值为奇数的元素，从 0 开始计数	查找表格的 2、4、6…行:$("tr:odd")
:eq(index)	匹配一个给定索引值的元素，索引号从 0 开始	查找第二行:$("tr:eq(1)")
:gt(index)	匹配所有大于给定索引值的元素，索引号从 0 开始	查找第二、第三行，即索引值是 1 和 2，也就是比 0 大: $("tr:gt(0)")
:lt(index)	匹配所有小于给定索引值的元素，索引号从 0 开始	查找第一、第二行，即索引值是 0 和 1，也就是比 2 小: $("tr:lt(2)")
:header	获取所有标题类型的元素，如 h1、h2……	给页面内的所有标题加上背景色：$(":header")．Css ("background", "#EEE");

:animated	匹配所有正在执行动画效果的元素	只对没有执行动画效果的元素执行一个动画特效:
		$("#run").click(function(){
		$("div:not(:animated)").animate({
		left: "+=20" }, 1000);
		});

下面是一个应用基本过滤选择器的例子，在页面中设置一个<h1>标记用于显示标题，创建<ul>标记并在其中放置 4 个<li>，再创建一个<span>标记，用于执行动画效果。通过基本过滤选择器获取元素，将选中的元素改变其类名称，从而突出其被选中的状态。

示例 script 代码：

```
$(function(){   //增加第一个元素的类别
```

```
        $("li:first").addClass("GetFocus");
    })
    $(function(){   //增加最后一个元素的类别
        $("li:last").addClass("GetFocus");
    })
    $(function(){   //增加去除所有与给定选择器匹配的元素类别
        $("li:not(.NotClass)").addClass("GetFocus");
    })
    $(function(){   //增加所有索引值为偶数的元素类别，从 0 开始计数
        $("li:even").addClass("GetFocus");
    })
    $(function(){   //增加所有索引值为奇数的元素类别，从 0 开始计数
        $("li:odd").addClass("GetFocus");
    })
    $(function(){   //增加一个给定索引值的元素类别，从 0 开始计数
        $("li:eq(1)").addClass("GetFocus");
    })
    $(function(){   //增加所有大于给定索引值的元素类别，从 0 开始计数
        $("li:gt(1)").addClass("GetFocus");
    })
    $(function(){   //增加所有小于给定索引值的元素类别，从 0 开始计数
        $("li:lt(4)").addClass("GetFocus");
    })
    $(function(){   //增加标题类元素类别
        $("div h1").css("width","238");
        $(":header").addClass("GetFocus");
    })
    $(function(){
        animateIt();   //增加动画效果元素类别
        $("#spnMove:animated").addClass("GetFocus");
    })
    function animateIt() {   //动画效果
        $("#spnMove").slideToggle("slow", animateIt);
    }
    document.write("请分别去掉每行的注释符再查看结果。");
```

示例 HTML 代码：

```
    <div>
        <h1>基本过滤选择器</h1>
        <ul>
            <li class="DefClass">Item 0</li>
            <li class="DefClass">Item 1</li>
            <li class="NotClass">Item 2</li>
            <li class="DefClass">Item 3</li>
        </ul>
        <span id="spnMove">Span Move</span>
    </div>
```

2．内容过滤选择器

内容过滤（Content Filters）选择器根据元素中的文字内容或所包含的子元素特征获取元素，其文字内容可以模糊或绝对匹配进行元素定位。其语法如表 11-4 所示。

表 11-4　内容过滤选择器语法

选择器	功　能	举　例
:contains(text)	匹配包含给定文本的元素	查找所有包含 John 的 div 元素: $("div:contains('John')")
:empty	匹配所有不包含子元素或者文本的空元素	查找所有不包含子元素或者文本的空元素:$("td:empty")
:has(selector)	匹配含有选择器所匹配的元素的元素	给所有包含 p 元素的 div 元素添加一个 text 类: $("div:has(p)"). addClass("test");
:parent	匹配含有子元素或者文本的元素	查找所有含有子元素或者文本的 td 元素: $("td:parent")

下面的例子展示在页面中如何通过内容过滤选择器查找 DOM 元素的方法。在页面中根据需要创建 4 个<div>标记，并在其中的第二个<div>中新建一个<span>标记，其余<div>标记中输入内容（或为空），通过内容过滤选择器获取指定的元素，并显示在页面中。

示例 script 代码：

```
$(function(){
  $("div:contains('A')").css("display","block");  //显示包含给定文本的元素
  $("div:empty").css("display","block");           //显示所有不包含子元素或者文本的空元素
  $("div:has(span)").css("display","block");       //显示含有选择器所匹配的元素的元素
  $("div:parent").css("display","block");          //显示含有子元素或者文本的元素
})
```

示例 HTML 代码：

```
<div>ABCD</div>
<div><span></span></div>
<div>EFaH</div>
<div></div>
```

3．可见性过滤选择器

可见性过滤（Visibility Filters）选择器根据元素是否可见的特征获取元素，其语法如表 11-5 所示。

表 11-5　可见性过滤选择器语法

选择器	功　能	举　例
:hidden	匹配所有的不可见元素，或 type 为 hidden 的元素	查找所有不可见的 tr 元素:$("tr:hidden")
:visible	匹配所有的可见元素	查找所有可见的 tr 元素:$("tr:visible")

下面的例子是一个如何使用可见性过滤选择器锁定 DOM 元素的方法。在页面中创建一个<span>和<div>标记，分别设置标记的 display 属性为 none 和 block；然后根据可见性过滤选择器显示页面元素。

示例 script 代码：

```
$(function(){  //增加所有可见元素类别
  $("span:hidden").show();
  $("div:visible").addClass("GetFocus");
})
$(function(){  //增加所有不可见元素类别
  $("span:hidden").show().addClass("GetFocus");
})
```

示例 HTML 代码：

```
<span>Hidden</span>
<div>Visible</div>
```

4．属性过滤选择器

属性过滤（Attribute Filters）选择器根据元素的某个属性获取元素，如 ID 号或匹配属性值的内容，并以“[”号开始，以“]”号结束。其语法如表 11-6 所示。

表 11-6　属性过滤选择器语法

选择器	功　能	举　例
[attribute]	匹配包含给定属性的元素	查找所有含有 id 属性的 div 元素: $("div[id]")
[attribute=value]	匹配给定的属性是某个特定值的元素	查找所有 name 属性是 newsletter 的 input 元素: $("input[name='newsletter']").attr("checked", true);
[attribute!=value]	匹配给定的属性是不包含某个特定值的元素	查找所有 name 属性不是 newsletter 的 input 元素: $("input[name!='newsletter']").attr("checked", true);
[attribute^=value]	匹配给定的属性是以某些值开始的元素	$("input[name^='news']")
[attribute$=value]	匹配给定的属性是以某些值结尾的元素	查找所有 name 以'letter'结尾的 input 元素: $("input[name$='letter']")
[attribute*=value]	匹配给定的属性是包含某些值的元素	查找所有 name 包含'man'的 input 元素: $("input[name*='man']")
[attributeFilter1][attributeFilter2][attributeFilterN]	复合属性选择器，需要同时满足多个条件时使用	找到所有含有 id 属性，并且它的 name 属性是以 man 结尾的: $("input[id][name$='man']")

下面的例子是一个使用属性过滤选择器获取 DOM 元素的方法。在页面中增加 4 个<div>标记，并设置不同的 ID 和 title 属性值，然后通过属性过滤选择器获取所指定的元素集合，并显示页面元素。

示例 script 代码：

```
$(function(){
    $("div[id]").show(3000);              //显示所有含有 id 属性的元素
    $("div[title='A']").show(3000);      //显示所有属性 title 的值是"A"的元素
    $("div[title!='A']").show(3000);     //显示所有属性 title 的值不是"A"的元素
    $("div[title^='A']").show(3000);     //显示所有属性 title 的值以"A"开始的元素
    $("div[title$='C']").show(3000);     //显示所有属性 title 的值以"C"结束的元素
    $("div[title*='B']").show(3000);     //显示所有属性 title 的值中含有"B"的元素
    $("div[id='divAB'][title*='B']").show(3000); //显示所有属性 title 的值中含有"B"且属性 id 的值是
"divAB"的元素
})
```

示例 HTML 代码：

```
<div id="divID">ID</div>
<div title="A">Title A</div>
<div id="divAB" title="AB">ID <br />Title AB</div>
<div title="ABC">Title ABC</div>
```

5．子元素过滤选择器

子元素过滤（Child Filters）选择器用于获取所有父元素中指定的某个元素，其语法如表 11-7 所示。

表 11-7　子元素过滤选择器语法

选择器	功　能	举　例
:nth-child(index/even/odd/equation)	匹配其父元素下的第 N 个子或奇偶元素 ':eq(index)' 只匹配一个元素，而这个元素将为每个父元素匹配子元素。:nth-child 是从 1 开始的，而:eq()是从 0 算起的。 可以使用: :nth-child(even) 、:nth-child(odd) 、:nth-child(3n) 、:nth-child(2) 、:nth-child(3n+1) 、:nth-child(3n+2)	在每个 ul 中查找第二个 li: $("ul li:nth-child(2)")

（续）

选择器	功　　能	举　　例
:first-child	匹配第一个子元素 ':first' 只匹配一个元素，而此选择符将为每个父元素匹配一个子元素	在每个 ul 中查找第一个 li: $("ul li:first-child")
:last-child	匹配最后一个子元素 ':last'只匹配一个元素，而此选择符将为每个父元素匹配一个子元素	在每个 ul 中查找最后一个 li: $("ul li:last-child")
:only-child	如果某个元素是父元素中唯一的子元素，那将会被匹配 如果父元素中含有其他元素，那将不会被匹配	在 ul 中查找是唯一子元素的 li: $("ul li:only-child")

下面的例子演示使用子元素过滤选择器获取元素的过程。在页面中创建三个<ul>标记，前两个标记中设置四个<li>，后一个标记中设置一个<li>，通过子元素过滤选择器获取指定的页面元素，并改变其选择后的状态，显示在页面中。

示例 script 代码：

```
$(function(){
  $("li:nth-child(2)").addClass("GetFocus");    //增加每个父元素下的第二个子元素类别
  $("li:first-child").addClass("GetFocus");     //增加每个父元素下的第一个子元素类别
  $("li:last-child").addClass("GetFocus");      //增加每个父元素下的最后一个子元素类别
  $("li:only-child").addClass("GetFocus");      //增加每个父元素下只有一个子元素类别
})
```

示例 HTML 代码：

```
<ul><li>Item 1-0</li><li>Item 1-1</li><li>Item 1-2</li><li>Item 1-3</li></ul>
<ul><li>Item 2-0</li><li>Item 2-1</li><li>Item 2-2</li><li>Item 2-3</li></ul>
<ul><li>Item 3-0</li></ul>
```

6．表单对象属性过滤选择器

表单对象（Form Filters）属性过滤选择器通过表单中的某对象属性特征获取该类元素，如 enabled、disabled、checked 和 selected 属性。其语法如表 11-8 所示。

表 11-8　表单对象属性过滤选择器语法

选择器	功　　能	举　　例
:enabled	匹配所有可用元素	查找所有可用的 input 元素: $("input:enabled")
:disabled	匹配所有不可用元素	查找所有不可用的 input 元素: $("input:disabled")
:checked	匹配所有选中的被选中元素（复选框、单选按钮等，不包括 select 中的 option）	查找所有选中的复选框元素: $("input:checked")
:selected	匹配所有选中的 option 元素	查找所有选中的选项元素: $("select option:selected")

下面的例子展示了通过表单对象属性过滤选择器获取表单对象的方法。在一个表单中创建两个文本框对象，一个属性设置为 enabled，另一个属性设置为 disabled；再放置两个复选框对象，一个设置成被选中状态，另一个设置成未选中状态；同时新建一个列表框对象，并选中其中两项，通过表单对象属性过滤选择器获取某指定元素，并处理该元素。

示例 script 代码：

```
$(function(){  //增加表单中所有属性为可用的元素类别
  $("#divA").show(3000);
  $("#form1 input:enabled").addClass("GetFocus");
})
$(function(){  //增加表单中所有属性为不可用的元素类别
  $("#divA").show(3000);
```

```
        $("#form1 input:disabled").addClass("GetFocus");
    })
    $(function(){   //增加表单中所有被选中的元素类别
        $("#divB").show(3000);
        $("#form1 input:checked").addClass("GetFocus");
    })
    $(function(){   //显示表单中所有被选中 option 的元素内容
        $("#divC").show(3000);
        $("#Span2").html("选中项是："+$("select option:selected").text());
    })
```

示例 HTML 代码：

```
    <form id="form1" style="width:241px">
    <div id="divA">
        <input type="text" value="可用文本框" class="clsIpt" />
        <input type="text" disabled="disabled" value="不可用文本框" class="clsIpt" />
    </div>
    <div id="divB">
        <input type="checkbox" checked="checked" value="1" /> 选中
        <input type="checkbox" value="0" /> 未选中
    </div>
    <div id="divC">
    <select multiple="multiple">
        <option value="0">Item 0</option>
        <option value="1" selected="selected">Item 1</option>
        <option value="2">Item 2</option>
        <option value="3" selected="selected">Item 3</option>
    </select>
    <span id="Span2"></span>
    </div>
    </form>
```

11.2.4 表单选择器

通过表单（Form）选择器可以在页面中快速定位某表单对象，其语法如表 11-9 所示。

表 11-9 表单选择器语法

选择器	功　能	举　例
:input	匹配所有的 input、textarea、select 和 button 元素	查找所有的 input 元素: $(":input")
:text	匹配所有的文本框	查找所有文本框: $(":text")
:password	匹配所有密码框	查找所有密码框: $(":password")
:radio	匹配所有单选按钮	查找所有单选按钮$(":radio")
:checkbox	匹配所有复选框	查找所有复选框: $(":checkbox")
:submit	匹配所有提交按钮	查找所有提交按钮: $(":submit")
:image	匹配所有图像域	匹配所有图像域: $(":image")
:reset	匹配所有重置按钮	查找所有重置按钮: $(":reset")
:button	匹配所有按钮	查找所有按钮: $(":button")
:file	匹配所有文件域	查找所有文件域: $(":file")

下面的例子展示了通过表单选择器直接获取表单对象的方法。在一个页面表单中创建 11 种常用的表单对象，根据表单选择器，先显示出所有表单对象的总量，然后显示各种不同类型的表单对象。

示例 script 代码：

```
$(function(){   //显示 input 类型元素的总数量
   $("#form1 div").html("表单共找出  input  类型元素:"+$("#form1 :input").length);
   $("#form1 div").addClass("div");
})
$(function(){   //显示所有文本框对象
   $("#form1 :text").show(3000);
})
$(function(){   //显示所有密码框对象
   $("#form1 :password").show(3000);
})
$(function(){   //显示所有单选按钮对象
   $("#form1 :radio").show(3000);
   $("#form1 #Span1").show(3000);
})
$(function(){   //显示所有复选框对象
   $("#form1 :checkbox").show(3000);
   $("#form1 #Span2").show(3000);
})
$(function(){   //显示所有提交按钮对象
   $("#form1 :submit").show(3000);
})
$(function(){   //显示所有图片域对象
   $("#form1 :image").show(3000);
})
$(function(){   //显示所有重置按钮对象
   $("#form1 :reset").show(3000);
})
$(function(){   //显示所有按钮对象
   $("#form1 :button").show(3000);
})
$(function(){   //显示所有文件域对象
   $("#form1 :file").show(3000);
})
```

示例 HTML 代码：

```
<form id="form1">
   <textarea class="txt"> TextArea</textarea>
   <select>
      <option value="0"> Item 0</option>
   </select>
   <input type="text" value="Text" class="txt"/>
   <input type="password" value="PassWord" class="txt"/>
   <input type="radio" />
   <span id="Span1"> Radio</span>
   <input type="checkbox" />
   <span id="Span2"> CheckBox</span>
```

```
    <input type="submit" value="Submit" class="btn"/>
    <input type="image" title="Image" src=“images/logo.gif" class="img"/>
    <input type="reset" value="Reset" class="btn"/>
    <input type="button" value="Button" class="btn"/>
    <input type="file" title="File" class="txt"/>
    <div id="divShow"></div>
</form>
```

二维码

11.3 jQuery 操作 DOM

DOM（Document Object Model）即文档对象模型，它可以以一种独立于平台和语言的方式访问并修改一个文档的内容和结构，是表示和处理一个 HTML 或 XML 文档的常用方法。DOM 技术使得用户页面可以动态地发生变化，如可以动态地显示或隐藏一个元素，改变它们的属性，增加一个元素等，DOM 技术使得页面的交互性大大增强。

11.3.1 访问元素

在访问页面时，需要与页面中的元素进行交互式的操作。在操作中，元素的访问是最频繁、最常用的，主要包括对元素属性、内容、值和 CSS 的操作。

1．元素属性操作

在 jQuery 中，可以对元素的属性执行获取、设置和删除操作，通过 attr()方法可以对元素属性执行获取和设置操作，而 removeAttr()方法则可以轻松删除某一指定的属性。

（1）获取元素的属性

语法格式：

```
attr(name)
```

其中，参数 name 表示属性的名称。

下面的示例通过 attr(name)方法获取元素的属性。在一个页面中，创建一个<img>标记，通过 jQuery 中的 attr()方法获取标记的 src 和 title 属性值，并显示在页面中。

示例 script 代码：

```
$(function() {
    var strAlt = $("img").attr("src");    //属性值 1
    strAlt += "<br/><br/>" + $("img").attr("title");    //属性值 2
    $("#divAlt").html(strAlt);
})
```

示例 HTML 代码：

```
<img alt="" title="这是一幅风景画" src="images/img01.jpg" />
<div id="divAlt"></div>
```

（2）设置元素的属性

在页面中，attr()方法不仅可以获取元素的属性值，还可以设置元素的属性。

基本语法：

```
attr(key, value)
```

其中，参数 key 表示属性的名称，value 表示属性的值。如果要设置多个属性，也可以通过 attr()方法实现，其语法格式为：

```
attr({key0:value0, key1:value1})
```

下面的示例通过 attr(key,value)方法设置元素的属性。在页面中，创建一个<img>标记，通过 jQuery 中的 attr()方法，在页面加载时，设置该标记<img>的 src 和 title 属性值，并显示在页面中。

示例 script 代码：

```
$(function() {
$("img").attr("src", "Images/img01.jpg");        //设置 src 属性
$("img").attr("title", "这是一幅风景画");       //设置 title 属性
$("img").attr({ src: "Images/img02.jpg", title: "这是一幅风景画" });   //同时设置两个属性
$("img").addClass("clsImg");                    //增加样式
$("span").html("加载完毕");                     //显示加载状态
})
```

示例 HTML 代码：

```
<img alt="" src="Images/img03.gif" style="float:left" />
<span class="clsSpn">正在加载图片...</span>
```

另外，attr()方法还可以绑定一个 function()函数，通过该函数返回的值来作为元素的属性值，其语法格式为：

```
attr(key, function(index))
```

其中，参数 index 为当前元素的索引号，整个函数返回一个字符串作为元素的属性值。

下面示例使用 attr(name)方法通过 function 返回一个随机数作为该方法的参数，以设置元素的属性。在一个页面中，通过 function()随机函数返回一个随机数，依据该数字组成一个字符串作为标记<img>属性 src 的值，由于是随机数字，因此每次获取的 src 属性值都不一样，从而实现在页面中随机展示图片的效果。

示例 script 代码：

```
$(function() {
  $("img").attr("src", function() { return "images/img0" + Math.floor(Math.random() * 8 + 1) + ".jpg" });
//设置 src 属性
  $("img").attr("title", "这是一幅风景画");   //设置 title 属性
  $("img").addClass("clsImg");    //增加样式
})
```

示例 HTML 代码：

```
<img alt="" src="Images/img03.gif" />
```

（3）删除元素的属性

jQuery 中通过 attr()方法设置元素的属性后，使用 removeAttr()方法可以将元素的属性删除。

基本语法：

```
removeAttr(name)
```

其中，参数 name 为元素属性的名称。例如，可以通过“$("img").removeAttr("src");”代码删除标记<img>中的 src 属性。

2．元素内容操作

在 jQuery 中，操作元素内容的方法包括 html()和 text()。前者与 JavaScript 中的

innerHTML 属性类似，即获取或设置元素的 HTML 内容；后者类似于 JavaScript 中的 innerText 属性，即获取或设置元素的文本内容。二者的格式与区别如表 11-10 所示。

表 11-10　html()和 text()方法的区别

语法格式	参数说明	功能描述
html()	无参数	用于获取元素的 HTML 内容
html(val)	val 参数为元素的 HTML 内容	用于设置元素的 HTML 内容
text()	无参数	用于获取元素的文本内容
text(val)	val 参数为元素的文本内容	用于设置元素的文本内容

说明：html()方法仅支持 XHTML 文档，不能用于 XML 文档，而 text()既支持 HTML 文档，也支持 XML 文档。

下面的示例通过调用 html()方法，以带参数或不带参数的方式，设置或获取元素的内容。

示例 script 代码：

```
$(function() {
   var strHTML = $("#divShow").html();          //获取 HTML 内容
   var strText = $("#divShow").text();          //获取文本内容
   $("#divHTML").html(strHTML);                 //设置 HTML 内容
   $("#divText").text(strText);                 //设置文本内容
})
```

示例 HTML 代码：

```
<div id="divShow"><b><i>Write Less Do More</i></b></div>
<div id="divHTML"></div>
<div id="divText"></div>
```

3．获取或设置元素值

在 jQuery 中，如果要获取元素的值，可通过 val()方法实现。

基本语法：

```
val(val)
```

其中，如果不带参数 val，则是获取某元素的值；反之，则是将参数 val 的值赋给某元素，即设置元素的值。该方法常用于获取或设置对象的值。

另外，通过 val()方法还可以获取 select 标记中的多个选项值，其语法格式为：

```
val().join(",")
```

下面的示例演示了如何通过调用 val()方法设置或获取元素的值。在页面中，创建一个可以多选的 select 标记，设置该标记的 change 事件，当按〈Ctrl〉键选择多项时，通过 p 标记将获取的选项值显示在页面中。另外，创建一个文本框元素，设置该文本框的 change 和 focus 事件，当文本框获得焦点时，清空文本框中的内容；当在文本框中输入字符时，通过另外一个 p 标记将所获取的值即时显示在页面中。

示例 script 代码：

```
$(function() {
   $("select").change(function() {              //设置下拉列表框 change 事件
      var strSel = $("select").val().join(",");  //获取下拉列表框所选中的全部选项值
      $("#p1").html(strSel);                     //显示下拉列表框所选中的全部选项值
```

```
    })
    $("input").focus(function() {        //设置文本框 focus 事件
      $("input").val("");                //清空文本框的值
    })
    $("input").change(function() {       //设置文本框 focus 事件
      var strTxt = $("input").val();     //获取文本框的值
      $("#p2").html(strTxt);             //显示文本框所输入的值
    })
  })
```

示例 HTML 代码：

```
<div>
  <select multiple="multiple" style="height:96px;width:85px">
    <option value="1">Item 1</option>        <option value="2">Item 2</option>
    <option value="3">Item 3</option>        <option value="4">Item 4</option>
    <option value="5">Item 5</option>        <option value="6">Item 6</option>
  </select>
  <p id="p1"></p>
</div>
<div>
  <input   type="text"   value="初始值"   class="txt"/>
  <p id="p2"></p>
</div>
```

在 val()方法中，如果有参数，其参数还可以是数组的形式，即 val(array)，其作用是设置元素被选中。因此$(":checkbox").val(["checkbox2", "checkbox3"])这句代码的意思为：ID 号为 checkbox2 和 checkbox3 的复选框被选中。

4．元素样式操作

在页面中，元素样式的操作包括：直接设置样式、增加 CSS 类别、类别切换和删除类别等。

（1）直接设置样式

在 jQuery 中，可以通过 css()方法为某个指定的元素设置样式值。

基本语法：

```
css(name, value)
```

其中，name 为样式名称，value 为样式的值。

下面的示例演示了如何调用 css(name,value)方法，直接设置元素的值。在页面中，创建一个 p 标记，单击该元素时，其中的文字呈现加粗、斜体，并增加背景色。

示例 script 代码：

```
$(function() {
  $("p").click(function() {
    $(this).css("font-weight", "bold");          //字体加粗
    $(this).css("font-style", "italic");          //斜体
    $(this).css("background-color", "#eee");      //增加背景色
  })
})
```

示例 HTML 代码：

```
<p>Write Less Do More</p>
```

（2）增加 CSS 类别

通过 addClass()方法增加元素类别的名称。

基本语法：

```
addClass(class)
```

其中，参数 class 为类别的名称，也可以增加多个类别的名称，只需要用空格将其隔开即可，其语法格式为：addClass(class0 class1 ...)。

下面的示例演示了如何通过调用 addClass(class)为页面中的元素增加 CSS 类别。在页面中，设置两个样式类 cls1 和 cls2。当单击页面中的 p 元素时，增加这两个样式类别，并将改变后的效果显示在页面中。

示例 script 代码：

```
$(function() {
  $("p").click(function() {
    $(this).addClass("cls1 cls2");      //同时新增两个样式类别
  })
})
```

示例 HTML 代码：

```
<p>Write Less Do More</p>
```

📖 使用 addClass()方法仅是追加样式类别，即它还保存原有的类别。

（3）类别切换

通过 toggleClass()方法切换不同的元素类别。

基本语法：

```
toggleClass(class)
```

其中，参数 class 为类别名称，其功能是当元素中含有名称为 class 的 CSS 类别时，删除该类别，否则增加一个该名称的 CSS 类别。

下面的示例演示了如何通过调用 toggleClass()方法单击元素时，切换元素 CSS 的类别。在页面中创建一个图片标记，通过 toggleClass()方法实现对该标记中图片的切换显示。

示例 script 代码：

```
$(function() {
  $("img").click(function() {
    $(this).toggleClass("clsImg");      //切换样式类别
  })
})
```

示例 HTML 代码：

```
<img src="images/logo.gif" alt="" title="jQuery" />
```

（4）删除类别

与增加 CSS 类别的 addClass()方法相对应，removeClass()方法则用于删除类别。

基本语法：

```
removeClass(class)
```

其中，参数 class 为类别名称，该名称是可选项，当选择该名称时，删除名称是 class 的类别。当有多个类别时用空格隔开。如果不选名称，则删除元素中的所有类别。

例如使用“$("p").removeClass("cls0");”代码可以删除 p 标记是 cls0 的类别。

📖 toggleClass()方法可以实现类别间的切换，而 css()或 addClass()方法仅是增加新的元素样式，并不能实现类别的切换功能。

如果要删除 p 标记是 cls0 和 cls1 的类别，则可以使用以下代码。

```
$("p").removeClass("cls0 cls1");
```

如果要删除 p 标记的全部类别，则代码为：

```
$("p").removeClass();
```

11.3.2 结点操作

由于整个页面是一个 DOM 模型，页面中的各元素通过模型的结点相互关联形成树状，因此，如果要在页面中增加某个元素，只需要找到元素的上级结点，通过函数$(html)完成元素的创建后，增加到该结点中即可。

1．创建结点元素

函数$()用于动态创建页面元素，其语法格式为：

```
$(html)
```

其中，参数 html 表示用于动态创建 DOM 元素的 HTML 标记字符串，即如果要在页面中动态创建一个 div 标记，并设置其内容和属性，可以加入如下代码。

```
var $div = $("<div title='jQuery 理念'>Write Less Do More</div>");
$("body").append($div);
```

执行上述代码后，将在页面文档 body 中创建一个 div 标记，其内容为“Write Less Do More”，属性 title 的值为“jQuery 理念”。

下面的示例展示了通过函数$()将页面元素动态增加到指定结点中的方法。在页面中，分别设置左右两个部分，左边部分设置需要创建的元素对应的参数，如元素名、内容等，当用户设置完成后，单击“创建”按钮，则在页面的右边即时显示创建的元素。

示例 script 代码：

```
$(function() {
  $("#Button1").click(function() {          //获取参数
    var $str1 = $("#select1").val();        //获取元素名
    var $str2 = $("#text1").val();          //获取内容
    var $str3 = $("#select2").val();        //获取属性名
    var $str4 = $("#text2").val();          //获取属性值
    var $div =$("<"+$str1+" "+$str3+"="+$str4+">"+$str2+"</"+$str1+">");    //创建 DOM 对象
    $(".divR").show().append($div);         //插入结点中
  })
})
```

示例 HTML 代码：

```
<div class="divL">
  <ul>
    <li>元素名: <select id="select1"> <option value='p'>p</option>
```

```
            <option value='div'>div</option> </select> </li>
        <li>内容为: <input type="text" id="text1" class="txt" /> </li>
        <li>属性名: <select id="select2"> <option value='title'>title</option> </select> </li>
        <li>属性值:<input type="text" id="text2" class="txt"/></li>
        <li style=""> <input id="Button1" type="button" value="创建" class="btn" /> </li>
    </ul>
</div>
<div class="divR"></div>
```

📖 函数$(html)只完成 DOM 元素的创建，要加入到页面还需要通过元素结点的插入或追加操作。同时，在创建 DOM 元素时，要注意字符标记是否完全闭合，否则将达不到预期效果。

2．插入结点

在页面中动态创建元素需要执行结点的插入或追加操作。而在 jQuery 中，有多种方法可以实现该功能。append()方法仅是其中之一，按照插入元素的顺序来分，可以分为内部和外部两种插入方法。下面将分别对这些方法进行详细介绍。

（1）内部插入结点方法

内部插入结点方法如表 11-11 所示。

表 11-11　内部插入结点

语法格式	参数说明	功能描述
append(content)	content 表示追加到目标中的内容	向所选择的元素内部插入内容
append(function(index, html))	通过 function 函数返回追加到目标中的内容	向所选择的元素内部插入 function 函数所返回的内容
appendTo(content)	content 表示被追加的内容	把所选择的元素追加到另一个指定的元素集合中
prepend(content)	content 表示插入目标元素内部前面的内容	向每个所选择的元素内部前置内容
prepend(function(index, html))	通过 function 函数返回插入目标元素内部前面的内容	向所选择的元素内部前置 function 函数所返回的内容
prependTo(content)	content 表示用于选择元素的 jQuery 表达式	将所选择的元素前置到另一个指定的元素集合中

append(function(index,html))方法的功能是将一个 function 函数作为 append 方法的参数，该函数的功能必须返回一个字符串，作为 append 方法插入的内容。其中 index 参数为对象在这个集合中的索引值，html 参数为该对象原有的 html 值。

下面的示例演示了如何通过调用 append()方法，以 function 返回的字符串作为参数，插入结点的过程。在页面中，通过一个 function 函数返回一段字符串，并将该字符串插入指定的 div 标记元素内容中。

示例 script 代码：

```
$(function() {
    $("div").append(retHtml);           //插入内容
    function retHtml() {
        var str = " <b>Write Less Do More</b> ";
        return str;
    }
})
```

示例 HTML 代码：

```
<div>jQuery</div>
```

appendTo(content)方法用于将一个元素插入另一个指定的元素内容中，即如果要将 span 标记插入 div 标记中，则执行“$(“span”).appentTo($(“div”));”即把 appentTo 方法前的内容插入到其后部分的内容中。

下面的示例演示了调用 appentTo()方法的过程。在一个页面中创建两个 p 标记，通过 appentTo()方法将 span 标记插入到第一个段落中。

示例 script 代码：

```
$(function(){
    $("span").appendTo("#p1");
});
```

示例 HTML 代码：

```
<span>添加进来了吗？</span>
<p id="p1">这是一个段落。</p>
<p id="p2">另一个段落。</p>
```

（2）外部插入结点方法

外部插入结点方法如表 11-12 所示。

表 11-12　外部插入结点

语法格式	参数说明	功能描述
after(content)	content 表示插入目标元素外部后面的内容	向所选择的元素外部后面插入内容
after(function)	通过 function 函数返回插入目标外部后面的内容	向所选择的元素外部后面插入 function 函数所返回的内容
before(content)	content 表示插入目标元素外部前面的内容	向所选择的元素外部前面插入内容
before(function)	通过 function 函数返回插入目标外部前面的内容	向所选择的元素外部前面插入 function 函数所返回的内容
insertAfter(content)	content 表示插入目标元素外部后面的内容	将所选择的元素插入另一个指定的元素外部后面
insertBefore(content)	content 表示插入目标元素外部前面的内容	将所选择的元素插入另一个指定的元素外部前面

下面结合示例介绍结点插入技巧。在页面中创建一个 span 标记，然后通过 function()函数返回另外一个 span 标记，并将该标记插入 span 标记后。

示例 script 代码：

```
$(function() {
  $("span").after(retHtml);              //插入内容
  function retHtml() {
    var str = "<span><strong> Write Less Do More</strong><span>";
    return str;
  }
})
```

示例 HTML 代码：

```
<span>jQuery</span>
```

3．复制结点

在页面中，有时需要将某个元素结点复制到另外一个结点后，如购物网站中购物车的设计。在传统的 JavaScript 中，需要编写较为复杂的代码，而在 jQuery 中，可以通过方法 clone()

轻松实现。

基本语法：

```
clone()
```

其功能为复制匹配的 DOM 元素并且选中复制成功的元素。该方法仅是复制元素本身，被复制后的新元素不具有任何元素行为。如果需要在复制时将该元素的全部行为也进行复制，可以通过方法 clone(true)实现，其格式为：

```
clone(true);
```

其中，将参数设置为 true 就可以复制元素的所有事件处理。

下面的示例展示了调用 clone()方法将一个元素标记复制成另一个标记的使用方法。在页面中创建一个 img 标记，显示一幅图片。当单击该图片时，在其右侧通过 clone()方法复制一幅图片。

示例 script 代码：

```
$(function() {
  $("img").click(function() {
    $(this).clone(true).appendTo("span");
  })
})
```

示例 HTML 代码：

```
<span><img title="封面" src="images/img04.jpg" /></span>
```

由于本示例中使用的是 clone(true)方法，因此，当单击被复制的新图片时，由于它具有原图片的事务处理，因此，将在该图片的右侧出现一幅通过其复制的新图片。如果使用 clone()方法，那么只有单击原图片才可以复制新的图片元素，新复制的图片元素不具有任何功能。

4．替换结点

在 jQuery 中，如果要替换元素中的结点，可以使用 replaceWith()和 replaceAll()这两种方法。

基本语法：

```
replaceWith(content)
```

该方法的功能是将所有选择的元素替换成指定的 HTML 或 DOM 元素，其中参数 content 为被所选择元素替换的内容。

基本语法：

```
replaceAll(selector)
```

该方法的功能是将所有选择的元素替换成指定 selector 的元素，其中参数 selector 为需要被替换的元素。

下面的示例展示了这两种方法在使用上的区别。在页面中创建两个 span 标记，id 号分别为 span1 和 span2，然后通过 jQuery 中的两种替换元素的方法分别替换 span1 和 span2。

示例 script 代码：

```
$(function() {
  $("#Span1").replaceWith("<span title='replaceWith'>朱金华</span>");
  $("<span title='replaceAll'>uuem@163.com</span>").replaceAll("#Span2");
})
```

示例 HTML 代码：

```
<p>姓名：<span id="Span1"></span></p>
<p>邮箱：<span id="Span2"></span></p>
```

replaceWith()与 replaceAll()方法都可以实现元素结点的替换，二者最大的区别在于替换字符的顺序，前者是用括号中的字符替换所选择的元素，后者是用字符串替换括号中所选择的元素。同时，一旦完成替换，被替换元素中的全部事件都将消失。

5．包裹结点

在 jQuery 中，不仅可以通过方法替换元素结点，还可以根据需求包裹某个指定的结点。对结点的包裹也是 DOM 对象操作中很重要的一项。包裹结点的方法如表 11-13 所示。

表 11-13　包裹结点

语法格式	参数说明	功能描述
wrap(html)	html 参数为字符串代码，用于生成元素并包裹所选元素	把所有选择的元素用其他字符串代码包裹起来
wrap(elem)	elem 参数用于包裹所选元素的 DOM 元素	把所有选择的元素用其他 DOM 元素包裹起来
warp(fn)	fn 参数为包裹结构的一个函数	把所有选择的元素用 function 函数返回的代码包裹起来
unwrap()	无参数	移除所选元素的父元素或包裹标记
warpAll(html)	html 参数为字符串代码，用于生成元素并包裹所选元素	把所有选择的元素用单个元素包裹起来
warpAll(elem)	elem 参数用于包裹所选元素的 DOM 元素	把所有选择的元素用单个 DOM 元素包裹起来
warpInner(html)	html 参数为字符串代码，用于生成元素并包裹所选元素	把所有选择的元素的子内容（包括文本结点）用字符串代码包裹起来
warpInner(elem)	elem 参数用于包裹所选元素的 DOM 元素	把所有选择的元素的子内容（包括文本结点）用 DOM 元素包裹起来
warpInner(fn)	fn 参数为包裹结构的一个函数	把所有选择的元素的子内容（包括文本结点）用 function 函数返回的代码包裹起来

在表 11-13 中，warp(html)与 wrapInner(html)方法较为常用，前者包裹外部元素，后者包裹元素内部的文本字符。下面的示例展示了这两种方法在页面中包裹目标元素的使用效果。在页面中放置两个段落 p 标记，并在该标记内分别设置两个 span 标记，通过 wrap()与 wrapInner()两种方法改变标记中的外部元素与内部文本的字体显示方式。

示例 script 代码：

```
$(function() {
    $("p").wrap("<div></div>");              //所有段落都分别在外面加一个外框
    $("span").wrapInner("<em></em>");   //所有段落中的 span 标记被强调，显示为斜体
})
```

示例 HTML 代码：

```
<p>最喜爱的体育运动：<span>羽毛球</span></p>
<p>最爱看哪类型图书：<span>网络、技术</span></p>
```

11.3.3　遍历元素

在 DOM 元素操作中，有时需要对同一标记的全部元素进行统一操作。在传统的 JavaScript 中，先获取元素的总长度，然后以 for 循环语句递减总长度，访问其中的某个元素，代码相对复杂。而在 jQuery 中，可以直接使用 each()方法实现元素的遍历。

基本语法：

```
each(callback)
```

其中，参数 callback 是一个 function 函数，该函数还可以接受一个形参 index，此形参为遍历元素的序号（从 0 开始）。如果需要访问元素中的属性，可以借助形参 index，配合 this 关键字来实现元素属性的设置或获取。

下面的示例展示了调用 each()方法遍历全部元素，获取每个元素属性的过程。在页面中设置几幅图片，通过 each()方法遍历全部的图片，并设置每幅图片的 title 属性。

示例 script 代码：

```
$(function() {
  $("img").each(function(index) {  //根据形参 index 设置元素的 title 属性
    this.title = "第" + index + "幅风景图片，alt 内容是：" + this.alt;
  })
})
```

示例 HTML 代码：

```
<img src="images/img05.jpg" alt="第 0 幅风景画" />
<img src="images/img06.jpg" alt="第 1 幅风景画" />
<img src="images/img07.jpg" alt="第 2 幅风景画" /></p>
```

11.3.4 删除元素

在 DOM 操作页面时，删除多余或指定的页面元素是非常必要的。jQuery 提供了两种可以删除元素的方法，即 remove()和 empty()。严格来说，empty()方法并非真正意义上的删除，使用该方法仅可以清空全部的结点或结点所包括的所有后代元素，并非删除结点和元素。

remove()方法的语法格式：

```
remove([expr])
```

其中，参数 expr 为可选项。如果接受参数，则该参数为筛选元素的 jQuery 表达式，通过该表述式获取指定的元素，并进行删除。

empty()方法的语法格式：

```
empty()
```

其功能为清空所选择的页面元素或所有的后代元素。

下面的示例介绍了调用 remove()方法删除某个页面元素的过程。在页面中，通过 ul 标记展示列表式的数据信息，并设置一个按钮，单击该按钮时，将删除指定的标记元素。

示例 script 代码：

```
$(function() {
  $("ul li:first").css("font-weight", "bold");      //设置首行
  $("#Btn1").click(function() {
    $("ul li").remove("li[title=t]");             //删除指定属性的元素
    $("ul li:eq(1)").remove();                    //删除结点中的第二个元素
  })
})
```

示例 HTML 代码：

```
<ul>
  <li>学号</li>  <li title="t">1001</li>  <li>1002</li>  <li>1003</li>
  <li><input id="Btn1" type="button" value="删除" /></li>
</ul>
```

11.4 jQuery 中的事件

二维码

页面在加载时会触发 Load 事件，当用户单击某个按钮时，触发该按钮的 Click 事件，通过各种事件实现各项功能或执行某项操作。事件在触发后被分为两个阶段，一个是捕获（Capture），另一个则是冒泡（Bubbling）。大多数浏览器并不都支持捕获阶段，jQuery 也不支持。因此，在事件触发后，往往执行冒泡过程，即事件执行中的顺序。

11.4.1 页面载入事件

前面已经学习了页面载入事件的 ready()方法，该方法类似于传统 JavaScript 中的 OnLoad()方法，只不过在事件执行时间上有区别：OnLoad()方法必须是页面中的全部元素完全加载到浏览器后才触发，而 ready()方法加载页面只要页面的 DOM 模型加载完毕就会触发 ready()方法。

Ready()方法的几种写法：

```
$(document).ready(function(){})
$(function(){})
jQuery(document).ready(function(){})
jQuery(function(){})
```

其中第二种写法简洁明了，使用较为广泛。

11.4.2 绑定事件

前面已经多次使用到绑定事件，例如绑定按钮的单击事件。

```
$(function(){
  $("#btnSho").click(function(){
    //执行代码
  })
})
```

在 jQuery 中还可以使用 bind()方法进行事件的绑定。

基本语法：

```
bind(type, [data], fn)
```

其中参数 type 为一个或多个类型的字符串，由空格分隔多个事件，如 click 或 change，也可以自定义类型。可以被参数 type 调用的类型包括 blur、focus、load、resize、scroll、unload、click、dblclick、mouosedown、mouseup、mousemove、mouseover、mouseout、mouseenter、mouseleave、change、select、submit、keydown、keypress、keyup 和 error。参数 data 是作为 event.data 属性值传递给事件对象的额外数据对象。参数 fn 是绑定到每个选择元素的事件中的处理函数。下面通过两个例子来讲解绑定方法。

1．用 on 方法绑定事件

在页面中设置一个按钮，通过 on 方法给按钮绑定一个 click 事件。在该事件中，将自身的是否可用属性设置成 false，即单击按钮后就不可使用。jQuery3 废弃 bind 改用 on 方法。

示例 script 代码：

```
$(function() {
  $("#btnBind").on("click mouseout", function() {
```

```
        $(this).attr("disabled", "disabled");    //按钮不可用
    })
})
```

示例 HTML 代码：

```
<input id="btnBind" type="button" value="Button" class="btn" />
```

以上示例演示了一个元素绑定两个事件，只需把事件用空格隔开即可实现。

同时绑定多个事件类型/处理程序，代码如下。

```
$("#btnBind").on({
  click:function(){$("p").slideToggle();},
  mouseover:function(){$("body").css("background-color","red");},
  mouseout:function(){$("body").css("background-color","#FFFFFF");}
});
```

2. 用映射方式绑定不同的事件

在页面中设置一个文本框，通过映射的方式给文本框绑定两个事件，一个是 focus 事件，另一个是 change 事件。这两个事件执行时均为显示事件的名称。

示例 script 代码：

```
$(function() {
  var message = "执行的是 focus 事件";
  $(".txt").on("focus", { msg: message }, function(event) {
    $("#divTip").show()      //显示
  .html(event.data.msg);     //设置文本
  });
  message = "执行的是 change 事件";
  $('.txt').on('change', { msg: message }, function(event) {
    $("#divTip").show()      //显示
  .html(event.data.msg);     //设置文本
  });
})
```

示例 HTML 代码：

```
<div>姓名：<input type="text" class="txt" /></div>
<div id="divTip" class="clsTip"></div>
```

11.4.3 切换事件

切换事件是指有两个以上的事件绑定于一个元素，在元素的行为动作间进行切换。

基本语法：

```
hover(over, out)
```

参数 over 为鼠标移动元素时触发的函数，参数 out 为鼠标移出元素时触发的函数。例如：

```
$("a").hover(function(){
    //执行代码块一
  }, function(){
    //执行代码块二
})
```

这个功能也可以用 jQuery 中的事件 mouseenter 与 mouseleave 代替。例如：

```
$("a").mouseenter(function(){
    //执行代码块一
})
$("a").mouseleave(function(){
    //执行代码块二
})
```

下面演示 hover()的使用方法。在页面中创建一个<div>标记，在该标记中设置另外两个<div>元素，一个用于显示标题，另一个则用于显示内容，调用 hover()方法。用鼠标移动标题时，自动显示内容；鼠标移出标题时，关闭显示的内容。

示例 script 代码：

```
$(function() {
    $(".clsTitle").hover(function() {
        $(".clsContent").show();
    }, function() {
        $(".clsContent").hide();
    })
})
```

示例 HTML 代码：

```
<div class="clsFrame">
    <div class="clsTitle">jQuery 简介</div>
    <div class="clsContent">    jQuery 的宗旨是：以更少的代码，实现更多的功能（write less，do more）。</div>
</div>
```

11.4.4 移除事件

jQuery 3 废弃了 unbind 方法，改用 off()方法移除绑定的所有事件或指定某一个事件。

基本语法：

```
off([type], [fn])
```

其中，参数 type 为移除的事件类型，fn 为需要移除的事件处理函数。如果该方法没有参数，则移除所有绑定的事件；如果带有参数 type，则移除该参数所指定的事件类型；如果带有参数 fn，则只移除绑定时指定的函数 fn。

下面的示例页面中，设置三个按钮，前两个按钮分别执行各自的事件，第三个按钮通过 unbind 方法移除所指定的全部绑定事件。即单击第三个按钮后，第二个按钮的事件将不会执行。

示例 script 代码：

```
$(function() {
    function oClick() {    //自定义事件函数
        $("#divTip").append("<div>按钮二的单击事件</div>");
    }
    $("input:eq(0)").on ("click", function() {        //绑定单击事件
        $("#divTip").append("<div>按钮一的单击事件</div>");
    });
    $("input:eq(1)").on ("click", oClick);            //绑定自定义事件
    $("input:eq(2)").on ("click", function() {        //移除全部单击事件
        $("input").off ("click",oClick);
    });
```

```
})
```

示例 HTML 代码：

```
<div>
   <input id="Button1" type="button" value="按钮一" class="btn" />
   <input id="Button2" type="button" value="按钮二" class="btn"/>
   <input id="Button3" type="button" value="删除事件" class="btn"/>
</div>
<div id="divTip" style="padding-top:10px"></div>
```

11.4.5 trigger 方法

trigger 方法的作用是在每一个匹配的元素上触发某类事件。这个函数也会导致浏览器同名的默认行为的执行。比如，如果用 trigger()触发一个 submit，则同样会导致浏览器提交表单。如果要阻止这种默认行为，应返回 false。

基本语法：

```
trigger(type, [data])
```

其中参数 type 为触发事件的类型，参数 data 为可选项，表示在触发事件时传递给函数的附加参数。

下面的示例页面中，创建一个文本框，并给文本框设置一个默认值，当该页面加载时，自动获取文本框的值，显示在页面中，同时文本框处于选中状态。

示例 script 代码：

```
$(function() {
   var oTxt = $("input");          //获取文本框
   oTxt.trigger("select");         //自动选中文本框
   oTxt.bind("btn_Click", function() {       //编写文本框自定义事件
      var txt = $(this).val();      //获取自身内容
      $("#divTip").html(txt);    //显示在页面中
   })
   oTxt.trigger("btn_Click");  //自动触发自定义事件
})
```

示例 HTML 代码：

```
姓名：<input id="Text1" type="text" class="txt"    value="朱金华" />
      <div id="divTip"></div>
```

还有很多事件，本书无法一一列举，请参考 jQuery 手册。

11.5 jQuery 动画与特效

二维码

jQuery 的动画与特效方法的使用极大地提高了页面的用户体验，通过少量的几行代码，就可以实现元素的淡入淡出等动画效果，还可以自定义各种动画效果。

11.5.1 基本动画

在页面中，基本（Basics）动画包括元素的显示与隐藏等一些使用最频繁的操作。例如：

```
$("#p1").css("display":"block");
$("#p1").css("display":"none");
```

以上是以设置 CSS 的方法来实现的。下面再了解一些其他常用方法。

1．show()与 hide()方法

下面通过一个示例来说明。在显示大量文本内容时，为了能显示更多的段落内容，有时仅显示一部分的提要，隐藏另一部分的内容，当用户需要查看这些隐藏的内容时，只要单击页面中的“显示”链接就可以查看。查看完后，再单击“隐藏”链接，便将该部分内容再次隐藏起来。

示例 script 代码：

```
$(function() {
   var $link = $(".artFram a");                    //获取单击文本
   var $hide = $(".artFram span:eq(1)");   //获取隐藏的段落
   $link.click(function() {                       //文本单击事件
      if ($(this).html() == "显示") {          //如果未显示
         $(this).html("隐藏");                   //改变文本内容
         $hide.show();                          //显示隐藏的文本
      } else {
         $(this).html("显示");
         $hide.hide();
      }
   })
})
```

示例 HTML 代码：

```
<div class="artFram">
      <span>     一个优秀的程序开发员，除需掌握专业的开发语言，还要具有</span>
      <span id="hid">执着、沉稳、细致的专业素质。准备好了吗？</span>
      <a href="javascript:void(0)">显示</a>
</div>
```

2．动画效果的 show()与 hide()方法

只需在 show()与 hide()方法的括号中加入相应的参数，即可实现动画效果。

显示的语法格式：

```
show(speed, [callback])
```

隐藏的语法格式：

```
hide(speed, [callback])
```

speed 表示执行动画时的速度，既可以用 slow、normal、fast 来对应 0.6 秒、0.4 秒和 0.2 秒，也可以用具体数字，如 3000，表示 3000 毫秒。可选参数[callback]为在动画完成时执行的回调函数，该函数每个元素执行一次。

在下面的示例页面中单击“显示”链接，通过调用 show()方法，以动画的方式显示一幅图片。同时，在方法中执行一个回调函数，用于改变图片的边框样式。当单击已显示的图片时，通过 hide()方法，以动画的方式隐藏该图片。

示例 script 代码：

```
$(function() {
  $("a").click(function() {     //显示链接单击事件
```

```
        $("img").show(3000, function() {      //显示完成时执行的函数
            $(this).css("border", "solid 1px #ccc");
        })
    })
    $("img").click(function() {               //显示图片的单击事件
        $(this).hide(3000);                   //动画效果隐藏
    })
})
```

示例 HTML 代码：

```
<a href="javascript:void(0)">显示</a>
<img src="images/img04.jpg" />
```

3．toggle()方法

在使用 show()与 hide()方法显示或隐藏页面元素时，为了正确切换显示的动作，通常需要检测当前元素的显示状态，然后根据该状态再执行元素是否显示或隐藏。这样一来，代码显得有些冗长。在 jQuery 中，为了解决这个问题，可以使用 toggle 方法，该方法的功能就是切换元素的可见状态，它有三种调用的形式，代码如下。

无参数调用格式：

```
toggle()
```

逻辑参数调用格式：

```
toggle(switch)
```

动画效果调用格式：

```
toggle(speed, [callback])
```

其中第二种形式中的 switch 参数为一个布尔值，即 true 或 false，当该值为 true 时显示元素，否则隐藏元素。第三种形式中的 speed 参数和可选参数[callback]与 show(speed, [callback])中的参数表示的意义是一样的。

下面的示例页面中为了更直观地区分开 toggle()方法中的三种形式，在页面中设置了三个按钮，分别对应三种调用的形式，通过单击按钮触发 toggle()方法，实现图片的切换显示效果。

示例 script 代码：

```
$(function() {
    $("input:eq(0)").click(function() {       //无参数方法
        $("img").toggle();
    })
    $("input:eq(1)").click(function() {       //根据参数 switch 显示
        var intI = 0;
        var blnA = intI > 1;                  //获取的逻辑值为 flase，所以该按钮起到隐藏作用
        $("img").toggle(blnA);
    })
    $("input:eq(2)").click(function() {       //动画方式显示
        $("img").toggle(3000, function() {    //以动画方式显示，并执行回调函数
            $(this)
            .css({ "border": "solid 1px #ccc", "padding": "2px" });
        });
    })
})
```

示例 HTML 代码：

```
<div class="divFrame">
  <div class="divMenu">
    <input id="Button1" type="button" value="无参数" class="btn" /><br />
    <input id="Button2" type="button" value="逻辑显示" class="btn" /><br />
    <input id="Button3" type="button" value="动画显示" class="btn" />
  </div>
  <div class="divContent">
    <img src="images/img03.jpg" alt="" />
  </div>
</div>
```

11.5.2 滑动动画

在 jQuery 中，还有一种滑动（Sliding）的动画效果可改变元素的高度，即“拉窗帘”效果。

1. slideDown()与 slideUP 方法

基本语法：

```
slideDown(speed, [callback])
slideUp(speed, [callback])
```

前一种的功能是以动画的效果将所选择元素的高度向下增大，使其呈现一种“滑动”的效果，而元素的其他属性并不发生变化；后一种是使其高度向上减小。参数意义与前面的 show()相同。

下面的示例页面中，单击“标题”栏时，通过 slide()方法以动画的效果将“内容”栏中的图片向上滑动，直到完全不显示，并改变“标题”栏中的内容；再次单击“标题”栏时，通过 slideDown()方法将“内容”栏中的图片向下滑动，直到全部显示，“标题”栏中的内容也同时发生相应改变。

示例 script 代码：

```
$(function() {
  var blnShow = false;         //初始化一个布尔变量值
  var $Title = $(".divTitle");  //定义变量获取标题部分
  var $Tip = $("#divTip");      //定义变量获取提示元素
  $Title.click(function() {     //单击标题部分事件
    if (!blnShow) {
      //图片高度向上减小，执行完成后回调一个函数
      $("img").slideUp(3000, function() {
     $Tip.html("关闭成功！");
      })
      $(this).html("显示图片");    //改变标题内容
      blnShow = true;              //改变布尔变量值
    }
    else {
      $Tip.html("");               //清空提示内容
      $("img").slideDown(3000);  //图片高度向下增大
      $(this).html("隐藏图片");
      blnShow = false;
    }
  })
```

```
})
```

示例 HTML 代码：

```
<div class="divFrame">
  <div class="divTitle">隐藏图片</div>
  <div class="divContent">
    <img src="images/img02.jpg" alt=""/>
    <div id="divTip"></div>
  </div>
</div>
```

2．slideToggle()方法

slideToggle()方法可以根据当前元素的显示状态自动进行切换。

基本语法：

```
slideToggle(speed, [callback])
```

该方法的功能是以动画的效果切换所选择元素的高度。如果高则减小，如果低则增大。同时，在每次执行动画完成后，可执行一个用于回调的函数。

下面的示例页面中，使用一个<div>标记包含一个<img>图片，当单击<div>元素时，通过 slideToggle()方法，以动画的效果自动切换图片高度状态。

示例 script 代码：

```
$(function() {
  $(".divFrame").click(function() {          //div 元素单击事件
    //图片高度状态自动切换，并执行一个回调函数
    $("img").slideToggle(3000, function() {
      $("img").css("border", "solid 1px #ccc");
    })
  })
})
```

示例 HTML 代码：

```
<div class="divFrame">
  <img src="images/img01.jpg" alt="" title="风景图" />
</div>
```

11.5.3 淡入淡出动画

在 jQuery 中，还可以实现通过元素渐渐变换背景色的动画效果来显示或隐藏元素，即淡入淡出（Fading）效果。

1．fadeIn()与 fadeOut()方法

show()和 hide()方法切换元素的显示动画效果是通过使用元素的 width 与 height 属性发生变化来实现的，而 fadeIn()和 fadeOut()改变的是元素的透明度，并不修改其他属性。

基本语法：

```
fadeIn(speed, [callback])
fadeout(speed, [callback])
```

说明和使用方法与前面所讲类似。

下面的示例页面中，设置两个按钮，一个用于淡入图片，另一个用于淡出图片。同时，

无论是淡入还是淡出图片，效果完成后，都执行一个回调函数，显示当前操作的结果。

示例 script 代码：

```
$(function() {
    var $img = $("img");          //获取图片元素对象
    var $tip = $(".divTip");      //获取提示元素对象
    $("input:eq(0)").click(function() {       //第一个按钮单击事件
        $tip.html("");            //清空提示内容
        //在 3000 毫秒中淡入图片，并执行一个回调函数
        $img.fadeIn(3000, function() {
            $tip.html("淡入成功！");
        })
    })
    $("input:eq(1)").click(function() {       //第二个按钮单击事件
        $tip.html("");                        //清空提示内容
        //在 3000 毫秒中淡出图片，并执行一个回调函数
        $img.fadeOut(3000, function() {
            $tip.html("淡出成功！");
        })
    })
})
```

示例 HTML 代码：

```
<div class="divFrame">
    <div class="divTitle">
        <input id="Button1" type="button" value="fadeIn" class="btn" />
        <input id="Button2" type="button" value="fadeOut" class="btn" />
    </div>
    <div class="divContent">
        <div class="divTip"></div>
        <img src="images/img05.jpg" alt="" title="风景图片" />
    </div>
</div>
```

2．fadeTo()方法

fadeIn()和 fadeOut()方法通过动画效果，改变元素的透明度，切换元素显示状态，其透明度从 0.0 到 1.0 淡出或从 1.0 到 0.0 淡入，从而实现淡入淡出的动画效果。如果要将透明度指定为某一个值，则需要调用 fadeTo()方法。

基本语法：

```
fadeTo(speed, opacity, [callback])
```

该方法的功能是将所选择元素的不透明度以动画的效果调整到指定的不透明度值。动画完成时，可以执行一个回调函数，参数 opacity 为指定的不透明度值，取值范围是 0.0～1.0。

下面的示例页面中，创建一个下拉列表框，用于保存各种透明度值，当选择下拉列表框中的某选项时，页面中图片的透明度便指定为该选项值。

示例 script 代码：

```
$(function() {
    var $img = $("img");          //获取图片元素对象
    var $sel = $("select");       //获取下拉列表框对象
```

```
        $sel.change(function() {            //下拉列表框选项改变事件
            var fltValue = $sel.val();          //获取选中的值
            $img.fadeTo(3000, fltValue);    //改变图片的透明度
        })
    })
```

示例 HTML 代码：

```
<div class="divFrame">
    <div class="divTitle">
        <select id="Select1">
            <option value="0.2">0.2</option>        <option value="0.4">0.4</option>
            <option value="0.6">0.6</option>        <option value="0.8">0.8</option>
            <option value="1.0" selected="selected">1.0</option>
        </select>
    </div>
    <div class="divContent">
        <img src="images/img06.jpg" alt="" title="风景图片" />
    </div>
</div>
```

11.5.4 自定义动画

在 jQuery 中，允许用户自定义（Custom）动画效果，通过使用 animate()方法，可以制作出效果更优雅、动画更复杂的页面动画效果。

1．简单动画

animate()方法给程序开发者自定义各种复杂、高级的动画提供了极大的方便和空间。

基本语法：

```
animate(params, [speed], [easing], [callback])
```

params 是一组包含作为动画属性和终值的样式属性及其值的集合。easing 是要使用的擦除效果的名称（需要插件支持）。默认 jQuery 提供 linear 和 swing。

这个函数的关键在于指定动画形式及结果样式属性对象。这个对象中的每个属性都表示一个可以变化的样式属性（如 height、top 或 opacity）。注意，所有指定的属性必须用骆驼命名法，比如用 marginLeft 代替 margin-left。

而每个属性的值表示这个样式属性到多少时动画结束。如果是一个数值，样式属性就会从当前的值渐变到指定的值。如果使用的是 hide、show 或 toggle 这样的字符串值，则会为该属性调用默认的动画形式。

下面的示例页面中，单击某块<div>元素，其自身的高度与宽度会以动画的效果增大。动画完成后，元素的边框加粗，并且边框颜色及<div>元素内容发生相应的变化。

示例 script 代码：

```
$(function() {
    $(".divFrame").click(function() {           //div 元素单击事件
        $(this).animate({                       //宽与高变化的动画效果
            width: "20%",    height: "70px"
        }, 3000, function() {                   //动画完成后执行的回调函数
            $(this).css({ "border": "solid 3px #666" }).html("变大了！ ");
        })
```

```
    })
})
```

示例 HTML 代码：

```
<div class="divFrame">点击变大</div>
```

2．移动位置动画

修改 animate()方法中的 params 还能以动画的效果移动页面中的元素。

下面的示例页面中，创建两个按钮，单击第一个“左移”按钮后，将页面中的<div>元素从当前位置以动画效果向左移 52 个像素；单击第二个“右移”按钮后，页面中的<div>元素从当前位置以动画效果向右移 52 个像素。

示例 script 代码：

```
$(function() {
    $("input:eq(0)").click(function() {      //左移按钮单击事件
        //在 3000 毫秒内，以动画的形式向左移动 52 个像素
        $(".divList").animate({ left: "-=52px" }, 3000);
    })
    $("input:eq(1)").click(function() {      //右移按钮单击事件
        //在 3000 毫秒内，以动画的形式向右移动 52 个像素
        $(".divList").animate({ left: "+=52px" }, 3000);
    })
})
```

示例 HTML 代码：

```
<div class="divFrame">
  <div class="divTitle">
    <input id="Button1" type="button" value="左移" class="btn" /> 
    <input id="Button2" type="button" value="右移" class="btn" />
  </div>
  <div class="divContent">
    <div class="divList">
      <span>1</span>   <span>2</span>   <span>3</span>
    </div>
  </div>
</div>
```

3．队列中的动画

所谓“队列”动画，是指在元素中执行一个以上的多个动画效果，即有多个 animate()方法在元素中执行。因此，根据这些 animate()方法执行的先后顺序，形成了动画“队列”，产生“队列”后，动画效果便按“队列”的顺序进行展示。

下面的示例页面中，单击某个固定宽、高的<div>标记，首先以动画的效果将宽、高在原有基础上加大一倍；然后，再以动画的效果将宽、高在原有基础上减小一半。

示例 script 代码：

```
$(function() {
  $("div").click(function() {                    //div 块单击事件
    $(this)
      .animate({ height: 100 }, "slow")   //第一列
      .animate({ width: 100 }, "slow")    //第二列
      .animate({ height: 50 }, "slow")    //第三列
```

```
            .animate({ width: 50 }, "slow");     //第四列
    })
})
```

示例 HTML 代码：

```
<div>队列</div>
```

4．动画停止和延时

停止的语法格式：

```
stop([clearQueue], [gotoEnd])
```

该方法的功能是停止所选元素中正在执行的动画。其中[clearQueue]是一个布尔值，表示是否停止正在执行的动画；另外一个可选参数[gotoEnd]也是一个布尔值，表示是否立即完成正在执行的动画。

延时的语法格式：

```
delay(duration, [queueName])
```

该方法的功能是设置一个延时值来推迟后续队列中动画的执行。其中参数 duration 为延时的时间值，单位是毫秒；可选参数[queueName]表示队列名词，即动画队列。

下面的示例页面中，设置三个超链接，分别为“开始”“停止”和“延时”。单击“开始”超链接后，页面中的图片以“拉窗帘”方式动画切换显示状态；单击“停止”超链接后，立刻停止正在执行中的动画效果；单击“延时”超链接后，动画切换显示效果在延时 2000 毫秒后再执行。

示例 script 代码：

```
$(function() {
    $("a:eq(0)").click(function() {      //单击“开始”链接事件
        $("img").slideToggle(3000);      //“拉窗帘”方式切换图片
    })
    $("a:eq(1)").click(function() {      //单击“停止”链接事件
        $("img").stop();                 //停止正在执行的动画
    })
    $("a:eq(2)").click(function() {      //单击“延时”链接事件
        $("img")                         //延时切换图片
        .delay(2000)
        .slideToggle(3000);
    })
})
```

示例 HTML 代码：

```
<div class="divFrame">
    <div class="divTitle">
        <a href="javascript:void(0)">开始</a>  |  
        <a href="javascript:void(0)">停止</a>  |  
        <a href="javascript:void(0)">延时</a>
    </div>
    <div class="divContent">
        <img src="images/img07.gif" alt="" title="Log 图片" />
    </div>
</div>
```

11.6 jQuery UI 插件

二维码

由于 jQuery 库注重后台，没有很好的前台界面，而 jQuery UI（下载地址为 http://jqueryui.com/download）则补充了其不足之处，两者相互交织。jQuery UI 侧重于用户界面的体验。

11.6.1 jQuery UI 交互性插件

根据 jQuery UI 体验角度的不同，主要分为以下三部分。

1）交互（Interactions）部分展示一些与鼠标操作相关的插件内容，如拖动（Draggable）、放置（Droppable）、缩放（Resizable）、复选（Selectable）和排序（Sortable）等。

2）微件（Widgets）部分包括一些可视化的细小控件，通过这些小控件可以极大优化用户在页面中的体验度，如折叠面板（Accordion）、日历（Datepicker）、对话框（Dialog）、进度条（Progressbar）、滑动模块（Slider）和标签页（Tabs）等。

3）效果或动画（Effects）部分包括一些动画效果插件，使动画不再拘泥于 animate()方法，还可以通过该部分插件实现一些复杂的动画效果。在该部分中改进后的动画方法有 show()、hide()和 toggle()等。

1．拖曳（draggable）

draggable（拖曳）插件能使请求的对象拖动，通过这个插件，可以使用 DOM 元素跟随鼠标进行移动，通过设置方法中的 options 选项，实现各种各样的拖动需求。

基本语法：

```
draggable(options)
```

draggable 的 options 选项可接受的常用参数如表 11-14 所示。

表 11-14　draggable 的 options 选项可接受的常用参数

参数名称	说　明
helper	表示被拖曳的对象，默认值为 original，即拖动自身；如果设置为 clone，那么将以复制的形式进行拖动
handle	表示触发拖曳的对象，常用一个 DOM 元素
dragPrevention	设置不触发拖曳的元素
start	当拖曳启动时触发的回调函数 function(e,ui)，其中参数 e 表示 event 事件，e.target 表示被拖曳的对象；参数 ui 表示与拖曳相关的对象
stop	停止拖曳时触发的回调函数，其中的参数说明与 start 中一样
drag	在拖动过程中触发的回调函数，其中的参数说明与 start 中一样
zIndex	设置被拖曳时，helper 对象的 z-index 值
axis	设置拖曳时的坐标，可以设为 x 或 y 值
containment	设置拖曳时的区域，可以设为 document、parent，以及其他指定的元素和对象
grid	设置拖曳时的步长，如 grid:[50,60]，表示 x 坐标每次移动 50px，y 坐标每次移动 60px
opacity	设置对象在拖曳过程中的透明度，范围为（0.0～1.0）
revert	设置一个布尔值，如果为 true 表示对象被拖曳结束后又会自动返回原地；如果为 false 则不会返回原地，默认值为 false
scroll	设置一个布尔值，如果为 true 表示对象在拖曳时容器自动滚动，默认值为 true
disable	临时性禁用拖动功能
enable	重新开启对象的拖动功能
destroy	彻底移除对象上的拖动功能

下面的示例页面中，创建三个可拖曳的<div>块，分别实现透明度为 0.35 的任意拖曳和在 X 轴中任意拖曳，以及在父窗口中任意拖曳的操作后，返回原来的初始位置。

示例 script 代码：

```
$(function() {
    //以透明度 0.35 随意拖动
    $("#divDragD").draggable({ opacity: 0.35 });
    //以透明度 0.35 随意在 X 轴方向拖动
    $("#divDragX").draggable({ axis: "x", opacity: 0.35 });
    //以透明度 0.35 随意在父窗口中拖动，拖动后返回原地
    $("#divDragC").draggable({
        containment: "parent",
        opacity: 0.35,
        revert: true
    });
})
```

示例 HTML 代码：

```
<div id="divDragD" class="divDrag">随意</div>
<div class="divFrame"> <div id="divDragX" class="divDrag">X 轴</div></div>
<div class="divFrame"> <div id="divDragC" class="divDrag">父窗口</div></div>
```

2．放置（droppable）

在 jQuery UI 中，除使用 draggable（拖曳）插件来拖曳对象外，还可以通过 droppable（放置）插件“存放”拖曳的对象，即类似网上商城中购物车的效果。

基本语法：

```
droppable(options)
```

droppable 的 options 选项可接受的常用参数如表 11-15 所示。

表 11-15　droppable 的 options 选项可接受的常用参数

参数名称	说明
accept	可以为字符串或函数：如果是字符串，表示通过字符串获取的元素允许接收；如果是函数，表示只有执行函数后，返回 true 时，才能允许接收
activeClass	被接收的对象在拖曳时，接收容器的 CSS 样式
hoverClass	被接收的对象在进入接收容器时，容器的 CSS 样式
active	被接收的对象在拖曳时调用的函数 function(e,ui)。其中参数 e 表示 even 事件，e.target 表示被拖曳的对象，参数 ui 表示与拖曳相关的对象
deactive	被接收的对象停止拖曳时调用的函数，其中的参数说明与 active 中一样
over	被接收的对象拖曳到接收容器上方时调用的函数，其中的参数说明与 active 中一样
out	被接收的对象拖出接收容器时调用的函数，其中的参数说明与 active 中一样
drop	被接收的对象拖曳后，完全进入接收容器时调用的函数，其中参数说明与 active 中一样

下面的示例页面中，创建一个产品区与购物区，通过使用 droppable 插件将产品区的产品拖动并放入购物车区中。同时，改变购物车的背景色。

示例 script 代码：

```
$(function() {
    $(".divDrag").draggable({ opacity: 0.35 });  //以透明度 0.35 随意拖动
    $("#divCart").droppable({
```

```
        drop: function() {
            $(this) .addClass("divGet")            //改变购物车的 CSS
            .append($("<div></div>")) .find("#divTip").remove();       //删除原有内容
        }
    })
})
```

示例 HTML 代码：

```
<div id="divFrame">
    <div class="divLeft">
        <div class="divTitle">产品</div>
        <div class="divDrag"> <img alt="" src="images/img03.jpg" /> </div>
    </div>
    <div class="divRight">
        <div class="divTitle">购物车</div>
        <div id="divCart"> <div id="divTip">还没有产品</div> </div>
    </div>
</div>
```

3．排序（sortable）

在 jQuery UI 中除拖曳、放置指定元素外，还可以通过 sortable（排序）插件将有序列的标记，按照用户自己的想法任意拖曳其所在位置，形成一个新的序列，从而实现拖曳排序的功能。

基本语法：

```
sortable(options)
```

其中，选项 options 所调用的参数与插件 draggable 中的 options 参数有很多相似之处。需要说明的是参数 item，该参数用于声明在页面中哪些元素以拖曳的方式进行排序。代码如下。

```
$(element).sortable("option", "items", "li");
```

说明在页面中有<option>、<items>和<li>标记的元素可以通过拖曳的方式进行排序，如果不声明，则默认全部的表项型元素都可以。

下面的示例页面中，创建一个列表<ul>，并在列表中增加 5 个表项<li>标记，通过 jQuery UI 中的排序插件 sortable 实现每个表项拖曳排序的功能。

示例 script 代码：

```
$(function() {
    $("ul").sortable(
        { delay: 2,            //为防止与单击事件冲突，延时 2 秒
          opacity: 0.35        //以透明度 0.35 随意拖动
        })
});
```

示例 HTML 代码：

```
<div>
    <ul>
        <li>Item 1</li>   <li>Item 2</li>   <li>Item 3</li>   <li>Item 4</li>   <li>Item 5</li>
    </ul>
</div>
```

11.6.2 jQuery UI 微型插件

1．折叠面板插件

折叠面板（accordion）可以实现页面中指定区域的折叠效果，这种效果俗语“手风琴”，即通过单击某块面板中的标题栏，就会展开相应的内容，当单击其他面板标题栏时，已展开的内容会自动关闭。通过这种方式，可以实现多个面板数据在一个页面中有序展示。

基本语法：

```
accordion(options)
```

accordion 的 options 选项中的常用参数如表 11-16 所示。

表 11-16　accordion 的 options 选项中的常用参数

参数名称	说明
animated	设置折叠时的效果，默认为 slide，也可以自定义动画。如果设置为 false，表示不要设置折叠时的动画效果
active	设置默认展开的主题选择，默认值为 1
autoHeight	内容高度是否设置为自动增高，默认值为 true
event	设置展开选项的事件，默认值为 click，也可以设置双击、鼠标滑过事件
fillSpace	设置内容是否充满父元素的高度，默认值为 false，如果设置为 true，那么 autoHeight 参数设置无效
icon	设置小图标，其设置的格式为{"header":"主题默认图标类别名","headerSelected":"主题选中时图标类别名"}

下面的示例页面中，通过 accordion 插件展示几个相同区域的折叠效果。

示例 script 代码：

```
$(function() {
    $("#accordion").accordion();
})
```

示例 HTML 代码：

```
<div class="divFrame">
    <div id="accordion">
        <h3><a href="#">Section 1</a></h3>
        <div class="divOpt">    <p>Item1</p>    </div>
        <h3><a href="#">Section 2</a></h3>
        <div class="divOpt">    <p>Item2</p>    </div>
        <h3><a href="#">Section 3</a></h3>
        <div class="divOpt">    <p>Item3</p>    </div>
        <h3><a href="#">Section 4</a></h3>
        <div class="divOpt">    <p>Item4</p>    </div>
    </div>
</div>
```

2．选项卡插件

选项卡（tabs）在页面中的使用非常广泛，尤其是各大门户网站的首页。因为以选项卡的形式可以实现使用少量的空间展示更多内容的效果，同时，其快速切换效果也提高了用户的体验。在 jQuery UI 中，通过在页面中导入 tabs 插件，并调用插件中的 tabs()方法，可直接针对列表生成对应菜单，轻松实现这种选项卡的功能。

基本语法：

```
tabs(options)
```

tabs 的 options 选项中的常用参数如表 11-17 所示。

表 11-17　tabs 的 options 选项中的常用参数

参数名称	说　明
collapsible	是否可折叠选项卡的内容，设置一个布尔值，如果为 true，那么允许用户可折叠选项卡的内容，即首次单击展开，再单击关闭，默认值为 false
disabled	设置不可用选项卡，如{disabled:[1,2]}，表示选项卡中的第一、二项不可用
event	设置触发切换选项卡的事件，默认值为 click，也可以设置为 mousemove
fx	设置切换选项卡时的一些动画效果
selected	设置被选中选项卡的 index，如{selected:2}，表示第二项选项卡被选中

下面的示例页面中，创建一个列表<ul>标记，并在<ul>中创建 5 个<li>标记。通过 tabs 插件中的 tabs 方法使这 5 个<li>标记形成选项卡，其中第一个选项卡对应下面 div 中的内容，后面的选项卡通过 Ajax 的方式，动态加载一个 HTML 页面内容。同时，在变换选项卡时，展示相应的切换效果，最后两个需要支持 PHP 的 Web 服务器。实际上本例的代码都应该放在支持 PHP 的 Web 服务器中，才能在各种浏览器中正常显示。

示例 script 代码：

```
$(function() {
  $( "#tabs" ).tabs({
    event: "mouseover"
  });
});
```

示例 HTML 代码：

```
<div id="tabs">
  <ul>
    <li><a href="#tabs-1">Preloaded</a></li>
    <li><a href="ajax/content1.html">Tab 1</a></li>
    <li><a href="ajax/content2.html">Tab 2</a></li>
    <li><a href="ajax/content3-slow.php">Tab 3 (slow)</a></li>
    <li><a href="ajax/content4-broken.php">Tab 4 (broken)</a></li>
  </ul>
  <div id="tabs-1">
    <p>这是预加载的内容。请将鼠标移到其他标签上查看效果。</p>
  </div>
</div>
```

3．对话框插件

在页面开发过程中，经常要与用户进行交互，例如在提交表单时，如果文本框（text）中的内容为空，需要提醒用户输入内容。一般的做法是使用传统的 JavaScript 语言中的 alert()函数弹出一个信息窗口。另外，在删除某项记录时，也需要告知用户确定，可用 JavaScript 语言中的 confirm()函数。虽然以上两个函数都可以实现相应的功能，但没有动画效果，功能单一，用户体验差。在 jQuery UI 中，通过 dialog（对话框）插件，不仅可以实现传统 JavaScript 语言中 alert()与 confirm()函数的功能，而且界面优雅，功能丰富，操作简便。

基本语法：

```
$(".selector").dialog(options)
```

其中.selector 表示 DOM 元素，一般指定一个<div>标记，用于显示弹出对话框的内容和设置的按钮。

dialog 的 options 选项中的常用参数如表 11-18 所示。

表 11-18　dialog 的 options 选项中的常用参数

参数名称	说明
autoOpen	设置一个布尔值，如果为 false，则不显示对话框，默认值为 true
bgiframe	设置一个布尔值，如果为 true，则表示如果在 IE 6 下弹出的对话框可以遮盖住页面中类似于<select>标记的下拉列表框，默认值为 false
buttons	设置对话框中的按钮，如{"buttons",{"Ok":function(){$(this).dialog("close");}}}表示设置了一个文本内容为 Ok 的按钮，单击该按钮，将关闭对话框
closeOnEscape	设置一个布尔值，如果为 false，则表示不使用〈Esc〉快捷键的方式关闭对话框，默认值为 true
draggable	设置一个布尔值，表示是否可以拖动对话框，默认值为 true
hide	设置对话框关闭时的动画效果，可以设置为 slide 等各种动画效果，默认值为 null
modal	设置对话框是否以模式的方式显示，模式是指页面背景变灰，不允许操作，焦点锁定对话框的效果，默认值为 false
position	设置对话框弹出时在页面中的位置，可以设置为 top、center、bottom、left 或 right，默认值为 center
show	设置对话框显示时的动画效果，相关说明与 hide 参数一样
title	设置对话框中主题部分的文字，如"系统提示"，默认值为空

下面的示例页面中，设置一个文本框和两个按钮，同时以<span>标记显示一条记录。当单击第一个"提交"按钮时，将检测文本框的内容是否为空，如果为空，则通过 dialog 插件弹出一个对话框，提示文本框内容不能为空；当单击第二个"删除"按钮时，先通过 dialog 插件弹出一个确定对话框，当用户单击"确定"按钮时，将删除页面中<span>标记的内容。

Dialog 插件实现的对话框通常与一个<div>标记绑定，只要执行插件中的 dialog()方法就可以弹出对话框。但在实际应用中，需要根据特定的条件，弹出不同内容与类型的对话框（如提示、询问等），这时，需要将插件实现的对话框的代码进行封装，即自定义一个函数，如 sys_Alert(content){}和 sys_Confirm(content){}等。

示例 script 代码：

```
$(function() {
  $("#btnSubmit").bind("click", function() {        //检测按钮事件
    if ($("#txtName").val() == "") {                //如果文本框为空
      sys_Alert("姓名不能为空！请输入姓名");
    }
  });
  $("#btnDelete").bind("click", function() {        //询问按钮事件
    if ($("#spnName").html() !=null) {              //如果对象不为空
      sys_Confirm("您真的要删除该条记录吗？");
      return false;
    }
  });
});
function sys_Alert(content) {                        //弹出提示信息窗口
  $("#dialog-modal").dialog({
    height: 140,   modal: true,   title: '系统提示',   hide: 'slide',   buttons: {
```

```
            Cancel: function() {
                $(this).dialog("close");
            }
        },  open: function(event, ui) {
                $(this).html("");
                $(this).append("<p>" + content + "</p>");
            }
    });
}
function sys_Confirm(content) {                //弹出询问信息窗口
    $("#dialog-modal").dialog({
        height: 140, modal: true, title: '系统提示', hide: 'slide', buttons: { '确定': function() {
          $("#spnName").remove();
          $(this).dialog("close");
            }, '取消': function() {
                $(this).dialog("close");
            }
        }, open: function(event, ui) {
                $(this).html("");
                $(this).append("<p>" + content + "</p>");
            }
    });
}
```

示例 HTML 代码：

```
<div class="demo-description">
    <div id="subm">
        <input id="txtName" type="text" class="txt" />
        <input id="btnSubmit" type="button" value="提交" class="btn" />
    </div>
    <div id="dele">
        <span id="spnName">张三</span>
        <input id="btnDelete" type="button" value="删除" class="btn" />
    </div>
    <div id="dialog-modal"></div>
</div>
```

11.7 小结

本章从 jQuery 的基本概念入手，介绍了 jQuery 库和引入方法，通过简单的小示例，对 jQuery 在页面中的功能应用进行了一个大致介绍。选择器是 jQuery 核心，其语法与 CSS 选择器类似，通过将实例与理论相结合，详细介绍了 jQuery 中的选择器语法和使用技巧。最后通过大量访问或设置页面元素的方法，学习了在页面中如何控制 DOM 元素（访问元素、创建结点元素、插入结点、复制结点、替换结点、包裹结点、遍历结点和删除元素）。

本章还介绍了 jQuery 中的事件（页面载入、绑定、切换、移除和触发等）、动画（显示隐藏、滑动、淡入淡出和自定义动画）和 jQuery UI 插件（交互性插件、微型插件），这些内容在今后的网页制作中都经常使用，希望能较好地掌握。

11.8 思考与练习

1．思考题

1）请总结 jQuery 的选择器与 CSS 中的选择器使用有何异同。

2）请上网查阅相关资料，思考 jQuery 是否能操作本地资源。

2．操作题

1）调试本章源代码。

2）请上网查阅相关资料，自学 jQuery 的其他插件，并完成其中的一种。

3）导航条应用。要求在页面中创建一个导航条，单击标题时，可以伸缩导航条的内容，同时，标题中的提示图片也随之改变。单击“简化”链接时，隐藏指定的内容，并将“简化”字样改变成“更多”。单击“更多”链接时，返回初始状态，并改变指定显示元素的背景色。效果图如图 11-2 所示。

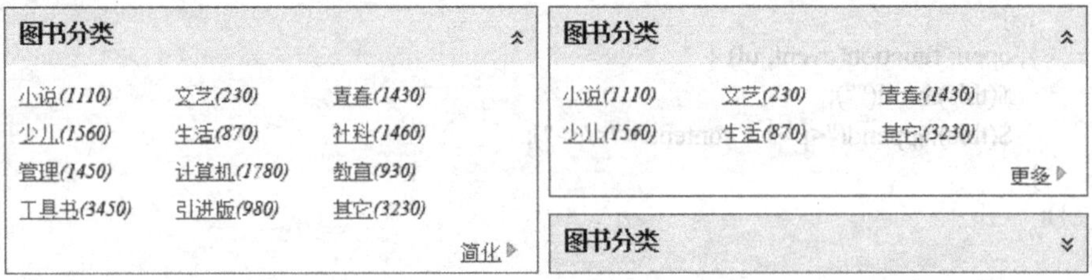

图 11-2　导航条效果

4）图片预览与数据删除应用。要求在页面中创建一个表格，用于展示多项数据信息，各行间采用隔行变色的方法展示每一行的数据。如果选中表格中某行的复选框，并单击表格下面的“删除”按钮，那么将删除其选中的行；选中“全选”复选框后，再次单击“删除”按钮时，将删除表格的全部行数据。如果将鼠标移动到表格中某行的小图片上，将在该图片的右下角出现一幅与之对应的大图片，用以实现图片预览的效果。效果图如图 11-3 所示。

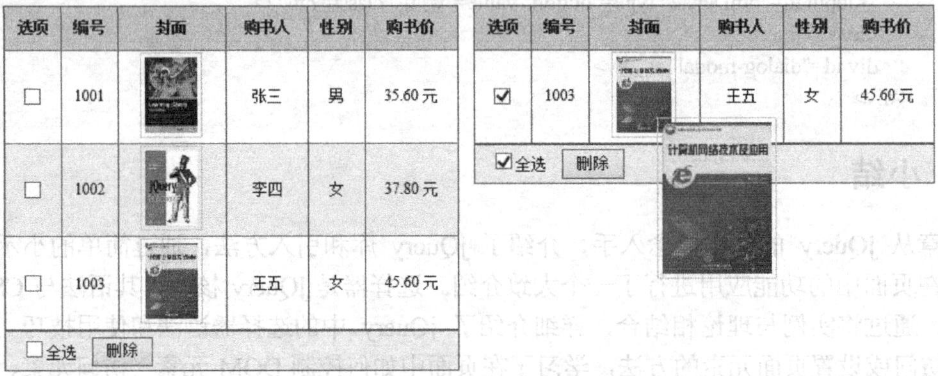

图 11-3　图片预览与数据删除效果

5）列表中的导航菜单应用。在页面表单中，分别展示某类产品的全部子类项，当用户将鼠标移到某项子类时，所选子类样式发生变化，并在该子类的右边以浮动的形式展示该类的全部产品；当用户将鼠标移出某项子类时，所选子类样式恢复到初始值，同时隐藏已显示的全部子类产品。效果图如图 11-4 所示。

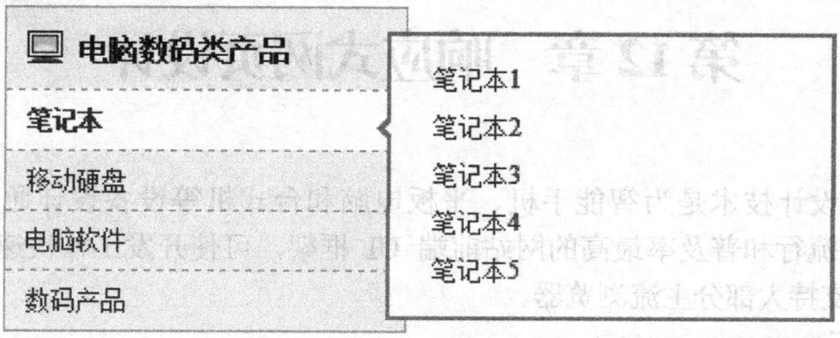

图 11-4　导航菜单效果

6）网页选项卡的应用。在页面中，除使用列表<ul>标记实现滑动效果的菜单导航条外，还可以用网页选项卡来设计。选项卡的功能十分简单，通过单击标题实现内容隐藏或显示的切换，由于它可以在有限的空间中展示大量的数据，因此被广泛使用在各综合性的门户网站中。要求不使用 jQuery UI，直接使用 jQuery 设置三个不同名称的选项卡当单击某个选项卡时，下面相对应的区域显示其内容信息，同时选项卡的背景色与内容信息的背景色浑然一体，并且字体加粗，表示处于选中状态。效果图如图 11-5 所示。

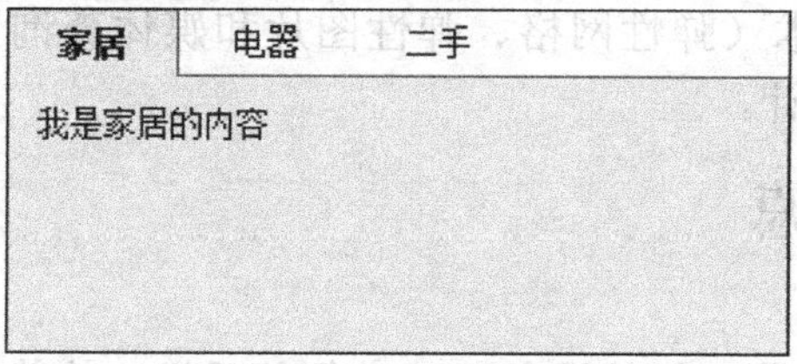

图 11-5　网页选项卡效果

第 12 章　响应式网页设计

响应式网页设计技术是为智能手机、平板电脑和台式机等设备设计通用网页的首选。Bootstrap 作为最流行和普及率最高的网站前端 UI 框架，可使开发工作快速、高效且准确到位，并且适用、支持大部分主流浏览器。

教学目标

- 理解响应式网页的概念
- 理解 Grid System 原理
- 掌握 Bootstrap 的全局 CSS 样式、组件和 JavaScript 插件的使用方法

12.1　响应式网页简介

响应式网页设计（Responsive Web Design，RWD）这个术语由伊桑•马科特（Ethan Marcotte）提出。他在 A List Apart 发表了一篇开创性的文章，将三种已有的开发技术（弹性网格、弹性图片和媒体查询）整合起来，并命名为响应式网页设计。

二维码

12.1.1　响应式网页的优点

1．用户体验友好

随着计算机尺寸的多元化，智能设备（PAD/智能手机）的普及化，在追求用户体验至上的时代，之前网站普遍使用固定宽度的状况逐渐满足不了现在不同设备与不同分辨率的需求。在高分辨率计算机宽屏显示器上，两边留白过多；在手机上显示，内容显示过小，用户为了看清楚，首先需要放大界面，再左右拖动界面。响应式网站可以根据不同终端、不同尺寸和不同应用环境，自动调整界面布局、展示内容及内容大小，提供非常好的视觉展示效果及一致性友好体验。

2．节省设计开发成本

相对需要开发计算机网站、PAD 网站和手机网站来说，响应式网站有助于节省设计开发和维护成本。从设计角度来说，响应式网站界面只需要设计两套设计效果图即可，计算机端与 PAD 上基本可以共用一套设计效果图，手机端重新设计一套就可以了；从前端开发角度说，也不需要开发三套完全不一样的前端代码，只需根据临界点或称断点（像 Bootstrap 等前端 UI 框架都有明确的断点说明）为不同终端开发三套不同的 CSS 样式；从后期维护角度来说，再也不需要分别维护 PC 界面、PAD 界面和手机 APP 界面，只要专心维护一个网站即可。

3．SEO 友好

由于响应式网站在不同终端拥有友好的界面展示效果，用户可以与网站一直保持联系，比如 URL 不变积累分享；通过单一的 URL 地址收集所有的社交分享链接最佳化搜索引擎。搜索引擎也在变得越来越聪明，它们可以智能地完成移动网站和桌面网站的连接。Google 也建议优先采用响应式设计，因为无论是什么网页版本都是相同的 HTML、相同的内容，

Google 最容易处理。

但是，响应式网页并不是用来代替移动端 APP 的，虽然框架型 Web APP 通常使用了响应式网页技术，但无法调用手机终端的硬件设备。在这种情况下，Hybrid App（混合模式移动应用）就开始流行起来了。所以是否使用响应式网页设计还要根据项目的客户群体所使用的终端来决定。

12.1.2 响应式的概念

响应式设计概念是基于流式网格（或称为流式布局、自适应布局）、流式（自适应）图像、流式（自适应）表格、流式（自适应）视频和媒体查询等技术的组合，以显示出一个非固定尺寸的网页状态。以往固定宽度的网页布局是无法在如今多变且未知的设备中达到最佳浏览体验的。

其核心的三个概念为流式网格（Fluid Grids）、媒体查询（Media Queries）和流式图像（Fluid Images），原本三者都是现有的一些技术，但在响应式设计过程中这些概念具有更广泛的意义。

1．流式网格（Fluid Grids）

流式网格是将网页元素以各种大小方格来进行网页版面的布局设计，使之能按照浏览器的大小自由缩放网页元素。

在响应式设计的布局中，不再以像素（px）作为一个单位，改而采用百分比或者混合百分比和像素为单位，以便设计出更灵活的布局内容。

2．媒体查询（Media Queries）

Media Queries 是 CSS3 的技术，是从 CSS2 的 Media Type 延伸而来的。在特定环境下借助查询到的各种属性值（如设备类型、分辨率、屏幕尺寸及颜色等），决定给予网页什么样的样式内容。

3．流式图像（Fluid Images）

伴随着流式网格的弹性和自适应性，图像作为表达信息重要的形式之一，也必须以更灵活的方式去适应网页布局的变化。

12.1.3 Viewport

通俗地讲，移动设备上的 viewport（视口）就是设备的屏幕上能用来显示网页的那一块区域，再具体一点，就是浏览器上（也可能是一个 APP 中的 Webview）用来显示网页的那部分区域。但 viewport 又不局限于浏览器可视区域的大小，它可能比浏览器的可视区域要大，也可能比浏览器的可视区域要小。在默认情况下，一般来讲，移动设备上的 viewport 都比浏览器可视区域大，这是因为考虑到移动设备的分辨率还有很多相对于台式计算机来说更小，所以为了能在移动设备上正常显示那些传统的为桌面浏览器设计的网站，移动设备上的浏览器都会把自己默认的 viewport 设为一个固定值（比如 980px，也可能是其他值），但这样做的后果就是浏览器会出现横向滚动条，因为浏览器可视区域的宽度可能比这个默认的 viewport 的宽度要小。

移动设备上的 viewport 可分为 layout viewport（布局视口）、visual viewport（可视视口）和 ideal viewport（理想视口）三类，其中的理想 viewport 是最适合移动设备的 viewport，理想 viewport 的宽度等于移动设备的屏幕宽度，只要在 CSS 中把某一元素的宽度设为理想 viewport

的宽度（单位用 px），那么这个元素的宽度就是设备屏幕的宽度了，也就是宽度为 100%的效果。理想 viewport 的意义在于，无论在何种分辨率的屏幕下，那些针对理想 viewport 而设计的网站不需要用户手动缩放，也不需要出现横向滚动条，都可以完美地呈现给用户。

移动设备默认的 viewport 是 layout viewport，也就是那个可能比屏幕要宽的 viewport，但在进行移动设备网站的开发时，需要的是理想 viewport。那么怎样才能得到理想 viewport 呢？此时就需要用到<meta>标签。

在开发移动设备的网站时，最常见的一个动作就是把下面这行代码复制到<head>标签中：

```
<meta name="viewport" content="width=device-width, initial-scale=1.0, maximum-scale=1.0, user-scalable=0">
```

该<meta>标签的作用是让当前 viewport 的宽度等于设备的宽度（width=device-width），同时不允许用户手动缩放（user-scalable=0）。也许允不允许用户缩放，不同的网站有不同的要求，但让 viewport 的宽度等于设备的宽度，这是大家都想要的效果，如果不这样设定，就会使用那个比屏幕宽的默认 viewport，也就是说会出现横向滚动条。meta viewport 的 6 个属性如表 12-1 所示。

表 12-1　meta viewport 的属性

属　性	描　述
width	设置 layout viewport 的宽度，为一个正整数，或字符串"width-device"
initial-scale	设置页面的初始缩放值，为一个数字，可以带小数
minimum-scale	允许用户的最小缩放值，为一个数字，可以带小数
maximum-scale	允许用户的最大缩放值，为一个数字，可以带小数
user-scalable	是否允许用户进行缩放，值为 no 或 yes, no 代表不允许，yes 代表允许
height	设置 layout viewport 的高度，这个属性并不重要，很少使用

这些属性可以同时使用，也可以单独使用或混合使用。多个属性同时使用时用逗号将它们隔开即可。

要把当前的 viewport 宽度设为理想 viewport 的宽度，既可以设置 width=device-width，也可以设置 initial-scale=1，但这两者各有一个小缺陷，就是 iPhone、iPad 及 IE 会横竖屏不分，通通以竖屏的理想 viewport 宽度为准。所以，最完美的写法应该是将两者都写上去，这样 initial-scale=1 解决了 iPhone、iPad 的问题，width=device-width 则解决了 IE 的问题：

```
<meta name="viewport" content="width=device-width, initial-scale=1">
```

12.1.4　流式网格

流式网格是由两种技术组合而成的，一种是网页元素采用网格设计（Grid Design），另一种是网页元素采用按照窗口大小缩放的流式布局（Liquid Layout）。

1．网格设计

响应式网页设计一开始会先使用网格式设计来配置各个元素，并在确定各元素位置之后将 px 单位改为百分比，如此就可以根据画面大小自动调整成适当的版面了。

除了设置为相对比例，还要设置宽度最大值和最小值。当宽度超过或低于某个限制值时可以固定版式，例如超过最大值后就固定为两侧留白的版式。如此，在遇到宽屏幕时也能提供适合阅读的版式。

在设计过程中，会使用 div 进行排版，而写法大致上有两种，可以利用 float:left 与 float:right 或 display:inline-block 来实现。

float（浮动）和 display:inline-block 各有优缺点。当 float 宽度不足时区块会自动往下掉，可能会与其他元素重叠，不过可以用 clear 来消除 float 的效果避免重叠；而 display:inline-block 就没有这个问题，但是运行方式会比较像文字排版，像靠左、靠右对齐都是用 text-aligh:left/right，但基本上区块的顺序还是会从左到右进行显示。

2．流式布局

Liquid Layout（流式布局）主要就是把原本的 px 单位改成百分比来制作版面，使呈现的区块尺寸根据浏览器的状态进行动态调整，而不是以固定尺寸来显示。元素的百分比（%）大小是相对父元素的宽度来决定的。

3．网格视图

很多网页都是基于网格设计的，这说明网页是按列来布局的。使用网格视图有助于用户设计网页，这使向网页中添加元素变得更简单。绝大多数响应式网格视图通常采用 12 列，宽度为 100%，每列宽度为 8.33%，调整总宽度时，每列的宽度也按比例进行缩放，即在浏览器窗口大小调整时实现了自动伸缩。

在 CSS 中可以像下面的代码一样定义各种列宽对应的类名称，在 HTML 中直接应用这些类名称即可。比如宽度如果要占 3 列，可以用类“.col-3”表示，如果占 6 列，可以用类“.col-6”表示。

```
.col-1 {width: 8.33%;}
.col-2 {width: 16.66%;}
.col-3 {width: 25%;}
.col-4 {width: 33.33%;}
.col-5 {width: 41.66%;}
.col-6 {width: 50%;}
.col-7 {width: 58.33%;}
.col-8 {width: 66.66%;}
.col-9 {width: 75%;}
.col-10 {width: 83.33%;}
.col-11 {width: 91.66%;}
.col-12 {width: 100%;}
```

12.1.5 媒体查询

CSS3 的 Media Query（媒体查询）是响应式网页设计的主要核心技术之一。简单来说就是让不同浏览设备去运用符合该设备浏览尺寸的 CSS 内容，所运用的尺寸称为“断点”。断点要能代表手机、平板电脑和台式计算机三种浏览设备的版式。

根据现在的各种设备屏幕分辨率来看，可设置的断点为 768px、992px 和 1200px。低于 768px 的称为超小屏幕设备，可应用于早期的手机；介于 768～992px 之间的称为小屏幕设备，可应用于平板电脑和小分辨率手机；介于 992～1200px 之间的称为中等屏幕设备，主要应用于台式计算机和中等分辨率手机；高于 1200px 的称为大屏幕设备，主要应用于大屏幕台式计算机和大分辨率手机。

基于这种断点分法，相应的 CSS 类名称也可以更改为：.col-*（所有设备）、.col-sm-*（小屏幕）、.col-md-*（中等屏幕）、.col-lg-*（大屏幕）和.col-xl-*（超大屏幕）。其中“*”代表前面提到的 12 种列宽。

1．使用方法

Media Query 的使用方式有以下两种。

第一种是在 CSS 文件中用@media 来判断用户的屏幕宽度，然后再选择加载符合条件的 CSS 代码段。

基本语法：

```
@media mediatype and|not|only (media feature) {
    CSS-Code;
}
```

其中 mediatype 表示媒体类型，and|not|only 为判断条件，media feature 为媒体特征。

and 代表“逻辑与”的关系，翻译成中文就是“并且”的意思，即 and 前后两个条件都必须满足的时候该段 CSS 代码为有效。not 用来排除某些设备的样式。only 翻译为中文是“仅限”的意思。

下面的示例为移动端优先设计的各断点使用方法。

```
/* 移动端优先的设计 */
[class*="col-"] {
    width: 100%;
}
@media (min-width: 768px) {
   .container { width: 750px; }
}
@media (min-width: 992px) {
   .container { width: 970px; }
}
@media (min-width: 1200px) {
   .container { width: 1170px; }
}
```

另一种是在 HTML 文件中用 media 属性判断用户设备的宽度，以选择加载哪份外部 CSS 文件。

基本语法：

```
<link rel="stylesheet" media="mediatype and|not|only (media feature)" href="mystylesheet.css">
```

示例如下：

```
<link rel="stylesheet" media="screen and (min-width:768px)" href="mystyle.css">
```

2．媒体类型

媒体类型（Media Type）用来指定运用的对象。现在可用的主要有 4 种类型：all 用于所有设备；print 用于打印机和打印预览；speech 用于屏幕阅读器等发声设备；screen 用于台式计算机、平板电脑和智能手机的屏幕显示。响应式网页一般都是根据屏幕大小来调整版式，因此一般设置为 screen。

3．媒体特征

Media Query 的条件类型可设置的属性如表 12-2 所示。

表 12-2　媒体特征

值	描　述
aspect-ratio	定义输出设备中的页面可见区域宽度与高度的比率
color	定义输出设备每一组彩色原件的个数。如果不是彩色设备，则值等于 0
color-index	定义在输出设备的彩色查询表中的条目数。如果没有使用彩色查询表，则值等于 0
device-aspect-ratio	定义输出设备的屏幕可见宽度与高度的比率
device-height	定义输出设备的屏幕可见高度
device-width	定义输出设备的屏幕可见宽度
grid	用来查询输出设备是否使用栅格或点阵
height	定义输出设备中的页面可见区域高度
max-aspect-ratio	定义输出设备的屏幕可见宽度与高度的最大比率
max-color	定义输出设备每一组彩色原件的最大个数
max-color-index	定义在输出设备的彩色查询表中的最大条目数
max-device-aspect-ratio	定义输出设备的屏幕可见宽度与高度的最大比率
max-device-height	定义输出设备的屏幕最大可见高度
max-device-width	定义输出设备的屏幕最大可见宽度
max-height	定义输出设备中的页面最大可见区域高度
max-monochrome	定义在一个单色框架缓冲区中每像素包含的最大单色原件个数
max-resolution	定义设备的最大分辨率
max-width	定义输出设备中的页面最大可见区域宽度
min-aspect-ratio	定义输出设备中的页面可见区域宽度与高度的最小比率
min-color	定义输出设备每一组彩色原件的最小个数
min-color-index	定义在输出设备的彩色查询表中的最小条目数
min-device-aspect-ratio	定义输出设备的屏幕可见宽度与高度的最小比率
min-device-width	定义输出设备的屏幕最小可见宽度
min-device-height	定义输出设备的屏幕最小可见高度
min-height	定义输出设备中的页面最小可见区域高度
min-monochrome	定义在一个单色框架缓冲区中每像素包含的最小单色原件个数
min-resolution	定义设备的最小分辨率
min-width	定义输出设备中的页面最小可见区域宽度
monochrome	定义在一个单色框架缓冲区中每像素包含的单色原件个数。若不是此设备，则值为 0
orientation	定义输出设备中的页面可见区域高度是否大于或等于宽度
resolution	定义设备的分辨率。如 96dpi、300dpi 或 118dpcm
scan	定义电视类设备的扫描工序
width	定义输出设备中的页面可见区域宽度

12.1.6　图像、视频与字体

响应式网页中的图像与视频能根据画面的大小自动缩放。

如果将 width 属性设置为 100%，图片或视频播放器会根据屏幕大小自动调整比例。

```
img, video {
  width: 100%;
  height: auto;
}
```

在以上实例中，图片或视频有可能会比它的原始图片大。可以使用 max-width 属性来很好地解决这个问题。

```
img, video   {
  max-width: 100%;
  height: auto;
}
```

为了让网页中的字体能根据屏幕大小进行缩放，字体的单位必须设置为 em 或百分比，以支持动态的网页内容。

12.2 Bootstrap 响应式网页

二维码

要想快速制作响应式网页，可以借助一些成熟的前端 UI 框架，如比较流行的 Bootstrap、Foundation、Semantic UI、Pure、UIkit 和 Materialize 等，还有一些国产的 Web UI 框架也可以尝试。下面以应用最为广泛的 Bootstrap 为例，讲解前端 UI 框架的使用方法。

Bootstrap 是来自 Twitter 的最受欢迎的 HTML、CSS 和 JS 前端框架，用于构建响应式布局、移动设备优先的 Web 项目。Bootstrap 是基于 HTML5 和 CSS3 开发的，它在 jQuery 的基础上进行了更为个性化的完善，形成了一套自己独有的网站风格，并兼容大部分 jQuery 插件。

Bootstrap 提供了一个带有网格系统、链接样式和背景的基本结构。Bootstrap 自带的特性有：全局的 CSS 设置、定义基本的 HTML 元素样式、可扩展的 class，以及一个先进的网格系统。Bootstrap 中包含了丰富的 Web 组件，根据这些组件可以快速地搭建一个漂亮、功能完备的网站。Bootstrap 包含了十几个自定义的 jQuery 插件，这些插件为 Bootstrap 中的组件赋予了“生命”，既可以直接包含所有的插件，也可以逐个包含这些插件。当然也可以定制 Bootstrap 的组件、SASS 变量和 jQuery 插件来获得自己的版本。

Bootstrap 中的许多组件需要依赖 JavaScript 才能运行，主要是依赖 jQuery、Popper.js。采用 CDN 方式引入依赖的模板代码如下。

```
<!DOCTYPE html>
<html lang="zh">
<head>
    <meta charset="UTF-8">
    <meta name="viewport" content="width=device-width, initial-scale=1.0">
    <meta http-equiv="X-UA-Compatible" content="ie=edge">
    <title>Bootstrap 基本模板</title>
    <!—Bootstrap CSS -->
    <link href="https://cdn.bootcss.com/bootstrap/4.1.1/css/bootstrap.min.css" rel="stylesheet">
    </style>
</head>
<body>
    <h1>Hello, world!</h1>
    <!-- Optional JavaScript -->
    <!-- jQuery first, then Popper.js, then Bootstrap JS -->
```

```
        <script src="https://cdn.bootcss.com/jquery/3.3.1/jquery.min.js"></script>
        <script src="https://cdn.bootcss.com/popper.js/1.14.3/umd/popper.min.js"></script>
        <script src="https://cdn.bootcss.com/bootstrap/4.1.1/js/bootstrap.min.js"></script>
    </body>
    </html>
```

12.2.1 布局

布局 Bootstrap 项目的组件和选项，包括包装容器、强大的网格系统、灵活的媒体对象和响应性的实用程序类。

容器是 Bootstrap 中最基本的布局元素，在使用默认网格系统时是必需的。Bootstrap 需要为页面内容和栅格系统包裹一个.container 容器，Bootstrap 提供了两个有此功能的类。

.container 类用于固定宽度并支持响应式布局的容器。

```
<div class="container">
  <!-- Content here -->
</div>
```

.container-fluid 类用于 100%宽度，占据全部视口（viewport）的容器。

```
<div class="container-fluid">
  <!-- Content here -->
</div>
```

由于 Bootstrap 首先是移动的，使用了少量的媒体查询来为布局和接口创建合理的断点。这些断点主要是基于最小的 viewport 宽度，并允许在 viewport 变化时扩展元素。Bootstrap 主要使用以下媒体查询范围（或断点）。

```
/* .col-  针对所有设备 */
/* .col-sm-  平板，屏幕宽度大于等于 576px */
@media (min-width: 576px) { ... }
/* .col-md-  桌面显示器，屏幕宽度大于等于 768px */
@media (min-width: 768px) { ... }
/* .col-lg-  大桌面显示器，屏幕宽度大于等于 992px */
@media (min-width: 992px) { ... }
/* .col-xl-  超大桌面显示器，屏幕宽度大于等于 1200px */
@media (min-width: 1200px) { ... }
```

偶尔也会在媒体查询代码中包含 max-width，从而将 CSS 的影响限制在更小范围的屏幕大小之内。

Bootstrap 提供了一套响应式、移动设备优先的 flexbox 栅格系统，随着屏幕或视口（viewport）尺寸的增加，系统会自动分为最多 12 列。它包含了 5 个默认的响应层、Sass 变量和 mixin，以及几十个预定义的类。

栅格系统用于通过一系列的行（row）与列（column）的组合来创建页面布局，网页内容可以放入这些创建好的布局中。下面介绍 Bootstrap 栅格系统的工作原理。

“行（row）”必须包含在.container（固定宽度）或.container-fluid（100%宽度）中，以便为其赋予合适的对齐（aligment）和填充（padding）。

通过“行（row）”在水平方向创建一组“列（column）”。而内容应当放置于“列（column）”内，并且只有“列（column）”可以作为“行（row）”的直接子元素。

通过为“列（column）”设置 padding 属性，从而创建列与列之间的间隔（gutter）。通过为.row 元素设置负值 margin，从而抵消为.container 元素设置的 padding。

栅格系统中的列通过指定 1～12 的值来表示其跨越的范围。如下代码所示，三个等宽的列可以使用三个.col（.col-4）来创建。如果一“行（row）”中包含的“列（column）”大于 12，多余的“列（column）”所在的元素将被作为一个整体另起一行排列。

```
<div class="container">
  <div class="row">
    <div class="col"> One of three columns </div>
    <div class="col"> One of three columns </div>
    <div class="col"> One of three columns </div>
  </div>
</div>
```

栅格类适用于与屏幕宽度大于或等于分界点大小的设备，并且针对更小屏幕设备的栅格类进行重写。因此，应用任何.col-md-*类到元素上时，不仅影响中等屏幕设备的样式，也会影响大屏幕设备（如果.col-lg-*不存在的话）。

1．栅格参数（Grid options）

Bootstrap 的栅格系统在多种屏幕设备上工作的参数如表 12-3 所示。

表 12-3　栅格参数

	超小设备 <576px	平板 ≥576px	桌面显示器 ≥768px	大桌面显示器 ≥992px	超大桌面显示器 ≥1200px
最大容器宽度	None（Auto）	540px	720px	960px	1140px
类前缀	.col-	.col-sm-	.col-md-	.col-lg-	.col-xl-
列（column）数	12				
间隙（gutter）宽	30px （每列左右均有 15px）				
可嵌套	是				
列偏移（Offsets）	是				

2．自动布局列（Auto-layout columns）

（1）等宽（Equal-width）

使用单一的一组.col-*类，就可以创建一个基本的栅格系统。所有“列（column）”必须放在.row 内。如图 12-1 所示效果的类应用如下。

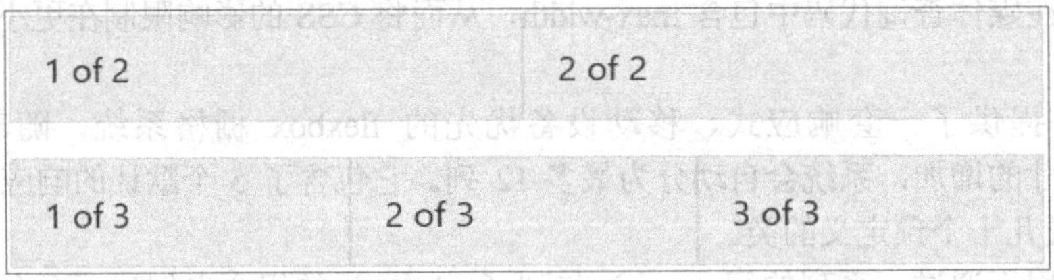

图 12-1　等宽

```
<div class="container">
  <div class="row">
    <div class="col"> 1 of 2 </div>
    <div class="col"> 2 of 2 </div>
  </div>
```

```
    <div class="row">
      <div class="col"> 1 of 3 </div>
      <div class="col"> 2 of 3 </div>
      <div class="col"> 3 of 3 </div>
    </div>
  </div>
```

（2）设置一列宽度（Setting one column width）

flexbox 网格列的自动布局也意味着可以设置一个列的宽度，并让兄弟列自动调整大小。可以使用预定义的网格类（如下所示）、网格 mixin 或内联宽度。注意，不管中心列的宽度是多少，其他列都会调整大小。

```
<div class="container">
  <div class="row">
    <div class="col"> 1 of 3 </div>
    <div class="col-6"> 2 of 3 (wider) </div>
    <div class="col"> 3 of 3 </div>
  </div>
  <div class="row">
    <div class="col"> 1 of 3 </div>
    <div class="col-5"> 2 of 3 (wider) </div>
    <div class="col"> 3 of 3 </div>
  </div>
</div>
```

（3）可变宽度的内容（Variable width content）

使用 col-{breakpoint}-auto 类根据其内容的自然宽度来对列进行大小排列。

```
<div class="container">
  <div class="row justify-content-md-center">
    <div class="col col-lg-2"> 1 of 3 </div>
    <div class="col-md-auto"> Variable width content </div>
    <div class="col col-lg-2"> 3 of 3 </div>
  </div>
  <div class="row">
    <div class="col"> 1 of 3 </div>
    <div class="col-md-auto"> Variable width content </div>
    <div class="col col-lg-2"> 3 of 3 </div>
  </div>
</div>
```

（4）等宽多行（Equal-width multi-row）

通过插入一个.w-100 来创建等宽度的列，实现了断开到新行。

```
<div class="row">
  <div class="col">col</div>   <div class="col">col</div>
  <div class="w-100"></div>
  <div class="col">col</div>   <div class="col">col</div>
</div>
```

（5）所有断点（All breakpoints）

当需要一个大的列时，可以指定一个编号类。

```
<div class="row">
```

```
    <div class="col">col</div>   <div class="col">col</div>
    <div class="col">col</div>   <div class="col">col</div>
</div>
<div class="row">
    <div class="col-8">col-8</div>   <div class="col-4">col-4</div>
</div>
```

（6）混合搭配（Mix and match）

根据需要为每一层使用不同的类组合。如图 12-2 所示效果的类应用如下。

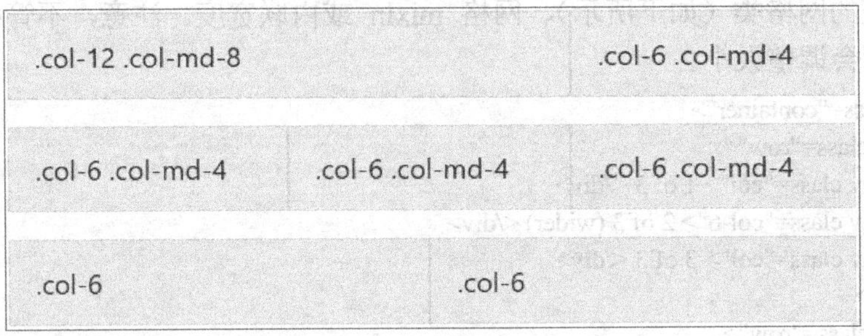

图 12-2　混合搭配

```
<!-- 移动设备全宽，中等屏幕半宽 -->
<div class="row">
    <div class="col-12 col-md-8">.col-12 .col-md-8</div>
    <div class="col-6 col-md-4">.col-6 .col-md-4</div>
</div>
<!-- 移动端列宽为 50%，桌面宽度为 33.3%  -->
<div class="row">
    <div class="col-6 col-md-4">.col-6 .col-md-4</div>
    <div class="col-6 col-md-4">.col-6 .col-md-4</div>
    <div class="col-6 col-md-4">.col-6 .col-md-4</div>
</div>
<!-- 在移动和桌面端的列总是 50%宽 -->
<div class="row">
    <div class="col-6">.col-6</div>
    <div class="col-6">.col-6</div>
</div>
```

3．对齐（alignment）

在行元素的 row 类上组合使用 align-items-start、align-items-center 和 align-items-end 类，可以实现整个行在垂直方向的对齐。

在列元素的 col 类上组合使用 align-self-start、align-self-center 和 align-self-end 类，可以实现自身元素在垂直方向的对齐。

在行元素的 row 类上组合使用 justify-content-start、justify-content-center、justify-content-end、justify-content-around 和 justify-content-between 类，可以实现整个行在水平方向的对齐。

4．没有间隙（No gutters）

使用 no-gutters 类清除间隙。

5．重新排序（Reordering）

使用.order-类来控制内容的视觉顺序。这些类是响应性的，可以通过断点来设置顺序（如.order-1 .order-md-2)，包括对所有 5 个网格层的 1 到 12 的支持。

```
<div class="container">
  <div class="row">
    <div class="col"> First, but unordered </div>
    <div class="col order-12"> Second, but last </div>
    <div class="col order-1"> Third, but first </div>
  </div>
</div>
```

6．列偏移（Offsetting columns）

使用.offset-*类可以将列向右侧偏移。这些类实际是通过使用*选择器为当前元素增加了左侧的边距（margin）。例如，.offset-4 类将.col-4 元素向右侧偏移了 4 个列（column）的宽度。

```
<div class="row">
  <div class="col-md-4">.col-md-4</div>
  <div class="col-md-4 offset-md-4">.col-md-4 .offset-md-4</div>
</div>
<div class="row">
  <div class="col-md-3 offset-md-3">.col-md-3 .offset-md-3</div>
  <div class="col-md-3 offset-md-3">.col-md-3 .offset-md-3</div>
</div>
<div class="row">
  <div class="col-md-6 offset-md-3">.col-md-6 .offset-md-3</div>
</div>
```

随着 flexbox 在 bootstrap4 中使用，可以使用像.mr-auto 这样的边距工具来迫使兄弟之间的列相互远离。

要将内容嵌套在默认网格中，在现有的.col-*列中添加一个新的.row 和一组.col-*列。嵌套的行应该包括一组加起来最多 12 个或更少的列（不需要使用所有 12 个可用的列）。

12.2.2 内容

Bootstrap 中可以设置全局 CSS 样式，基本的 HTML 元素均可以通过 class 设置样式并得到增强效果，还有先进的栅格系统。

1．排版（Typography）

Bootstrap 对标题、字体、列表和一些行内元素等很多元素的默认样式进行了重新定义，可以像原来一样直接使用，只不过在浏览器中看到的样式发生了变化而已。更多排版类和 Bootstrap 颜色请参考官网。

直接在对齐（text-align）属性的值（left、right、center、justify、nowrap）前面加上前缀“text-”，就变成了可以直接应用的类名（如.text-center）。转换类也是用同样的方法加前缀“text-”。

> Bootstrap 默认的.text-justify 类仅对英文有效，想要中文也有一样的效果，只需在源代码的.text-justify 类中附加一个 text-justify:inter-ideograph;属性设置。

可使用的列表类有：.list-unstyled（删除列表样式）、.list-inline（行内列表）和.dlhorizontal（可以让<dl>的标题和描述排在一行）。

2．图像（Images）

在 Bootstrap 中，通过为图片添加. img-fluid 类可以让图片支持响应式布局。其实质是为图片设置 max-width: 100%和 height: auto 属性，从而让图片在其父元素中更好地缩放。使用.float-left 和.float-right 类来设置图片的左、右对齐。

```
<img src="…" class="img-fluid" alt="Responsive image">
```

通过为 img 元素添加以下相应的类，可以让图片呈现不同的形状。

```
<img src="…" alt="圆角矩形" class="rounded">
<img src="…" alt="正圆形" class="rounded-circle">
<img src="…" alt="缩略图" class="img-thumbnail">
```

3．表格（Tables）

为任意<table>标签添加.table 类可以为其赋予基本的样式：少量的填充（padding）和水平方向的分隔线。

还可以继续给<table>标签添加的类有：.table table-striped（条纹表格）、.table-bordered（带边框表格）、.table-hover（鼠标悬停状态表格）和.table-dark（暗色背景表格）。这几种类可同时使用，但最基本的.table 类是必需的。

还可以通过状态类为行或单元格设置颜色：. table-primary（蓝色，指定这是一个重要的操作）、. table-success（绿色，指定这是一个允许执行的操作）、. table-danger（红色，指定这是危险的操作）、. table-info（浅蓝色，表示内容已变更）、. table-warning（橘色，表示需要注意的操作）、table-active（灰色，用于鼠标悬停效果）、.table-secondary（灰色，表示内容不怎么重要）、. table-light（浅灰色，可以是表格行的背景）、. table-dark（深灰色，可以是表格行的背景）。

将任何.table 元素包裹在.table-responsive 元素内，即可创建响应式表格，其会在小屏幕设备上（小于 992px）水平滚动。当屏幕宽度大于 992px 时，水平滚动条消失。

```
<div class="table-responsive">
  <table class="table">
    ...
  </table>
</div>
```

4．图表（Figures）

用于在 Bootstrap 中显示相关图像和文本的文档和示例。

```
<figure class="figure">
  <img src="..." class="figure-img img-fluid rounded" alt="一个通用的方形占位符图像。">
  <figcaption class="figure-caption">上面图片的说明。</figcaption>
</figure>
```

12.2.3 组件

Bootstrap 组件较多，下面介绍常用的组件。

1．按钮（Buttons）和按钮组（Button group）

使用下面列出的类可以快速创建一个带有预定义样式的按钮。

```
<button type="button" class="btn btn-primary"> btn-primary</button>
```

```
<button type="button" class="btn btn-secondary"> btn-secondary</button>
<button type="button" class="btn btn-success"> btn-success</button>
<button type="button" class="btn btn-danger"> btn-danger</button>
<button type="button" class="btn btn-warning"> btn-warning</button>
<button type="button" class="btn btn-info"> btn-info</button>
<button type="button" class="btn btn-light"> btn-light</button>
<button type="button" class="btn btn-dark"> btn-dark</button>
<button type="button" class="btn btn-link"> btn-link</button>
```

虽然.btn 类是为<button>元素设计的，但也可在<a>或<input>元素上使用这些类（尽管有些浏览器可能会应用稍微不同的渲染）。当用于触发页内功能的<a>元素时，这些链接应该被赋予一个 role="button"，以适合诸如屏幕阅读器之类的辅助技术。

```
<a class="btn btn-primary" href="#" role="button">Link</a>
<button class="btn btn-primary" type="submit">Button</button>
<input class="btn btn-primary" type="button" value="Input">
<input class="btn btn-primary" type="submit" value="Submit">
<input class="btn btn-primary" type="reset" value="Reset">
```

虽然按钮类可以应用到 a 和 button 元素上，但是导航和导航条组件只支持 button 元素。如果 a 元素被作为按钮使用，并用于在当前页面触发某些功能，而不是用于链接其他页面或链接当前页面中的其他部分，那么务必为其设置 role="button"属性。

使用.btn-outline-*的大纲按钮（Outline buttons），用来删除任何按钮上的所有背景图像和颜色。

```
<button type="button" class="btn btn-outline-primary">Primary</button>
```

使用.btn-lg 和.btn-sm 可以获得不同尺寸的按钮。

```
<button type="button" class="btn btn-primary btn-lg">Large button</button>
<button type="button" class="btn btn-secondary btn-lg">Large button</button>
```

通过给按钮添加.btn-block 类可以将其拉伸至父元素 100%的宽度，而且按钮也变为了块级（block）元素。

```
<button type="button" class="btn btn-primary btn-lg btn-block">Block level button</button>
<button type="button" class="btn btn-secondary btn-lg btn-block">Block level button</button>
```

当按钮处于激活状态时，其表现为被按压下去（底色更深、边框颜色更深、向内投射阴影）。button 元素通过:active 状态实现，而 a 元素通过.active 类实现。也可以将.active 应用到 button 上（包含 aria-pressed="true"属性），并通过编程的方式使其处于激活状态。

```
<a href="#" class="btn btn-primary btn-lg active" role="button" aria-pressed="true">Primary link</a>
```

为 button 元素添加 disabled 属性，使其表现为禁用状态。为基于 a 元素创建的按钮添加.disabled 类。

```
<button type="button" class="btn btn-lg btn-primary" disabled>Primary button</button>
<a href="#" class="btn btn-primary btn-lg disabled" role="button" aria-disabled="true">Primary link</a>
```

通过按钮组容器把一组按钮放在同一行里。通过与按钮插件联合使用，可以设置为单选按钮或复选框的样式和行为。

```
<div class="btn-group" role="group" aria-label="Basic example">
  <button type="button" class="btn btn-secondary">Left</button>
```

```
    <button type="button" class="btn btn-secondary">Middle</button>
    <button type="button" class="btn btn-secondary">Right</button>
</div>
```

把一组<div class="btn-group">组合进一个<div class="btn-toolbar">中，就可以做成更复杂的组件。只要给.btn-group 加上.btn-group-*类，就省去了为按钮组中的每个按钮都赋予尺寸类，如果包含了多个按钮组时也适用。“*”可以是 lg 或 sm。想要把下拉菜单混合到一系列按钮中实现嵌套效果，只需把.btn-group 放入另一个.btn-group 中。

2．轮播（Carousel）

Bootstrap 轮播（Carousel）插件是一种灵活的、响应式的向站点添加滑块的方式。除此之外，内容也是足够灵活的，可以是图像、内嵌框架、视频或者其他想要放置的任何类型的内容。使用 data 属性可以很容易地控制轮播（Carousel）的位置。属性 data-slide 接受关键字 prev 或 next，用来改变幻灯片相对于当前位置的位置。使用 data-slide-to 来向轮播传递一个原始滑动索引，data-slide-to="2"将把滑块移动到一个特定的索引，索引从 0 开始计数。data-ride="carousel"属性用于标记轮播在页面加载时就开始动画播放。轮播（Carousel）可通过 JavaScript 手动调用。

```
<div id="carouselId" class="carousel slide" data-ride="carousel" style="background-color: grey;">
    <ol class="carousel-indicators">
        <li data-target="#carouselId" data-slide-to="0" class="active"></li>
        <li data-target="#carouselId" data-slide-to="1"></li>
        <li data-target="#carouselId" data-slide-to="2"></li>
    </ol>
    <div class="carousel-inner" role="listbox">
        <div class="carousel-item active">
            <img class="d-block mx-auto" src="images/Carousel_Placeholder.png" alt="First">
        </div>
        <div class="carousel-item">
            <img class="d-block mx-auto" src="images/Carousel_Placeholder.png" alt="Second">
        </div>
        <div class="carousel-item">
            <img class="d-block mx-auto" src="images/Carousel_Placeholder.png" alt="Third">
        </div>
    </div>
    <a class="carousel-control-prev" href="#carouselId" role="button" data-slide="prev">
        <span class="carousel-control-prev-icon" aria-hidden="true"></span>
        <span class="sr-only">Previous</span>
    </a>
    <a class="carousel-control-next" href="#carouselId" role="button" data-slide="next">
        <span class="carousel-control-next-icon" aria-hidden="true"></span>
        <span class="sr-only">Next</span>
    </a>
</div>
```

3．折叠（Accordion）

折叠可以很容易地让页面区域折叠起来，无论用它来创建折叠导航还是内容面板，都允许有很多内容选项。

```
<div id="accordianId" role="tablist" aria-multiselectable="true">
```

```html
            <div class="card">
                <div class="card-header" role="tab" id="section1HeaderId">
                    <h5 class="mb-0">
                        <a data-toggle="collapse" href="#section1ContentId" aria-expanded="true" aria-controls="section1ContentId"> Section 1</a>
                    </h5>
                </div>
                <div id="section1ContentId" class="collapse show" role="tabpanel" aria-labelledby="section1HeaderId" data-parent="#accordianId">
                    <div class="card-body"> Section 1 content</div>
                </div>
            </div>
            <div class="card">
                <div class="card-header" role="tab" id="section2HeaderId">
                    <h5 class="mb-0">
                        <a data-toggle="collapse" href="#section2ContentId" aria-expanded="true" aria-controls="section2ContentId"> Section 2</a>
                    </h5>
                </div>
                <div id="section2ContentId" class="collapse in" role="tabpanel" aria-labelledby="section2HeaderId" data-parent="#accordianId">
                    <div class="card-body"> Section 2 content </div>
                </div>
            </div>
        </div>
```

data-toggle="collapse"添加到想要展开或折叠的组件的链接上。show 或 in 类切换显示或折叠内容。data-parent 属性把折叠面板（accordion）的 id 添加到要展开或折叠的组件的链接上。

4．导航（Navs）和导航条（Navbars）

（1）导航条

默认样式的导航条是网页中作为导航页头的响应式基础组件。它们在移动设备上可以折叠（并且可开可关），且在视口（viewport）宽度增加时逐渐变为水平展开模式。在 Bootstrap 导航栏的核心中，导航栏包括站点名称和基本的导航定义样式。导航条需要带.navbar-expand{-sm|-md|-lg|-xl}用于响应式折叠和配色方案类的.navbar 包裹类。

```html
        <nav class="navbar navbar-expand-lg navbar-light bg-light">
            <a class="navbar-brand" href="#">Navbar</a>
            <button class="navbar-toggler hidden-lg-up" type="button" data-toggle="collapse" data-target="#collapsibleNavId" aria-controls="collapsibleNavId"
                aria-expanded="false" aria-label="Toggle navigation">
                <span class="navbar-toggler-icon"></span>
            </button>
            <div class="collapse navbar-collapse" id="collapsibleNavId">
                <ul class="navbar-nav mr-auto mt-2 mt-lg-0">
                    <li class="nav-item active">
                        <a class="nav-link" href="#">Home <span class="sr-only">(current)</span></a>
                    </li>
                    <li class="nav-item">
                        <a class="nav-link" href="#">Link</a>
                    </li>
```

```
                <li class="nav-item dropdown">
                    <a class="nav-link dropdown-toggle" href="#" id="dropdownId" data-toggle="dropdown" aria-haspopup="true" aria-expanded="false">Dropdown</a>
                    <div class="dropdown-menu" aria-labelledby="dropdownId">
                        <a class="dropdown-item" href="#">Action 1</a>
                        <a class="dropdown-item" href="#">Action 2</a>
                    </div>
                </li>
            </ul>
            <form class="form-inline my-2 my-lg-0">
                <input class="form-control mr-sm-2" type="text" placeholder="Search">
                <button class="btn btn-outline-success my-2 my-sm-0" type="submit">Search</button>
            </form>
        </div>
    </nav>
```

为了给导航栏添加响应式特性，要折叠的内容必须包裹在带有.collapse 和.navbar-collapse 类的<div>中。折叠起来的导航栏实际上是一个带有.navbar-toggle 类及两个 data-元素的按钮。第一个是 data-toggle，用于告诉 JavaScript 需要对按钮做什么，第二个是 data-target，指示要切换到哪一个元素。三个带有.icon-bar 类的<span>创建所谓的汉堡按钮。

可以使用实用工具.navbar-left 或.navbar-right 向左或向右对齐导航栏中的导航链接、表单、按钮或文本这些组件。这两个类都会在指定的方向上添加 CSS 浮动。

Bootstrap 导航栏可以动态定位。默认情况下，它是块级元素，是基于在 HTML 中放置的位置定位的。通过.navbar-fixed-top、.navbar-fixed-bottom 和.navbar-static-top 辅助类，可以把导航条放置在页面的顶部或者底部，或者可以让它成为随着页面一起滚动的静态导航栏。还可以添加.navbar-inverse 类，创建一个带有黑色背景、白色文本的反色导航栏。

（2）下拉菜单

本例中还应用了下拉菜单（Dropdowns）组件，用于显示链接列表的可切换、有上下文的菜单。将下拉菜单触发器和下拉菜单都包裹在.dropdown 中，或者另一个声明了 position: relative;的元素，然后加入组成菜单的 HTML 代码。

通过为下拉菜单的父元素设置.dropup 类，可以让菜单向上弹出（默认是向下弹出的）。默认情况下，下拉菜单自动沿着父元素的上沿和左侧被定位为 100%宽度。为.dropdown-menu 添加.dropdown-menu-right 类可以让菜单右对齐。在任何下拉菜单中均可通过.dropdown-header 类添加标题来标明一组动作。通过.Divider 类为下拉菜单添加一条分割线，用于将多个链接分组。为下拉菜单中的 li 元素添加.disabled 类，从而禁用相应的菜单项。

（3）面包屑导航

路径导航就是指面包屑导航（Breadcrumbs）组件，是一种基于网站层次信息的显示方式。以博客为例，面包屑导航可以显示发布日期、类别或标签。它们表示当前页面在导航层次结构内的位置。Bootstrap 中的面包屑导航（Breadcrumbs）是一个简单的带有.breadcrumb 类的无序列表。

```
<nav aria-label="breadcrumb">
  <ol class="breadcrumb">
    <li class="breadcrumb-item"><a href="#">Home</a></li>
    <li class="breadcrumb-item"><a href="#">Library</a></li>
```

```
        <li class="breadcrumb-item active" aria-current="page">Data</li>
    </ol>
</nav>
```

（4）标签页导航

Bootstrap 中的导航组件都依赖同一个.nav 类，状态类也是共用的。改变修饰类可以改变样式。下面代码代表标签页（选项卡）导航。

```
<div class="container-fluid">
    <ul id="clothingnav1" class="nav nav-tabs" role="tablist">
        <li class="nav-item"> <a class="nav-link active" href="#home1" id="hometab1" role="tab" data-toggle="tab" aria-controls="home" aria-expanded="true">Tab 1</a> </li>
        <li class="nav-item"> <a class="nav-link" href="#paneTwo1" role="tab" id="hatstab1" data-toggle="tab" aria-controls="hats">Tab 2</a> </li>
        <!-- Dropdown -->
        <li class="nav-item dropdown"> <a class="nav-link dropdown-toggle" data-toggle="dropdown" href="#" role="button" aria-haspopup="true" aria-expanded="false"> Tab 3 Dropdown </a>
            <div class="dropdown-menu"> <a class="dropdown-item" href="#tabDropDownOne1" role="tab" id="dropdownshoestab1" data-toggle="tab" aria-controls="dropdownShoes">Dropdown Link 1</a> <a class="dropdown-item" href="#tabDropDownTwo1" role="tab" id="dropdownbootstab1" data-toggle="tab" aria-controls="dropdownBoots">Dropdown Link 2</a> </div>
        </li>
    </ul>
    <!-- Content Panel -->
    <div id="clothingnavcontent1" class="tab-content">
        <div role="tabpanel" class="tab-pane fade show active" id="home1" aria-labelledby="hometab1">
            <p>Content in <b>Tab Panel 1</b></p>
        </div>
        <div role="tabpanel" class="tab-pane fade" id="paneTwo1" aria-labelledby="hatstab1">
            <p>Content 2</p>
        </div>
        <div role="tabpanel" class="tab-pane fade" id="tabDropDownOne1" aria-labelledby= "dropdownshoestab1">
            <p>Dropdown content#1</p>
        </div>
        <div role="tabpanel" class="tab-pane fade" id="tabDropDownTwo1" aria-labelledby= "dropdownbootstab1">
            <p>Dropdown content#2</p>
        </div>
    </div>
</div>
```

胶囊式标签页可把.nav-tabs 换成使用.nav-pills 类。垂直方向堆叠排列的只需添加.nav-stacked 类。

对任何导航组件（标签页、胶囊式标签页）都可以添加.disabled 类，从而实现链接为灰色且没有鼠标悬停效果。

5．表单（Forms）

单独的表单控件会被自动赋予一些全局样式。所有设置了.form-control 类的 input、textarea 和 select 元素都将被默认设置宽度属性为 width:100%。将 label 元素和控件包裹在.form-group 类中，可以获得最好的排列。

```
<form>
```

```
    <div class="form-group">
      <label for="email1">邮箱：</label>
      <input type="email" class="form-control" id="email1" placeholder="Email">
    </div>
    <div class="form-group">
      <label for="password1">Password</label>
      <input type="password" class="form-control" id="password1" placeholder="Password">
    </div>
  </form>
```

应用.form-check-inline 类到一系列的复选框（checkbox）或单选按钮（radio）控件的父级块元素上，可以使这些控件排列在一行。

为 form 元素添加.form-inline 类可使其内容左对齐，并且表现为 inline-block 级别的控件。只适用于视口（viewport）宽度至少在 576px 时（视口宽度再小的话就会使表单折叠）。

6．输入框组（Input group）

通过在文本输入元素 input 的前面、后面或是两边加上文字或按钮，可以实现对表单控件的扩展。为.input-group 赋予 input-group-prepend 或 input-group-append 类，可以给.form-control 的前面或后面添加额外的元素。也可以制作下拉按钮。

```
  <div class="input-group mb-3">
    <div class="input-group-prepend">
      <span class="input-group-text">$</span>
    </div>
    <input type="text" class="form-control" aria-label="Amount (to the nearest dollar)">
    <div class="input-group-append">
      <span class="input-group-text">.00</span>
    </div>
  </div>
  <div class="input-group">
    <input type="text" class="form-control" placeholder="Recipient's username" aria-label="Recipient's username" aria-describedby="basic-addon2">
    <div class="input-group-append">
      <button class="btn btn-outline-secondary" type="button">Button</button>
    </div>
  </div>
  <div class="input-group">
    <input type="text" class="form-control" aria-label="Text input with segmented dropdown button">
    <div class="input-group-append">
      <button type="button" class="btn btn-outline-secondary">Action</button>
      <button type="button" class="btn btn-outline-secondary dropdown-toggle dropdown-toggle-split" data-toggle="dropdown" aria-haspopup="true" aria-expanded="false">
        <span class="sr-only">Toggle Dropdown</span>
      </button>
      <div class="dropdown-menu">
        <a class="dropdown-item" href="#">Action</a>
        <a class="dropdown-item" href="#">Another action</a>
        <a class="dropdown-item" href="#">Something else here</a>
        <div role="separator" class="dropdown-divider"></div>
        <a class="dropdown-item" href="#">Separated link</a>
      </div>
```

```
    </div>
  </div>
```

7．分页（Pagination）

Bootstrap 支持分页特性。分页是一种无序列表，Bootstrap 可以像处理其他界面元素一样处理分页。可以给不能单击的链接添加.disabled 类、给当前页添加.active 类。.pagination-lg 或.pagination-sm 类提供了额外可供选择的尺寸。

```
<nav aria-label="Page navigation example">
  <ul class="pagination">
    <li class="page-item">
      <a class="page-link" href="#" aria-label="Previous">
        <span aria-hidden="true">&laquo;</span>
        <span class="sr-only">Previous</span>
      </a>
    </li>
    <li class="page-item"><a class="page-link" href="#">1</a></li>
    <li class="page-item"><a class="page-link" href="#">2</a></li>
    <li class="page-item"><a class="page-link" href="#">3</a></li>
    <li class="page-item">
      <a class="page-link" href="#" aria-label="Next">
        <span aria-hidden="true">&raquo;</span>
        <span class="sr-only">Next</span>
      </a>
    </li>
  </ul>
</nav>
```

8．工具提示（Tooltips）与弹出框（Popovers）

当想要描述一个元素时，可以使用 title 属性得到提示，但如果还要为提示设置样式则需要用到 Bootstrap 的 Tooltip 了。Tooltip（工具提示）组件根据需求生成内容和标记，默认情况下把提示工具（tooltip）放在它们的触发元素后面。

如需添加一个提示工具（tooltip），只需向元素中添加 data-toggle="tooltip"即可。title 即为提示工具（tooltip）的文本，而位置由 data-placement 设置。除此之外，还要通过 JavaScript 触发提示工具（tooltip）。

弹出框（Popover）与工具提示（Tooltip）类似，如需添加一个弹出框（popover），只需向一个锚或按钮标签添加 data-toggle="popover"即可。Title 属性中的内容即为弹出框（popover）的文本。弹出框（popover）同样是通过 JavaScript 启用弹出框（popover）。

```
<button type="button" class="btn btn-secondary" data-toggle="tooltip" data-placement="top" title="Tooltip on top"> Tooltip on top</button>
<button type="button" class="btn btn-lg btn-danger" data-toggle="popover" title="Popover title" data-content="And here's some amazing content. It's very engaging. Right?">Click to toggle popover</button>
<!-- jQuery 必须在 tooltip()和 popover()之前引入，否则无效。 -->
<script>
  $(function () {
    $("[data-toggle='tooltip']").tooltip();
    $('[data-toggle="popover"]').popover();
  });
</script>
```

12.3 小结

响应式网页设计的理念是：页面的设计与开发应当根据用户行为及设备环境（系统平台、屏幕尺寸和屏幕定向等）进行相应的响应和调整。具体的实现方式由多方面组成，包括弹性网格布局、图片和 CSS 媒体查询的使用等。无论用户正在使用笔记本还是平板电脑，显示页面都应该能够自动切换分辨率、图片尺寸及相关脚本功能等，以适应不同设备。换句话说，页面应该有能力去自动响应用户的设备环境。响应式网页设计就是一个网站能够兼容多个终端——而不是为每个终端做一个特定的版本。这样，就可以不必为不断到来的新设备做专门的版本设计和开发了。

Bootstrap 是基于 HTML5 和 CSS3 开发的，它在 jQuery 的基础上进行了更为个性化的完善，形成了一套自己独有的网站风格，并兼容大部分 jQuery 插件。虽然 Bootstrap 是使用最为广泛的移动优先前端 UI 框架，简洁灵活，易学易用，使得 Web 开发更加快捷，但用了之后才发现很容易"撞脸"，有很多基于 Bootstrap 开发的网站看起来似曾相识，解决此问题的方法是要学会代码的覆写（特别是 CSS）。当然以此为基础再学习其他前端 UI 框架就变得非常容易了。

Bootstrap4 还有很多实用功能，请参考 Bootstrap 中文网（https://v4.bootcss.com）。

学习资源：模板世界（http://www.templatesy.com）。

12.4 思考与练习

1．思考题

1）为什么要设计响应式网页？

2）在进行媒体查询时，如何设置断点？

2．操作题

1）调试本章源代码。

2）搜索网络资料，比较各种最流行的前端 UI 框架的特点。

3）练习使用主流网页编辑器（如 VScode 等）的代码窗口，快速输入 Bootstrap 常用的 snippets（片段）。

第 13 章 综合实例

本章综合应用前面学习的 HTML、CSS、JavaScript（jQuery、Bootstrap）等网页制作技术，制作两个网站。仿制和创作是必经的两个过程。本章首先介绍一个仿制 Bootstrap 优秀模板的实例，然后再基于 CMS 制作一个响应式网站。

教学目标

- 掌握仿制优秀网页的方法
- 熟悉 CMS 概念和 Drupal 特点
- 掌握 Drupal 术语（核心、主题和模块等）和使用方法
- 熟练掌握 Bootstrap Paragraphs 构建 UI 和内容的方法
- 掌握元素动效的使用方法和添加视频的方法

二维码

13.1 网页仿制实例

学会了 HTML、CSS 和 JavaScript 这三大网页制作技术后，通过仿制一些优秀的网页可以快速提高设计水平。下面从 https://freehtml5.co 下载一个符合 HTML5 和 Bootstrap 3 的免费模板 Energy 来模仿制作（见图 13-1），该网站上有百余个适合各行各业的免费模板，也可以参考其他优秀的网页。

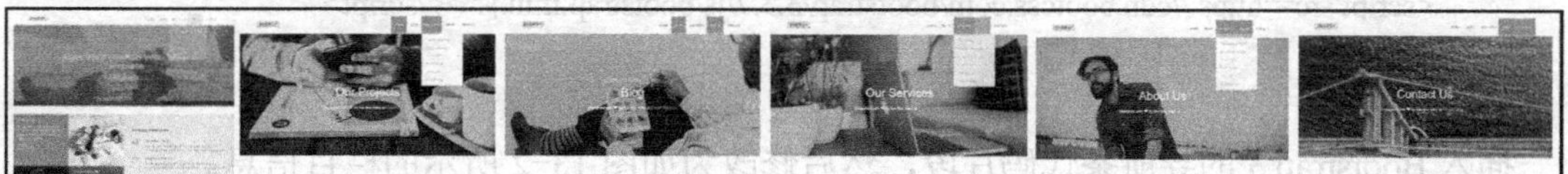

图 13-1　Energy 模板的 6 个页面

如图 13-1 所示，Energy 提供了 6 个页面，左边最长的是首页 Home，然后依次是 Work、Blog、Services、About 和 Contact。首页中有些模块与其他几个栏目页中相同或相似，既然是模仿制作，那么只需把自己觉得必要的部分制作出来就可以了。如果自己实现的代码比模板中的代码更适合，可以尽情发挥。

模板实例中大量使用了元素动效，由于篇幅有限，把动效制作移到下一节讲解。

13.1.1 导航条

新建站点，将需要用到的素材文件复制到站点相关文件夹中。

新建首页文件，引入所需的 jQuery 和 Bootstrap 库文件，本地或 CDN 方式都可以，建议 JS 库放置在 body 的最后。

```
<!doctype html>
<html>
<head>
<meta charset="utf-8">
<meta name="viewport" content="width=device-width, initial-scale=1">
<link href="https://cdn.bootcss.com/bootstrap/3.3.7/css/bootstrap.min.css" rel="stylesheet">
<link href="style.css" rel="stylesheet" type="text/css">
<title>Energy</title>
</head>
<body>
<!-- jQuery -->
<script src="https://ajax.googleapis.com/ajax/libs/jquery/1.12.4/jquery.min.js"></script>
<!-- Bootstrap JavaScript -->
<script src="https://cdn.bootcss.com/bootstrap/3.3.7/js/bootstrap.min.js"></script>
</body>
</html>
```

插入 Bootstrap 3 的导航条代码片段，然后修改为如图 13-2 所示的栏目信息。

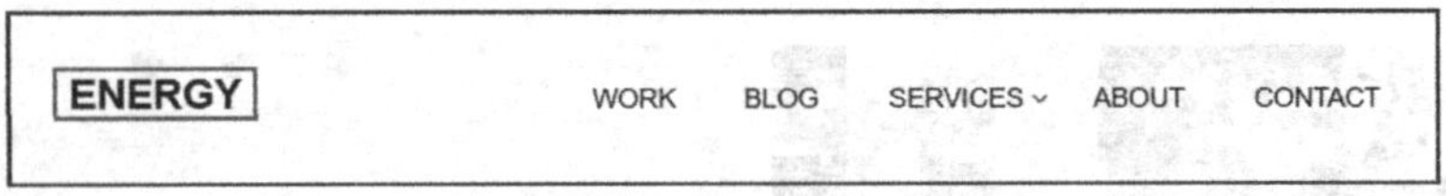

图 13-2　导航条

```
<nav class="navbar navbar-default" role="navigation">
  <div class="navbar-header">
    <button class="navbar-toggle" data-toggle="collapse" data-target=".navbar-ex1-collapse" type="button">
      <span class="sr-only">Toggle navigation</span>
      <span class="icon-bar"></span>
      <span class="icon-bar"></span>
      <span class="icon-bar"></span>
    </button>
    <a class="navbar-brand" href="#">Energy</a>
  </div>
  <div class="collapse navbar-collapse navbar-ex1-collapse">
    <ul class="nav navbar-nav navbar-right">
      <li class="active"><a href="#">Work</a></li>
      <li><a href="#">Blog</a></li>
```

```
                <li class="dropdown"> <a href="#" class="dropdown-toggle" data-toggle="dropdown">Services<b class="caret"></b></a>
                  <ul class="dropdown-menu">
                    <li><a href="#">Web Development</a></li>
                    <li><a href="#">Branding & Identity</a></li>
                    <li><a href="#">UI Animation</a></li>
                    <li><a href="#">Photography</a></li>
                  </ul>
                </li>
                <li><a href="#">About</a></li>
                <li><a href="#">Contact</a></li>
              </ul>
            </div>
          </nav>
```

13.1.2 轮播

插入 Bootstrap 3 的轮播代码片段，然后修改为如图 13-3 所示的轮播信息。

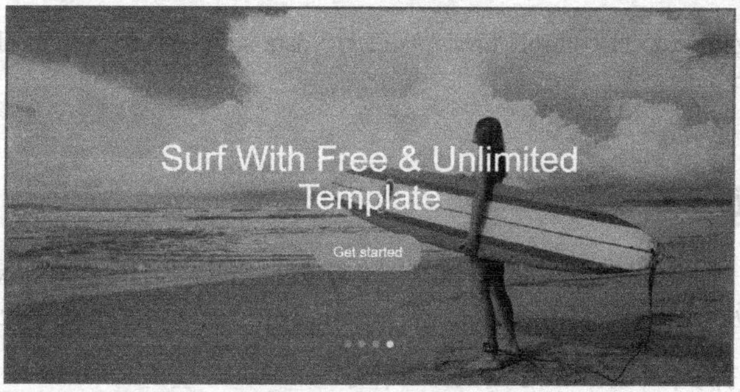

图 13-3 轮播信息

```
        <div id="slider1" class="carousel slide" data-ride="carousel">
          <ol class="carousel-indicators">
            <li data-target="#slider1" data-slide-to="0" class="active"></li>
            <li data-target="#slider1" data-slide-to="1" class=""></li>
            <li data-target="#slider1" data-slide-to="2" class=""></li>
          </ol>
          <div class="carousel-inner">
            <div class="item active"> <img alt="First slide" src="images/slide_1.jpg">
              <div class="container">
                <div class="carousel-caption">
                  <h1>Create A Motivational Template</h1>
                  <p>If you're viewing this page via a URL, the "next" and "previous" Glyphicon buttons on the left and right might not load/display properly due to web browser security rules.</p>
                  <p><a class="btn btn-lg btn-primary" href="#" role="button">Sign up today</a></p>
                </div>
              </div>
            </div>
            <div class="item"> <img alt="Second slide" src="images/slide_2.jpg">
              <div class="container">
```

```
            <div class="carousel-caption">
              <h1>Start Practicing Your Course</h1>
              <p>Cras justo odio, dapibus ac facilisis in, egestas eget quam.</p>
              <p><a class="btn btn-lg btn-primary" href="#" role="button">Learn more</a></p>
            </div>
          </div>
        </div>
        <div class="item"> <img alt="Third slide" src="images/slide_3.jpg">
          <div class="container">
            <div class="carousel-caption">
              <h1>Start Your Startup With This Template</h1>
              <p>Cras justo odio, dapibus ac facilisis in, egestas eget quam.</p>
              <p><a class="btn btn-lg btn-primary" href="#" role="button">Browse gallery</a></p>
            </div>
          </div>
        </div>
      </div>
      <a class="left carousel-control" href="#slider1" data-slide="prev"><span class="glyphicon glyphicon-
chevron-left"></span></a>
      <a class="right carousel-control" href="#slider1" data-slide="next"><span class="glyphicon glyphicon-
chevron-right"></span> </a>
    </div>
```

13.1.3 自定义区域

如图 13-4 所示，自定义区域部分相对比较复杂，导致制作方法更灵活。可以考虑分成左右两半（.col-half）。左边部分再分成两行（.row-half），各行再细分为左右两部分（.col-half-inner）。而右边按纵向排列（.featured-inner）即可。

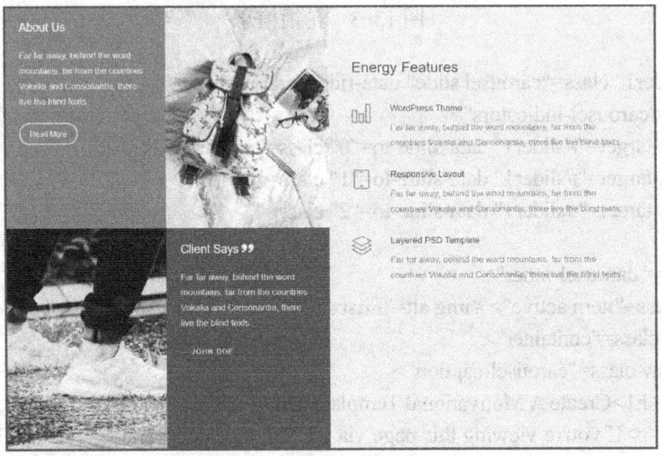

图 13-4　自定义区域

为了制作成响应式网页，每个级别都可以采用 flexbox 布局。

```
    <div id="custom-section">
      <div class="col-half">
        <div class="row-half">
```

```
            <div class="col-half-inner">
              <div class="desc">
                <h3>About Us</h3>
                <p>Far far away, behind the word mountains, …</p>
                <p><a href="#" class="btn btn-primary btn-outline">Read More</a></p>
              </div>
            </div>
            <a href="#" class="col-half-inner grid-item">
            <div class="desc2">
              <h1>Bag</h1>
              <span>Travel</span> </div>
            </a> </div>
          <div class="row-half"> <a href="#" class="col-half-inner grid-item">
            <div class="desc2">
              <h1>Shoes</h1>
              <span>Travel</span> </div>
            </a>
            <div class="col-half-inner">
              <div class="desc">
                <h3>Client Says</h3>
                <blockquote>
                  <p>Far far away, behind the word mountains, …</p>
                  <img src="images/person3.jpg"><br>
                  <span>— John Doe</span> </blockquote>
              </div>
            </div>
          </div>
        </div>
        <div class="col-half">
          <h1>Energy Features</h1>
          <div class="featured-inner"> <span class="glyphicon glyphicon-equalizer"></span>
            <div class="desc">
              <h3>WordPress Theme</h3>
              <p>Lorem ipsum dolor sit amet consectetur adipisicing elit. Minus, …</p>
            </div>
          </div>
          <div class="featured-inner"> <span class="glyphicon glyphicon-modal-window"></span>
            <div class="desc">
              <h3>Responsive Layout</h3>
              <p>Lorem ipsum dolor, sit amet consectetur adipisicing elit. …</p>
            </div>
          </div>
          <div class="featured-inner"> <span class="glyphicon glyphicon-th"></span>
            <div class="desc">
              <h3>Layered PSD Template</h3>
              <p>Lorem ipsum dolor sit amet consectetur adipisicing elit. …</p>
            </div>
          </div>
        </div>
      </div>
```

以下为自定义区域的 CSS 代码。

```
#custom-section { display: flex; flex-flow: row wrap; }
.col-half { flex: 1; background: #eee; }
.row-half { height: 461.5px; display: flex; }
.col-half-inner { position: relative; width: 50%; min-height: 350px; }
.row-half:nth-of-type(1) a.col-half-inner { display: inline-block; background-size: cover;
    background: url(images/project-1.jpg) center; }
.row-half:nth-of-type(2) a.col-half-inner { display: inline-block;
    background: url(images/project-2.jpg) center; }
.desc2 { padding: 30px; position: absolute; top: 0; bottom: 0; left: 0; right:0; opacity: 0; }
.desc2:hover { opacity: 0.5; transition: 0.5s; background: silver; }
.col-half-inner .desc { padding: 30px; position: absolute; bottom: 0; left: 0; top: 0; right: 0; }
.row-half:nth-of-type(1) .desc { background: #F56464; }
.row-half:nth-of-type(2) .desc { background: #6866CC; }
.col-half-inner p, .portfolio-grid-item:nth-of-type(1) p { margin-bottom: 1.5em; font-weight: 300;
    font-size: 18px; color: #848484; font-family: "Open Sans", Arial, serif; color: rgba(255, 255, 255, 0.9);}
.btn-outline { background: none; border: 2px solid #fff !important; font-size: 16px; color: #fff; }
.btn { margin-right: 4px; margin-bottom: 4px; font-family: "Open Sans", Arial, serif;
    font-size: 16px; font-weight: 400; border-radius: 30px; transition: 0.5s; }
.col-half-inner blockquote img { width: 140px; height: 140px; border-radius: 50%; }
.col-half:nth-of-type(2) h1 { margin: 100px; }
.col-half .featured-inner { margin: 40px; }
.col-half .featured-inner .desc { padding-left: 5em; }
.col-half .featured-inner .desc h3 { font-size: 18px; margin-bottom: 15px; }
.glyphicon { font-size: 40px; color: #00ADB5; margin: 20px; }
#custom-section .glyphicon { float: left; }
```

13.1.4 Services 区域

如图 13-5 所示，Our Services 区域部分相对来说简单得多，采用 Bootstrap 默认布局方式。分成上下两行（.row），上一行只有一个标题和一个段落，下一行再细分为三列（.col-md-4）。另外还添加了一个 div（.overlay）设置了一个固定背景图片。Parallax 区域（即 About 栏目）与 Services 区域类似，请参考本部分。

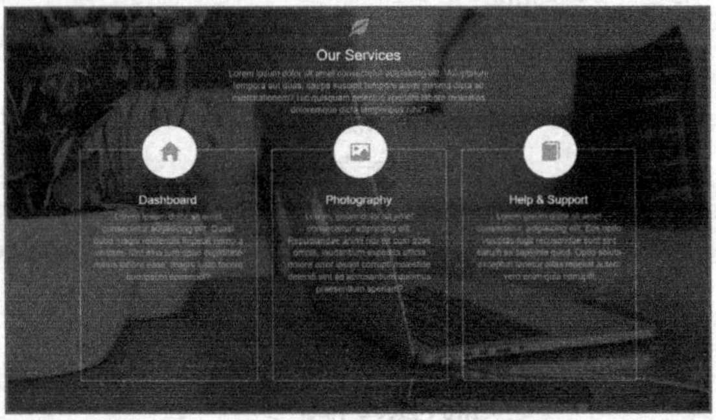

图 13-5 Services 区域

```
<div id="services-section">
  <div class="overlay"></div>
  <div class="container">
    <div class="row">
      <div class="col-md-6 col-md-offset-3 text-center"> <span class="glyphicon glyphicon-leaf">
</span>
        <h2>Our Services</h2>
        <p>Lorem ipsum dolor sit amet consectetur adipisicing elit….</p>
      </div>
    </div>
```

```html
      <div class="row">
        <div class="col-md-4 text-center">
          <div class="services"> <span class="glyphicon glyphicon-home"></span>
            <h3>Dashboard</h3>
            <p>Lorem ipsum dolor sit amet consectetur adipisicing elit. …</p>
          </div>
        </div>
        <div class="col-md-4 text-center">
          <div class="services"> <span class="glyphicon glyphicon-picture"></span>
            <h3>Photography</h3>
            <p>Lorem, ipsum dolor sit amet consectetur adipisicing elit.…</p>
          </div>
        </div>
        <div class="col-md-4 text-center">
          <div class="services"> <span class="glyphicon glyphicon-book"></span>
            <h3>Help & Support</h3>
            <p>Lorem ipsum dolor sit amet consectetur, adipisicing elit. …</p>
          </div>
        </div>
      </div>
    </div>
  </div>
```

以下为 CSS 代码。

```css
#services-section { background-attachment: fixed; background-size: cover; position: relative;
    background-image: url("images/hero2.jpg"); background-position: 0px 0px; }
#services-section h2, #services-section h3 { color: #eee; }
#services-section .glyphicon:first-of-type { display: block; }
.services { margin-top: 40px; margin-bottom: 4.5em; padding: 70px 25px 25px 25px; min-height: 480px;
    border: 2px solid rgba(255, 255, 255, 0.4); position: relative; border-radius: 5px; }
.services span { display: block; width: 110px; margin-bottom: 20px; position: absolute;
    top: -70px; left: 50%; transform: translateX(-72px); border: 2px solid rgba(45, 64, 89, 0.1);
    padding: 32px; background: #fff; border-radius: 50%; transition: 0.3s; }
```

13.1.5 Portfolio 区域

如图 13-6 所示，Portfolio 区域部分非常简单，采用 felxbox 布局方式，只有第一个格子的背景和内容不一样，从倒数第二个图可以看出还添加了鼠标悬停效果。

图 13-6 Portfolio 区域

```
<div id="portfolio-section">
  <div class="portfolio-grid-item">
    <div class="desc">
      <h2>Our Project</h2>
      <p>Lorem ipsum dolor sit amet consectetur adipisicing elit….</p>
      <p><a href="#" class="btn btn-primary btn-outline">View All Projects</a></p>
    </div>
  </div>
  <div class="portfolio-grid-item">
    <div class="desc2">
      <h3>Shoes</h3>
      <span>Travel</span> <span class="glyphicon glyphicon-heart"></span> </div>
  </div>
  <div class="portfolio-grid-item">
    <div class="desc2">
      <h3>Shoes</h3>
      <span>Travel</span> <span class="glyphicon glyphicon-heart"></span> </div>
  </div>
  <div class="portfolio-grid-item">
    <div class="desc2">
      <h3>Shoes</h3>
      <span>Travel</span> <span class="glyphicon glyphicon-heart"></span> </div>
  </div>
  <div class="portfolio-grid-item">
    <div class="desc2">
      <h3>Shoes</h3>
      <span>Travel</span> <span class="glyphicon glyphicon-heart"></span> </div>
  </div>
  <div class="portfolio-grid-item">
    <div class="desc2">
      <h3>Shoes</h3>
      <span>Travel</span> <span class="glyphicon glyphicon-heart"></span> </div>
  </div>
  <div class="portfolio-grid-item">
    <div class="desc2">
      <h3>Shoes</h3>
      <span>Travel</span> <span class="glyphicon glyphicon-heart"></span> </div>
  </div>
  <div class="portfolio-grid-item">
    <div class="desc2">
      <h3>Shoes</h3>
      <span>Travel</span> <span class="glyphicon glyphicon-heart"></span> </div>
  </div>
</div>
```

以下为 CSS 代码。

```
#portfolio-section { display: flex; flex-flow: row wrap; }
.portfolio-grid-item { position: relative; width: 25%; height: 350px; overflow: hidden; }
.portfolio-grid-item:nth-of-type(1) { background: #F56464; padding: 30px; }
.portfolio-grid-item:nth-of-type(2) { background: url(images/project-1.jpg) center/cover; }
.portfolio-grid-item:nth-of-type(3) { background: url(images/project-2.jpg) center/cover; }
```

```
.portfolio-grid-item:nth-of-type(4) { background: url(images/project-3.jpg) center/cover; }
.portfolio-grid-item:nth-of-type(5) { background: url(images/project-4.jpg) center/cover; }
.portfolio-grid-item:nth-of-type(6) { background: url(images/project-5.jpg) center/cover; }
.portfolio-grid-item:nth-of-type(7) { background: url(images/project-6.jpg) center/cover; }
.portfolio-grid-item:nth-of-type(8) { background: url(images/project-1.jpg) center/cover; }
```

13.1.6 Contact 区域

如图 13-7 所示，Contact 区域采用 bootstrap 布局方式，使用.col-md-push-*和.col-md-pull-*改变了列的顺序。

图 13-7　Contact 区域

```
<div id="contact-section">
  <div class="container">
    <form action="#">
      <div class="row">
        <div class="col-md-6 col-md-push-6">
          <h3 class="section-title">Our Address</h3>
          <p>Far far away, behind the word mountains, ...</p>
          <ul class="contact-info">
            <li><span class="glyphicon glyphicon-map-marker"></span> New York NY 10016</li>
            <li><span class="glyphicon glyphicon-headphones"></span>+86 199 1234 5678</li>
            <li><span class="glyphicon glyphicon-send"></span>info@yoursite.com</li>
            <li><span class="glyphicon glyphicon-globe"></span>www.yoursite.com</li>
          </ul>
        </div>
        <div class="col-md-6 col-md-pull-6">
          <div class="row">
            <div class="col-md-6">
              <div class="form-group">
                <input type="text" class="form-control" placeholder="Name">
              </div>
            </div>
            <div class="col-md-6">
              <div class="form-group">
                <input type="text" class="form-control" placeholder="Email">
              </div>
            </div>
            <div class="col-md-12">
              <div class="form-group">
                <textarea class="form-control" rows="7" placeholder="Message"> </textarea>
              </div>
```

```
                </div>
                <div class="col-md-12">
                    <div class="form-group">
                        <input type="submit" value="Send Message" class="btn btn-primary">
                    </div>
                </div>
            </div>
        </div>
    </div>
  </form>
 </div>
</div>
```

以下为 CSS 代码。

```
#contact-section { padding: 7em 0; }
.section-title { font-weight: 700; }
.contact-info li { list-style: none; }
.contact-info .glyphicon { margin: 0px 20px 0px -20px; font-size: 1em; }
```

页脚（footer）也采用 bootstrap 布局方式，没有什么特别，这里就不给出代码了。其他没有介绍的区域与已讲过的几个区域有相似之处，大家可以自行解决。

二维码

13.2 基于 CMS 快速构建网站实例

要制作真正的交互式动态网站，还需要学习服务器端脚本语言编程，但基于开源 CMS 来制作一个较完整的网站也是一个不错的选择。

13.2.1 CMS 与 Drupal

CMS 是 Content Management System 的缩写，意为“内容管理系统”，是一种位于 Web 前端和后端办公系统或流程（内容创作与编辑）之间的软件系统。内容的创作人员、编辑人员和发布人员使用内容管理系统来提交、修改、审批和发布内容。基于通用 CMS 来制作网站可以加快网站开发的速度，减少开发的成本。

设计 CMS 的出发点是方便一些对于各种网络编程语言不熟悉的用户用一种比较简单的方式来管理自己的网站，也就是说 CMS 就是可以让用户不需要学习复杂的建站技术，不需要学习太多复杂的 HTML 和编程语言，就能够利用它构建出一个风格统一、功能强大的专业网站。

选择 CMS 要注意服务器支持的编程语言，如 PHP、ASP、JSP 和 node.js 等，从市场占有率、跨平台和开源的角度来看，基于 PHP 的 Drupal、Joomla 和 Wordpress 成为三大主流 CMS 系统。虽然很多语言都可以开发网站，但本节还是选择基于 PHP 的 CMS 来讲解，这是因为 W3techs 每日更新的服务器端编辑语言市场占有率排行榜（https://w3techs.com/technologies/overview/programming_language/all）中，截至 2018 年 6 月 22 日，PHP 的市场占有率为 83.5%。

Drupal 说是 CMS，其实更接近一个通用的 Web 应用程序框架，通过扩展开发可以实现几乎所有的网站需求，甚至超越网站的需求。但是需要投入开发人员，适合小团队使用，以应对各种外包网站项目。

Joomla 很成熟，虽然本身开源免费，但是其模块和主题已经很商业化了，使用这些商业模板和主题可以满足绝大部分企业网站或者电子商务网站的需求，适合大部分企业用户或非技术团队使用，方便快速搭建网站。

Wordpress 轻巧简约，能够满足常见的内容发布功能，搭建 Blog、展示型网站很敏捷，适合个人网站的开发或者只有简单需求的企业网站开发。

如果一个开发团队开发的项目以定制 Web 应用为主，肯定优先选择 Drupal，一些小型网站项目也可以选择 Wordpress。有些企业没有开发团队，要求一些技术维护（甚至兼职岗位）人员做一个企业网站时，使用 Joomla 也是一个不错的选择。

如果自己开发代价部分远大于 CMS 带来的便利部分，那么使用 CMS 的意义就不大了，别让工具变成负担，可以直接基于 PHP 框架（如 Laravel、CodeIgniter、Yii、ThinkPHP、Zend Framework、Phalcon、Symfony 和 Webasyst 等）进行开发。

本节以一个优秀的开源系统 Drupal 为例进行讲解。Drupal 是一套开源系统，全球数以万计的 Web 开发专家都在为 Drupal 技术社区贡献代码。因此，Drupal 代码在安全性、健壮性上具有世界最高水平。这也是美国白宫、美国商务部、法国政府、纽约时报和 SONY 等著名政府和机构纷纷采用 Drupal 建设网站的最重要原因。

Drupal 不等于模板建站系统。Drupal 的学习曲线相对漫长和陡峭，一般要求精通 HTML、CSS、Javascript、PHP 和 MySQL 的开发人员，才有可能真正驾驭 Drupal。当然，如果没有特殊要求，仅仅添加几个功能应用也比较容易。

Drupal 具有业内最强的定制能力和灵活性，这也是造成 Drupal 学习难度大的根本原因，灵活性的提高必然使复杂程度提高。Drupal 强大的定制开发能力也使其成为众多有技术实力的网站建设公司优先选用的网站开发平台。因为任何网站建设公司自己开发的系统，在技术上都无法达到 Drupal 的水平，这正是开源软件的优势所在：全世界的 Web 专家都在为 Drupal 贡献自己的智慧，这是某个公司内部技术团队永远也无法享受到的。是否具有 Drupal 技术的开发能力也成为鉴别网站建设公司实力的试金石。

Drupal 的架构由三大部分组成：内核、模块和主题。三者通过 Hook 机制紧密地联系起来。其内核部分由世界上多位著名的 Web 开发专家组成的团队负责开发和维护。

Drupal 综合了强大并可自由配置的功能，能支持从个人博客（Personal Weblog）到大型社区驱动（Community-Driven）的网站等各种不同应用的网站项目。Drupal 最初是由 DriesBuytaert 所开发的一套社群讨论软件。之后，由于其架构灵活、方便扩展等特性，使得世界上成千上万程序员加入了 Drupal 的开发与应用中。今天，它已经发展成为一套强大的系统，很多大型机构都采用基于 Drupal 的框架建站，包括 The Onion、Ain't ItCool News、SpreadFirefox、Ourmedia、KernelTrap 和 NewsBusters 等。它特别常见于社区主导的网站。

Drupal 的优点为：搜索引擎友好的 URL；Drupal 提供了强大的个性化环境，每个用户可以对网站内容和表现形式进行个性化设置；提供了基于角色的权限系统，没有必要对每个用户进行授权，只需对角色进行授权；提供的站内搜索系统能对站内的所有内容进行索引和搜索；模板系统将内容和表现分离，可以很方便地控制网站的外观；提供内建的新闻聚合工具；提供完善的站点管理和分析工具；Drupal 的 Caching 机制能有效减少数据库查询次数，从而提高站点性能，降低服务器负荷；强大的多语言支持体系，能够支持多国语言，让网站在世界上通行；扩展能力强大，有丰富的第三方扩展支持；内部结构以最简单的 PHP 特征实现丰富的钩子机制。

13.2.2 Drupal 基本应用

安装 Drupal 需要 Web 服务器（Apache、Nginx 等）、PHP 和 MySQL 的支持，对于个人学习者，在本地调试可以下载一些免费的 PHP 套件（如 Acquia Dev Desktop、phpStudy 和 bitnami-drupal 等）作为运行环境。虽然 Apache 服务器更普及，但各大服务器的管理者有明显转向 Nginx 的趋势。

1. 安装运行环境

Acquia Dev Desktop 是一个适合 Druapl 的 PHP 集成运行环境。从 Acquia Dev Desktop 2 开始，该平台集成了 Drush 工具。Drush 是 Drupal 的命令行工具，使用 Drush 更易于维护 Drupal 站点。

在 Acquia Dev Desktop 2 下载页面（https://dev.acquia.com/downloads）中可以看到两个链接：MAC DOWNLOAD 和 WIN DOWNLOAD。可以根据自己的操作系统选择下载相应的版本。

暂时退出计算机中的“杀毒软件”、“安全卫士”或“电脑管家”之类可能会阻止软件安装的工具。运行下载的安装包“AcquiaDevDesktop-2-20xx-xx-xx.exe”文件，开始安装，一直保持默认单击 next 按钮，直到最后单击 finish 按钮（不建议改变安装路径）。如果弹出 Windows 安全警报则单击“允许访问”按钮。

如图 13-8 所示，单击 Welcome to Acquia Dev Desktop 对话框右上角的“×”按钮，关闭欢迎对话框。右下角的 Web 服务 Apache 和数据库服务 MySQL 都必须显示为绿灯，如果有一个未亮，可单击旁边的 Start 按钮启动，否则可能是被计算机防火墙阻止了。

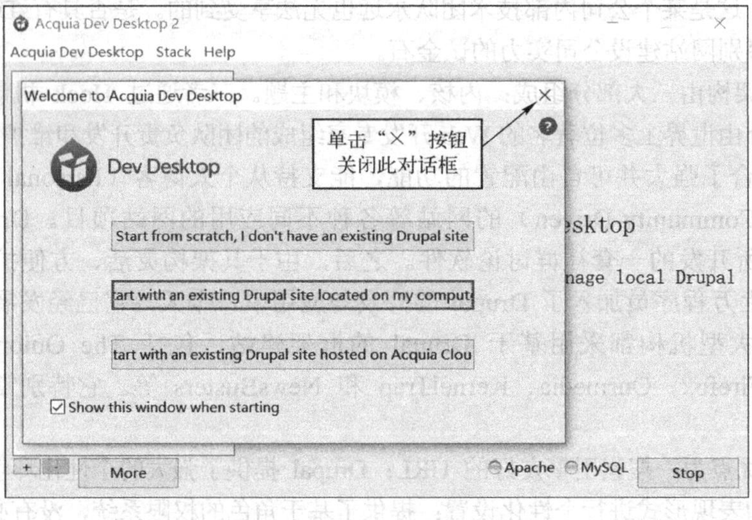

图 13-8 Acquia Dev Desktop 2 界面

2. 安装 Drupal

在 Acquia Dev Desktop 2 平台上安装 Drupal 很方便，既可以远程边下载边安装，也可以先从 Drupal 官网（https://www.drupal.org/project/drupal/releases）下载最新稳定版的压缩文件“drupal-8.x.y.tar.gz”（x 和 y 代表最新版本号），解压到本地一个指定的文件夹中进行安装。安装 Acquia Dev Desktop 2 时可以自动新建一个与源码所在文件夹相同名称的数据库，也可以自定义。Drupal 根据地理位置（即操作系统语言）自动选择语言环境（也可以自己选择任意语言）。开始安装后，所有的提示都是所选择的语言，按照提示填写相关内容就可以顺利地完成安装工作。

解压“drupal-8.x.y.tar.gz”至“drupal-8.x.y”文件夹中，存放到没有中文路径的任何地方。如果使用的是自己的计算机，建议放在 D 盘并更名为简易路径（如“D:\d8”）。下面以放在桌面为例进行讲解，该文件夹称为“站点文件夹”。

单击 Acquia Dev Desktop 2 控制台左下角的“+”按钮，选择 Import local Drupal site 选项，弹出如图 13-9 所示的对话框，单击 Change 按钮，找到刚才解压出的站点文件夹，然后单击 OK 按钮开始导入。

图 13-9 导入站点

导入完成后如图 13-10 所示。

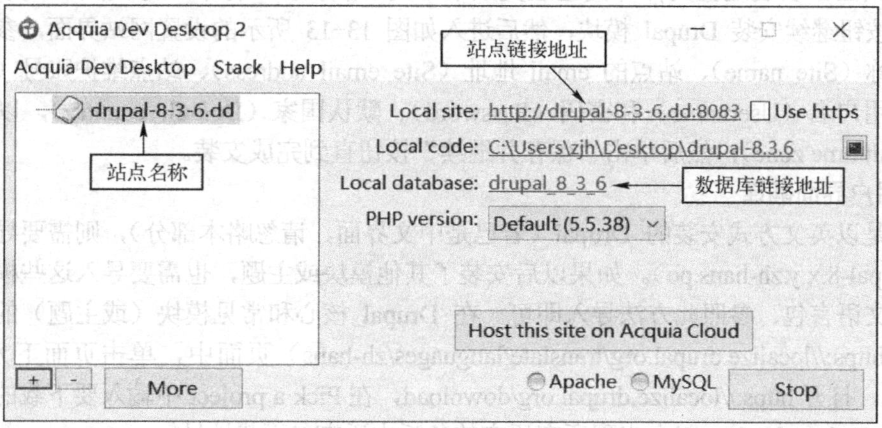

图 13-10 控制台

单击 Local site 右边的网站链接 http://drupal-8-x-y.dd:8083，在默认浏览器（不要用 IE 9 以下版本，建议使用 Chrome 或 Firefox 的最新版）中将打开此链接的安装界面，默认为操作系统对应的“简体中文”。

单击 Save and continue 按钮，安装程序开始从官网下载相应版本的语言包。等待的结果可能是下载的语言包还不够完整，多数情况下会出现如图 13-11 所示的错误提示。

即使不出现该错误提示，也不表示下载的语言包是完整的，如果以后发现翻译不全，可以通过后面“3. 用户界面翻译”部分介绍的方法重新导入语言包。实际上，每次新版本发布后，官网上的语言包一般都是不完整的，等到有完整版后再下载更新。解决办法是从官网（https://localize.drupal.org/translate/languages/zh-hans）下载语言包（drupal-8.x.y.zh-hans.po）放到如图 13-12 所示的安装路径（sites/default/files/translations/）中，如果已经有一个较小的不完整包，替换它即可。

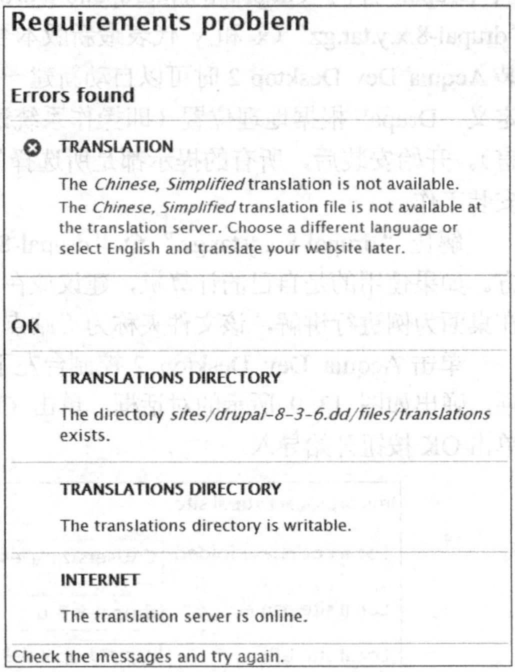

图 13-11　未成功下载语言包

图 13-12　语言包存放路径

刷新页面，安装配置文件界面已经变成了中文。默认以“标准”方式安装，单击“保存并继续”按钮继续安装 Drupal 模块，然后进入如图 13-13 所示的设置网站界面，参考图中填写站点名称（Site name）、站点的 email 地址（Site email address）、站点维护账号（即管理员的）下的用户名（Username）和密码（Password）、默认国家（Default country），以及默认时区（Default time zone），然后单击“保存并继续”按钮直到完成安装。

3．用户界面翻译

如果是以英文方式安装的 Drupal（若已是中文界面，请忽略本部分），则需要导入中文语言包（drupal-8.x.y.zh-hans.po）。如果以后安装了其他模块或主题，也需要导入这些模块或主题对应的中文语言包，参照此方法导入即可。在 Drupal 核心和常见模块（或主题）的语言包下载地址（https://localize.drupal.org/translate/languages/zh-hans）页面中，单击页面下方的 More downloads，打开 https://localize.drupal.org/download，在 Pick a project 中输入要下载的模块名称后单击 Show downloads，就会出现所有语言的各版本语言包下载地址。

下载语言包后，选择 Manage→Extend 链接，选择 MULTILINGUAL 选项组中的 Language 和 Interface Translation 复选框后，单击页面最下面的 Install 按钮。

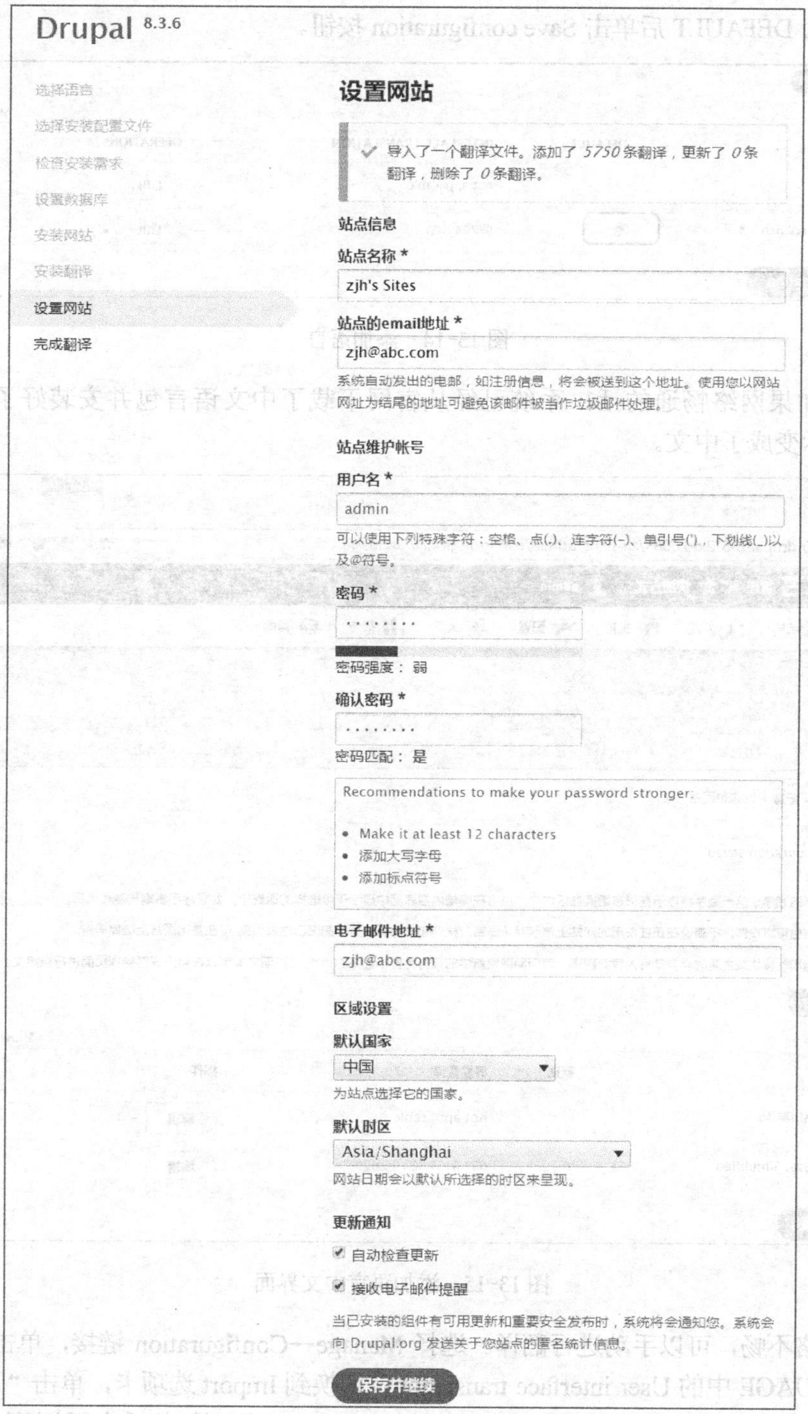

图 13-13　设置网站

选择 Manage→Configuration 链接，单击 REGIONAL AND LANGUAGE 中的 Languages，进入语言列表界面，单击 Add language 按钮，在下拉列表框中选择“Chinese, Simplified”选项后，单击 Add language 按钮，回到语言列表界面，如图 13-14 所示，选择“Chinese,

Simplified”为 DEFAULT 后单击 Save configuration 按钮。

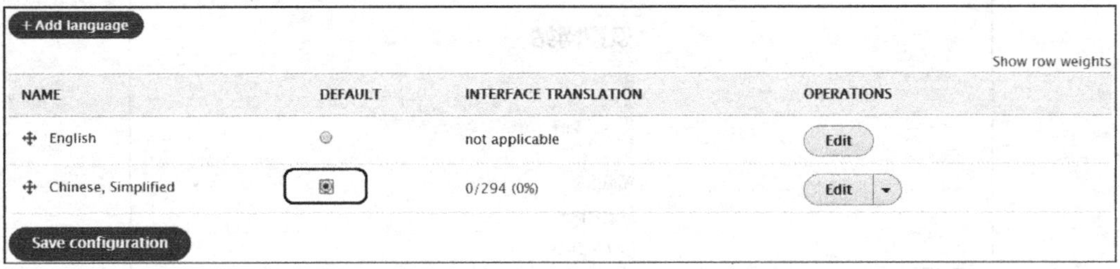

图 13-14　添加语言

此时，如果网络畅通的话，系统已经从官网下载了中文语言包并安装好了，界面也如图 13-15 所示变成了中文。

图 13-15　添加语言中文界面

如果网络不畅，可以手动进行翻译。选择 Manage→Configuration 链接，单击 REGIONAL AND LANGUAGE 中的 User interface translation，切换到 Import 选项卡，单击“选择文件”按钮，选择官网下载的中文语言包“drupal-8.x.y.zh-hans.po”（注意版本要匹配），然后单击 Import 按钮，完成后即为中文界面。

对于开发人员来讲，系统中涉及的英文单词并不多，基本不会给开发带来困难。在英文或中文状态下开发都可以，只要开发完成后设置成中文界面并全部翻译，给客户看到的界面是中文就可以了。后面的讲解中将同时提供中英文术语，是否翻译都可以。

4．Drupal 基本配置

（1）配置 settings.php

用文本编辑器（如 Dreamweaver、EditPlus、Visual Studio Code、Brackets、WebStorm、Atom、Sublime 和 HBuilder 等，凡是可以编辑网页的都可以，不能用 Word 或 WPS 之类）打开“sites/default/settings.php”文件，如图 13-16 所示，将“$settings['file_public_path'] = 'sites/default/files';”前面的注释符号“#”删除。

```
$settings['file_public_path'] = 'sites/default/files';
```

图 13-16　启用公共路径

找到如图 13-17 所示的代码，模仿这个例子配置$settings['trusted_host_patterns']。

```
 * For example:
 * @code
 * $settings['trusted_host_patterns'] = array(
 *   '^example\.com$',
 *   '^.+\.example\.com$',
 *   '^example\.org$',
 *   '^.+\.example\.org$',
 * );
 * @endcode
 * will allow the site to run off of all variants of example.com and
 * example.org, with all subdomains included.
 */

```

图 13-17　信任主机设置

在图 13-17 所示最后一行注释“*/”的后面（这个前面属于被注释内容）另起一行开始添加类似如下的代码。

```
$settings['trusted_host_patterns'] = array(
  '^example\.com$',
  '^.+\.example\.com$',
);
```

上面的 example.com 域名示例，若要修改成自己需要设置的内容（即自己申请的域名），如果只是本地开发，没有域名的情况下暂时忽略此步。

继续找到如图 13-18 所示的代码。

```
$config_directories = array();
```

图 13-18　配置路径

系统安装时已经创建了类似“sites/default/files/config_acqTmp-(randomhash)”的配置文件夹（其中“(randomhash)”是一个包含日期的随机字符串）。如果只是本地开发，未上线前此步也可以忽略。

可以利用该文件夹，把该行修改为像下面的代码一样，其中“(randomhash)”可以修改为系统安装时生成的那个带日期的名称，也可以自己随机取一个字符串。如果是自己取的字符串名称，则需要创建这几个文件夹。

```
$config_directories = array(
```

```
        CONFIG_SYNC_DIRECTORY => 'sites/default/files/config_acqTmp-(randomhash)',
        CONFIG_ACTIVE_DIRECTORY => 'sites/default/files/config_acqTmp-(randomhash)/active',
        CONFIG_STAGING_DIRECTORY => 'sites/default/files/config_acqTmp-(randomhash)/staging',
    );
```

下面再列举一个站点外的示例。

```
    $config_directories = array(
        CONFIG_SYNC_DIRECTORY => './../config',            // folder outside the webroot
        CONFIG_ACTIVE_DIRECTORY => './../config/active',        // folder outside the webroot
        CONFIG_STAGING_DIRECTORY => './../config/staging',       // folder outside the webroot
    );
```

其中文件夹名称可以自由选择，但建议使用与默认相似的名称，以便自己或其他开发人员在稍后查看时不会感到困惑。从上面几行的注释可以看出，这个 config 文件夹与站点文件夹是同级，说明是放在 webroot（站点文件夹）之外了。

不管站点内还是站点外配置，都不要忘记这几个文件夹是否存在，否则还会报错。如果没有，就创建它们。

修改完成后保存，如果提示权限错误，则修改 default 文件夹的权限，为其添加写入权限，保存之后记得取消这个写入权限。

（2）系统配置

选择“管理（Manage）”→“配置（Configuration）”→“文件系统（File system）”链接，打开如图 13-19 所示的界面，将“临时目录（Temporary directory）”修改为“sites/default/files/tmp”，将“界面翻译目录（Interface translations directory）”修改为“sites/default/files/translations”，然后保存配置（Save Configuration），目的是便于将站点迁移到别的计算机或别的系统。

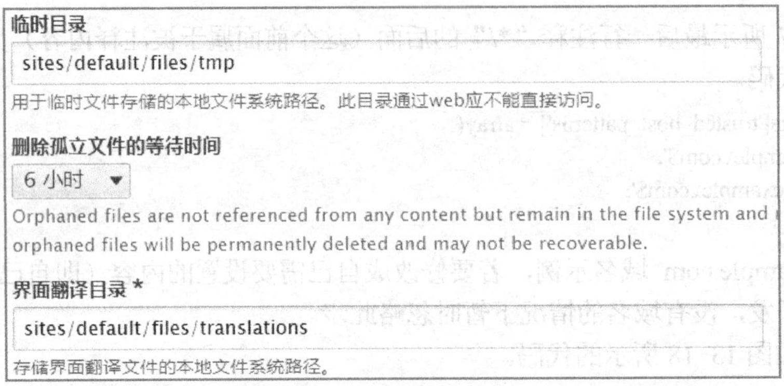

图 13-19　配置文件系统

选择“管理（Manage）”→“配置（Configuration）”→“区域设置（Regional settings）”链接，设置默认国家（Default country）为“中国（China）”，一周的第一天（First day of week）为“星期一（Monday）”，默认时区（Default time zone）为“Asia/Shanghai”，如果该网站仅限中国客户使用，可以取消选择“用户可以设置他们自己的时区（Users may set their own time zone）”复选框，否则下面要根据需要进行相应的选择，最后保存配置（Save Configuration）。

选择“管理（Manage）”→“配置（Configuration）”→“日期和时间格式（Date and time formats）”链接，如果需要，可以按 http://php.net/manual/zh/function.date.php 中的说明修改为适合中国本地化的格式。

选择“管理（Manage）”→“配置（Configuration）”→“性能（Performance）”链接，取消选择带宽优化部分的“合并 CSS 文件”和“合并 JavaScript 文件”复选框，保存配置（Save configuration）。取消选择的目的是为了便于调试，因为这是用于外部资源的自动优化，可以减少站点的文件大小及请求数量。当查看页面源代码时会发现里面有很多.css、.js 等文件，便于检查哪些文件成功引入了，开发完成上线前记得还要重新加以选择。

（3）配置 services.yml

将“sites/default”文件夹下的“default.services.yml”复制一份并重命名为“services.yml”。并用文本编辑器打开该文件，将“debug: false”改为“debug: true”后保存文件。开启这个功能后，当查看页面源代码时可以检查哪部分内容是由哪些 twig 模板文件生成的。这个同样要求开发完成后改回非调试状态。

（4）新建无格式过滤编辑器

选择“管理（Manage）”→“配置（Configuration）”→“文本格式和编辑器（Text formats and editors）”→“添加文本格式（Add text format）”链接，在“名称（Name）”文本框中输入“Not Filter”，然后单击“机读名称: not_filter”右边的“编辑（Edit）”后再把“名称（Name）”设置为“不过滤”，“文本编辑器（Text editor）”保持为“无（None）”，不要选择“角色（Roles）”和“启用过滤器（Enabled filters）”复选框，保存配置（Save configuration），调整显示顺序到后面，再单击“保存（Save）”按钮。

5. 添加内容

选择“管理（Manage）”→“内容（Content）”链接，单击“添加内容（Add content）”按钮，打开“添加内容（Add content）”页面。

Drupal 默认自带两种内容类型，文章（Article）类型的内容时效性较强，而基本页面（Basic page）类型的内容通常是网站上的静态内容，比如“关于我们”之类。Drupal 的内容类型也可以在“管理（Manage）”→“结构（Structure）”的“内容类型（Content types）”页面中添加，还可以添加图书、新闻和公告等。

（1）添加文章（Article）

单击“文章（Article）”链接，在“标题（Title）”文本框中输入该文章的标题。如果要输入摘要，可以单击“正文（Body）”旁边的“编辑摘要（Edit summary）”链接，即使不输入，系统也会自动从正文中截取前面一部分来作为摘要显示。也可以用视图（Views）模块中的相关功能代替。

“正文（Body）”下面是可视化编辑器，其工具栏按钮数跟下面的“文本格式（Text format）”类型有关，如果觉得工具栏按钮数太少，可以在“管理（Manage）”→“Configuration（配置）”→“文本格式和编辑器（Text formats and editors）”中对默认的几种格式进行“配置（Configure）”，把“可用的按钮（Available buttons）”部分的工具条按钮拖入“启用的工具栏（Active toolbar）”中，然后单击“保存配置（Save configuration）”按钮即可。当然也可以新建一种文本格式，自定义需要的工具栏按钮。

有三种“文本格式”选项：基本的 HTML（Basic HTML）、受限制的 HTML（Restricted HTML）和完整的 HTML（Full HTML）。单击右边的“关于文本格式”链接，可以查看这三种格式的不同用法。

“标签（Tags）”列表必须用英文半角逗号来分隔。不管是通过编辑器还是通过“图像（Image）”上传图片，都不能上传带有中文文件名的图片，记得上传图片时“替换文本

（Alternative text）”是必填项，填写的文本将用于屏幕阅读机、搜索引擎或当图片不能载入时显示。

页面右边还有修订日志信息、菜单设置、URL 路径设置、编著信息和推荐选项。建议点开了解一下每项具体可以设置什么内容。

“保存和发布（Save and publish）”文章后，默认情况下文章是可以添加评论（Comment）的，如图 13-20 所示。而添加的基本页面默认不开启评论功能。

图 13-20　测试发布文章与评论

（2）添加基本页面（Basic page）

如果在“添加内容（Add Content）”页面中单击“基本页面（Basic page）”链接，在“标题（Title）”文本框中输入“关于我们”，“Body（正文）”自定义，如图 13-21 所示，在“菜单设置（MENU SETTINGS）”中选择“指定一个菜单链接（Provide a menu link）”复选框，将“URL 路径设置（URL PATH SETTINGS）”中的“URL 别名（URL alias）”设置为“/aboutus”（别名需要以斜线开头，如果不填写，默认自动生成类似“node/1”的访问方式），“推荐选项（PROMOTION OPTIONS）”中的“推荐到首页（Promoted to front page）”是指内容摘要是否显示在首页，这里不选择，最后单击“保存和发布（Save and publish）”按钮。

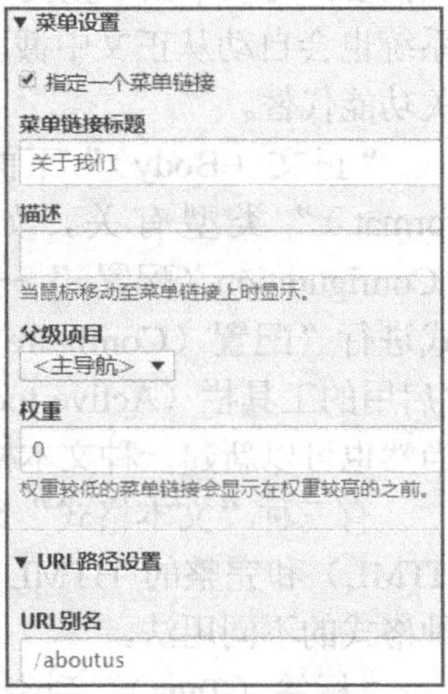

图 13-21　发布选项

下面还要调整主菜单项的显示顺序，把“关于我们”的位置调整到“首页”的右边。选择“管理（Manage）”→“结构

（Structure）”→“菜单（Menus）”链接，单击“主导航（Main navigation）”右边的“编辑菜单（Edit menu）”，拖动“菜单链接（MENU LINK）”列表下面各菜单项左边的“拖放重新排序（Drag to re-order）”图标✥可以调整顺序，调整后再单击“保存（Save）”按钮，结果如图 13-22 所示。

图 13-22　菜单和别名

6．区块与区域

选择“管理（Manage）”→“结构（Structure）”→“区块布局（Block layout）”→“演示块区域（Bartik）（Demonstrate block regions (Bartik)）”选项，可以查看各区域显示的位置。

在 Drupal 中，通常把内容片段处理成为区块，前面创建的两种内容结点是显示在“内容（Content）”区域，每个区块可以放置在任何区域中。下面以在页脚区域添加“版权信息”区块为例，讲解区块与区域的使用方法。

（1）查看区域管理界面

选择“管理（Manage）”→“结构（Structure）”→“区块布局（Block layout）”链接，在打开的页面中可以调整各区域的区块是否显示及其显示位置。

在“区块布局（Block layout）”选项卡中可以看到“内容（Content）”“左边栏（Sidebar first）”“右边栏（Sidebar second）”和“第 5 列页脚（Footer fifth）”等列表区域，而“主页内容（Main page content）”“搜索（Search）”“工具（Tools）”和“Powered by Drupal”等就是区块，原则上所有内容（早期版本中的主内容除外）都可以处理成为区块。

拖动“拖放重新排序（Drag to re-order）”图标✥可以调整位置顺序。

左上角的 Bartik 和 Seven 选项卡是 Drupal 自带的两个主题，不同的主题可以定义不同的区域。Bartik 是网站前台使用的主题，也可以安装新的前台主题，Seven 是后台使用的主题，一般不用更换后台主题。

（2）自定义区块、配置区块所在的区域和区块的可见性设置

切换到“自定义区块库（Custom block library）”选项卡，单击“添加自定义区块（Add custom block）”按钮，输入如图 13-23 所示的信息后单击“保存（Save）”按钮。

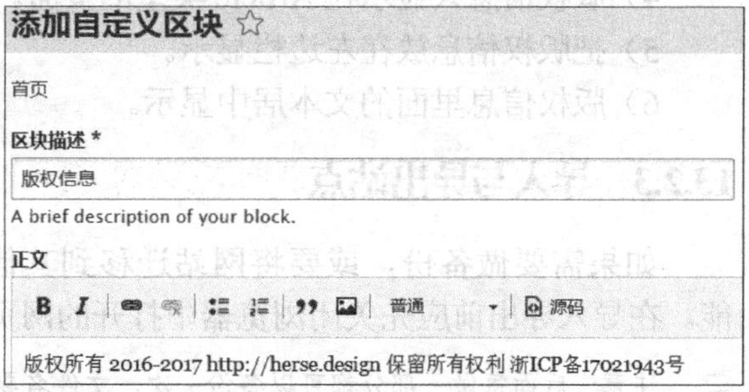

图 13-23　自定义区块

切换回“区块布局（Block layout）”选项卡，单击 Footer fifth 右边的“放置区块（Place block）”按钮，弹出放置区块对话框，单击“版权信息”右边的“放置区块（Place block）”。

如图 13-24 所示，取消选择“显示标题（Display title）”复选框，在“页面（PAGES）”文本框中输入“<front>”，“保存区块（Save block）”后就在页脚区域创建了第一个自定义区块，这个区块设置了只在首页显示。继续在“区块布局（Block layout）”页面中单击“保存区块（Save blocks）”按钮。

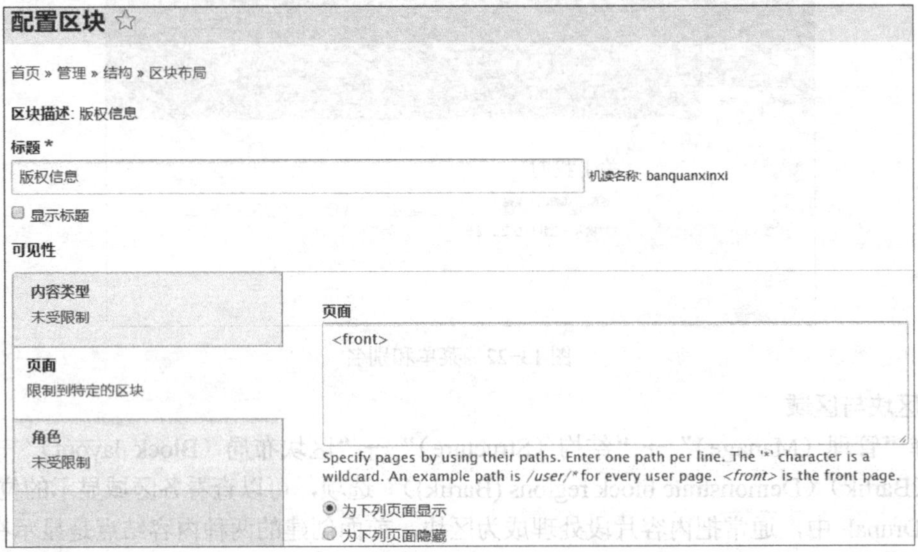

图 13-24　配置区块

（3）禁用 Powered by Drupal 区块

选择“管理（Manage）”→“结构（Structure）”→“区块布局（Block layout）”链接，在打开的页面的“区块布局（Block layout）”选项卡中，单击 Powered by Drupal 右边的“配置（Configure）”旁边的下拉按钮，选择“禁用（Disable）”，然后单击“保存区块（Save blocks）”按钮。

（4）区块相关练习

1）只在首页显示版权信息。

2）在除 node/1 页面外的所有页面显示版权信息。

3）版权信息只显示给登录用户。

4）版权信息只显示在 Article 类型的页面。

5）把版权信息放在左边栏显示。

6）版权信息里面的文本居中显示。

13.2.3　导入与导出站点

如果需要做备份，或要将网站迁移到其他计算机或服务器上，就需要用到导入导出功能。在导入导出前应先关闭浏览器中打开的网页。

📖　注意：后面每做一部分都可以备份一次，文件名要加以区分。

清空缓存后再导出的站点备份文件要小很多。清空缓存的两种方法为：①选择“管理（Manage）”→“配置（Configuration）”→“性能（Performance）”链接，单击“清空所有缓存（Clear all caches）”按钮。②单击 Local code 右边的 Open Drush console 按钮，在打开的命令行窗口中输入“drush cr”后按〈Enter〉键，等一下可以看到“Cache rebuild complete. [ok]”提示，就表示缓存重建完成了。该窗口在制作过程中不必关闭，每次要清空缓存时，在该窗口按向上光标移动键又会出现该命令。

1．导出站点

选择“Acquia Dev Desktop 2”控制台左边的站点名称“drupal-8-x-y.dd”，单击左下角的 More 按钮，然后选择如图 13-25 所示的 Export to Drupal archive 命令，选择保存位置后单击“保存”按钮，很快导出为一个压缩包（drupal_8_x_y_dd.tar.gz），双击打开该压缩包，其结构如图 13-26 所示。

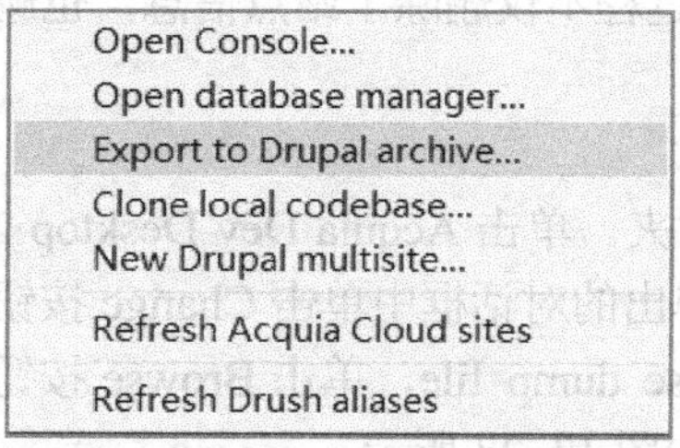

图 13-25　导出站点

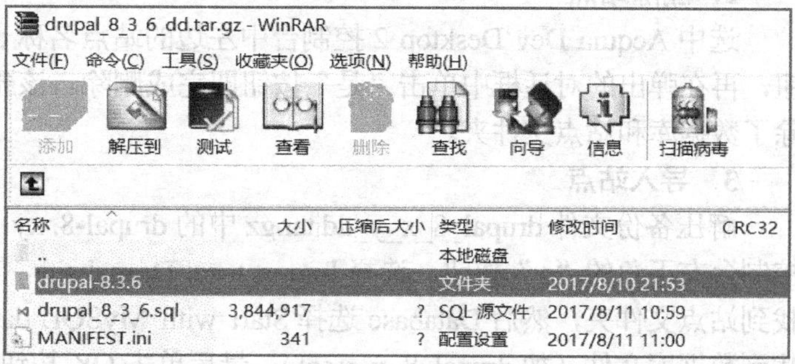

图 13-26　备份压缩包

但图中的数据库文件 drupal_8_x_y.sql 大小明显偏小，这种方法对导出的中文站点数据库不完整。所以只能采用其他办法导出数据库：单击 Acquia Dev Desktop 2 控制台中 Local database 右边的 drupal_8_x_y 链接，在浏览器中打开数据库管理软件 phpMyAdmin，在左边栏中单击选择要导入的数据库 drupal_8_x_y，再单击右栏顶部的“导出（Export）”按钮，然后单击下面的“执行（Go）”按钮，如图 13-27 所示，即可保存 drupal_8_x_y.sql 数据库文件，这个文件比压缩包里的那个大很多。

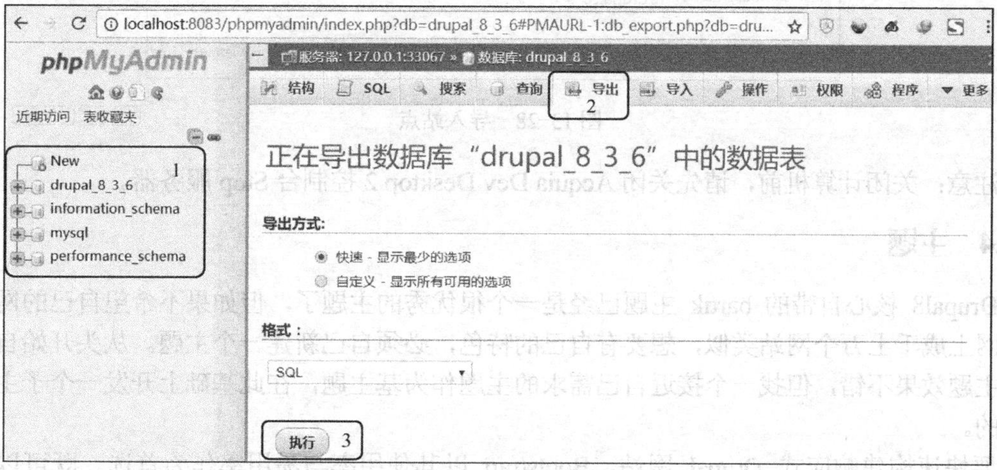

图 13-27　配置区块

有些读者找不到导出的压缩包和数据库文件，它们的保存位置与操作系统和浏览器默认的保存位置相同。

新建一个文件夹，文件夹名称要能体现本次备份的内容或日期，将压缩包 drupal_8_x_y_dd.tar.gz 和后面单独导出的数据库 drupal_8_x_y.sql 剪切进该文件夹中，即做好了本次备份工作。当然，也可以取出压缩包中的文件夹后，与单独导出的数据库文件打包成一个压缩包来保存，可以更节约保存空间。

📖 ❓ 是否可以直接复制站点文件夹作为备份?

以下删除和导入两步不是必须要做的。如果站点出了问题，删除坏站点并导入刚才的备份；如果要在另一台计算机上继续工作，也可以把这个备份导入过去使用。注意导入时不能有同名站点或同名数据库，如果遇到这种情况，只需把站点文件夹改名即可避免。

2. 删除站点

选中 Acquia Dev Desktop 2 控制台中左边的站点名称 drupal-8-x-y.dd，单击下面的“-”按钮，再在弹出的对话框中单击“是”按钮即完成删除。该删除过程不仅删除了站点信息，也删除了数据库和站点文件夹。

3. 导入站点

解压备份文件 drupal_8_x_y_dd.tar.gz 中的 drupal-8.x.y 文件夹。单击 Acquia Dev Desktop 2 控制台左下角的“+”按钮，选择 Import local Drupal site，在弹出的对话框中单击 Change 按钮找到站点文件夹，然后 Database 选择 Start with MySQL database dump file，单击 Browse 按钮找到数据库文件（如 drupal_8_x_y.sql），最后单击 OK 按钮，如图 13-28 所示。

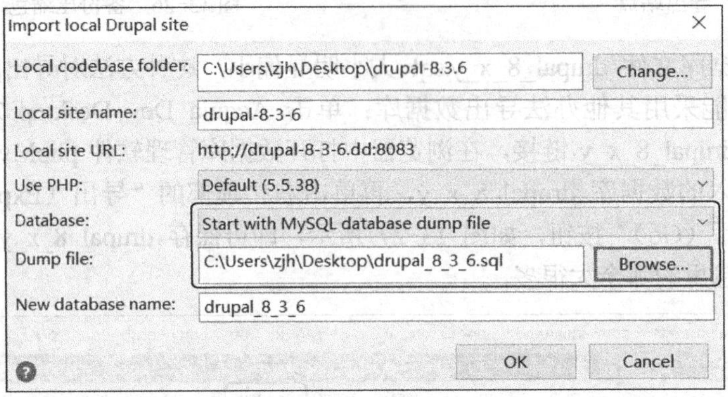

图 13-28 导入站点

注意：关闭计算机前，请先关闭 Acquia Dev Desktop 2 控制台 Stop 服务器。

13.2.4 主题

Drupal8 核心自带的 bartik 主题已经是一个很优秀的主题了，但如果不希望自己的网站与互联网上成千上万个网站类似，想要有自己的特色，必须自己新建一个主题。从头开始自定义一个主题效果不错，但找一个接近自己需求的主题作为基主题，在此基础上开发一个子主题是可行的。

要快速构建响应式 Drupal 网站，Bootstrap 以其使用率与易用率作为首选。既可以使用 Drupal 的 Bootstrap 主题作为基主题，也可以使用兼容 Bootstrap 的基主题。

1. 安装基主题

在 Drupal 的主题项目页面（https://www.drupal.org/project/project_theme）搜索符合条件的主题，如图 13-29 所示。

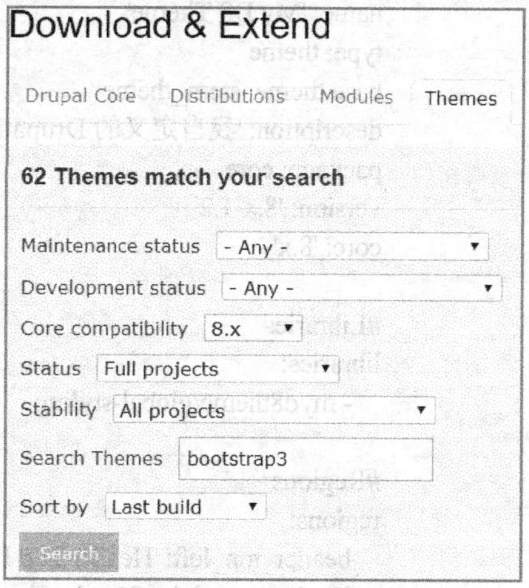

图 13-29　搜索主题

在“Search（搜索）”出的符合条件的主题中找到喜欢的主题，进入其下载页面下载主题压缩包。下面以 Stem Creative Theme 为例进行介绍。

在 Drupal 的主题项目页面（https://www.drupal.org/project/stem_theme）下载 Stem Creative Theme 主题包（stem_theme-8.x-1.2.tar.gz）。

选择“管理（Manage）”→“外观（Appearance）”链接，单击“安装新主题（Install new theme）”，单击“上传并安装模块或主题包（Upload a module or theme archive to install）”下的“选择文件”，选择刚刚下载的 stem_theme-8.x-1.2.tar.gz，然后单击“安装（Install）”按钮。

单击“安装刚刚添加的主题（Install newly added themes）”，回到“外观（Appearance）”的“列表（List）”选项卡页面。如图 13-30 所示，单击“未安装主题（Uninstalled themes）”部分 Stem Creative Theme 主题下面的“安装并设置为默认（Install and set as default）”链接，启用并设为默认主题。

图 13-30　启用新主题

单击“返回网站（Back to site）”回到首页，就可以看到网站首页的新界面了。

2. 创建子主题

刚才安装的 Stem Creative Theme 主题是一个基主题。下面开始讲解其子主题的制作方法。

在站点文件夹中新建“themes/myd8theme”文件夹。如图 13-31 所示，复制 Stem Creative Theme 基主题文件夹 themes/stem_theme/中的 stem_theme.info.yml 和 stem_theme.libraries.yml 文件到子主题文件夹 themes/myd8them/中，并分别更名为 myd8theme.info.yml 和 myd8theme.libraries.yml。

图 13-31　主题配置文件

用文本编辑器修改 myd8theme.info.yml 文件为如下所示内容，主要是修改了头和尾部，并合并到了前面，原来中间的 Regions 部分留到后面再来修改。

```
name: 'My D8 Theme'
type: theme
base theme: stem_theme
description: '我自定义的 Drupal8 响应式子主题'
package: core
version: '8.x-1.2'
core: '8.x'

#Libraries
libraries:
  - myd8theme/global-styling

#Regions
regions:
  header_top_left: 'Header Top Left'
  header_top_right: 'Header Top Right'
  header: 'Header'
  primary_menu: 'Primary Menu'
  search: 'Search'
  slider: 'Slider'
  page_title: 'Page Title'
  breadcrumb: 'Breadcrumb'
  content: 'Content'
  sidebar_first: 'Left Sidebar'
  sidebar_second: 'Right Sidebar'
  content_wide: 'Content Wide'
  footer_first: 'Footer First Widget'
  footer_second: 'Footer Second Widget'
  footer_third: 'Footer Third Widget'
  footer_forth: 'Footer Forth Widget'
  footer: 'Footer'
  auto_hidden_block: 'Auto hidden blocks'
```

用文本编辑器修改 myd8theme.libraries.yml 文件为如下所示内容。

```
# global global-styling
global-styling:
  Version: 1.x
  css:
    theme:
      css/style.css: {}
  js:
    js/custom.js: {}
```

按 myd8theme.libraries.yml 文件的要求，新建.css 和.js 文件夹，并分别在其中新建 style.css 和 custom.js 两个空文件，以后自己写的 CSS 和 JS 代码就写在这两个文件中。

回到“管理（Manage）”→“外观（Appearance）”的“列表（List）”页面，如图 13-32 所示，单击“未安装主题（Uninstalled themes）”部分 My D8 Theme 主题下面的“安装并设置为默认（Install and set as default）”链接，启用并设置为默认主题。

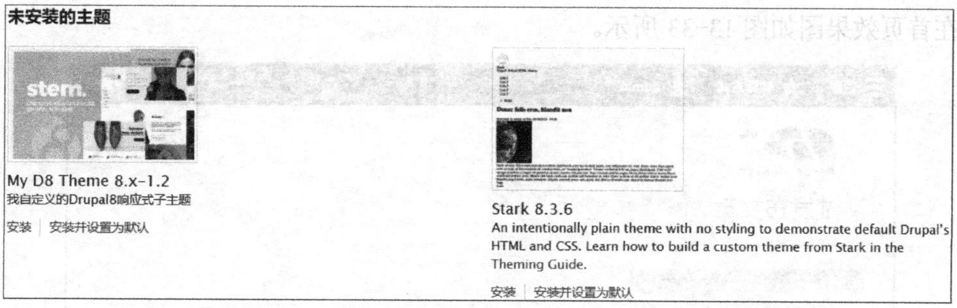

图 13-32　启用子主题

单击“返回网站（Back to site）”回到首页，发现网站首页界面的网站 Logo 图片未能正常显示，检查图片的路径是/themes/myd8theme/logo.svg，但该路径下并没有该图片文件，所以复制自己制作的 logo.svg 和 favicon.ico 到 themes/myd8theme/文件夹中，再刷新页面就能看到正常显示了。

页脚部分的内容也没有显示出来，这部分可以通过该主题的设置显示出来。进入“管理（Manage）”→“外观（Appearance）”的“列表（List）”页面，进入默认子主题的“设置（Settings）”页面，在“常规设置（General）”选项卡中选择 Show scroll to top button 复选框，设置“页脚（Footer）”选项卡中的 Footer Style 为 Footer Style 2，Select footer Background Color 为 Colored，选择 Copyright Text 复选框，Social Media Link 选项卡是否需要设置请自便（如果想修改媒体项目，则需要修改 stem_theme.theme 文件），然后“保存配置（Save configuration）”。

单击“返回网站（Back to site）”回到首页，发现页脚的内容是 Copyright © 2017 Drupal All rights reserved，中间那个 Drupal 是默认安装时产生的网站名称。进入“管理（Manage）”→“配置（Configuration）”→“网站基本设置（Basic site settings）”页面，修改“站点名称（Site name）”的内容后“保存配置（Save configuration）”。单击“返回网站（Back to site）”回到首页，就可以看到页脚处的 Drupal 已经变成了刚才修改的新站点名称了。

在页脚处添加备案信息。方法一是把前面自定义的“版权信息”区块放置到“页脚”区域；方法二是修改基主题中的模板（footer.html.twig）；方法三是采用其他办法（比如 jQuery）实现。下面以第三种方法为例进行讲解。

最新版浏览器都带有一个功能称为 F12 的开发人员工具，这个工具给开发者提供了非常强大的网页调试功能，大家可以自行去网上自学相关资料。而使用最多的当属 Chrome 和 Firefox 浏览器，推荐使用这两种浏览器进行网页调试，本书默认使用 Chrome。

右击浏览器中的页脚内容，在弹出的快捷菜单中选择“检查”命令，页脚内容包裹的<div>元素只有一个“copyright”CSS 类，可以在它的内部追加内容。用文本编辑器打开 custom.js 文件，添加如下所示内容。

```
$(function() {
    $(".copyright").append("浙 ICP 备 12345678 号");
});
```

第 1 行与第 3 行代码是 jQuery 的开始行和结束行，所有添加的 jQuery 代码都要添加在这两行之间，所以本次的有效代码是中间的第 2 行。以后再有 jQuery 代码需要添加，都添加在第 3 行前面。

现在首页效果图如图 13-33 所示。

图 13-33　子主题首页效果图

13.2.5　内容类型

一个单一的网站可能包含多种类型的内容，如信息页面、新闻、投票、博客、房地产和股票等。在 Drupal 中，每项内容称为一个结点（node），每个结点属于一个单一的内容类型，它定义了该类型结点的各种默认设置，如结点是否自动发布和是否允许发表评论。

默认标准安装的内容类型有两种：“文章（Article）”和“基本页面（Basic page）”。当安装启用其他模块后也可能还有其他内容类型，也可以创建自己的内容类型。

文章内容类型通常用于时间敏感度高、频繁更新的类型，如新闻、博客等。基本页面内容类型通常用于可以（但不是必须）链接到主导航栏中的静态内容，如“关于我们”之类的页面。

每种内容类型包含不同的字段，“基本页面（Basic page）”中只有正文（body）一种字段，而“文章（Article）”中有图像、标签、正文和评论 4 种字段，既可以修改这些默认的内容类型，也可以自定义新的内容类型。下面以一个实例来讲解安装 Drupal 模块和自定义新的内容类型的方法。

1．安装并启用新模块

从官网下载如表 13-1 所示的 5 个模块文件，注意如果有更新的版本，请下载新版。

下载的 5 个模块文件

下载地址	下载后的文件名称
https://www.drupal.org/project/paragraphs	paragraphs-8.x-1.1.tar.gz
https://www.drupal.org/project/entity_reference_revisions	entity_reference_revisions-8.x-1.3.tar.gz
https://www.drupal.org/project/bootstrap_paragraphs	bootstrap_paragraphs-8.x-2.0-alpha6.tar.gz
https://www.drupal.org/project/contact_formatter	contact_formatter-8.x-1.0.tar.gz
https://www.drupal.org/project/viewsreference	viewsreference-8.x-1.0-beta1.tar.gz

进入“管理（Manage）”→“扩展（Extend）”页面，单击“安装新的模块（Install new module）”按钮，把这 5 个模块都“安装（Install）”完成，不要安装一个就去启用一个，因为模块之间有依赖关系。回到“扩展（Extend）”页面，选择 Bootstrap Paragraphs 复选框后再单击页面最后的“安装（Install）”按钮，不用选择其他模块，因为系统会自动提示必须启用的依赖模块，单击“继续（Continue）”按钮后，就会启用并翻译相关模块。还要为各个段落类型配置权限，因为默认只有管理员才有权限，所以继续启用 Paragraphs Type Permissions，然后通过“管理（Manage）”→“人员（People）”页面的“权限（Permissions）”选项卡，配置 Paragraphs Type Permissions 部分的权限，这里的待配置选项太多，后面用到时根据需要再进行配置，读者可以先看看有哪些权限可供配置。

模块在启用时，系统自动从官网下载语言包进行翻译，但实际上由于网络原因，下载的语言包有时不完整，可以自己单独下载相应版本的语言包来导入系统。导入的方法为：选择“管理（Manage）”→“配置（Configuration）”→“用户界面翻译（User interface translation）”链接，在“导入（Import）”选项卡中“导入（Import）”各语言包，记得选择“覆盖非自定义的翻译（Overwrite non-customized translations）”和“覆盖已有的自定义翻译（Overwrite existing customized translations）”复选框，注意“语言（Language）”不要选错了，中文语言包要选择“Chinese, Simplified”。

以上工作完成后，进入“管理（Manage）”→“结构（Structure）”的“段落类型（Paragraphs types）”页面如图 13-34 所示。当添加内容类型时可以组合使用这些段落类型。

2. 添加 SVG 图形支持

SVG（Scalable Vector Graphics，可缩放矢量图形）基于可扩展标记语言（XML），是用于描述二维矢量图形的一种图形格式。SVG 是 W3C（World Wide Web ConSortium，国际互联网标准组织）在 2000 年 8 月制定的一种新的二维矢量图形格式，也是规范中的网络矢量图形标准，是一个开放的标准。SVG 严格遵从 XML 语法，并用文本格式的描述性语言来描述图像内容，因此是一种与图像分辨率无关的矢量图形格式。

虽然 Drupal 8 核心不支持上传 SVG 图形，但可以通过模块（下面以 SVG image field 模块为例）来实现。从官网（https://www.drupal.org/project/svg_image_field）下载模块包（svg_image_field-8.x-1.0.tar.gz），并安装和启用该模块。

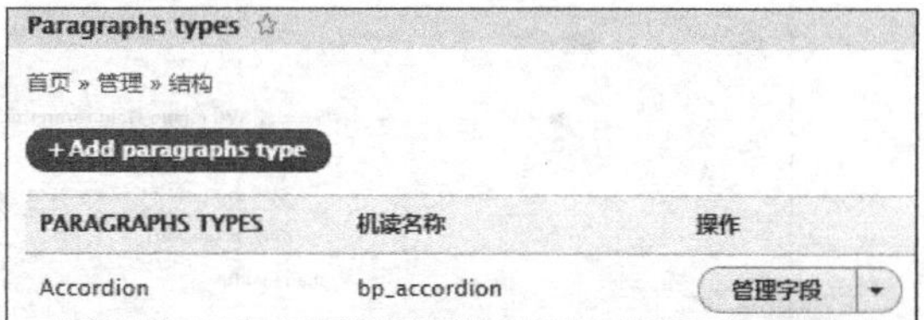

图 13-34 段落类型

进入“管理（Manage）”→“结构（Structure）”的“段落类型（Paragraphs types）”页面，单击“添加段落类型（Add paragraphs type）”按钮，在“标签（Label）”文本框中输入 SVG Image，然后单击“机读

名称: svg_image”右边的“编辑（Edit）”链接。如图 13-35 所示，重新再把“标签（Label）”修改为“SVG 图形”，最后单击“保存和管理字段（Save and manage fields）”按钮。

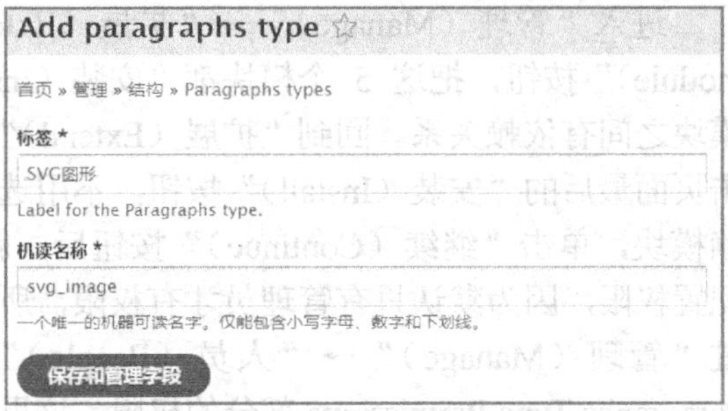

图 13-35　添加 SVG 图形类型

在“管理字段（Manage fields）”选项卡中，单击“添加字段（Add field）”按钮，在“添加一个新字段（Add a new field）”中选择 Svg Image，在“标签（Lable）”文本框中输入 SVG Image 后单击“机读名称: field_svg_image”右边的“编辑（Edit）”链接，重新再把“标签（Label）”修改为“SVG 图形”，单击“保存并继续（Save and continue）”按钮，继续“保存字段设置（Save field settings）”→“保存设置（Save settings）”。

切换到“管理显示（Manage display）”选项卡，将标签（LABEL）“位于上方（Above）”修改为“隐藏（Hidden）”，再单击右边的齿轮设置图标，如图 13-36 所示，选择 Output SVG inline 复选框，将宽度（width）和高度（height）均修改为 250 后单击“更新（Update）”按钮。返回管理显示（Manage display）选项卡后，再单击“保存（save）”按钮。

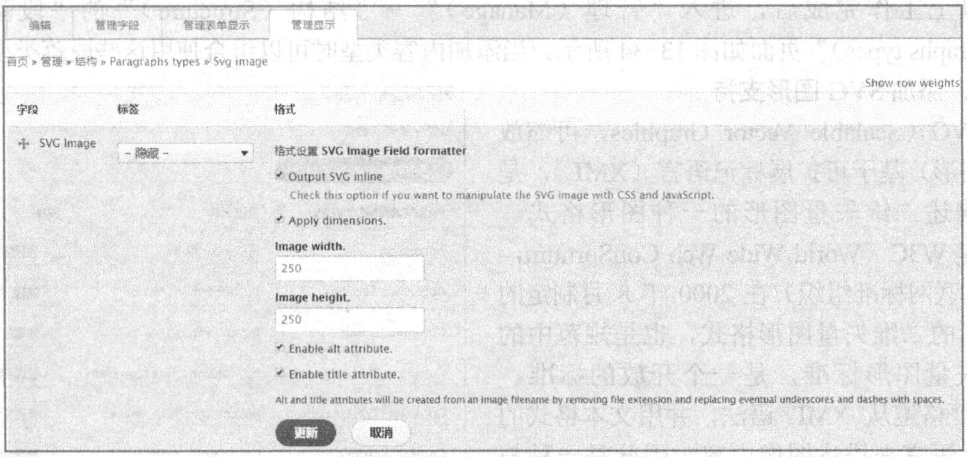

图 13-36　SVG 图形显示配置

重新进入“管理（Manage）”→“结构（Structure）”的“段落类型（Paragraphs types）”页面，即可看到刚才添加的“SVG 图形（SVG Image）”段落类型了。

3. 段落类型中使用 SVG 图形

添加了 SVG 图形支持后，在其他“段落类型（Paragraphs types）”还不能使用 SVG 图形，但只要在各类型字段的引用类型中选择即可实现。下面只举一个例子 Columns（Three Uneven）来说明，其他类型在用到时自己添加即可。

进入“管理（Manage）”→“结构（Structure）”的“段落类型（Paragraphs types）”页面，单击 Columns（Three Uneven）右边的“管理字段（Manage fields）”按钮，再单击“Column Content”右边的“编辑（Edit）”按钮，选择“引用类型（REFERENCE TYPE）”部分的“SVG 图形”后单击“保存设置（Save settings）”按钮。

4．添加自定义内容类型

进入“管理（Manage）”→“结构（Structure）”的“内容类型（Content types）”页面，单击“添加内容类型（Add content type）”按钮，在“名称（Name）”文本框中输入BP Article后单击“机读名称: bp_article”右边的“编辑（Edit）”链接，使机读名称独立显示后再把“名称（Name）”修改为“BP 文章”，在“发布选项（Publishing options）”中取消选择“推荐到首页（Promoted to front page）”，最后再单击“保存和管理字段（Save and manage fields）”按钮。

在“管理字段（Manage fields）”选项卡中，单击“添加字段（Add field）”按钮，在“添加一个新字段（Add a new field）”中选择“段落（Paragraph）”，在“标签（Lable）”文本框中输入 Paragraph 后单击“机读名称: field_paragraph”右边的“编辑（Edit）”，重新把“标签（Lable）”修改为“段落”，单击“保存并继续（Save and continue）”按钮，继续单击“保存字段设置（Save field settings）”按钮，选择“引用类型（REFERENCE TYPE）”下面的全部 17 个“段落类型（Paragraph types）”，单击“保存设置（Save settings）”按钮。暂时保留 Body 字段，如果觉得确实没用了，也可以删除。

切换到“管理显示（Manage display）”选项卡，将标签（LABEL）“位于上方（Above）”修改为“隐藏（Hidden）”，单击“保存（save）”按钮。

切换到“管理表单显示（Manage form display）”选项卡，将段落（Paragraph）的控件（WIDGET）修改为“段落实验（Paragraphs EXPERIMENTAL）”，单击“保存（save）”按钮。

这样，就创建了一个通用的兼容 bootstrap 的段落内容类型。进入“管理（Manage）”→“内容（Content）”页面，单击“添加内容（Add content）”按钮，单击“BP 文章（BP Auticle）”链接，单击“段落”下面的下拉按钮，可以将如图 13-37 所示的组件任意组合，多数可以相互嵌套。

但实际使用时，需要一些专用内容类型，用来过滤发表的文章，以便显示在特定区域。这些类型可以待以后需要时再进行自定义。

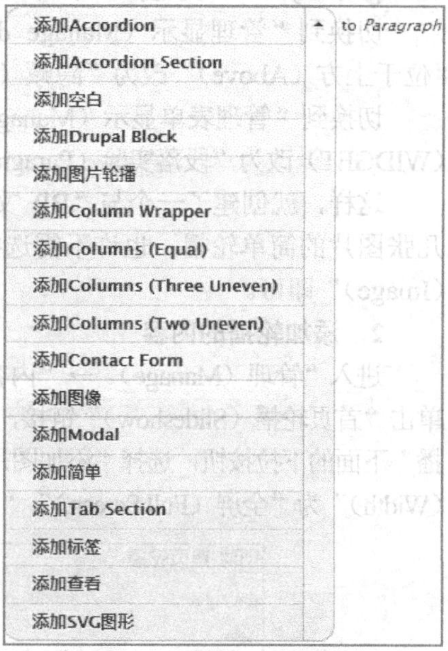

图 13-37　可添加的段落选项

13.2.6　制作首页轮播

前端最重要的工作是要制作一个漂亮的首页，多数网站的首页布局都会与其他页面不一样，而且最为复杂。为了减少工作量，读者可以去网上找一个最接近自己理想中的首页模板来修改，或者自己用网页制作工具（比如 Dreamweaver）制作一个，也许视觉设计师和交互设计师已经给准备了相关资料。总之，现在已经有了首页的静态页面，接下来的工作是如何把这个首页静态页面与 Drupal 集成，以下实例不是一个完整首页，但几乎涵盖了大部分制作技术，所以没有必要重复讲解，特别是轮播比较复杂，实际制作时简单多了。

1．添加轮播的内容类型

由于在自定义的子主题文件 myd8theme.info.yml 中已经存在 Slider 区域，所以只需新建一个轮播视图，添加一个区块放到这个区域里即可。但为了视图的过滤条件，还需要一个专用的内容类型。

进入“管理（Manage）”→“结构（Structure）”的“内容类型（Content types）”页面，单击“添加内容类型（Add content type）”按钮，在“名称（Name）”文本框中输入 Slideshow 后单击“机读名称: slideshow”右边的“编辑（Edit）”链接，使机读名称独立显示后再把“名称（Name）”修改为“首页轮播”，在“发布选项（Publishing options）”下取消选择“推荐到首页（Promoted to front page）”复选框，最后再单击“保存和管理字段（Save and manage fields）”按钮。

在“管理字段（Manage fields）”选项卡中，先删除现有的“正文（body）”字段，再单击“添加字段（Add field）”按钮，在“添加一个新字段（Add a new field）”中选择“段落（Paragraph）”，在“标签（Lable）”文本框中输入“Slideshow”后单击“机读名称: field_slideshow”右边的“编辑（Edit）”链接，重新把“名称（Name）”修改为“首页轮播”，单击“保存并继续（Save and continue）”按钮，继续单击“保存字段设置（Save field settings）”按钮，选择“引用类型（REFERENCE TYPE）”下面的全部 17 个“段落类型（Paragraph types）”复选框，单击“保存设置（Save settings）”按钮。

切换到“管理显示（Manage display）”选项卡，将“首页轮播”字段的标签（LABEL）“位于上方（Above）”改为“隐藏（Hidden）”，单击“保存（save）”按钮。

切换到“管理表单显示（Manage form display）”选项卡，将首页轮播（Slideshow）的控件（WIDGET）改为“段落实验（Paragraphs EXPERIMENTAL）”，单击“保存（save）”按钮。

这样，就创建了一个与“BP 文章（BP Auticle）”功能相同的内容类型，如果真的只需要几张图片的简单轮播，也许不需选择 17 种，而只需选择“首页轮播（Carousel）”和“图像（Image）”即可。

2．添加轮播的内容

进入“管理（Manage）”→“内容（Content）”页面，单击“添加内容（Add content）”按钮，单击“首页轮播（Slideshow）”链接，在“标题（Title）”文本框中输入“首页轮播”，单击“首页轮播”下面的下拉按钮，选择“添加图片轮播（Add Carousel）”选项。如图 13-38 所示，设置“宽度（Width）”为“全屏（Full Screen）”，“轮播间隔（Slide Interval）”为“5 秒（5 Seconds）”。

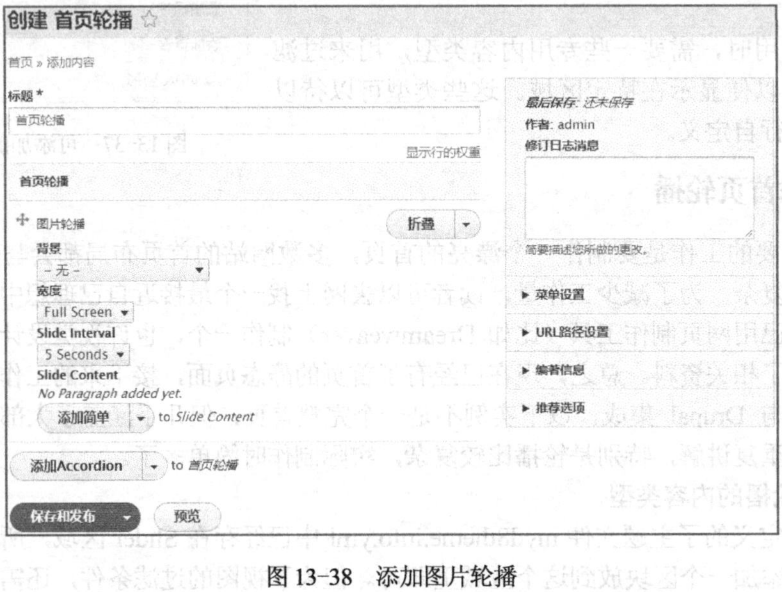

图 13-38　添加图片轮播

（1）第 1 屏图像全屏轮播

单击“to Slide Content”前面的下拉按钮，选择“添加图像（Add Image）”选项。如图 13-39 所示，设置“宽度（Width）”为“全屏（Full Screen）”，在“图像（Image）”处上传一张 1920×500 像素的图片。

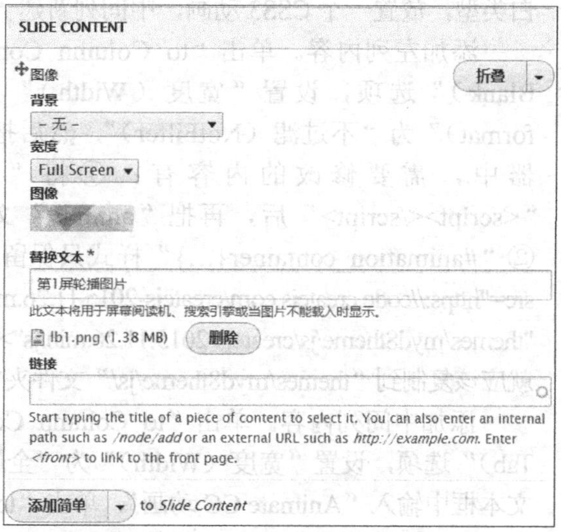

图 13-39　添加第 1 屏轮播图片

此时如果单击“保存和发布（Save and publish）”按钮，该结点页面可以看到类似后面图 13-43 所示的效果，所看到的与这个基本相似即可，待后面调整后就完全一致了。

（2）第 2 屏图文多列轮播

单击该结点内容的“编辑（Edit）”链接，回到刚才的编辑界面，发现刚才添加的第 1 屏是折叠显示的，如果单击右边的“编辑（Edit）”按钮可以展开并对第 1 屏继续编辑。

继续添加第 2 屏。单击“to Slide Content”前面的下拉按钮，选择“添加 Columns（Equal）（Add Columns（Equal））”选项，设置“背景（Background）”为 Orange strong，“宽度（Width）”为“全屏（Full Screen）”。

添加左列图像。单击“to Column Content”前面的下拉按钮，选择“添加图像（Add Image）”选项，设置“宽度（Width）”为“全屏（Full Screen）”，在“图像（Image）”处上传一张 960×500 像素的图片。

添加右列文字。单击“to Column Content”前面的“添加简单（Add Simple）”按钮，设置“宽度（Width）”为“全屏（Full Screen）”，在文本编辑器（文本格式选择“完整的 HTML（Full HTML）”）中添加一个标题为一级别的文字作为右列的标题，再添加一个段落作为右列的描述。

单击“保存并保持发布状态（Save and keep published）”按钮，查看该结点轮播第 2 屏的效果类似后面的图 13-44 所示，此时已经有两屏轮播了。

（3）第 3 屏动画多列轮播

各大新版浏览器厂商纷纷表示不支持 Flash，Adobe 公司也把 Flash CC 更名为 Animate CC，主要是增加了 HTML5 的 Canvas 动画。这种动画是通过 HTML5 的 Canvas 元素使用 JavaScript 在网页上绘制图像来实现的。

所以，现在制作网页动画主要分为三类：一是 HTML5 的 Canvas 动画，二是纯 CSS3 动画，三是 JS 前端框架（库）动画（比如 jQuery 动画）。下面演示前面两种动画的制作方法。

为了演示第 3 屏的内容，提前用 Illustrator 制作了几个 SVG 图形，其中将某一个导入到 Animate 库中用来制作简单动画，最后发布成“javaScript/HTML”格式。

单击该结点内容的“编辑（Edit）”链接回到刚才的编辑界面，继续单击“to Slide Content”前面的下拉按钮，选择“添加 Columns（Three Uneven）（Add Columns（Three Uneven））选项”，设置“背景（Background）”为“White strong”，“宽度（Width）”为“全屏（Full Screen）”，“列风格（Column Style）”为“1/4－1/2－1/4”。所以，下面的步骤就是还要完成三列内容，左列新建一个空白类型，放置一个用 Aniate CC 制作的动画，右列也新建一个空白类型，放置一个 CSS3 动画，中间列新建一个 Tab 标签类型，用于左右这两种动画的介绍。

添加左列内容。单击“to Column Content”前面的下拉按钮，选择“添加空白（Add Blank）”选项，设置“宽度（Width）”为“全屏（Full Screen）”，“文本格式（Text format）”为“不过滤（NotFilter）”，然后把“anim.html”文件中的内容全部复制到该编辑器中，需要修改的内容有：①将“<script src="anim.js"></script>”行代码改为“<script></script>”后，再把“anim.js”文件中的全部内容复制到这对 script 标签内；②“#animation_container{…}”样式只保留 margin，其他三行都用“//”注释掉；③将“<script src="https://code.createjs.com/createjs-2015.11.26.min.js"></script>”行改为本地引用“<script src="themes/myd8theme/js/createjs-2015.11.26.min.js"></script>”，当然“createjs-2015.11.26.min.js”素材就应该复制到“themes/myd8theme/js/”文件夹中。

添加中间列内容。单击“to Column Content”前面的下拉按钮，选择“添加标签（Add Tab）”选项，设置“宽度（Width）”为“全屏（Full Screen）”，在“标签名称（Tab Name）”文本框中输入“Animate CC 动画”，单击“to Tab Body”左边的“添加简单（Add Simple）”链接，可以在编辑器中输入一些关于 Animate CC 软件制作动画方面的介绍；单击“添加 Tab Section（Add Tab Section）”按钮，在“标签名称（Tab Name）”文本框中输入“CSS3 动画”，单击“to Tab Body”左边的“添加简单（Add Simple）”链接，可以在编辑器中输入一些关于 CSS3 动画方面的介绍。

添加右列内容。单击“to Column Content”前面的下拉按钮，选择“添加空白（Add Blank）”选项，设置“宽度（Width）”为“全屏（Full Screen）”，“文本格式（Text format）”为“不过滤（Not Filter）”，把“cssan.html”文件中的内容全部复制到该编辑器中，并把每个 SVG 图片都加上“themes/myd8theme/images/”路径。将 d1-img1.svg、d1-img2.svg、d1-img3.svg 和 d1-img4.svg 这 4 个文件复制到“themes/myd8theme/images/”中。

单击“保存并保持发布状态（Save and keep published）”按钮，然后查看结点轮播第 3 屏的效果类似图 13-40 所示。不过左右两边的动画暂时还看不到，因为动画的相对路径不对，在后面步骤中把该结点添加到首页就可以了。

图 13-40　轮播第 3 屏的效果

图中的动画并没有针对性地对宽度和高度等进行优化，在实际制作前的设计阶段就应该设计好这些参数。

3．添加轮播视图

进入“管理（Manage）”→“结构（Structure）”的“视图（Views）”页面，单击“添加视图（Add view）”按钮，在“视图名称（View name）”文本框中输入 Slideshow 后单击“机读名称：slideshow”右边的“编辑（Edit）”链接，重新把“视图名称（View name）”修改为“首页轮播”，选择“生成一个区块（Create a block）”复选框，最后单击“保存并编辑（Save and edit）”按钮。

单击“过滤条件（FILTER CRITERIA）”右边的“新增（Add）”按钮，选择“内容类型（Content type）”后“添加并配置 过滤条件（Add and configure filter criteria）”复选框，再选择“首页轮播（Slideshow）”复选框后单击“应用（Apply）”按钮。

单击“字段（FIELDS）”下面的“内容：标题（Content: Title）”链接，在弹出的对话框中单击“删除（Remove）”链接。再单击“字段（FIELDS）”右边的“新增（Add）”按钮，选择“首页轮播（Slideshow）”复选框后单击“添加并配置 字段（Add and configure fields）”按钮，继续单击“应用（Apply）”按钮。

单击“使用分页器（Use pager）”右边的“5 项（5 items）”，将“要显示的条目（Items to display）”修改为“1”后单击“应用（Apply）”按钮。完成后的效果如图 13-41 所示。

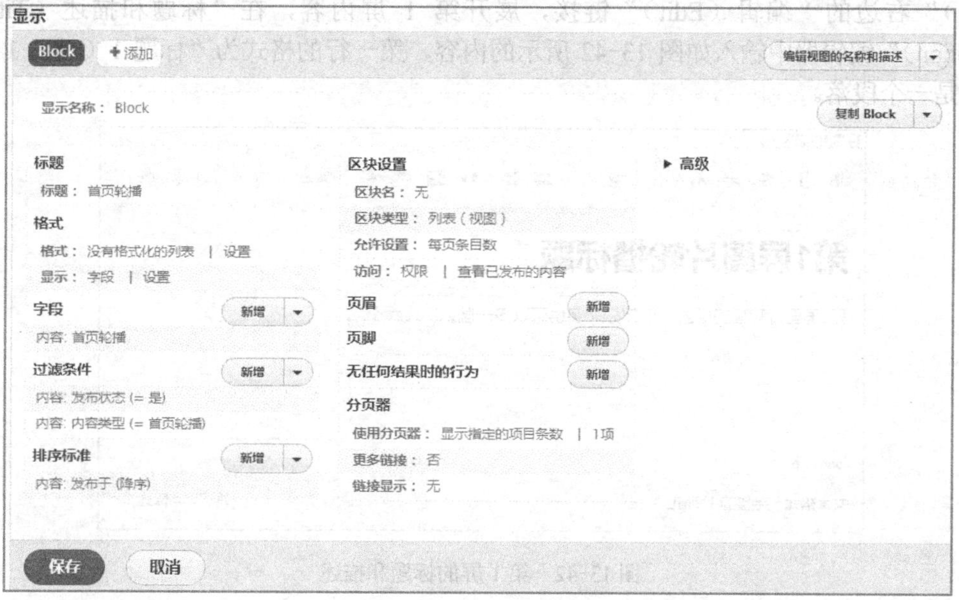

图 13-41 首页轮播视图

单击下面的“保存（Save）”按钮，保存视图配置。

4. 放置区块

进入“管理（Manage）”→“结构（Structure）”的“区块布局（Block layout）”页面，单击 Slider 右边的“放置区块（Place block）”按钮，在弹出的“放置区块”对话框中单击“首页轮播：Block”右边的“放置区块（Place block）”按钮，在配置区块（Configure block）对话框中，取消选择“显示标题（Display title）”复选框，在可见性（Visibility）的“页面（Pages）”中添加“<front>”（表示只在首页显示），单击“保存区块（Save block）”按钮。

最后单击“区块布局（Block layout）”页面的“保存区块（Save blocks）”按钮完成放置。单击“返回网站（Back to site）”按钮，回到首页（注意不是那个结点页面），一个 3 屏首页轮播就呈现在眼前了。

5. 制作轮播第 1 屏的标题和描述

大家观察首页轮播的时候，会发现有一个不足之处，即缺少标题和描述。

1）添加可以输入文本的字段。进入“管理（Manage）”→“结构（Structure）”→“段落类型（Paragraphs types）”页面，单击“图像（Image）”类型右边的“管理字段（Manage fields）”按钮，单击“添加字段（Add field）”按钮，在“添加一个新字段（Add a new field）”中选择“文本（已格式化，长）(Text (formatted, long))”选项，在“标签（Label）”文本框中输入 Title and Description，单击“机读名称：field_title_and_description”右边的“编辑（Edit）”按钮，重新把“标签（Label）”修改为“标题和描述”，单击“保存并继续（Save and continue）”按钮，保存字段设置（Save field settings），保存设置（Save settings）。切换到“管理显示（Manage display）”选项卡，设置“标题和描述（Title and Description）”字段的标签（LABEL）为“隐藏（Hidden）”后单击“保存（Save）”按钮。

2）添加内容。进入“管理（Manage）”→“内容（Content）”页面，单击“首页轮播”右边的“编辑（Edit）”链接，重新编辑轮播内容，单击“SLIDE CONTENT”部分“图像（image）”右边的“编辑（Edit）”链接，展开第 1 屏内容，在“标题和描述（Title and Description）”编辑器中输入如图 13-42 所示的内容，第一行的格式为“标题 1（Title 1）”，第二部分是一个段落。

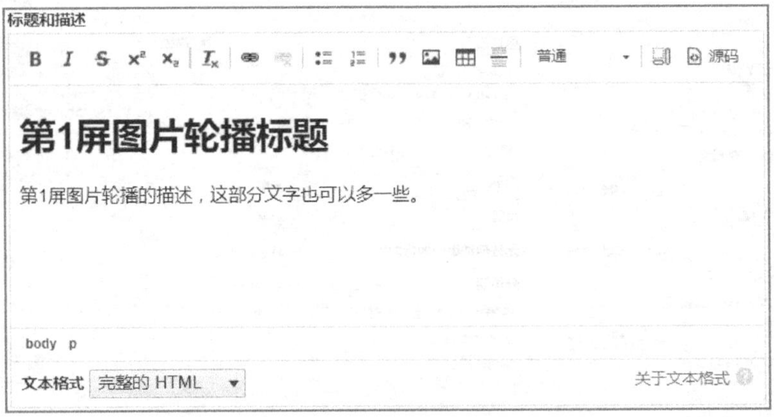

图 13-42　第 1 屏的标题和描述

完成后单击“保存并保持发布状态（Save and keep published）”按钮，然后查看首页轮播第 1 屏的效果，可以看到刚才添加的文本在图片下方。

右击首页轮播第 1 屏图片下方的标题和描述文本，在弹出的快捷菜单中选择“检查”命令，这些文本是放置在“.paragraph--layout-slideshow__slide-1 .paragraph__column”下的最后一个 DIV 中，但这个 DIV 并没有 Class 和 ID 样式，可以通过 jQuery 添加一个 Class。

用文本编辑器打开 themes/myd8theme/js/custom.js，修改为如下所示代码。

```
$(function(){
    $(".copyright").append("浙 ICP 备 12345678 号");
    $(".paragraph--layout-slideshow__slide-1 .paragraph__column>div:last").addClass("slide_text");
});
```

再用文本编辑器打开 themes/myd8theme/css/style.css，修改为如下所示代码。

```
#block-views-block-slideshow-block-1 .slide_text {
    position: absolute;
    bottom: 30%;
    left: 25%;
    width: 50%;
```

```
    height: 40%;
    text-align: center;
    color: #fff;
    border: 1px solid #fff;
    border-radius: 10px;
    background-color: rgba(255,255,255,0.3)
}
```

清空缓存后再查看结果，如图 13-43 所示。如果还不满意，可以自行修改。

图 13-43　轮播第 1 屏

6．修改轮播第 2 屏的样式

轮播第 2 屏左列的图片未至边界，右列文字的样式也需要调整。通过浏览器调试方法查看需要修改的内容。用文本编辑器打开 themes/myd8theme/css/style.css，后面增加如下所示代码。而具体各个属性的值请根据实际内容来决定，以下代码只不过演示了修改的方法而已。

```
.paragraph--layout-slideshow__slide-2 .paragraph.paragraph--color > .paragraph__column {
    padding-top: 0px;
}
.paragraph--layout-slideshow__slide-2 .paragraph.paragraph--type--bp-columns .paragraph--type--bp-columns__2col {
    padding-left: 0px;
    padding-right: 0px;
}
.paragraph--layout-slideshow__slide-2 .paragraph--type--bp-columns__2col:nth-child(2) h1 {
    margin-top: 10%;
    text-align: center;
}
.paragraph--layout-slideshow__slide-2 .paragraph--type--bp-columns__2col:nth-child(2) p {
    margin: 2em;
}
```

结果如图 13-44 所示，如果还不满意，可以自行修改。

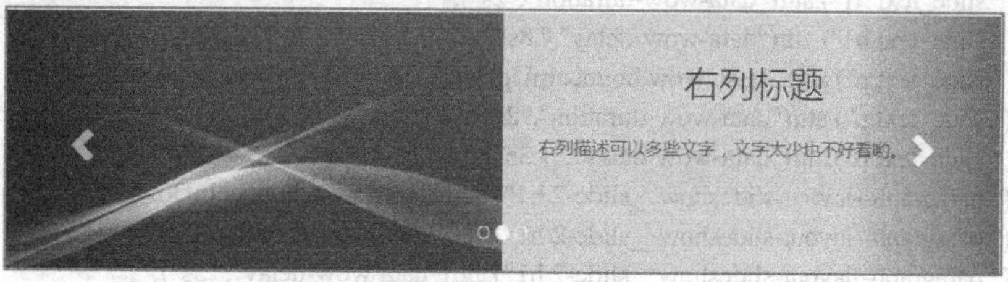

图 13-44　轮播第 2 屏

7．滚动页面时的元素动画

从 github 官网（https://github.com/matthieua/WOW）下载软件包（WOW-master.zip）。将压

缩包中的“css/libs/animate.css”复制到“themes/myd8theme/css/”文件夹中，将压缩包中的“dist/wow.min.js”复制到“themes/myd8theme/js/”文件夹中。

用文本编辑器修改 themes/myd8theme/myd8theme.libraries.yml 文件为如下所示代码。

```
# global global-styling
global-styling:
  Version: 1.x
  css:
    theme:
      css/animate.css: {}
      css/style.css: {}
  js:
    js/wow.min.js: {}
    js/custom.js: {}
```

保存文件。用文本编辑器打开 themes/myd8theme/js/custom.js，在 jQuery 代码前面（即原第一行“$(function(){”前面）增加如下所示代码。

```
//WOW 动画初始化开始
  var wow = new WOW({
    boxClass: 'wow',    // animated element css class (default is wow)
    animateClass: 'animated',  // animation css class (default is animated)
    offset: 0,    // distance to the element when triggering the animation (default is 0)
    mobile: true,    // trigger animations on mobile devices (default is true)
    live: true,    // act on asynchronously loaded content (default is true)
    callback: function(box) {
        // the callback is fired every time an animation is started
        // the argument that is passed in is the DOM node being animated
    },
    scrollContainer: null    // optional scroll container selector, otherwise use window
  });
  wow.init();
//WOW 动画初始化结束
```

然后在 jQuery 代码的结束行“});”前面增加以下三种动画效果。

```
//轮播中的文字动画开始
  $(".slide_text").addClass("wow flipInX");
  $(".slide_text").attr("data-wow-duration","1s");
  $(".slide_text").attr("data-wow-delay",".3s");
  $(".slide_text h1").addClass("wow bounceInDown");
  $(".slide_text h1").attr("data-wow-duration","2s");
  $(".slide_text h1").attr("data-wow-delay",".8s");
  $(".slide_text p").addClass("wow bounceInUp");
  $(".slide_text p").attr("data-wow-duration","2s");
  $(".slide_text p").attr("data-wow-delay","1.3s");
  $(".paragraph--layout-slideshow__slide-2 h1").addClass("wow bounceInDown");
  $(".paragraph--layout-slideshow__slide-2 h1").attr("data-wow-duration","2s");
  $(".paragraph--layout-slideshow__slide-2 h1").attr("data-wow-delay",".3s");
  $(".paragraph--layout-slideshow__slide-2 p").addClass("wow bounceInUp");
  $(".paragraph--layout-slideshow__slide-2 p").attr("data-wow-duration","2s");
  $(".paragraph--layout-slideshow__slide-2 p").attr("data-wow-delay","1s");
//轮播中的文字动画结束
```

清空缓存，查看最终动画效果。更多动画效果可以参考官方的演示页面（http://mynameismatthieu. com/ WOW/）。以后其他的动画添加方法请参考本部分。

8. 设置查看权限

进入“管理（Manage）”→“人员（People）”页面，切换到“权限（Permissions）”选项卡，找到 Paragraphs Type Permissions 部分，选择“*: View content”的 ANONYMOUS USER 和 AUTHENTICATED USER 复选框，最后单击下面的“保存权限（Save permissions）”按钮。这里的“*”代表全部 17 种 Paragraphs types，当然前面制作轮播时没有用到这么多类型，但以后有可能会用到，这里就一起设置了。这样设置后，不登录的匿名用户也可以看到首页轮播。

Drupal 默认只有“ANONYMOUS USER（匿名用户）”“AUTHENTICATED USER（认证用户）”和“ADMINISTRATOR（管理员）”这三种角色，管理员默认具有所有权限，而匿名用户和认证用户则需要设置。根据网站的需要可以增加更多用户角色，给他们分配不同的权限。

13.2.7 自定义首页区域

不管是自己使用网页制作工具制作静态页面模板，还是从互联网下载免费模板来使用，都涉及两种内容：一是只有首页使用而且以后不需要客户经常更新的；另一种是也只有首页使用但需要客户经常更新的内容。

前一种可以采用定义区域，然后自定义区块放置到自定义区域中。而后一种情况适合使用新建内容类型和视图的方式产生区块并放置在适合的区域中。

下面从以一个免费模板网站（https://freehtml5.co）中下载的 relic 模板为例，讲解添加其中一部分内容到首页自定义区域的方法。

图 13-45 所示为该模板的 Services 部分内容，去掉多余部分后保存为素材 services.html，中间块的样式为鼠标悬停效果。在自定义主题的 myd8theme.info.yml 文件中没有对应的 services 区域。编辑“themes/myd8theme/myd8theme.info.yml”文件，如图 13-46 所示，在 content_wide 区域后面增加 services 区域。

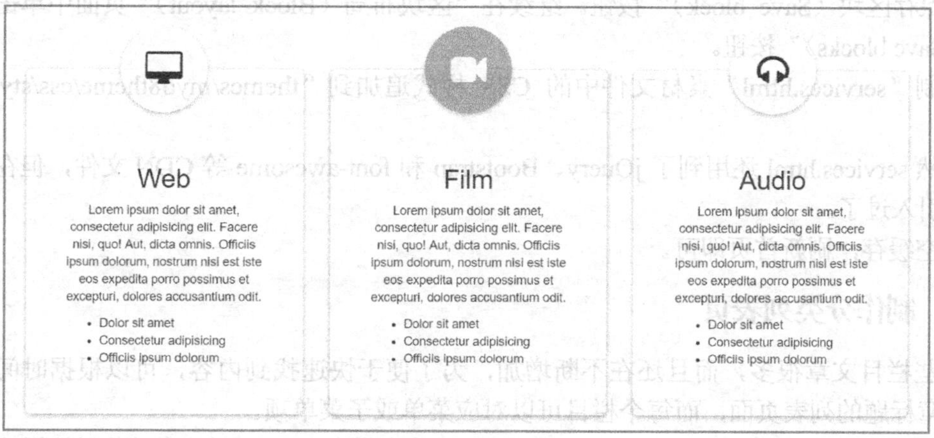

图 13-45 网页模板

覆写首页模板。新建一个“themes/myd8theme/templates/”文件夹，复制“themes/stem_theme/templates/layout/page.html.twig”到该文件夹中，并重命名为 page--page.html.twig。编辑“themes/myd8theme/templates/page--front.html.twig”模板文件，复制 content_wide 区域的第

116～122 行代码到该部分后面，并修改其中的全部类似 content_wide 字符为 services，如图 13-47 所示。

```
content: 'Content'
sidebar_first: 'Left Sidebar'
sidebar_second: 'Right Sidebar'
content_wide: 'Content Wide'
services: 'Services'
footer_first: 'Footer First Widget'
```

图 13-46 添加自定义区域

```
116 {% if page.content_wide %}
117 <!-- Start content wide -->
118 <div id="content_wide" class="content-wide">
119     {{ page.content_wide }}
120 </div>
121 <!-- End content wide -->
122 {% endif %}
123 {% if page.services %}
124 <!-- Start services -->
125 <div id="services" class="services">
126     {{ page.services }}
127 </div>
128 <!-- End services -->
129 {% endif %}
130 </div>
```

图 13-47 修改首页 twig 模板

另外，在首页中也不想显示主要内容和左右边栏，可以直接删除第 76～114 行之间的代码，也可以屏蔽这些代码（即在第 75 行空白行中输入“{% if not is_front %}”，在第 115 行空白行中输入结束判断语句“{% endif %}”）。清空缓存后生效。

进入“管理（Manage）”→“结构（Structure）”→“区块布局（Block layout）”页面，切换到“自定义区块库（Custom block library）”选项卡，单击“添加自定义区块（Add custom block）”按钮，在“区块描述（Block description）”文本框中输入“Services”，设置“文本格式（Text format）”为“不过滤（Not Filter）”，“正文（Body）”部分来自“services.html”素材文件中“<!--fh5co-service HTML Start-->”和“<!--fh5co-service HTML End-->”之间的代码，最后单击“保存（Save）”按钮。

思考：当自定义内容中包含要上传本地图片时，图片路径应该怎么写？

切换回“区块布局（Block layout）”选项卡，单击 Services 右边的“放置区块（Place block）”按钮，再在弹出的对话框中单击 Services 右边的“放置区块（Place block）”按钮，取消选择“显示标题（Display title）”复选框，在“页面（PAGES）”文本框中输入“<front>”，单击“保存区块（Save block）”按钮。继续在“区块布局（Block layout）”页面中单击“保存区块（Save blocks）”按钮。

复制“services.html”素材文件中的 CSS 样式追加到“themes/myd8theme/css/style.css”后面。

虽然 services.html 还用到了 jQuery、Bootstrap 和 font-awesome 等 CDN 文件，但在基主题中已经引入过了。

清空缓存，刷新首页即可。

13.2.8 制作分类列表页

有些栏目文章很多，而且还在不断增加，为了便于快速找到内容，可以根据时间顺序制作成文章标题的列表页面，而每个栏目可以对应菜单或子菜单项。

完成后进入该子菜单项，就会打开该分类术语对应的列表页，这种列表页的样式与普通的文章列表页一致。如果不喜欢（比如想显示摘要等），可以通过修改该模板及其样式来实现。当然，也可以另外新建一个视图和页面来实现。

本节介绍如何通过新建一个视图和区块来显示“网站作品”子栏目的内容到首页某区域的方法。

1．添加分类和术语

进入“管理（Manage）”→“结构（Structure）”→“分类（Taxonomy）”页面，单击“添加词汇表（Add vocabulary）”按钮，在“名称（Name）”文本框中输入 portfolio，然后单击“机读名称：portfolio”右边的“编辑（Edit）”链接，重新把“名称（Name）”修改为“作品展示”，记住机读名称 portfolio，因为后面制作菜单时要用，单击“保存（Save）”按钮。继续单击“添加术语（Add term）”按钮，在“名称（Name）”文本框中输入“网站作品”，“描述（Description）”自定义，在“URL 别名（URL alias）”文本框中输入“/portfolio-web”，单击“保存（Save）”按钮，继续在“名称（Name）”文本框中输入“APP 作品”，“描述（Description）”自定义，在“URL 别名（URL alias）”文本框中输入“/portfolio-app”，单击“保存（Save）”按钮，直到全部术语添加完成。回到“分类（Taxonomy）”，可以调整现有词汇表的顺序，也可以列出“作品展示”术语，继续添加。

其他的分类词汇表和术语的添加方法与本例相同，一般可以将词汇表对应主菜单，术语对应子菜单项。

2．添加菜单

进入“管理（Manage）”→“结构（Structure）”→“菜单（Menus）”页面，单击“主导航（Main navigation）”右边的“编辑菜单（Edit menu）”链接，单击“添加链接（Add link）”按钮，在“菜单链接标题（Menu link title）”文本框中输入“作品展示”，在“链接（Link）”文本框中输入“/portfolio”（斜线后面是前面添加分类词汇表时记录的机读名称），选择“以展开方式显示（Show as expanded）”复选框，如图 13-48 所示，然后单击“保存（Save）”按钮。

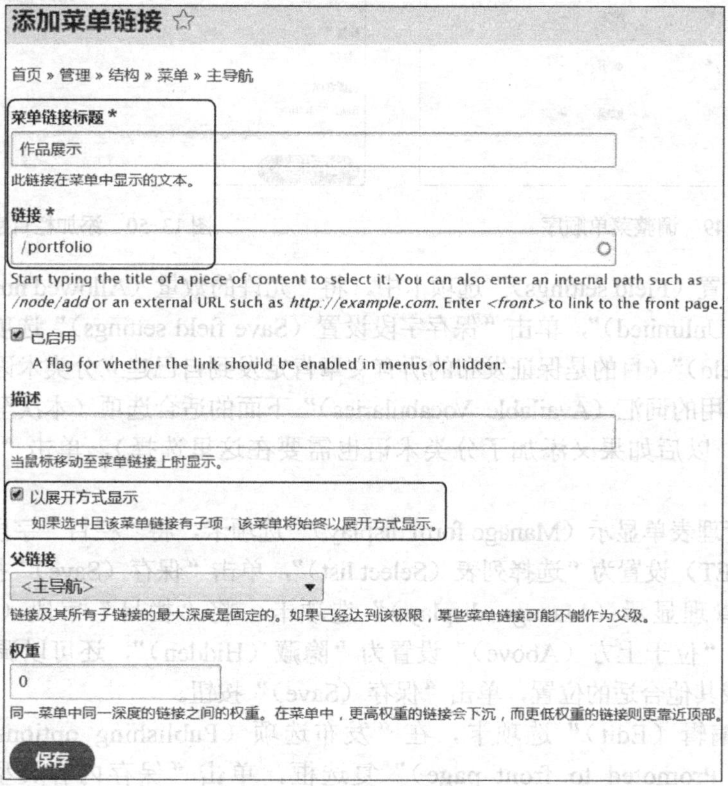

图 13-48　添加菜单

继续单击“添加链接（Add link）”按钮，在“菜单链接标题（Menu link title）”文本框中输入“网站作品”，在“链接（Link）”文本框中输入“/portfolio-web”，然后单击“保存（Save）”按钮。继续单击“添加链接（Add link）”按钮，在“菜单链接标题”文本框中输入“APP 作品”，在“链接（Link）”文本框中输入“/portfolio-app”，然后单击“保存（Save）”按钮，直到全部子菜单项添加完成。

如图 13-49 所示，拖动✥按钮调整好菜单顺序，单击“保存（Save）”按钮。

返回网站（Back to site）首页，就可以看到刚才新建的菜单和子菜单了。

3．为文章内容类型添加栏目字段

进入“管理（Manage）”→“结构（Structure）”→“内容类型（Content types）”页面，单击“文章（Article）”右边的“管理字段（Manage fields）”链接，单击“添加字段（Add field）”按钮，如图 13-50 所示，在“添加一个新字段（Add a new field）”下拉列表框中选择“分类术语（Taxonomy term）”选项，在“标签（Label）”文本框中输入 channel，然后单击“机读名称：field_channel”右边的“编辑（Edit）”按钮，重新把“标签（Label）”修改为“栏目”，单击“保存并继续（Save and continue）”按钮。

图 13-49　调整菜单顺序

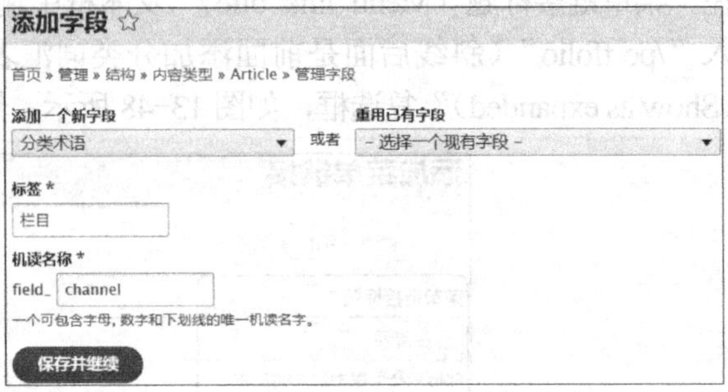

图 13-50　添加栏目字段

在“字段设置（Field settings）”选项卡中，将“允许的数量（Allowed number of values）”修改为“不限（Unlimited）”，单击“保存字段设置（Save field settings）”选项，选择“必填字段（Required field）”（目的是保证发布的所有文章肯定发到自己建立分类术语即子菜单中）复选框，选择“可用的词汇（Available Vocabularies）”下面的适合选项（本次至少要选择“作品展示”复选框，以后如果又添加了分类术语也需要在这里选择），单击“保存设置（Save settings）”按钮。

切换到“管理表单显示（Manage form display）”选项卡，将“栏目”字段（FIELD）右边的控件（WIDGET）设置为“选择列表（Select list）”，单击“保存（Save）”按钮。

切换到“管理显示（Manage display）”选项卡，将“栏目”字段（FIELD）的标签（LABEL）位置“位于上方（Above）”设置为“隐藏（Hidden）”，还可以调整顺序到“正文（Body）”下面或其他合适的位置，单击“保存（Save）”按钮。

切换到“编辑（Edit）”选项卡，在“发布选项（Publishing options）”中取消选择“推荐到首页（Promoted to front page）”复选框，单击“保存内容类型（Save content type）”按钮。

现在发布超过 15 篇文章到“网站作品”子菜单中，查看该子菜单项的内容就是列表页面了，默认超过 10 篇文章会出现分页导航。

4．在首页区域中添加文章列表

进入“管理（Manage）”→“结构（Structure）”→“视图（Views）”页面，在“添加视图（Add view）”的“视图名称（View name）”文本框中输入 portfolio-web 后，单击“机读名称：portfolio_web”右边的“编辑（Edit）”链接，重新把“视图名称（View name）”修改为“网站作品”，选择“生成一个区块（Create a block）”复选框，单击“保存并编辑（Save and edit）”按钮。

单击“过滤条件（FILTER CRITERIA）”右边的“新增（Add）”链接，选择“栏目(field_channel)”后的“添加并配置 过滤条件（Add and configure filter criteria）”复选框，设置“词汇表（Vocabulary）”为“作品展示”，“选择类型（Selection type）”为“下拉（Dropdown）”，选择“在下拉列表中显示层级（Show hierarchy in dropdown）”后单击“应用并继续（Apply and continue）”按钮，在“从词汇表作品展示中选择术语（Select terms from vocabulary 作品展示）”中选择“网站作品”后单击“应用（Apply）”按钮。

单击“字段（FIELDS）”右边的“新增（Add）”链接，选择内容（Content）分类（CATEGORY）中“发布于（Authored on）”后的“添加并配置 字段（Add and configure fields）”复选框，设置“日期格式（Date format）”为“HTML 日期格式:2017-08-12（HTML Date format: 2017-08-12）”后单击“应用（Apply）”按钮。

单击“格式（FORMAT）”部分的“没有格式化的列表（Unformatted list）”，选择“格子（Grid）”后单击“应用（Apply）”按钮，将“列数（Number of columns）”修改为“3”（默认为“4”，可以根据需要来设定）后单击“应用（Apply）”按钮。

单击“格式”部分“显示（Show）”右边的“设置（Settings）”，选择“内联字段（Inline fields）”下面的“内容：标题（Content: Title）”和“内容：发布于（Content: Authored on）”复选框后单击“应用（Apply）”按钮。

单击“使用分页器（Use pager）”右边的“5 项（5 items）”，将“要显示的条目（Items to display）”修改为“15”（如果刚刚的格子数是 4，则这里可以输入 20，请根据实际来设定）后单击“应用（Apply）”按钮。

单击“更多链接（More link）”右边的“否（No）”，选择“创建更多链接（Create more link）”复选框，将“更多链接的文本（More link text）”的 more 设置为“更多”后单击“应用（Apply）”按钮。

单击“链接显示（Link display）”右边的“无（None）”，选择“自定义 URL（Custom URL）”，并在后面的“自定义 URL（Custom URL）”文本框中输入“网站作品”术语对应的 URL“/portfolio-web”，然后单击“应用（Apply）”按钮。

单击“保存（Save）”按钮，保存该视图，如图 13-51 所示。

放置该视图对应的区块到区域中，可以自定义一个区域来放置，也可以放置在现有的区域中，本例暂时放置在 Services 中，具体操作方法在前面已讲过，这里就不再赘述了，注意不要选择“显示标题（Display title）”复选框。完成后的结果如图 13-52 所示。

图 13-51　文章列表视图

测试文章10 2017-08-12	测试文章11 2017-08-12	测试文章12 2017-08-12
测试文章13 2017-08-12	测试文章14 2017-08-12	测试文章15 2017-08-12
测试文章01 2017-08-12	测试文章02 2017-08-12	测试文章03 2017-08-12
测试文章04 2017-08-12	测试文章05 2017-08-12	测试文章06 2017-08-12
测试文章07 2017-08-12	测试文章08 2017-08-12	测试文章09 2017-08-12
更多		

图 13-52　文章列表

修改“themes/myd8theme/css/style.css”文件，在最后添加如下代码，其他样式读者可根据喜好来修改。清空缓存，回到首页，刷新页面即可看到文章列表与页面边框的 padding 效果了。

```
.block-views-blockportfolio-web-block-1 {
    padding: 15px;
}
```

细心的读者会发现“更多”并没有链接到/portfolio-web，通过浏览器“检查”源代码，如图 13-53 所示。

```
<!-- THEME HOOK: 'container' -->
<!-- FILE NAME SUGGESTIONS:
   * container--more-link.html.twig
   * container--more-link--portfolio-web.html.twig
   * container--more-link--block.html.twig
   * container--more-link--portfolio-web--block.html.twig
   * container--more-link--block-1.html.twig
   * container--more-link--portfolio-web--block-1.html.twig
   x container.html.twig
-->
<!-- BEGIN OUTPUT from 'core/themes/stable/templates/form/container.html.twig' -->
▼<div class="more-link">
   <a href>更多</a>
</div>
<!-- END OUTPUT from 'core/themes/stable/templates/form/container.html.twig' -->
```

图 13-53　“更多”链接的源码

原因是 href 后面什么都没有，可以通过修改模板实现，当然也可以通过 jQuery 简单实现。修改“themes/myd8theme/js/custom.js”文件，在结束行“});”前面添加如下代码。

```
$(".block-views-blockportfolio-web-block-1 .more-link>a").attr("href","/portfolio-web"); //更多链接
```

清空缓存，刷新首页，再单击“更多”链接时就可以正常转到“网站作品”栏目页面了。

13.2.9 添加视频功能

大多数网站都支持视频功能，用 Drupal 8 添加视频功能比较简单，只需安装视频模块并进行简单设置即可。

1．下载安装视频模块

在 Drupal 的模块项目页面（https://www.drupal.org/project/video）下载 Video 视频模块包（video-8.x-1.2.tar.gz）。

进入“管理（Manage）”→“扩展（Extend）”→“安装新的模块（Install new module）”页面，安装并启用 Video 模块。

2．在文章内容类型中添加视频字段

进入“管理（Manage）”→“结构（Structure）”→“内容类型（Content types）”页面，单击“文章（Article）”右边的“管理字段（Manage fields）”→“添加字段（Add field）”链接，选择“视频（Video）”并在“标签（Label）”文本框中输入 video 后单击“机读名称: field_video”右边的“编辑（Edit）”链接，重新把“标签（Label）”修改为“视频”，单击“保存并继续（Save and continue）”按钮。

在“字段设置（Field settings）”选项卡中，“允许的数量（Allowed number of values）”默认使用“限制（Limited）”为“1”，单击“保存字段设置（Save field settings）”按钮，单击“保存设置（Save settings）”按钮。

切换到“管理表单显示（Manage form display）”选项卡，将“视频（Video）”字段（FIELD）的控件（WIDGET）设置为“视频上传（Video Upload）”后单击“保存（Save）”按钮。

切换到“管理显示（Manage display）”选项卡，将“视频（Video）”字段（FIELD）的显示顺序调整到“正文（Body）”前面，设置“标签（LABEL）”为“隐藏（Hidden）”，然后单击右边的设置图标⚙，取消选择“自动播放（Autoplay）”和“预加载（Preload）”复选框，选择 auto 后单击“更新（Update）”按钮，回到管理显示（Manage display）选项卡后，单击“保存（Save）”按钮，结果如图 13-54 所示。

图 13-54 视频显示设置

3．通过文章内容类型上传一个视频

上传后在浏览器中就可以看到如图 13-55 所示的效果，需要单击左下角的播放按钮后，视频才开始播放，右下角还有声音控制、全屏和下载按钮。

图 13-55　发布的视频

13.3　小结

本章综合利用 HTML、CSS 和 JS（jQuery、Bootstrap）技术快速构建了一个响应式 Drupal 网站，虽不是一个实际项目，但利用这些技术开发一般的企业网站已经完全够用。

一般情况下，利用 Drupal 制作网站，除需安装相关模块外，还要定制内容类型用于发布内容，然后添加视图产生区块（或页面）用于显示结果。在制作过程中可能还需要定制新的分类术语和菜单。

Drupal 8 还有一大重要功能，即权限设置，本章只涉及一些内容，更多内容可以自己搜集资料学习。

本章实例在制作时为了安全考虑，没有显示用户登录入口，如果要登录可以通过“网站路径/user”找到，也可以把这个链接放到首页合适的位置。

Drupal 8 的小版本升级比较简单，除了 modules、sites 和 themes 这三个文件夹外，其他全部删除，替换为新版本即可。版本升级请参考官方文档。

学习资源：

- Material Design：https://material.io。
- PNG 图库：http://pngimg.com/。
- SVG 图库：http://www.iconsvg.com/。
- 在线制作 Bootstrap 和 Drupal 主题模板：http://cmsbots.com。
- Evaluate Drupal projects online：https://simplytest.me。
- Bootstrap Paragraphs 学习资料：http://bp.jimbir.ch。
- 《云客 drupal8 源码分析》系列：http://blog.csdn.net/u011474028。

13.4 思考与练习

1．思考题

1）除 Drupal 外，还有哪些国内外使用较多的开源 CMS？

2）除 Bootstrap 外，还可以用哪些 UI 框架快速构建 Drupal 网站？

2．操作题

1）完成本章所有操作，并把后面添加的内容加上 WOW 动画。

2）参考本章技术制作一个响应式 Drupal 网站，主题参考最新一届大学生多媒体大赛。

参 考 文 献

[1] 杨凡. JavaScript 网页编程从入门到精通[M]. 北京：清华大学出版社，2017.

[2] 吕国泰，何升隆，曾伟凯. 响应式网页设计：Bootstrap 开发速成[M]. 北京：清华大学出版社，2017.

[3] 黑马程序员. 响应式 Web 开发项目教程（HTML5+CSS3+Bootstrap）[M]. 北京：人民邮电出版社，2017.

[4] 周文洁. HTML5 网页前端设计[M]. 北京：清华大学出版社，2017.

[5] 周文洁. HTML5 网页前端设计实战[M]. 北京：清华大学出版社，2017.

[6] 刘瑞新，张兵义. 网页设计与制作教程（HTML+CSS+JavaScript）[M]. 北京：机械工业出版社，2017.

[7] 李晓斌. 移动互联网之路：HTML5+CSS3+jQuery Mobile APP 与移动网站设计从入门到精通[M]. 北京：清华大学出版社，2016.

[8] 大漠. 图解 CSS3：核心技术与案例实战[M]. 北京：机械工业出版社，2014.

[9] 倪宝童，吴东伟，等. HTML5+CSS 3 网页设计与网站布局：从新手到高手[M]. 北京：清华大学出版社，2013.

[10] 陶国荣. jQuery 权威指南[M]. 北京：机械工业出版社，2011.

[11] 陶国荣. HTML5 实战[M]. 北京：机械工业出版社，2011.

[12] 成林. CSS3 实战[M]. 北京：机械工业出版社，2011.

[13] 郑娅峰，张永强. 网页设计与开发——HTML、CSS、JavaScript 实例教程 [M]. 2 版. 北京：清华大学出版社，2011.

[14] 张永强，郑娅峰. 网页设计与开发——HTML、CSS、JavaScript 实例教程习题解答与实验指导[M]. 北京：清华大学出版社，2011.

[15] 王大远. Div+CSS 3.0 网页布局案例精粹[M]. 北京：电子工业出版社，2011.